普通高等教育"十二五"重点规划教材 计算机系列
中国科学院教材建设专家委员会"十二五"规划教材

Visual FoxPro 数据库基础与应用教程

（第二版）

赵燕飞　唐　伟　主　编

荆　霞　丛秋实　施永香　副主编

科学出版社

北　京

内 容 简 介

本书介绍了数据库的基本概念和 Visual FoxPro 的基本操作与基本应用。全书共有 10 章，内容包括 Visual FoxPro 数据库概述、表、查询与视图、程序设计、表单、控件与类、报表与标签、菜单与工具栏、应用程序的开发等。本书注重基础、突出应用、可操作性强，每章都有小型案例实训，最后一章还提供了"人事管理系统"综合案例。

本书可作为高等学校各专业学生学习 Visual FoxPro 数据库技术的教材，也可作为全国以及江苏省的计算机等级二级 Visual FoxPro 考试和全国计算机三级数据库技术考试的参考资料。

图书在版编目（CIP）数据

Visual FoxPro 数据库基础与应用教程/赵燕飞，唐伟主编. —2 版. —北京：科学出版社，2014
ISBN 978-7-03-039542-9

Ⅰ. ①V… Ⅱ. ①赵… ②唐… Ⅲ. ①关系数据库系统-高等学校-教材
Ⅳ. ①TP311.138

中国版本图书馆 CIP 数据核字（2014）第 004324 号

责任编辑：赵丽欣 / 责任校对：柏连海
责任印制：吕春珉 / 封面设计：东方人华平面设计部

科学出版社 出版
北京东黄城根北街 16 号
邮政编码：100717
http://www.sciencep.com

百善印刷厂 印刷
科学出版社发行 各地新华书店经销
*

2011 年 2 月第 一 版　　开本：787×1092 1/16
2014 年 2 月第 二 版　　印张：21
2017 年 2 月第八次印刷　　字数：504 000

定价：39.00 元
（如有印装质量问题，我社负责调换〈百善〉）
销售部电话 010-62142126　编辑部电话 010-62134021

前　　言

在各行各业的信息处理系统中，虽然使用的平台、操作的界面不同，但是底层大量数据的管理都使用了数据库技术。数据库技术已经成为当今信息社会重要的基础技术，为适应形势发展的需要，许多高校开设了数据库程序设计课程。

微软公司推出的 Visual FoxPro 数据库管理系统，使用方便、功能强大，不仅支持结构化的程序设计，还支持面向对象的程序设计。全国的计算机等级考试和江苏等其他地区的计算机二级等级考试，都把 Visual FoxPro 数据库程序设计作为应试语种之一。

按照教育部有关数据库程序设计课程的教学要求，结合全国以及江苏省的计算机二级等级考试的要求，作者编写了本书。本书可作为高等学校各类学生学习 Visual FoxPro 数据库技术的教材，同时，本书内容涵盖了全国和江苏等级考试有关二级 Visual FoxPro 考试要求的全部知识要点，也可作为计算机等级考试的参考书。

本书主要介绍了关系型数据库管理系统的基本概念和基本操作，以 Visual FoxPro 数据库管理系统为操作平台，结合"图书管理系统"实例，由浅入深，全面介绍了 Visual FoxPro 的数据库与表、查询与视图、程序设计基础、表单、控件与类、报表与标签、菜单与工具栏等内容。本书注重基础、突出应用，每章都安排了小型案例实训。通过本书的学习，可以达到以下目标：理解关系型数据库的基本原理，了解数据库技术的基本应用，掌握 Visual FoxPro 的基本操作，培养实际操作能力和程序设计能力，能够借助 Visual FoxPro 开发设计小型的数据库管理系统，并为后续课程的学习提供必要的基础。

与本书配套的《Visual FoxPro 数据库基础与应用学习与实验指导书》同时出版，该书提供了大量的典型例题分析和复习自测题，以及配套的实验内容。

全书共有 10 章，赵燕飞编写了第 3 章，唐伟编写了第 1、2 章，荆霞编写了第 7、8、9、10 章，丛秋实编写了第 4、5 章，施永香编写了第 6 章，全书由赵燕飞统稿。

在编写过程中，得到了庄玉良、蔡则祥等的大力支持，孙卫、张艳等提出了很多宝贵的意见和建议，李希、蔡淑珍、周萱、刘莹、陈大峰、李娅、吴令云、张熠、吴国兵、王素云、沈虹、江效尧、王瑜、包勇、韩冰青、王昕等提供了很多帮助，在此表示衷心的感谢。

为了方便教学，本书提供了电子课件和实验素材，有需要的读者可以到科学出版社网站 www.abook.cn 下载。

由于编者水平有限，书中错误和缺点在所难免，敬请广大师生指正。

前　言

目　录

第1章 数据库系统基础知识

本章要点

- 计算机数据管理的发展
- 数据库系统的组成和体系结构
- 信息的三个领域、E-R 模型和关系模型
- SQL 语言的概念及其功能
- 常用的 DBMS 产品简介

从 20 世纪 80 年代开始，信息技术引发了第三次工业革命，一些先进的工业化国家利用信息技术实现了经济的持续快速发展。从 20 世纪 90 年代末，人类开始悄然步入以信息技术为核心的信息时代，信息系统越来越突显其重要性，数据库技术作为信息系统的核心技术和基础也更加引人注目。

数据库技术研究如何存储、使用和管理数据，是计算机数据管理技术发展的最新阶段。40 年多来，数据库在理论上、实现技术上均得到很大发展，应用越来越广泛，数据库系统已成为计算机系统的重要组成部分。在世界已进入信息化社会的今天，数据库的建设规模、数据库信息量的多少和使用频度，已成为衡量一个国家信息化程度的重要标志。

1.1 计算机数据管理的发展

1.1.1 数据与数据处理

1. 信息

信息是现实世界中客观事物属性或运动状态的反映。它所反映的是在某一客观系统中，某一事物的存在方式或某一时刻的运动状态。

信息是人们进行社会活动、经济活动及生产活动时的产物，并对人们的各种活动起到一定的指导作用。信息具有可感知、可存储、可加工、可传递和可再生等自然属性。在信息社会中，信息一般可与物质或能量相提并论，它是一种重要的资源。

2. 数据

数据是描述现实世界中事物的符号记录，是存储在某一种媒体上能够被识别的物理符号。物理符号可以是数字、文字、图形、图像、动画、声音及其他特殊符号。

数据的概念包括两个方面：其一是描述事物特性的数据内容；其二是存储在某一种媒体上的数据形式。数据形式可以是多种多样的，例如，某人的性别可以表示为"男"，也可以表示为"man"，其含义没有改变。

3. 数据处理

数据与信息在概念上是有区别的。从信息处理角度看，任何事物的存在方式和运动状态都可以通过数据来表示，数据经过加工处理后，使其具有知识性并对人类活动产生作用，从而形成信息。

数据处理就是利用计算机对各种形式的数据进行加工处理，包括数据的收集、整理、存储、分类、排序、检索、维护、计算和加工、统计和传输等一系列的工作。

数据处理的目的是从人们收集的大量原始数据中获得信息，通过分析和筛选信息产生决策。例如，一个人的"出生日期"属于原始数据，而"年龄"则是根据当前日期和出生日期计算得到的信息，根据某人的年龄、性别、职称等有关信息和离退休年龄的规定，可以判断此人何时应当办理离退休手续。

1.1.2　计算机数据管理

随着计算机硬件技术和软件技术的发展，计算机应用范围和数据处理量规模的日益扩大，数据处理的应用需求越来越广泛。数据处理的中心问题是数据管理，多年来，数据管理技术的发展不断变迁，经历了人工管理、文件系统和数据库系统三个阶段。

1. 人工管理阶段

20 世纪 50 年代中期之前，计算机主要用于科学计算。在这一阶段，外存储器只有卡片、纸带和磁带，没有像磁盘这样的可以随机访问、直接存取的外部存储设备。软件方面，没有操作系统，没有专门管理数据的软件，数据完全由人工（主要是程序）进行管理，即数据由计算或处理它的程序自行携带。

在人工管理阶段，应用程序与数据之间的关系如图 1.1 所示。

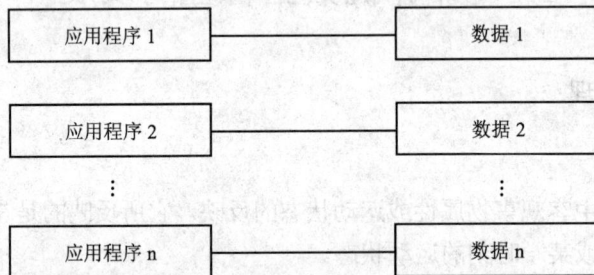

图 1.1　人工管理阶段应用程序与数据之间的关系

在人工管理阶段，数据处理的主要特点如下。

（1）数据不能长期保存

只是在计算某一具体实例时将数据输入，或同程序一起提供，程序运行结束后就退出计算机系统。

（2）数据不能被多个应用程序共享

一组数据只对应一个应用程序，因此程序之间存在大量的重复数据，称为数据冗余。

（3）应用程序与数据之间缺少独立性

一旦数据的结构发生变化，应用程序往往要做相应的修改。

2. 文件系统阶段

20 世纪 50 年代后期至 60 年代中后期，随着硬件方面磁鼓、磁盘等联机外存储器的研制并投入使用，软件方面高级语言和操作系统的出现，这时计算机的应用不仅限于科学计算，也开始以"文件"的方式介入数据处理。在这一阶段，程序设计人员可以利用操作系统提供的文件系统功能，将数据按其内容、用途和结构组织成若干个相互独立的数据文件。

在文件系统阶段，应用程序与数据之间的关系如图 1.2 所示。

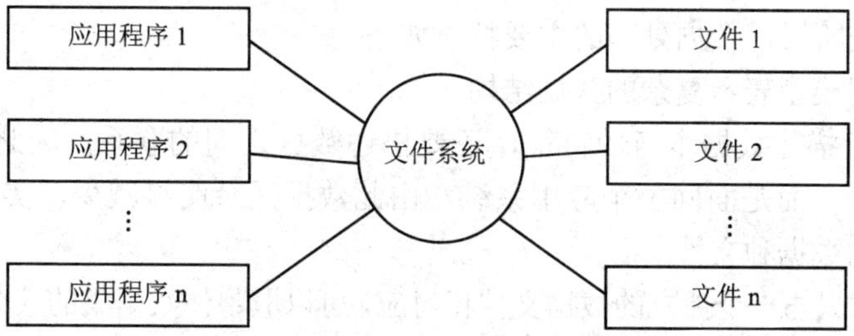

图 1.2 文件系统阶段应用程序与数据之间的关系

文件系统阶段数据处理的主要特点如下。

（1）数据长期保存

数据可以以文件形式长期保存在辅助存储器上，供用户反复调用和更新。

（2）应用程序与数据之间有了一定的独立性

在文件系统的支持下，应用程序与数据文件之间有了数据存取接口，应用程序可以通过文件名对数据进行访问，因此数据存储发生变化不影响应用程序的运行。

（3）数据文件组织多样化

文件的组织是指文件的构造方式，从用户观点出发观察到的文件组织结构称为文件的逻辑结构，而文件在外存上的存储组织形式称为文件的物理结构，常用的物理文件有顺序文件、链接文件和索引文件。

（4）数据冗余度较大

由于数据文件的设计很难满足多个用户的不同需求，而且文件之间缺少联系，这使得在大多数情况下，每个应用程序都有对应的文件，因此同样的数据会出现在不同的应用程序中。

（5）数据的不一致性

这往往是由数据冗余造成的，在进行数据更新时，容易使同样的数据在不同的文件中不一致。在文件系统中，没有维护数据一致性的监控机制，数据的一致性完全由用户负责维护，这在简单系统中还可勉强应付，在复杂的系统中，保证数据的一致性几乎是不可能的。

3. 数据库系统阶段

自 20 世纪 60 年代后期以来，随着计算机应用领域的不断扩展，计算机用于数据处理的范围越来越广，处理的数据量越来越大，仅仅基于文件管理系统的数据处理技术很难满足应用领域的需求。与此同时，计算机硬件技术也正在飞速发展，磁盘存储技术取得重大突破，大容量硬盘进入市场，数据处理软件环境的改善成为许多公司的重点投入。在实际需求迫切、硬件软件竞相拓展的环境中，数据库管理系统应运而生。

在数据库系统阶段，应用程序与数据之间的关系如图 1.3 所示。

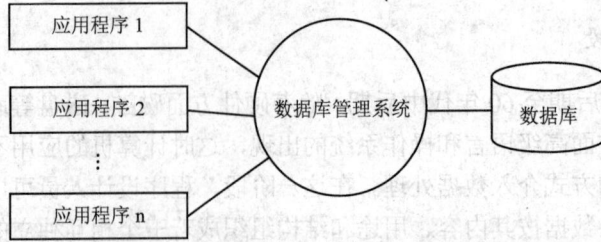

图 1.3　数据库系统阶段应用程序与数据之间的关系

在数据库系统阶段，数据处理的主要特点如下。

（1）采用数据模型表示复杂的数据结构

数据模型不仅描述数据本身的特征，还要描述数据之间的联系，因此数据不再面向特定的某个应用程序，而是面向整个应用系统，由此数据冗余明显减少，实现了数据共享。

（2）有较高的数据独立性

应用程序不再只与一个孤立的数据文件相对应，可以取整体数据集的某个子集作为逻辑文件与其对应，通过数据库管理系统实现逻辑文件与物理数据之间的映射，用户无需考虑数据在存储器上的物理位置与结构，因此数据与应用程序之间不存在依赖关系，而是相互独立的。

（3）统一的数据控制功能

数据库可以被多个用户或应用程序共享，数据的存取往往是并发的，即多个用户可以同时使用一个数据库。数据库管理系统必须提供必要的保护措施，包括并发访问控制功能、数据的安全性控制功能和数据的完整性控制功能。

随着硬件环境和软件环境的不断完善，数据处理应用领域需求的持续扩大，数据库技术与其他软件技术的加速融合，到 20 世纪 80 年代，新的更高一级的数据库技术相继出现并得到长足的发展，分布式数据库系统和面向对象数据库系统等新型数据库系统应运而生，使数据处理有了更进一步的发展。

1.2　数据库系统

1.2.1　数据库系统的组成

数据库系统（Database System，DBS）是实现有组织地、动态地存储大量关联数据，具有管理和控制数据库功能的计算机应用系统。数据库系统的基本组成如图 1.4 所示，一般由数据库、数据库管理系统、计算机支持系统、应用程序和有关人员组成。

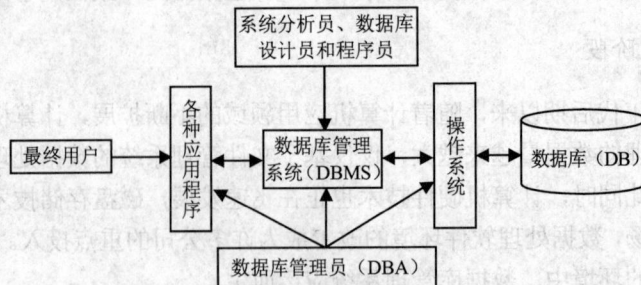

图 1.4　数据库系统的基本组成

1. 数据库

数据库（Database，DB）是指一组按一定数据模型组织的、长期存放在辅助存储器上的、可共享的相关数据的集合。顾名思义，它是存放大量数据的"仓库"，这些数据通常是面向一个单位或应用领域的全局应用的。例如，把一个学校的读者、图书、借阅等信息按一定的数据模型组织起来，并存储在计算机的外存中，就可以构成一个数据库。

数据库中的数据具有较小的冗余度、较高的数据独立性和易扩展性，并可为各种用户所共享。数据库通常包括两部分内容：一是按一定的数据模型组织并实际存储的所有应用所需要的数据，这类数据是用户直接使用的；二是有关数据库定义的数据，用于描述数据的结构、类型、格式、关系、完整性约束和使用权限等，这些描述性数据通常被称为"元数据"。

2. 数据库管理系统

数据库管理系统（Database Management System，DBMS）是用于建立、使用和维护数据库的系统软件。Visual FoxPro 就是一个可以在计算机上运行的数据库管理系统。

DBMS 是位于应用程序与操作系统之间的一层数据管理软件，它是数据库系统的核心，主要有如下几个方面的功能。

（1）数据定义

数据定义包括定义构成数据库结构的外模式、模式和内模式，定义各个外模式与模式之间的映射，定义模式与内模式之间的映射，定义有关的约束条件。

（2）数据操纵

数据操纵包括对数据库数据的插入、删除、修改和查询等基本操作。

（3）数据的组织、存储和管理

数据库中需要存放多种数据，DBMS 负责分门别类地组织、存储和管理这些数据，确定以何种文件结构和存取方式物理地组织这些数据，如何实现数据之间的联系，以便提高存储空间的利用率和增加、删除、修改、查找等操作的时间效率。

（4）数据库运行管理

数据库运行管理是 DBMS 运行时的核心部分，包括对数据库进行并发控制、安全性检查、完整性检查和执行等。所有访问数据库的操作都要在这些控制程序的统一管理下进行，以保证数据的安全性、完整性、一致性以及多用户对数据库的并发使用。

（5）数据库的建立和维护

数据库的建立包括数据库初始数据的输入与数据转换等。数据库的维护包括数据库的转储与恢复，数据库的重组织与重构造、性能监测与分析等。

（6）数据通信接口

DBMS 需要提供与其他软件系统进行通信的功能，包括一个 DBMS 与另一个 DBMS 或文件系统的数据转换功能，异构数据库之间的互访和互操作能力等。

3. 应用程序

应用程序是面向最终用户的，利用数据库系统资源开发的、解决管理和决策问题的各种应用软件。例如，以数据库为基础的图书管理系统、人事管理系统、财务管理系统、教学管理系统、科研管理系统和订票管理系统等。

4. 用户

数据库系统中的用户根据基本的工作职能可以分为数据库管理员、系统管理员、数据库设计员、系统分析员、程序员和最终用户等，每一类用户完成与其相关的职能。

数据库管理员（Database Administrator，DBA）对数据库系统进行管理和控制，具有最高的数据库用户特权，负责全面管理数据库系统。DBA 的职位非常重要，任何一个数据库系统如果没有 DBA，数据库将失去统一的管理与控制，造成数据库的混乱。DBA 应该由懂得和掌握数据库全局工作、设计和管理的核心人员来承担。DBA 的职责包括以下几个方面。

① 参与数据库的规划、设计和建立。

② 负责数据库管理系统的安装和升级。

③ 规划和实施数据库的备份和恢复。

④ 控制用户对数据库的存取访问，规划和实施数据库的安全性和稳定性。

⑤ 监控数据库的运行，进行性能分析，实施优化。

⑥ 支持开发和应用数据库的技术。

系统管理员完成控制和管理数据库系统的一般性操作。

系统分析员、数据设计员和程序员主要是在应用系统（即应用程序）的开发过程中发挥相应的职能。系统分析员负责应用系统的需求分析和规范说明，确定系统的软硬件配置、系统的功能及数据库概念模型的设计；数据库设计员必须参加用户需求调查和系统分析，然后进行数据库设计，在多数情况下，数据库设计人员就由数据库管理员担任；程序员负责设计编写应用系统的程序模块，并进行调试和安装。

最终用户通过应用系统提供的用户接口使用数据库。常用的接口方式有菜单驱动、浏览器、表格操作、图形显示、报表书写等，这些接口为用户提供了简明直观的数据表示和方便快捷的操作方式。

5. 计算机支持系统

计算机支持系统是指用于数据库管理的硬件和软件平台。硬件平台特别强调数据库主机（或服务器）必须有足够大的外存容量、高速的数据吞吐能力、强大的任务处理能力、极高的稳定性与安全性。软件平台主要是指能确保计算机可靠运行的一些系统软件（如操作系统）和应用系统开发工具等。

1.2.2　数据库系统的体系结构

为了实现数据的独立和共享，便于数据库的设计和实现，美国国家标准协会（ANSI）的计算机与信息处理委员会（代号为 X3）中的标准计划和需求委员会（SPARC）于 1975 年将数据库系统的体系结构定义为三个抽象层次：外部层（单个用户的视图）、概念层（全体用户的公共视图）和内部层（存储视图），如图 1.5 所示。

1. 数据库系统的三级结构

（1）外部层

外部层表示数据库的"外部视图"，是各个用户所看到的数据库。它是面向用户的，体现了用户的数据观点。

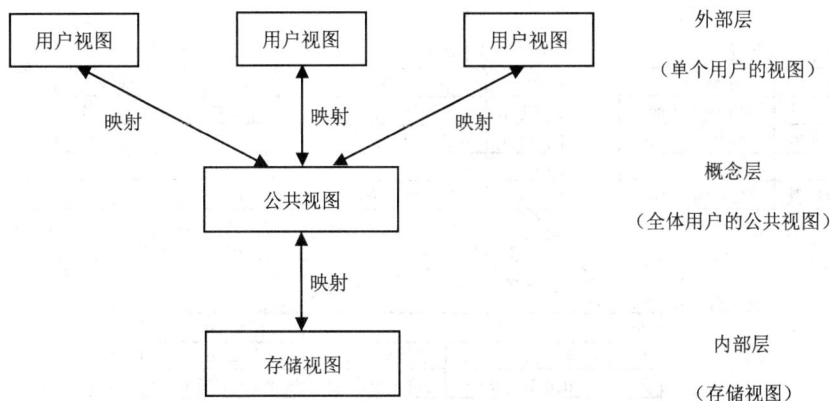

图 1.5 数据库系统的三级结构

（2）内部层

内部层是最接近物理存储的层次。它是数据库的"存储视图"或"内部视图"。它与数据库的实际存储密切相关，可以理解为机器"看到"的数据库。

（3）概念层

概念层是介于上述两者之间的层次。它是数据库的"概念视图"，是数据库中所有信息的抽象表示。它既抽象于物理存储的数据，也区别于各个用户所看到的局部数据库。概念视图可以理解为数据库管理员所看到的数据库。

数据库系统体系结构的外部层、概念层和内部层分别对应于数据库模式的外模式、模式和内模式。

2. 数据库系统的两级映射

（1）概念层与内部层之间的映射

该映射定义了概念视图与存储视图之间的对应关系，保证了数据的物理独立性，即如果存储视图发生了变化，可以相应地改变概念层与内部层之间的映射，而使概念视图保持不变，将存储视图的变化隔离在概念层之下，不反映在用户面前，因此应用程序可以保持不变。

（2）外部层与概念层之间的映射

该映射定义了单个用户的外部视图与全局的概念视图之间的对应关系，保证了数据的逻辑独立性，即如果概念视图发生了变化，可以相应地改变外部层与概念层之间的映射，而使用户看到的外部视图保持不变，因此应用程序可以保持不变。

【例 1.1】 关于数据库系统体系结构的一个实际应用示例。

假设一个"通信数据库"，有三个应用用户，分别是电子通信用户、电话通信用户、邮政通信用户，他们各自只需要自己的信息（其他信息不要）。对整体数据库而言，要能为所有用户服务，故"综合"了所有应用用户的信息表示成"概念视图"，并物理地存储在"存储视图"中。对每个外部用户，从"概念视图"中"映射"出他需要的信息，表示成"外部视图"。在这里"概念视图"亦是一个逻辑概念，不同的是概念视图是整体数据库的逻辑结构，而外部视图仅是局部数据的数据库的逻辑结构。该示例的数据库系统的三级结构如图 1.6 所示。

电子通信数据库

姓名	E-MAIL
刘东和	dhliu@163.com
张红民	hmzhang@126.com
…	…
叶以其	yqye@qq.com

电话通信数据库

姓名	电话号码
刘东和	852-28592111
张红民	010-52864965
…	…
叶以其	025-83658790

邮政通信数据库

姓名	通信地址
刘东和	香港九龙 3 号
张红民	北京新东路 88 号
…	…
叶以其	南京广州路 15 号

外部视图

通信数据库

姓名	电话号码	通信地址	E-MAIL
刘东和	852-28592111	香港九龙 3 号	dhliu@163.com
张红民	010-52864965	北京新东路 88 号	hmzhang@126.com
…			
叶以其	025-83658790	南京广州路 15 号	yqye@qq.com

概念视图

叶以其…
刘东和…
张红民…

存储视图

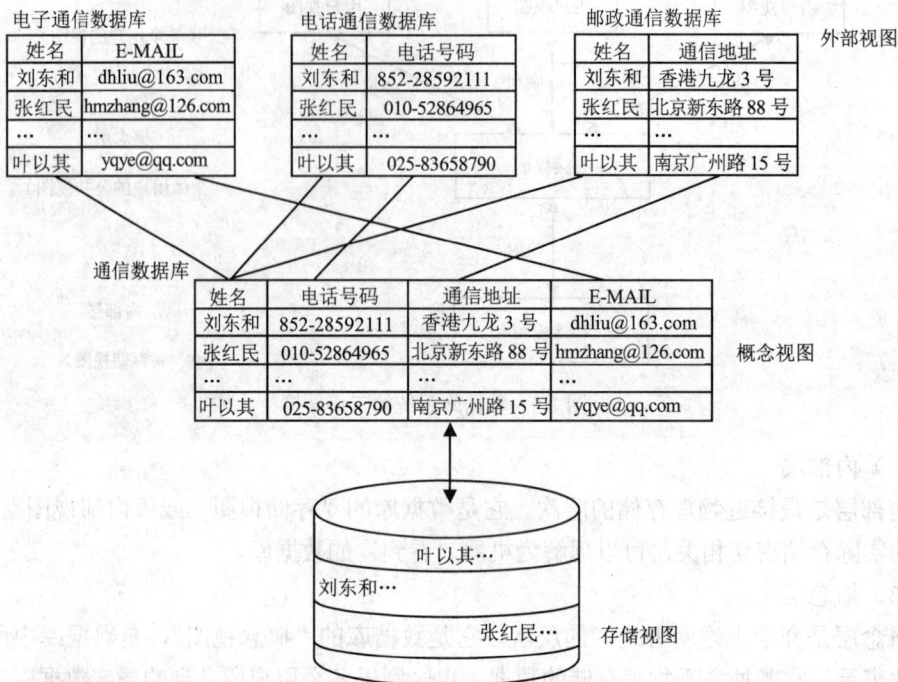

图 1.6　数据库系统的体系结构示例

1.3　数据模型

计算机本身不可能直接处理现实世界中的具体事物，如何将现实世界中各种复杂的事物最终以计算机及数据库所允许的形式反映到数据世界中去，这需要通过建立数据模型来实现。

1.3.1　数据模型概述

数据模型（Data Model）是现实世界中数据特征的抽象，是用来描述数据的一组概念和定义。数据模型一般要描述三个方面的内容：一是数据的静态特征，包括对数据结构和数据间联系的描述；二是数据的动态特征，这是一组定义在数据上的操作，包括操作的含义、操作符、运算规则和语言等；三是数据的完整性约束，这是一组数据库中的数据必须满足的规则。

1. 三个世界

（1）现实世界

现实世界是指客观存在的事物及其相互间的联系。在现实世界中，人们可以通过事物不同的属性和运动状态对事物加以区别，描述事物的性质和运动规律。

（2）信息世界

信息世界是人们对客观存在的事物及其相互间的联系的反映。人们将客观事物的反映通过符号记录下来，事实上这是对现实世界的一种抽象描述。

在信息世界中，不是简单地对现实世界进行一种符号记录，而是通过选择、分类、命名等抽象过程产生出不依赖于具体计算机系统中 DBMS 的概念模型。

（3）数据世界

数据世界中的数据是将信息世界中的实体数据化的结果。也就是说，将信息世界中概念模型进一步转化为计算机系统中 DBMS 所支持的数据模型。

三个世界之间的关系如图 1.7 所示。

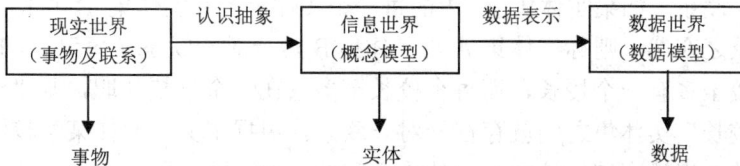

图 1.7　三个世界之间的关系

2. 数据模型类型

（1）概念数据模型

概念数据模型简称概念模型，它按用户的观点对数据建模，是对现实世界的第一层抽象，是用户和数据库设计人员之间进行交流的工具。它使数据库设计人员在设计的初始阶段，可以摆脱计算机系统及 DBMS 的具体技术问题，与具体的 DBMS 无关。长期以来，在数据库设计中广泛使用的概念模型是"实体—联系"模型（Entity-Relationship Model，E-R 模型）。

（2）逻辑数据模型

逻辑数据模型简称数据模型，这是用户从数据库的角度所看到的模型，是具体的 DBMS 所支持的数据模型，如层次模型（Hierarchical Model）、网状模型（Network Model）、关系模型（Relation Model）和面向对象模型（Object-Oriented Model）。目前流行的 DBMS 产品中，数据模型主要采用关系模型和面向对象的模型。

（3）物理数据模型

物理数据模型简称物理模型，是面向计算机物理表示的模型，描述了数据在存储介质上的组织结构，它不但与具体的 DBMS 有关，而且还与操作系统和硬件有关。每一种逻辑数据模型在实现时都有与其对应的物理数据模型。

1.3.2　E-R 模型

1. E-R 模型中的基本概念

E-R 模型中有三个基本的概念：实体、属性和联系。

（1）实体（Entity）

实体是客观存在且可以相互区别的事物。实体可以是具体的、可见的事物，如一名职工、一位学生、一本图书等；也可以是抽象的事物，如一个院系、一次考试、一场比赛等。

具有相同性质（特征）实体的集合称为实体集，例如，某校教师的集合构成"教师"实体集，某校学生的集合构成"学生"实体集。

（2）属性（Attribute）

属性是指实体所具有的特征与性质。通常一个实体可以由多个属性来描述，属性不能独立于实体而存在。例如，一个学生实体的属性有学号、姓名、性别、出生日期、班级等。

（3）联系（Relationship）

联系是实体集之间的抽象表示。例如，在学校的图书管理系统中，"读者"实体集与"图书"实体集之间存在"借阅"联系。

根据两个实体集中相互有联系的实体数量，实体集之间的联系可以分为一对一联系、一对多联系和多对多联系。

- 一对一联系。如果实体集 A 中的每一个实体至多和实体集 B 中的一个实体有联系，反之亦然，则称实体集 A 与实体集 B 是一对一联系（简记 1∶1）。例如，一个学校至多有一个校长，而每个校长至多只在一个学校任职，则"学校"实体集与"校长"实体集之间就存在一对一联系。根据定义，即使某学校因校长调离暂时空缺，也没有破坏这两个实体集之间的一对一联系。

- 一对多联系。如果实体集 A 中的每一个实体和实体集 B 中的任意个（包括 0 个）实体有联系，而实体集 B 中的每一个实体至多和实体集 A 中的一个实体有联系，则称实体集 A 与实体集 B 是一对多联系（简记 1∶n）。例如，一个部门有若干名职工，而每名职工只在一个部门工作，则"部门"实体集与"职工"实体集之间就存在一对多联系。

- 多对多联系。如果实体集 A 中的每一个实体和实体集 B 中的任意个（包括 0 个）实体有联系，反之亦然，则称实体集 A 与实体集 B 是多对多联系（简记 m∶n）。例如，一个读者可以借阅多本图书，而一本图书也可以被多名读者借阅，则"读者"实体集与"图书"实体集之间就存在多对多联系。

2. E-R 图

E-R 图是 E-R 模型的图形表示法，是直接表示概念模型的有力工具。在 E-R 图中，一般用矩形框表示实体集，菱形框表示联系，椭圆形（或圆形）框表示属性。

【例 1.2】 关于 E-R 图的一个实际应用示例。

在学校的图书管理系统中，存在读者、图书、出版社等多个实体集，实体集之间也存在着一些联系，该系统局部的 E-R 图如图 1.8 所示。

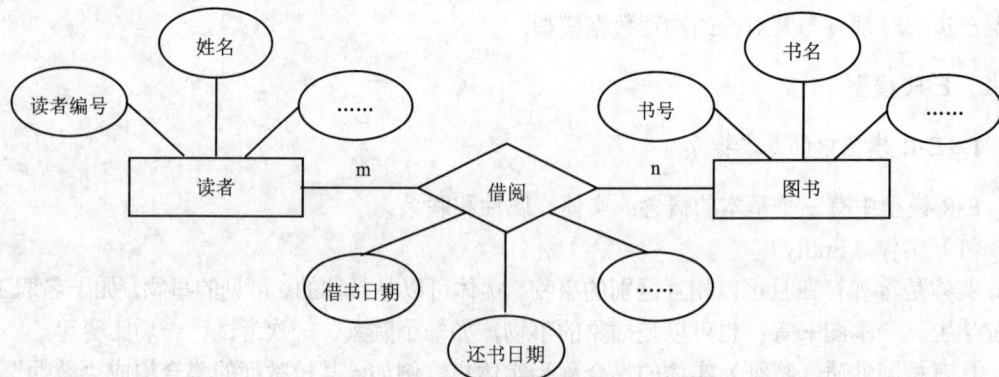

图 1.8　E-R 图示例

注　意

联系也可以有属性，例如"借阅"联系有借书日期、还书日期等属性。

1.3.3　关系模型

以层次模型组织数据的结构是树形结构，以网络模型组织数据的结构是网状图。虽然层次数据库和网状数据库解决了数据的共享问题，但在数据独立性和抽象级别上仍有欠缺，而关系数据库较好地解决了这些问题。

关系模型以关系代数理论为基础，它用二维表表示实体集，通过外部关键字表示实体集之间的联系。关系模型一般由三个部分组成：数据结构、数据操作和完整性规则。

- 数据结构：数据库中所有数据及其相互联系都被组织成关系（二维表的形式）。
- 数据操作：提供一组完备的关系运算，以支持对数据库的各种操作。
- 完整性规则：主要包括域完整性、实体完整性和参照完整性等。

1.　关系模型的数据结构

（1）关系

一个关系就是一张二维表（简称为表），每个关系有一个关系名。

（2）属性（字段）

一个关系中垂直方向的列称为属性（字段），每一列的名字即为属性名（字段名）。

（3）元组（记录）

一个关系中水平方向的行（不包括属性名所在的行）称为元组（记录），每一行是一个元组（记录）。

（4）域

域表示属性的取值范围，也就是不同元组对同一个属性的取值所限定的范围。

（5）关系模式

关系模式是对关系结构的描述，包括关系名以及组成该关系的各属性名。其格式如下：

关系名（属性名 1，属性名 2，……，属性名 n）

【例 1.3】　一个关系的实例，关系名是"读者表"，如表 1.1 所示。

表 1.1　读者表

读者编号	姓　名	性　别	籍　贯	出生日期
09030815	王焱	女	江苏南京	1992/09/28
09030828	赵晗	女	江苏南京	1993/08/20
09030934	陈卓君	男	江苏扬州	1994/12/30
C9508101	王韬	男	江苏扬州	1983/06/06
10030945	徐超	男	上海	1993/03/15
B8907011	王洋	女	山东青岛	1981/09/02
A8005011	赵娜	女	上海	1972/01/09

仔细分析"读者表"关系，可得到如下结论。

- 该关系有 5 列，即有 5 个属性，属性名分别为读者编号、姓名、性别、籍贯、出生日期。
- 该关系中，"性别"属性的域是（男，女）。
- 除属性名所在的行外，该关系有 7 行，对应 7 个元组，例如（09030815，王焱，女，江苏南京，1992/09/28）元组描述了读者王焱的相关信息。
- 该关系的关系模式可表示为：读者表（读者编号，姓名，性别，籍贯，出生日期）

2. 关键字

关系中不允许出现相同的记录，因此应能通过一个字段或多个字段的组合，将不同的记录加以区分，这涉及关系模型中"关键字"这一重要的概念，关键字的种类如下。

（1）超关键字（Super Key）

关系中能唯一确定记录的一个字段或几个字段的组合被称为"超关键字"。超关键字虽然能唯一确定记录，但是它所包含的字段可能是有多余的。

（2）候选关键字（Candidate Key）

如果一个超关键字去掉其中任何一个字段后不再能唯一地确定记录，则称它为"候选关键字"。候选关键字既能唯一地确定记录，它包含的字段又是最精炼的。也就是说，候选关键字是最简单的超关键字。

（3）主关键字（Primary Key）

在一个关系中，由用户特别指定的某一候选关键字，可称为"主关键字"。对于一个关系来说，候选关键字至少有一个，从候选关键字中可以选出一个作为主关键字。主关键字的值不能为空，否则主关键字就起不了唯一标识记录的作用。

（4）外部关键字（Foreign Key）

一个关系 A（主表）的主关键字被包含到另一个关系 B（子表）中时，则外部关键字是关系 B 中的一个字段或多个字段组合，关系 B 的外部关键字与关系 A 的主关键字相匹配。

【例 1.4】　分析关系的关键字，涉及的关系是"读者表"和"借阅表"，"读者表"如表 1.1 所示，"借阅表"如表 1.2 所示。假设"读者表"中"姓名"字段没有重复的值，"借阅表"中同一本书被同一个读者至多借一次，请回答如下问题：

1）"读者表"的超关键字有哪些？

2）"读者表"和"借阅表"分别有哪些候选关键字？

3）"读者表"和"借阅表"的主关键字分别是什么？

4）在什么情况下，"读者表"和"借阅表"中的某个表存在外部关键字？其外部关键字是什么？

仔细分析读者表和借阅表，可得到如下结论。

1）读者编号＋姓名＋性别＋籍贯＋出生日期、读者编号＋姓名＋性别＋籍贯、读者编号＋姓名＋性别、读者编号＋姓名、读者编号＋性别＋籍贯＋出生日期、姓名＋性别＋籍贯＋出生日期、读者编号＋性别＋籍贯、姓名＋性别＋籍贯、读者编号＋性别、姓名＋性别、读者编号、姓名等均可以作为"读者表"的超关键字。超关键字往往有很多，这里仅列出部分。

表 1.2　借阅表

读者编号	书　号	借书日期	还书日期
09030815	I247.5/8888P	2011/05/01	2011/05/23
09030815	I247.5/8880P	2011/06/12	2011/06/17
09030934	I247.5/8888P	2011/12/11	2012/01/24
09030934	C912.1-49/129P	2011/11/01	2011/11/21
09030934	F239.22/11P	2011/08/01	2011/09/01
A8005011	I247.5/8888P	2011/11/08	2011/12/01
A8005011	C912.1-49/129P	2011/05/12	2011/05/19
A8005011	K891.26-49/2P	2012/02/05	2012/03/11
A8005011	I247.5/8880P	2011/09/11	2011/09/21

2）"读者表"有两个候选关键字，分别是"读者编号"、"姓名"；"借阅表"的候选关键字是"读者编号＋书号"。

3）在"读者表"中，可以选择"读者编号"作为主关键字，也可以选择"姓名"作为主关键字，但注意只能选择其中一个；"借阅表"的主关键字是"读者编号＋书号"。

4）如果"读者表"当前选择字段"读者编号"作为主关键字，则"借阅表"存在外部关键字。根据定义，"读者表"的主关键字"读者编号"被包含在"借阅表"中，因此"借阅表"的外部关键字是"读者编号"。

说　明

本题中假设"读者表"中的"姓名"字段没有重复的值，因此可以作为超关键字、候选关键字、主关键字。如果读者表中有同名的情况，则不可以。

---

3. 关系运算

关系数据库中，可以对已知关系进行一些规定的操作，生成新的关系。关系的基本运算有两类：一类是传统的集合运算（并、差、交等），另一类是专门的关系运算（如选择、投影、联接等）。

（1）并

设有关系 R 和关系 S，它们有相同的模式结构，且对应的属性取自同一个域（称 R 与 S 是"并相容"的），其并运算可表示为 R∪S，并运算的结果是由属于这两个关系的元组组成的新的关系。

例如，有两个结构相同的职工关系 R1 和 R2，分别存放两个部门的职工，如果把 R2 关系中的职工记录追加到 R1 关系中，则需要进行"R1∪R2"运算。

（2）差

设关系 R 和关系 S 并相容，其差运算可表示为 R-S，差运算的结果是由属于 R 但不属于 S 的元组组成的新的关系。

例如，有两个结构相同的学生关系 S1 和 S2，分别存放参加围棋社团的学生名单和参加乐器社团的学生名单，如果要查询参加围棋社团，但没有参加乐器社团的学生名单，则需要进行"S1-S2"运算。

（3）交

设关系 R 和关系 S 并相容，其交运算可表示为 R∩S，交运算的结果是由既属于 R 又属于 S 的元组组成的新的关系。

例如，对于上述学生关系 S1 和 S2，如果要查询既参加围棋社团，但没有参加乐器社团的学生名单，则需要进行"S1∩S2"运算。

【例 1.5】　关系 R1 和 R2 如表 1.3 所示，求 R1∪R2、R1-R2、R1∩R2。

表 1.3　关系 R1 和 R2

(a) R1

A	B	C
a	1	2
a	2	1
b	2	1
c	4	5

(b) R2

A	B	C
a	1	2
c	1	2
b	4	5
a	2	1

仔细分析关系 R1 和 R2，它们的运算结果如表 1.4 所示。

表 1.4　关系 R1 和 R2 的运算结果

(a) R1∪R2

A	B	C
a	1	2
a	2	1
b	2	1
c	4	5
c	1	2
b	4	5

(b) R1-R2

A	B	C
b	2	1
c	4	5

(c) R1∩R2

A	B	C
a	1	2
a	2	1

注 意

进行并、差、交运算的两个关系必须具有相同的关系模式，即两个关系的结构相同。

（4）选择

选择又称为限制，它是在关系 R 中选择满足给定条件（逻辑表达式）的元组组成一个新关系。选择运算是对关系的水平分解，其结果是关系 R 的一个子集。

【例 1.6】　关于选择运算的一个实际应用示例。

要从表 1.1 所示的"读者表"中找出"上海"籍的读者，所进行的查询操作就属于选择运算。选择运算结果如表 1.5 所示。

表 1.5 选择运算结果

读者编号	姓 名	性 别	籍 贯	出生日期
10030945	徐超	男	上海	1993/03/15
A8005011	赵娜	女	上海	1972/01/09

（5）投影

投影运算是对关系的垂直分解，它是在关系 R 中选择出若干个属性组成新的关系。经过投影运算可以得到一个新的关系，它包含的属性个数通常比原关系少，或者属性的排列顺序不同。

【例 1.7】 关于投影运算的一个实际应用示例。

要从表 1.1 所示的"读者表"中找出读者的读者编号、姓名、性别、出生日期部分数据，所进行的查询操作就属于投影运算。投影运算结果如表 1.6 所示。

表 1.6 投影运算结果

读者编号	姓 名	性 别	出生日期
09030815	王焱	女	1992/09/28
09030828	赵晗	女	1993/08/20
09030934	陈卓君	男	1994/12/30
C9508101	王韬	男	1983/06/06
10030945	徐超	男	1993/03/15
B8907011	王洋	女	1981/09/02
A8005011	赵娜	女	1972/01/09

（6）联接

联接运算是根据给定的联接条件将两个关系拼成一个新的关系，生成的新关系中包含满足联接条件的元组。联接过程是通过联接条件来控制的，联接条件中将出现两个关系中的公共属性名，或具有相同语义的属性。

在联接运算中，按照字段值对应相等为条件进行的联接操作称为等值联接，自然联接是指去掉重复属性的等值联接。

【例 1.8】 关于联接运算的一个实际应用示例。

要从表 1.1 所示的"读者表"和表 1.2 所示的"借阅表"中找出借阅过图书的读者信息，要求输出读者编号、姓名、性别、籍贯、出生日期、书号、借书日期、还书日期字段，所进行的查询操作就属于联接运算，联接条件为"读者表.读者编号=借阅表.读者编号"。联接运算结果如表 1.7 所示。

注 意

选择和投影运算的操作对象只是一个关系，相当于对一个关系进行切割，而联接运算需要两个表作为操作对象。无特殊说明的情况下，联接运算指的是自然联接。

表 1.7   联接运算结果

读者编号	姓 名	性 别	籍 贯	出生日期	书 号	借书日期	还书日期
09030815	王焱	女	江苏南京	1992/09/28	I247.5/8888P	2011/05/01	2011/05/23
09030815	王焱	女	江苏南京	1992/09/28	I247.5/8880P	2011/06/12	2011/06/17
09030934	陈卓君	男	江苏扬州	1994/12/30	I247.5/8888P	2011/12/11	2012/01/24
09030934	陈卓君	男	江苏扬州	1994/12/30	C912.1-49/12P	2011/11/01	2011/11/21
09030934	陈卓君	男	江苏扬州	1994/12/30	F239.22/11P	2011/08/01	2011/09/01
A8005011	赵娜	女	上海	1972/01/09	I247.5/8888P	2011/11/08	2011/12/01
A8005011	赵娜	女	上海	1972/01/09	C912.1-49/12P	2011/05/12	2011/05/19
A8005011	赵娜	女	上海	1972/01/09	K891.26-49/2P	2012/02/05	2012/03/11
A8005011	赵娜	女	上海	1972/01/09	I247.5/8880P	2011/09/11	2011/09/21

4. 关系的规范化

（1）关系的性质

关系模型看起来简单，但是并不能把日常手工管理所用的各种表格按照一张表一个关系直接存放到数据库系统中。关系是一种规范化了的二维表，具有如下一些性质。

● 属性值是原子的，不可分解的。

手工制表中经常出现复合工资表，如表 1.8 所示。这种表格不是二维表，不能直接作为关系来存放，应去掉表 1.8 中的应发工资和应扣工资两个表项，其关系模式表示为

工资表（姓名，职务，基本工资，津贴，奖金，保险，个人所得税，房租，实发工资）

表 1.8   复合工资表

姓 名	职 务	应发工资			应扣工资			实发工资
		基本工资	津 贴	奖 金	保 险	个人所得税	房 租	

● 二维表的记录数随数据的增删而改变，但其字段数却是相对固定的。
● 二维表中的每一列均有唯一的字段名，且取值是相同性质的。
● 二维表中不允许出现完全相同的两行。
● 二维表中行的顺序、列的顺序均可以任意交换。

（2）关系的规范化

现实世界中的许多实体及其联系可以用多种关系模式形式来表示，其中往往会存在一些不利于数据处理的"不好"的关系模式。

关系模型以严格的数学理论为基础，并形成了一整套的关系数据库理论，其中包括规范化理论。规范化理论主要是以关系代数为基础，研究关系模式中属性之间的依赖关系。

关系的规范化是指关系模型中的每一个关系模式必须满足一定的要求，其目的是尽可能地减少数据的冗余、消除异常现象（主要有更新异常、插入异常和删除异常）、增强数据的独立性、便于用户使用等。

根据满足规范的条件不同，可以划分为不同的范式，分别为第一范式（1NF）、第二范式

（2NF）、第三范式（3NF）、修正的第三范式（BCNF）、第四范式（4NF）、第五范式（5NF），它们均有严格的数学定义。nNF 中的 NF 是 Normal Form（范式）的缩写，n 表示范式的级别，范式的级别越高则条件越严格。

实际设计关系模式时，设计者要尽量做到使关系模式满足 3NF，它是一个良好的关系模式应满足的基本规范。若关系模式没有达到 3NF，可以通过关系中属性的分解和关系模式的分解，使关系模式更加规范化。

注 意

为了帮助读者更好地理解，在小型案例实训部分解析了规范化理论的应用。

5. 关系数据库标准语言 SQL

用户使用数据库时，会对数据库进行各式各样的操作，如插入、删除、修改、查询数据，定义、修改数据模式等。DBMS 必须为用户提供相应的命令和语言，这就构成了用户和数据库的接口。DBMS 所提供的语言不同于计算机的程序设计语言，一般局限于对数据库的操作，因而称它为数据库语言。

关系数据库语言是一种非过程语言。所谓非过程语言，是指对用户而言，只要说明"做什么"，指出需要什么数据，至于"如何做"才能获得这些数据则不必由用户说明，而由 DBMS 系统来实现。

目前为关系数据库提供非过程关系语言最成功、应用最广的是 1974 年推出的 SQL（Structured Query Language）。它的前身是 SEQUEL（Structured English Query Language），SEQUEL 是 IBM 的圣约瑟研究实验室为其关系数据库管理系统 SYSTEM R 开发的一种查询语言。1981 年，IBM 公司用 SQL 缩略名取代 SEQUEL，自此以后，SQL 不但用于 IBM 的 DB2 等 DBMS 产品中，而且还广泛地用于许多非 IBM 公司的 DBMS 产品中，如 Oracle、Sybase、Informix、SQL Server、Visual FoxPro、Access 等。1987 年，国际标准化组织（ISO）采纳 SQL 为国际标准，1992 年公布了 SQL-92 标准（亦称 SQL2），1999 年公布了增加面向对象功能的新标准 SQL-99（亦称 SQL3）。

SQL 已从开始时比较简单的数据库语言，逐步发展成为功能比较齐全、内容比较复杂的数据库语言。SQL 语句可嵌入在宿主语言（如 C、VB 等）中使用，SQL 用户也可在终端上以联机交互方式使用 SQL 语句。

SQL 按其功能可分为四大部分。

1）数据定义语言（Data Definition Language，DDL），用于定义、删除和修改数据模式，所用的 SQL 语句分别为 CREATE、DROP、ALTER 命令。

2）数据操纵语言（Data Manipulation Language，DML），用于插入、删除和修改数据，所用的 SQL 语句分别为 INSERT、DELETE、UPDATE 命令。

3）数据查询语言（Data Query Language，DQL），用于查询数据，所用的 SQL 语句为 SELECT 命令。

4）数据控制语言（Data Control Language，DCL），用于数据访问权限的控制。

注 意

　　本书将在第 3 章详细介绍 DDL、DML 中有关 SQL 命令的使用，在第 4 章详细介绍 DQL 中 SELECT 命令的使用。

1.4　常用的DBMS产品介绍

　　自 20 世纪 70 年代关系模型提出后，由于其突出的优点，迅速被商用数据库系统所采用。据统计，70 年代以来新发展的 DBMS 系统中，近百分之九十是采用关系数据模型，涌现出了许多性能优良的商品化关系数据库管理系统，其中小型数据库管理系统产品有 Visual FoxPro、Access、Paradox 等，大中型数据库管理系统产品有 Oracle、DB2、SQL Server、Sybase 等。

　　20 世纪 80 年代以来是 RDBMS（关系型数据库管理系统）产品发展和竞争的时代。各种产品经历了从集中到分布，从单机环境到网络环境，从支持信息管理到联机事务处理（OLTP），再到联机分析处理（OLAP）、数据仓库的发展过程，对关系模型的支持也逐步完善，系统的功能不断增强。

1.　Oracle

　　1977 年成立的 Oracle 公司在中国又称为"甲骨文"公司，它是业界领先的数据库企业和世界第二大独立软件企业，Oracle 是 Oracle 公司于 1979 年发布的世界上第一个关系数据库管理系统。

　　30 多年来该产品的发展历程大致为：1984 年首先将关系数据库转到了桌面计算机上；Oracle 5 率先推出了分布式数据库，并且是第一个可以在客户机/服务器模式下运行的 RDBMS 产品；Oracle 6 版本支持行锁定模式、多处理器以及联机事务处理；Oracle 7 基于 Unix 版本，正式向 Unix 进军；1999 年 Oracle 8i（i 代表 Internet）交付使用，该版本全面支持 Internet 技术，同时也是 Oracle 互联网平台电子商务的核心部分；2001 年又推出了 Oracle 9i；2003 年推出了全球第一个基于网格计算（grid computing）的 Oracle 10g（g 代表 grid）；2007 年又宣布推出 Oracle 11g 产品。

　　Oracle 是世界上使用最广泛的大型关系数据库管理系统，在当今世界 500 强企业中，70%的企业使用的都是 Oracle 数据库，世界十大 B2C 公司全部使用 Oracle 数据库，世界十大 B2B 公司有 9 家使用的是 Oracle 数据库。

2.　DB2

　　DB2 是 IBM 公司研制的一种关系型数据库管理系统，主要用于大型应用系统，可支持从大型机到单用户环境，能够在 Unix、OS/2、Windows 等平台下运行。DB2 将 IBM 在关系型数据库技术方面的领先优势与客户机/服务器数据库产品融为一体，具有极强的伸缩性和扩充能力，数据库的使用和管理非常方便。

　　2006 年 7 月 14 日，IBM 全球同步发布了一款具有划时代意义的数据库产品——DB2 9

（"DB2"是 IBM 数据库产品系列的名称），这款新品的最大特点是率先实现了可扩展标记语言（XML）和关系数据间的无缝交互，而无需考虑数据的格式、平台或位置。

3. SQL Server

SQL Server 是由 Microsoft 开发和推广的在 Windows 平台上最为流行的中型关系数据库管理系统，它的主要特点是：采用客户机/服务器结构；提供了一整套功能全面的图形化用户界面；与 Windows 操作系统集成紧密，采用多线程体系结构设计，提高了系统对用户并发访问的响应速度；提供了对 Web 技术的支持，使用户能够很容易地将数据库中的数据发布到网上。

SQL Server 近年来不断更新版本，1996 年，Microsoft 推出了 SQL Server 6.5 版本；1998年，SQL Server 7.0 版本和用户见面；2000 年，版本被升级到 SQL Server 2000；2012 年，SQL Server 2012 版本被发布。

4. Sybase

Sybase 公司是 1984 年成立的，它立足于在开放系统平台上研制具有客户机/服务器体系结构的 Sybase 数据库产品。Sybase 有效地汲取了其他 RDBMS 设计过程中的先进技术和概念，以满足联机事务处理应用为目标，同时加强联网对异构数据源的开放互联，从而成为具有高性能、高可靠性的功能强大的关系型数据库管理系统。Sybase 数据库的多库、多设备、多用户、多线索等特点极大地丰富和增强了数据库功能。

5. Access

自从 1992 年 Microsoft 公司首先发布 Access 数据库管理系统以来，Access 已逐步成为桌面数据库领域比较成熟的关系数据库管理系统。Access 是 Office 软件包系列产品的一员，只能在 Windows 环境下工作，它提供了一个数据管理工具包和应用程序的开发环境，主要适用于小型数据库系统的开发。Access 工作窗口尽可能地保持与 Office 其他应用程序界面的一致性，使得熟悉 Word、Excel 等软件操作的用户可以轻松地学会 Access 的操作。

6. Visual FoxPro

Visual FoxPro（VFP）是在 xBASE 的基础上发展而来的一种关系型数据库管理系统。Visual FoxPro 的发展历程如下。

1）1975 年，美国工程师 Ratliff 开发了一个能在个人计算机上运行的交互式的数据库管理系统。

2）1980 年，Ratliff 和 3 个销售精英成立了 Ashton-Tate 公司，直接将软件命名为 dBASE Ⅱ而不是 dBASE Ⅰ，后来这套软件经过维护和优化，升级为 dBASE Ⅲ。

3）1986 年，Fox 软件公司在 dBASE Ⅲ的基础上开发出了 FoxBASE 数据库管理系统，后来 Fox 软件公司又开发了 FoxBASE+、FoxPro 2.0 等版本，这些版本通常被称为 xBase 系列产品。

4）1992 年，Microsoft 公司在收购 Fox 软件公司后，推出 FoxPro 2.5，有 MS-DOS 和 Windows 两个版本，使程序可以直接在基于图形的 Windows 操作系统上稳定运行。

5）1995 年，Microsoft 公司推出了 Visual FoxPro 3.0，它使数据库系统的程序设计从面向过程发展成面向对象，是数据库设计理论的一个里程碑。

6）1996 年，Microsoft 公司推出 Visual FoxPro 5.0，引入了 Internet 和 Active 技术。

7）1998 年，Microsoft 公司在推出 Windows 98 的同时推出 Visual FoxPro 6.0。

8）近年来，Visual FoxPro 7.0、Visual FoxPro 8.0 和 Visual FoxPro 9.0 也相继推出，这些版本都增强了软件的网络功能和兼容性。

Visual FoxPro 6.0 是目前世界流行的小型数据库管理系统中性能最好、功能最强的优秀软件之一。本书以 Visual FoxPro 6.0 为基础，兼顾其他版本的内容，重点介绍 VFP 的基本功能和使用。

1.5 小型案例实训

【案例说明】

有关系模式 J_X_Z_R（工号，姓名，性别，院系代码，院系名，职称代码，职称名，课程代码），它的一个实例如表 1.9 所示，分析其异常情况，并对关系 J_X_Z_R 进行规范化。

表 1.9 J_X_Z_R 的一个实例

工号	姓名	性别	院系代码	院系名	职称代码	职称名	课程代码
A0001	程东萍	女	01	国际审计学院	01	助教	11
A0001	程东萍	女	01	国际审计学院	01	助教	12
A0002	刘海军	男	02	会计学院	01	助教	21
A0002	刘海军	男	02	会计学院	01	助教	22
A0002	刘海军	男	02	会计学院	01	助教	23
A0003	蒋方舟	男	03	信息科学学院	02	讲师	31
A0004	曹芳	女	03	信息科学学院	03	副教授	31
A0004	曹芳	女	03	信息科学学院	03	副教授	33
A0005	孙向东	男	04	数学系	04	教授	41
A0005	孙向东	男	04	数学系	04	教授	44

【异常情况分析】

在关系模式 J_X_Z_R 中包括了多个主题信息，具体有教师基本信息、教师任课信息、职称信息、院系信息，这是导致异常情况产生的原因，异常情况表现在如下几个方面。

1）数据冗余：每当教师开设一门课程时，该教师的姓名、性别、院系代码、院系名、职称代码、职称名就重复存储一次。

2）更新异常：由于数据冗余，有可能在一个元组中更改了某教师的院系名或职称信息，但没有更改其他元组中相同教师的院系名或职称信息，于是同一个教师在关系中存在不同的院系名或职称信息，造成数据不一致，这是不合理的。

3）插入异常：如果学校新调入一个教师，暂时未讲任何课程。在该关系模式中，"工号+课程代码"构成了主关键字，由于缺少主关键字的一部分，而主关键字不允许出现空值，新教师的元组就不能插入到此关系中去，这也是不合理的。

4）删除异常：与插入异常相反，如果某些教师致力于科研，不担任教学任务了，就要从当前关系中删除有关元组,那么关于这些教师的其他信息将无法记载,这同样是不合理的。

【规范化方法及应用】

规范化方法:将关系模式按主题投影分解为 n 个(两个或两个以上)的关系模式。分解时还要考虑各关系之间的联系,n 个关系应该有 n-1 种联系,即要考虑定义 n-1 个外部关键字。

规范化应用:对关系模式 J_X_Z_R 进行分解,分解为 4 个关系模式:JS(工号,姓名,性别,院系代码,职称代码);RK(工号,课程代码);ZC(职称代码,职称名);YX(院系代码,院系名)。

关系 JS 通过外部关键字"院系代码"表示关系 YX 与关系 JS 之间的联系,关系 JS 通过外部关键字"职称代码"表示关系 ZC 与关系 JS 之间的联系,关系 RK 通过外部关键字"工号"表示关系 JS 与关系 RK 之间的联系。

【规范化结果】

规范化后各关系模式对应的实例如表 1.10 所示。

表 1.10 规范化后各关系模式对应的实例

(a) 关系 JS

工 号	姓 名	性 别	院系代码	职称代码
A0001	程东萍	女	01	01
A0002	刘海军	男	02	01
A0003	蒋方舟	男	03	02
A0004	曹芳	女	03	03
A0005	孙向东	男	04	04

(b) 关系 RK

工 号	课程代码
A0001	11
A0001	12
A0002	21
A0002	22
A0002	23
A0003	31
A0004	31
A0004	33
A0005	41
A0005	44

(c) 关系 ZC

职称代码	职 称 名
01	助教
02	讲师
03	副教授
04	教授

(d) 关系 YX

院系代码	院 系 名
01	国际审计学院
02	会计学院
03	信息科学学院
04	数学系

1.6 习 题

一、选择题

1. 根据提供的数据独立性、数据共享性、数据完整性、数据存取方式等水平的高低,计算机数据管理技术的发展可以划分为三个阶段,其中不包括_____。

    A. 人工管理阶段   B. 程序系统阶段

    C. 文件系统阶段   D. 数据库系统阶段

2. 以下关于数据库、数据库系统、数据库管理系统和数据库管理员的叙述正确的是_____。

    A. 数据库管理系统就是数据库系统

B. 数据库管理员只负责监督数据库的运行，不负责定义数据库的结构

C. 数据库和数据库系统是数据库管理系统的组成部分

D. 数据库、数据库管理系统和数据库管理员是数据库系统的组成部分

3. 实体是信息世界的术语，与之对应的数据库术语是_____。

  A. 文件　　　　B. 数据库　　　　C. 记录　　　　D. 字段

4. 数据的逻辑独立性是通过_____来保证的。

  A. 概念层　　　　　　　　　　B. 内部层

  C. 概念层/内部层映射　　　　　D. 外部层/概念层映射

5. 在 E-R 图中，属性用_____表示。

  A. 椭圆形框　　　　　　　　　B. 梯形框

  C. 矩形框　　　　　　　　　　D. 菱形框

6. 关系"学生表"记录的是学生基本信息，关系"成绩表"记录的是每个学生各门课程的成绩。"学生表"的关系模式为：学生表（学号，姓名，性别，年龄），"成绩表"的关系模式为：成绩表（学号，课程代码，成绩），则以下可作为外部关键字的是_____。

  A. 学生表中的"学号"字段

  B. 成绩表中的"学号"字段

  C. 学生表和成绩表中的"学号"字段

  D. 没有外部关键字

7. 下列关于关系性质的说法中，不正确的是_____。

  A. 关系的行、列不能互换位置，否则会影响其信息内容

  B. 在一个关系中不允许出现完全一样的两行

  C. 在一个关系中不允许出现两个相同的列名

  D. 关系的每个属性必须是不可分割的数据单元

8. 有一关系"图书表"，如表 1.11 所示，则以下关于"图书表"关系模式的说法中，不正确的是_____。

表 1.11　图书表

图书编号	书　名	作　者	单　价	出版社	地址	联系电话
F127-53/8P	区域经济论丛	白永秀	50.0	中国经济出版社	北京西城区百万庄北街 3 号	010-68319116
D731.3/34P	日本非营利组织	王名	50.0	北京大学出版社	北京海淀区成府路 205 号	010-62752015
I500.6/5P	欧美文学研究导引	唐建清	114.0	南京大学出版社	江苏省南京市汉口路 22 号	025-83593077
G250/89P	竞争情报分析	张翠英	96.0	科学出版社	北京东黄城根北街 16 号	010-64033891
F0-53/167P	长安讲坛·第二辑	吴敬琏	79.0	中国经济出版社	北京西城区百万庄北街 3 号	010-68319116
I561.45/197P	缅甸岁月	乔治·奥威尔	60.0	南京大学出版社	江苏省南京市汉口路 22 号	025-83593077

A．该关系模式存在插入异常　　　　B．该关系模式存在数据冗余度大

C．该关系模式的设计是规范的　　　　D．该关系模式存在删除异常

9．在 DBMS 系统中，语言是其重要的组成部分，其中 DDL 代表的是_____。

A．程序设计语言　　　　　　　　　B．数据定义语言

C．数据操纵语言　　　　　　　　　D．数据控制语言

10．以下叙述正确的是_____。

A．Sybase 首先提出"客户机、Web 服务器、数据库服务器"三层结构应用模式

B．Oracle 是小型的数据库管理系统

C．Access 数据库管理系统只能在 Windows 环境下工作

D．Visual FoxPro 是 IBM 公司的数据库产品

二、填空题

1．数据库设计的一个重要目标就是消除数据冗余，数据冗余的一个最大危害就是容易带来数据的_____性。

2．数据库通常包括两部分内容：一是按一定的数据模型组织并实际存储的所有应用所需要的数据；二是存储数据库定义的数据，这些描述性数据通常被称为_____。

3．DBMS 的中文含义是_____，DBS 的中文含义是_____，DBA 的中文含义是_____。

4．在数据库的 SPARC 分级体系结构中，将数据库系统的结构定义为三级模式，分别是外模式、_____和内模式。

5．E-R 图是 E-R 模型的图形表示法，它是表示概念模型的有力工具。在 E-R 模型中有 3 个基本的概念，即实体、属性和_____。

6．在数据库系统中，关系模型的数据结构是_____。

7．关系模型通过一系列的关系模式来表述数据的结构和属性，它一般有 3 个组成部分：数据结构、_____和完整性规则。

8．按所用的数据模型来分，VFP 属于_____数据库管理系统。

9．关系的基本运算有两类：一类是传统的_____运算，主要指并、差、交等运算；另一类是专门的关系运算，主要指选择、投影、_____等运算。

10．现有关系 R 和关系 S，如表 1.12 所示，则 R∪S 的结果含有的记录数有_____条，R-S 的结果含有的记录数有_____条。

表 1.12　关系 R 和 S

(a) 关系 R

读者编号	姓　名	性　别
09030815	王焱	女
C9508101	王韬	男
10030945	徐超	男

(b) 关系 S

读者编号	姓　名	性　别
A8005011	赵娜	女
09030815	王焱	女
C9508101	王韬	男

第 2 章 Visual FoxPro 数据库管理系统概述

本章要点

- Visual FoxPro 的操作环境
- 项目管理器的使用
- 数据类型和数据存储
- 运算符、表达式和函数
- 空值处理

Visual FoxPro 是可运行于 Windows 平台的 32 位数据库管理系统，能充分发挥 32 位微处理器的强大功能，是一种用于数据库结构设计和应用程序开发的功能强大的面向对象的计算机数据库软件，其主要特点如下。

1）真正的数据库概念：完善了关系型数据库的概念，严格区分了数据库与数据表的概念，把相互之间有联系的数据表集中在一起，形成一个数据库。对所有的数据库表，在建表的同时建立与数据库内其他表之间的关系，这就使 VFP 建立的数据库表更加符合数据库的实际要求，也方便用户对这些表的使用。

2）对 SQL 语言的支持：在 VFP 中有多种 SQL 命令，它的功能不仅强大，而且使用灵活，SQL 命令的引入使得能以更少的代码和更快的速度对表中数据进行操作。

3）强大的程序设计功能：不用编写或仅编写少量程序代码，就能够快速地创建出功能强大的可视化应用程序；可利用项目管理器将创建的应用程序的所有功能模块组成项目，编译成一个能脱离 VFP 环境独立运行的可视化应用程序；更重要的是能提供强大的面向对象程序设计的能力，建立有效的面向对象的可视化应用程序。

4）提供大量可视化界面操作工具：VFP 提供向导、设计器、生成器等工具，主要用于创建、设计和管理数据库、表、查询、视图、表单、菜单和报表等。它们普遍采用可视化的图形界面，帮助用户通过简单快捷的操作方式完成各种设计任务。

2.1 Visual FoxPro 的操作环境

2.1.1 Visual FoxPro 的操作界面

Visual FoxPro 启动后，其操作界面由两个"窗口"和四个"栏"组成，如图 2.1 所示。

1. 主窗口

主窗口是指工具栏和状态栏之间的大片空白区域，用于显示命令或程序的执行结果。

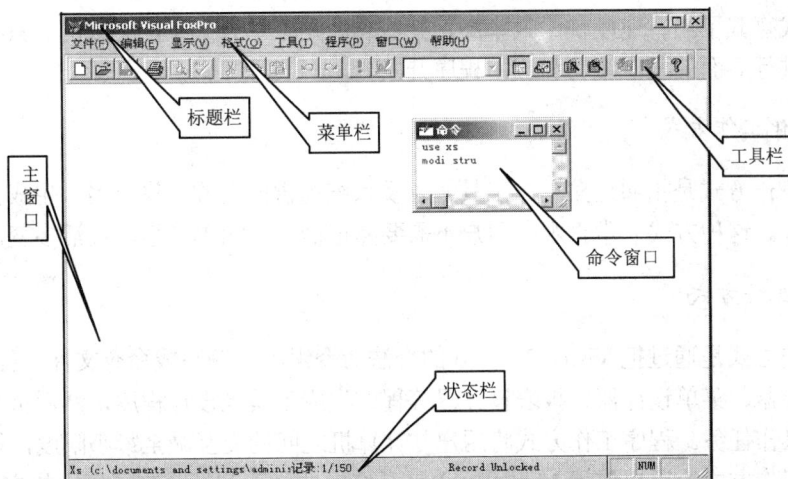

图 2.1　Visual FoxPro 启动后的操作界面

2. "命令" 窗口

"命令" 窗口只能显示在主窗口中，用于交互式地输入并执行命令。如果该窗口被关闭，可以通过菜单命令 "窗口" → "命令窗口" 打开，也可利用 "常用" 工具栏上的 "命令窗口" 按钮打开或关闭。

3. 标题栏

标题栏位于操作界面的顶部，它显示目前所使用的系统是 Microsoft Visual FoxPro。标题栏右端按钮排列从左到右依次为 "最小化"、"最大化/还原" 和 "关闭" 按钮。

4. 菜单栏

菜单栏位于标题栏下方，系统菜单共有 17 个菜单项，通常显示的菜单项在 7~9 个之间。系统菜单是一个动态的菜单系统，在操作过程中系统会随当前被操作对象的变化进行调整，如在浏览表时，会出现 "表" 菜单项。

5. 工具栏

工具栏位于菜单栏下方，由若干工具按钮组成，通过工具按钮可以快捷地完成相应的菜单命令。系统提供了 11 个工具栏，利用菜单命令 "显示" → "工具栏" 可以打开 "工具栏" 对话框，以显示或关闭工具栏，也可以新建、删除、重置和定制工具栏。

6. 状态栏

状态栏位于操作界面的底部，用于显示 Visual FoxPro 的当前状态，包括按钮（或菜单）的功能说明，以及数据库、表和记录的情况等。

2.1.2　Visual FoxPro 的工作方式

1. 命令工作方式

命令工作方式是通过在 "命令" 窗口中输入合法的 Visual FoxPro 命令来完成各种操作。

命令工作方式直截了当、速度快、效率高，某些功能是菜单方式不能完成的。只有熟悉了命令后，才能进行后面的程序编写和应用程序开发。

2. 可视化工作方式

可视化工作方式是指通过菜单、工具栏以及系统提供的向导、设计器、生成器等工具进行可视化操作。这种方式非常直观，用户不需要熟记命令，简单易学，灵活多变。

3. 程序工作方式

程序工作方式是通过把 Visual FoxPro 的合法命令组织、编写成命令文件（程序），或是利用表单设计器、菜单设计器、报表设计器等程序生成工具来设计程序，然后执行程序，来完成特定的操作任务。程序工作方式将用户与计算机之间的交互减至最小限度，程序可反复执行，程序工作方式给用户使用 Visual FoxPro 系统解决实际问题带来了极大的方便。

2.1.3　命令使用

Visual FoxPro 提供的命令有数百种，大多数命令可以在命令窗口中输入并按回车键执行。这里首先介绍本书中叙述命令的一些约定，以及几个常用命令。

1. 命令的语法格式说明

所有的命令均有一定的语法结构和相应的语义，在表述某种命令时需说明该命令的功能、语法及命令参数的作用。在本书中，对语法格式中的表述遵循如下约定。

- 斜体字：该部分通常是命令的操作对象或参数，由用户定义。
- [ ]：方括号语法成分是可选项，即其中的内容根据用户的需要可选可不选。
- …：省略号语法成分表示前一语法成份可重复多次。
- | ：竖线语法成分表示"或者"的意思，即在前后语法成分中选择其一。

例如，删除文件的 DELETE FILE 命令，其语法格式表述如下：

DELETE FILE [*FileName* | ?] [RECYCLE]

其中，DELETE 和 FILE 为命令名关键字，用于标识命令的功能；斜体字 *FileName* 用于指定要删除的文件，不指定文件名时可用?来打开"打开"对话框以选择文件；RECYCLE 为可选项，用于决定是否将删除的文件放入回收站。

2. 几个常用命令

（1）*和&&命令

"*"是将整个命令行定义为注释内容，且必须为命令行的第一个字符，一般用于对下面一段命令的注释或说明程序的功能；而"&&"用在命令的后面，对所在行命令进行注释说明。

（2）?和??命令

?和??命令的功能是在 VFP 主窗口中显示表达式的值。该命令的基本语法格式如下：

? | ??*Expression1*[,*Expression2*]…

其中，*Expression1*、*Expression2* 等表示表达式，当表达式多于一项，各表达式之间要用","隔开。?和??命令的区别在于：使用?命令时，显示结果在上一次显示内容的下一行显示（即换行显示）；使用??命令时，显示结果在上一次显示内容的后面接着显示（即不换行显示）。

【例 2.1】　*、&&、?和??命令的使用。

```
*本例注意?和??命令的区别。
? 1+2+3+4+5                      &&显示 1+2+3+4+5 表达式的值
? 1*2*3*4*5                      &&显示 5!的结果
?? 1+2+3+4+5,1*2*3*4*5           &&显示多个表达式结果
```

（3）CLEAR 命令

CLEAR 命令用于清除当前 VFP 主窗口中的信息，下次显示信息时从窗口的左上角开始。该命令的基本语法格式如下：

CLEAR

（4）DIR 命令

DIR 命令的功能是在 VFP 主窗口中显示文件夹中文件的信息。该命令的基本语法格式如下：

DIR [[*Path*] [*FileSkeleton*]]

其中，*Path* 指定文件所在的目录或文件夹的路径；*FileSkeleton* 是支持通配符的文件说明，用于指定显示哪些文件，缺省时仅显示扩展名为.dbf 的表文件。

【例 2.2】　DIR 命令的使用。

```
DIR                      &&显示当前目录中扩展名为.dbf 的表文件
DIR *.prg                &&显示当前目录中扩展名为.prg 的文件
DIR c:\windows\s*.txt    &&显示 c 盘 windows 文件夹中以 s 字符开头的.txt 的文件
```

（5）MD/RD/CD 命令

MD 命令的功能是创建文件夹，RD 命令的功能是删除文件夹，CD 命令的功能是改变当前工作目录。它们的基本语法格式如下：

MD | RD | CD *cPath*

其中，*cPath* 指定一条路径（含驱动器指示符和目录）或目录。

【例 2.3】　MD、RD 和 CD 命令的使用。

```
MD d:\vfp        &&在 d 盘根目录中创建一个名为 vfp 的文件夹
CD d:\vfp        &&将默认的工作目录更改为指定的目录
MD tsgl          &&在 d 盘 vfp 文件夹中创建一个名为 tsgl 的文件夹
RD tsgl          &&删除 d 盘 vfp 文件夹中名为 tsgl 的文件夹
```

（6）COPY FILE/RENAME/DELETE FILE 命令

COPY FILE 命令的功能是复制文件，RENAME 命令的功能是对文件进行重命名，DELETE FILE 命令的功能是删除文件。它们的基本语法格式如下：

COPY FILE *Filename1* TO *FileName2*

RENAME *FileName1* TO *FileName2*

DELETE FILE [*FileName* | ?] [RECYCLE]

其中，*FileName1* 和 *FileName2* 用于说明文件，可以使用通配符，如*和?。当文件不在当前工作目录中时，把路径包括在文件名中。

【例 2.4】　COPY FILE、RENAME、DELETE FILE 命令的使用。（假设 d:\vfp 仍为当前的工作目录）

```
COPY FILE c:\windows\s*.* TO d:\vfp    &&将某一路径特定类型文件复制到指定路径
RENAME setuplog.txt TO setuplog.doc    &&将当前目录 setuplog.txt 改名
                                          为 setuplog.doc
DELETE FILE *.tmp                      &&删除所有扩展名为.tmp 的文件
```

注 意

> 如果 RENAME 命令前后说明的文件不位于同一磁盘或文件夹，则在改名的同时进行文件的移动操作。

（7）RUN 命令

RUN 命令的功能是执行程序或应用程序。该命令的基本语法格式如下：

　　RUN [/N] *ProgramName*

其中，*ProgramName* 指定要运行的程序或应用程序，/N 参数表示不需要等待该命令执行结束即可以执行另一个 Windows 应用程序。

【例 2.5】 RUN 命令的使用。

```
RUN /N notepad        &&运行 Windows 的"记事本"应用程序(notepad.exe)
```

（8）QUIT 命令

QUIT 命令的功能是结束当前 VFP 的运行，并将控制权返回给 Windows 操作系统，其作用等价于关闭 VFP 应用程序窗口。该命令的基本语法格式如下：

　　QUIT

3. 命令书写规则

命令的书写规则如下。

- 每条命令必须以命令动词开头。
- 一条命令中，各语法成分之间必须用空格隔开，关键字与其后的内容之间也必须用空格分隔。
- 命令中的关键字（包括此后介绍的函数）一般可简写为前 4 个字符，如 DELETE 可简写为 DELE。
- 比较长的命令可在行末利用续行符";"实现换行输入（最后一行不需要分号）。
- 命令中必须使用半角状态下的西文标点符号，命令中的英文字符大小写等价。

2.1.4　配置 Visual FoxPro 的操作环境

Visual FoxPro 操作环境的配置决定其外观和行为。VFP 安装之后，系统自动采用一些默认值来设置环境。同时，VFP 也允许改变系统的操作环境，以满足用户的个性化需求。操作环境配置主要包括：主窗口标题的设置；默认目录的设置；项目、编辑器、调试器及表单工具选项的设置；临时文件存储的设置；拖放字段对应控件的设置；其他选项的设置。以下介绍两种常用的环境配置方法。

1. 使用"选项"对话框实现环境配置

选择菜单命令"工具"→"选项"，打开"选项"对话框，如图 2.2 所示。在"选项"对话框中共有 12 个选项卡，分别对应不同类型环境选项的设置，在各个选项卡中均可以采用交互的方式来查看和设置系统的操作环境。

【例 2.6】 关于"选项"对话框设置操作环境的示例。

（1）设置日期和时间的显示格式

默认情况下，系统显示的日期和时间格式为"美语"，2011 年 12 月 25 日 18 时 30 分 52

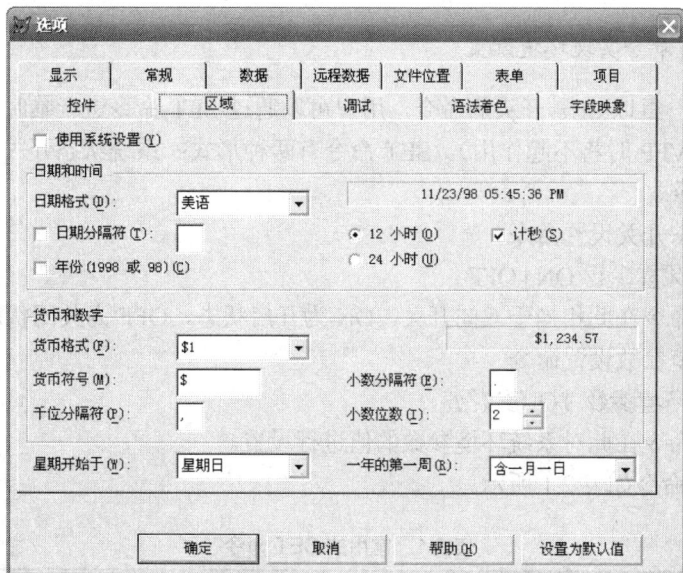

图 2.2　"选项"对话框

秒将显示为"12/25/11 06:30:52 PM"。要改变默认的日期和时间格式，可在图 2.2 中选择"区域"选项卡，在"日期格式"下拉列表中选择相应的显示方式，例如，"汉语"的显示方式为"2011 年 12 月 25 日,18:30:52"，"短格式"的显示方式为"2011-12-25 18:30:52"。

（2）设置默认目录

为了便于管理，用户可以建立自己的工作目录，将开发的应用程序与 VFP 系统自有的文件分开存放。操作方法：在"选项"对话框中选择"文件位置"选项卡，在所列的文件类型中选中"默认目录"，然后单击"修改"按钮，出现"更改文件位置"对话框，选中"使用默认目录"复选框后激活"定位默认目录"文本框，然后就可以输入用户的工作路径了。设置默认目录后，在 VFP 中新建的文件将自动保存到该文件夹中。

（3）设置帮助文件为 Foxhelp.chm

Visual FoxPro 的"典型安装"不安装帮助文件，如果要从 VFP 系统中访问该帮助文件，可以将 VFP 安装光盘上的帮助文件（Foxhelp.chm）复制到 VFP 所在的安装文件夹下，然后通过在"选项"对话框中选择"文件位置"选项卡来指定该文件的位置。在所列的文件类型中选中"帮助文件"，然后单击"修改"按钮，通过"更改文件位置"对话框来指定 Foxhelp.chm。

在 VFP 中的命令窗口中输入 HELP 命令，或选择菜单命令"帮助"→"Microsoft Visual FoxPro 帮助主题"，会弹出"帮助"窗口，可以得到 Visual FoxPro 联机帮助的内容概述。通过"帮助"窗口中的"索引"选项卡，用户可查找有关特定术语或主题的帮助信息。

注 意

在"选项"对话框设置结束后，如果只单击"确定"按钮，则所有设置仅在本次系统运行期间有效；如果按住 Shift 键的同时单击"确定"按钮，则当前设置会以命令形式显示在命令窗口中；如果单击了"设置为默认值"按钮，再单击"确定"按钮，则永久保存对系统操作环境所作的修改。

2. 使用 SET 命令实现环境配置

VFP 提供了一组以 SET 开头的命令，用户可以通过 SET 命令进行临时设置（即在当前有效，下次启动 VFP 时将不起作用）。SET 命令有两种形式：系统状态开关设置命令和系统环境参数设置命令。

（1）系统状态开关设置命令

格式：SET *状态参数* ON | OFF

说明：SET 命令在此相当于双向开关，ON 为开启状态，OFF 为关闭状态。

（2）系统环境参数设置命令

格式：SET *环境参数* TO *参数值*

说明：SET 命令在此对系统环境参数的值进行设置。

常用的 SET 命令如表 2.1 所示。

表 2.1　常用的 SET 命令

命　令	功能说明
SET CENTURY ON | OFF	决定是否显示日期表达式中的世纪部分
SET CLOCK ON | OFF	决定 Visual FoxPro 是否显示系统时钟
SET DATE [TO] AMERICAN | ANSI |　MDY | DMY | YMD | LONG	指定日期表达式和日期时间表达式的显示格式
SET DEFAULT TO [*cPath*]	将默认目录设置为指定的目录
SET ESCAPE ON | OFF	决定是否可以通过按 Esc 键中断程序和命令的运行
SET EXACT ON | OFF	指定比较不同长度两个字符串时，Visual FoxPro 使用的规则
SET SAFETY ON | OFF	决定改写已有文件之前是否显示对话框
SET TALK ON | OFF	决定 Visual FoxPro 是否发送对话结果

2.2　Visual FoxPro项目管理器

2.2.1　Visual FoxPro 的文件类型

在 VFP 中开发一个数据库应用系统会产生许多类型的文件，这些文件有不同的格式，常用的文件类型：项目、数据库、表、查询、程序、表单、报表、菜单等。VFP 主要文件类型如表 2.2 所示。

在 VFP 中新建某种类型的文件一般有多种方法，可以利用菜单命令"新建"→"文件"，或利用"常用"工具栏上的"新建"按钮，或利用命令，或利用"项目管理器中"中的"新建"命令按钮。在后续章节会具体介绍上述常用文件的创建和使用方法。当用户创建了某一类型的文件后，保存在磁盘上有时是一个文件，有时还会生成一些关联文件。例如，创建一个数据库，除生成扩展名为.dbc 的数据库文件，还会生成扩展名为.dct 和.dcx 的两个同名关联文件。

表2.2　VFP 主要文件类型

扩 展 名	文件类型	扩 展 名	文件类型
.pjx	项目文件	.scx	表单文件
.pjt	项目备注文件	.sct	表单备注文件
.dbc	数据库文件	.vcx	可视类库文件
.dct	数据库备注文件	.vct	可视类库备注文件
.dcx	数据库索引文件		
.dbf	表文件	.frx	报表文件
.fpt	表备注文件	.frt	报表备注文件
.cdx	复合索引文件		
.qpr	生成的查询程序文件	.mnx	菜单文件
.qpx	编译后的查询程序文件	.mnt	菜单备注文件
.prg	程序文件	.mpr	生成的菜单程序文件
.fxp	编译后的程序文件	.mpx	编译后的菜单程序文件
.err	编译错误文件	.exe	可执行程序文件

注　意

　　项目、数据库、表等相应的关联文件一般是 VFP 数据库管理系统本身使用的，用户一般不需要直接使用，但也不可随意删除，否则将不能进行正常的操作和处理。

2.2.2　项目管理器简介和项目的创建

　　通常将需要完成的一个任务或需要开发的一个应用系统作为一个项目，VFP 为用户提供了"项目管理器"这一图形化的工作平台，通过项目管理器对同一项目中的不同类型文件实施统一、有效、方便的管理。

　　项目管理器是 VFP 中处理数据和对象的主要工具，它是 VFP 的管理中心。每开发一个应用程序就通过项目管理器创建一个项目文件，然后逐步将所需的数据库、表、查询、表单、报表等对象添加到项目文件中，利用项目管理器提供的功能来组织和管理这些文件，最后对项目进行连编，生成独立的.exe 可执行文件。

　　1. 项目的创建

　　用户可以通过以下任何一种方法来创建项目。
- 利用菜单命令"文件"→"新建"。
- 利用"常用"工具栏上的"新建"按钮。
- 在命令窗口中使用 CREATE PROJECT 命令，该命令的基本语法格式如下：
  CREATE PROJECT [*FileName* | ?]

对于已存在的项目，可以利用菜单命令"文件"→"打开"、"常用"工具栏上的"打开"按钮、MODIFY PROJECT 命令等方法打开。

　　2. 项目管理器的选项卡

　　当新建一个项目时，会激活"项目管理器"窗口，并在系统菜单栏中显示"项目"菜单。

对于已经创建的项目文件，以后再打开时会自动打开"项目管理器"窗口。"项目管理器"窗口如图 2.3 所示。

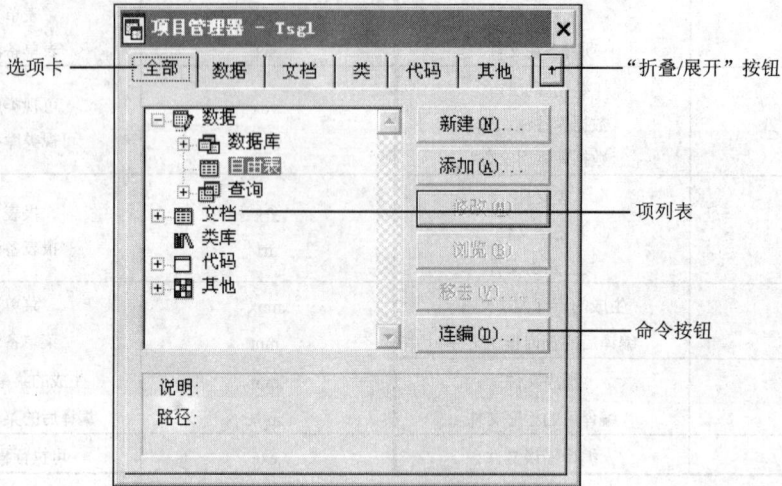

图 2.3   "项目管理器"窗口

项目管理器提供了一个组织良好的分层结构视图，它用 6 个选项卡分类显示项目中的各种文件。各选项卡名称及其作用如表 2.3 所示。

若要处理项目中某一特定类型的对象，可选择相应的选项卡。在"项列表"中，项目管理器以类似大纲的结构来组织，可以将其展开或折叠，以便查看不同层次中的详细内容。如果某类型项有一个或多个"下属"项，则在其类型标志左边会显示一个"+"或"-"，单击"+"可将此项包含的内容展开，单击"-"可折叠已展开的列表。

表 2.3   项目管理器选项卡名称及其作用

选项卡名称	作 用
全部	包含了后 5 个选项卡的全部内容，用来集中显示项目中的所有项
数据	包含了项目中所有的数据项，如数据库、自由表、查询和视图等
文档	包含了处理数据时所用的全部文档，如输入和查看数据所用的表单、打印表和查询结果所用的报表和标签等
类	包含了表单和程序中所用的类库和类
代码	包含了用户所有的代码程序，分别是.prg 程序文件、API 函数库和应用程序.app 文件
其他	包含了菜单文件、文本文件和.bmp 位图文件等.ico 图标文件等其他文件

2.2.3 使用项目管理器

利用项目管理器可对其所管理的各项内容进行操作，其基本操作方法是：首先在项目管理器窗口中选择选项卡，将列表项展开，找到操作对象，然后选择操作对象，单击窗口中的命令按钮或利用"项目"菜单中的菜单命令。

1. 通过命令按钮操作

项目管理器中显示的命令按钮是动态的，根据所选择操作对象的不同，将出现不同的按钮组。各命令按钮名称及其作用如表 2.4 所示。

表 2.4　项目管理器命令按钮名称及其作用

命令按钮名称	作　用
新建	创建一个新文件或对象，其类型与当前选定项的类型相同，并在项目窗口中显示
添加	把已存在的且当前不被项目所管理的文件添加到项目中
修改	在相应的设计器（如数据库设计器、表设计器等）中，打开选定项进行修改
移去	从项目中移去选定项或从磁盘中将其删除
浏览	在"浏览"窗口中打开一个表或视图，且仅当选定一个表或视图时可用
关闭	关闭一个打开的数据库，如果选定的数据库已关闭，此按钮变为"打开"
打开	打开一个数据库，如果选定的数据库已打开，此按钮变为"关闭"
运行	执行选定的对象，当选定项目管理器中的某个查询、表单或程序时才可使用
预览	在打印预览方式下显示选定的报表或标签
连编	连编一个项目或应用程序，其具体使用方法将在第 10 章做介绍

对于上述命令按钮的操作，需要说明如下几点。

1）在项目管理器中新建的文件或对象自动包含在该项目文件中，而利用菜单命令"文件"→"新建"或"常用"工具栏上的"新建"按钮或在"命令"窗口中利用命令创建的文件或对象，它们是不属于任何项目文件的，但可以通过项目管理器的"添加"按钮添加到项目中。

2）新建或添加一个文件到项目中，并不意味着把该文件合并到项目文件中。事实上，每一个文件仍然以独立文件的形式存在，人们说某个项目包含某个文件只是表示该文件与项目间建立了一种关联。

3）当对所选文件执行"移去"操作时，系统将打开如图 2.4 所示的提示对话框。若单击提示对话框中的"移去"按钮，系统仅仅从项目中移去所选择的文件，被移去的文件仍存在于原目录中；若单击"删除"按钮，系统则不仅从项目中移去文件，还将从磁盘中彻底删除该文件，文件将不复存在。

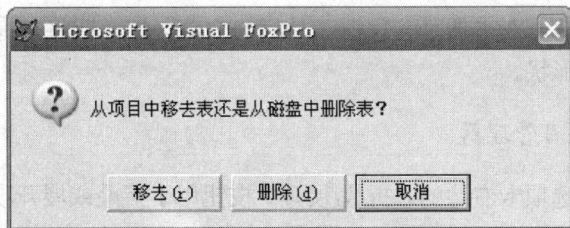

图 2.4　"移去"操作提示对话框

2. 通过"项目"菜单操作

在"项目"菜单中，包含了与项目管理器命令按钮作用相同的菜单命令，这里介绍"项目"菜单能完成的其他操作。

（1）项目信息

用于编辑或设置一些与项目有关的信息，包括项目的作者、单位、地址、城市、邮政编码、项目连编时是否需要加密等。

（2）编辑说明

用于编辑所选项的说明信息，通常标注的是该项的功能等。若某项设置了编辑说明信息，则选中该项时，会在项目管理器窗口的底部显示该说明信息。

（3）包含/排除

用于将所选项设置为"项目包含"或"项目排除"。如果某项为项目排除，则在该项前用带斜线的圆圈标注，指明此项已从项目中排除，否则为项目包含。这里先要求读者会设置"包含"或"排除"，有关概念及具体使用方法将在第 10 章进一步介绍。

（4）设置主文件

项目中只能设置一个主文件（第二次设置时，前一次设置自动作废），显示时该项用粗体表示，通常可以设置为主文件的文件类型有程序、表单、菜单等。这里先要求读者会设置主文件，有关概念及具体使用方法将在第 10 章进一步介绍。

（5）重命名文件

用于修改所选项的名称。在重命名时，它不仅修改项目中该项的名称，而且修改该项所对应的所有文件的文件名，即可对多个关联文件同步地进行重命名。需要注意的是，不允许对已打开的文件重命名。例如，将数据库"ts"改名为"nauts"的操作步骤为：如果数据库"ts"是打开的，则选中该项，单击项目管理器中的"关闭"按钮将其关闭，然后再进行重命名操作，当将数据库 ts.dbc 重命名为 nauts.dbc 时，会发现数据库的关联文件 ts.dct、ts.dcx 也同步重命名为 nauts.dct、nauts.dcx。

2.2.4　定制项目管理器

项目管理器在 Visual FoxPro 窗口中可以以多种不同的方式显示，系统默认的显示方式为图 2.3 所示的窗口方式。用户可以根据需要定制项目管理器窗口，改变其外观。

1. 停放项目管理器

双击项目管理器窗口的标题栏，或将它拖放到窗口工具栏区域，停放后的项目管理器变成了工具栏区域的一部分，此时不能将其展开，但是可以单击某个选项卡进行相应的操作。对于停放的项目管理器，双击项目管理器工具栏的空白区域，或将它拖离工具栏区域，项目管理器又恢复为窗口形状。

2. 展开或折叠项目管理器

项目管理器窗口选项卡右边的"折叠/展开"按钮用于折叠或展开项目管理器。该按钮为向上箭头时，单击它可将项目管理器窗口折叠，如图 2.5 所示，以节省屏幕空间；该按钮为向下箭头时，单击它可将项目管理器窗口展开。

3. 拆分项目管理器

项目管理器窗口折叠以后，可以进一步拆分。只要选定一个选项卡，利用鼠标的拖放操作将它拖离项目管理器，使之变为"浮动"在主窗口中的选项卡，如图 2.6 所示。

当选项卡处于浮动状态时，右击选项卡，可以通过快捷菜单访问"项目"菜单中的各项命令。单击选项卡上的"图钉"按钮，可以决定该选项卡是否显示在主窗口的最前端，即不会被其他窗口遮住。若要还原拆分的选项卡，可以单击选项卡上的关闭按钮，或者直接将选项卡拖回项目管理器窗口。

"图钉"按钮

图 2.5　折叠后的项目管理器

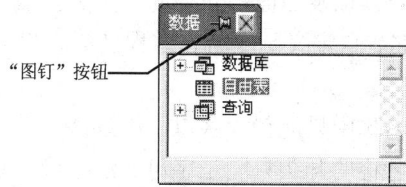

图 2.6　拆分后的"数据"选项卡

2.3　Visual FoxPro语言基础

Visual FoxPro 是一种关系型数据库管理系统，能管理和操作数据库，同时它还提供了一种高级程序设计语言，供用户编制应用程序。本节主要介绍数据类型、数据存储容器、函数和表达式等语言基本成分。

2.3.1　数据类型

数据是数据库管理系统中运算和处理的基本对象。每一个数据都有一定的数据类型，数据类型决定了数据的存储方式和运算方式。VFP 支持的基本数据类型如表 2.5 所示，其中打"*"的数据类型只适用于表的字段。

表 2.5　Visual FoxPro 的基本数据类型

类　型	代　码	大　小	表示范围或说明
字符型（Character）	C	每个字符 1 个字节	由字母、汉字、数字、空格、符号等组成，最多为 254 个字符
数值型（Numeric）	N	在内存中占 8 字节，在表中占 1～20 字节	−0.9999999999E+19～0.9999999999E+20
货币型（Currency）	Y	8 字节	−922337203685477.5808～922337203685477.5807
日期型（Date）	D	8 字节	0001 年 1 月 1 日～9999 年 12 月 31 日
日期时间型（DateTime）	T	8 字节	日期部分的取值范围与日期型数据相同，时间部分的取值范围是 00:00:00 AM～11:59:59 PM
逻辑型（Logical）	L	1 字节	真（.T.）或假（.F.）
浮点型（Float）*	F	同数值型	与数值型相同
双精度型（Double）*	B	8 字节	+/−4.94065645841247E−324～+/−8.9884656743115E307
整型（Integer）*	I	4 字节	−2147483647～2147483646
备注型（Memo）*	M	在表中占 4 字节	用于在表中存储字符型数据块，数据块的大小取决于用户实际输入的内容
通用型（General）*	G	在表中占 4 字节	用于在表中存储 OLE 对象，OLE 对象可以是电子表格、字处理文档或图片等

2.3.2　名称的命名规则

在 Visual FoxPro 中，可以使用常量、变量（包括内存变量和字段变量）和对象存储数据。这些常量、变量和对象被称为数据存储容器（简称为"数据容器"）。有关字段变量的内容将在第 3 章介绍，有关对象的内容将在第 6 章介绍。

数据容器以及后面将介绍的自定义函数、过程等都需要一个名称，如内存变量名、数组名、字段名、自定义函数名和过程名等。在 Visual FoxPro 中，用户在名称命名时必须遵循如下规则。

- 名称中只能包含字母、下划线 "_"、数字符号和汉字符号。
- 名称的开头只能是字母、汉字或下划线，不能是数字，并且表的字段名不允许以下划线开头。
- 除了自由表的字段名、表的索引标识名至多只能有 10 个字符外，其余名称的长度可以是 1～128 个字符。
- 应避免使用系统保留字（预先定义好的标识符，在系统中有特殊的含义）。

例如，以下名称是合法的：abc、姓名、nsum_cj、_xyz、x1；以下名称是不合法的或避免使用：2y、2_y、姓名-2011、nsum&cj、nsavg#cj、set（set 为系统保留字）。

2.3.3　常量

常量是指在所有的操作过程中其值保持不变的量。在 VFP 中，常量根据其数据类型可以分为 6 种：字符型常量、数值型常量、货币型常量、日期型常量、日期时间型常量和逻辑型常量。

1. 字符型常量

字符型常量也称为字符串，其表示方法是用半角单引号、双引号或方括号把字符串的内容括起来，这里的单引号、双引号或方括号称为定界符。定界符虽然不作为常量本身的内容，但它规定了常量的类型以及常量的起始和终止界限。

字符型常量的定界符必须成对匹配，不能一边用单引号而另一边用双引号。如果某种定界符本身也是字符串的内容，则需要用另一种定界符来表示该字符串。

字符串中字母的大小写不等价。不包含任何字符的字符串（""）叫空串，它与包含空格的字符串（"　"）不同。

【例 2.7】　显示几个字符型常量。

```
? "北京奥运会",'abc',[2008],[古语云:"有志者,事竟成"]
```

执行以上命令之后，在主窗口上的显示结果如下：

```
北京奥运会 abc 2008 古语云:"有志者,事竟成"
```

注 意

> 字符型常量通常可以表示诸如姓名、名称、地址等文本数据。但需要说明的是，有些数据是由数字组成的编码（如工号、学号、邮政编码、电话号码等），它们也作为字符型数据处理。

2. 数值型常量

数值型常量用于表示数量的大小，由数字 0～9、小数点和正负号构成，例如 98、213.34、-32.15 等都是数值型常量。

为了表示很大或很小的数值型常量，也可以用浮点表示法。例如 7.584E11 表示 7.584×10^{11}，2.8 E-12 表示 2.8×10^{-12}。

3. 货币型常量

货币型常量用来表示货币值，其书写格式与数值型常量类似，但要加上一个前置的美元符号（$）。货币型数据没有浮点表示法，在存储和计算时，采用 4 位小数，如果一个货币型常量多于 4 位小数，那么系统会自动将多余的小数位四舍五入。例如，货币型常量$679.845862将存储为$679.8459。

4. 日期型常量

日期型常量有严格的日期格式和传统的日期格式，其定界符都是一对花括号。花括号里包括年、月、日三部分内容，各部分之间用分隔符分隔。常用的分隔符有斜杠（/）、连字符（-）、句点（.）和空格，其中"/"是系统在显示日期型数据时使用的默认分隔符。空白的日期常量可表示为{}或{/}或{//}。

（1）严格的日期格式

严格的日期格式是 Visual FoxPro 6.0 及以上版本所使用的默认格式，其语法格式为{^yyyy/mm/dd}，其中，花括号中第一个字符必须是"^"，年是 4 位（yyyy），月是 2 位（mm），日是 2 位（dd），年、月、日的顺序不能颠倒。

（2）传统的日期格式

传统的日期格式是 Visual FoxPro 5.0 及以前的版本所使用的默认格式，其默认格式为美语，该格式表示为{mm/dd/yy}。

如果需要使用传统的日期格式，必须首先使用 SET STRICTDATE TO 0 命令，在 STRICTDATE 状态值为 0 时，系统不进行严格的日期格式检查；如果在 STRICTDATE 值为 1 或 2 的状态下使用传统的日期格式，系统将进行严格的日期格式检查，会弹出日期格式错误提示对话框，如图 2.7 所示。

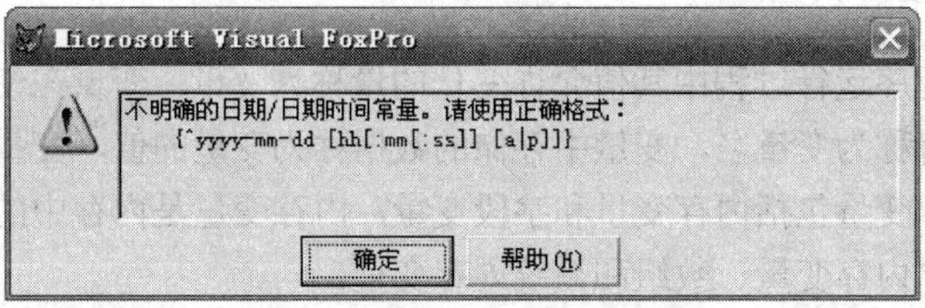

图 2.7　日期格式错误提示对话框

【例 2.8】　设置不同的日期格式。

```
SET DATE TO AMERICAN        &&设置日期表达式的表示格式与显示格式为美语
SET CENTURY OFF             &&显示日期表达式时,用两位数字表示年
SET STRICTDATE TO 0         &&不进行严格的日期格式检查
? {^2011/10/01},{10/01/11}  &&显示 10/01/11 10/01/11
SET CENTURY ON              &&显示日期表达式时,用四位数字表示年
SET MARK TO "-"             &&显示日期表达式时,使用的分隔符为"-"
SET DATE TO YMD             &&设置日期表达式的表示格式与显示格式为年月日
? {^2011/10/01},{10/01/11}  &&显示 2011-10-01 2010-01-11
```

可见，严格的日期格式不受 SET DATE TO 和 SET CENTURY 等设置命令的影响，无论在什么设置状态下，{^2011/10/01}总是被解释为 2011 年 10 月 1 日；传统日期格式的常量要受到 SET DATE TO 和 SET CENTURY 等设置命令的影响，也就是说，在不同的设置状态下，计算机会对同一个日期型常量给出不同解释，例如，{10/01/11}可以被解释为 2011 年 10 月 1 日，也可以解释为 2010 年 1 月 11 日。

　　5. 日期时间型常量

　　日期时间型常量包括日期和时间两部分内容：{*日期 时间*}。日期部分与日期型常量相似，也有传统和严格两种格式。

　　时间部分的格式为

　　　　[hh[:mm[:ss]][a|p]]

其中 hh、mm 和 ss 分别代表时、分和秒，默认值分别为 12、0 和 0，a 和 p 分别表示上午和下午，默认值为 a。如果指定的时间大于等于 12，则系统自动认为下午的时间。例如，2012 年 3 月 15 日 14 时 32 分 48 秒可以表示为{^2012/03/15 2:32:48 p}，也可以表示为{^2012/03/15 14:32:48}。空白的日期时间常量可表示为{/:}或{//:}。

　　6. 逻辑型常量

　　逻辑型常量只有逻辑真和逻辑假两个值。逻辑真的常量表示形式有.T.、.t.、.Y. 和.y.，、逻辑假的常量表示形式有.F.、.f.、.N.和.n.。

注 意

　　前后两个句点作为逻辑型常量的定界符是必不可少的，否则会被误认为变量名。

2.3.4　内存变量

　　1. 内存变量类型

　　在命令操作或程序运行过程中其值允许变化的量称为变量。变量在使用时用一个标识符来表示，这个标识符称为变量名，变量中存储的数据称为变量的值，变量的数据类型由变量值的数据类型决定。变量包括内存变量和字段变量，内存变量是内存中的一个存储区域，内存变量又可分为简单内存变量、数组和系统内存变量。

　　2. 简单内存变量

　　简单内存变量也就是用户自定义的内存变量，内存变量的赋值命令有两种格式。

格式 1：*内存变量名=表达式*

格式 2：STORE *表达式* TO *内存变量名表*

功能说明：

　　1）等号一次只能给一个内存变量赋值；STORE 命令可以同时给若干个内存变量赋予相同的值，各内存变量名之间必须用逗号分开。

　　2）在 Visual FoxPro 中，一个简单内存变量在使用之前并不需要事先定义或声明，当给简单内存变量赋值时，如果该变量并不存在，那么系统会自动创建它。

3）可以通过对内存变量重新赋值来改变其取值和类型。

【例2.9】 内存变量的赋值及访问。

```
x1=98
x2=.T.
x3={^2011/12/25}
xm="王一平"
? x1,x2,x3,xm                  &&显示多个变量时,用逗号隔开
store {^2011/12/25 06:30:00 p} to y1,y2,x3
? y1,y2,x3
? xm,"的计算机成绩是: "
?? x1                          &&不换行,在当前行光标所在处继续显示 x1 的值
```

执行以上命令之后，在主窗口上的显示结果如下：

```
98 .T.  12/25/11  王一平
12/25/11 06:30:00 PM  12/25/11 06:30:00 PM  12/25/11 06:30:00 PM
王一平 的计算机成绩是: 98
```

注 意

如果没有特殊说明，通常所说的内存变量指的就是简单内存变量。当出现内存变量与字段变量同名时，则字段变量具有更高的访问优先权，如果此时要访问内存变量，则必须在内存变量名前加上前缀"m."或"m->"，例如 m.xm 或 m->xm。

3. 数组

数组是内存中连续的一片存储区域，它由一系列数组元素组成，每个数组元素可通过数组名及相应的下标来访问。

在 Visual FoxPro 中，数组可以为一维数组，也可以为二维数组。与简单内存变量不同，数组在使用前必须预先声明。

（1）数组的声明

在同一运行环境中，数组名不能与简单内存变量同名，数组声明（也称为数组定义）主要可使用 DIMENSION 和 DECLARE 命令。该命令的语法格式如下：

> DIMENSION | DECLARE 数组名(行数,[列数])[,...]

例如，DIMENSION a(5),b(2,3)分别定义了数组名为 a 的一维数组和数组名为 b 的二维数组。数组 a 有 5 个数组元素，可分别表示为 a(1)、a(2)、a(3)、a(4)、a(5)；数组 b 有 6 个数组元素，可分别表示为 b(1,1)、b(1,2)、b(1,3)、b(2,1)、b(2,2)、b(2,3)。

（2）数组的赋值

数组在声明之后，每个数组元素的默认值为逻辑值.F.。数组也是一种内存变量，允许对同一数组的数组元素赋不同数据类型的值。用赋值命令可分别为各数组元素赋值，也可为数组名赋值，表示将同一个值赋给该数组的全部数组元素。例如，对上述定义的数组 b 的所有元素赋以 123，可使用"b=123"命令。

【例2.10】 数组的声明、赋值及访问。

```
DIMENSION x(3),y(2,2),z(2)      &&定义了 3 个数组,每个数组元素初始值为.F.
x(1)="江苏南京"
x(3)={^2012/02/19}
y(1,2)=x(1)
```

```
y(2,2)=.T.
y(2,1)=32.5
z=8
? x(1),x(2),x(3),y(1,2),y(2,2),y(3),y(4),z(1),z(2)
```

执行以上命令之后，在主窗口上的显示结果如下：

江苏南京 .F. 02/19/12 江苏南京 .T. 32.5 .T. 8 8

说 明

二维数组各元素在内存中按行的顺序存储，因此可以用一维数组的形式访问二维数组。本例数组 y 中的数组元素 y(1,1)、y(1,2)、y(2,1)、y(2,2)用一维数组形式可依次表示为 y(1)、y(2)、y(3)、y(4)。

---

4. 系统内存变量

系统内存变量是 VFP 自身提供的内存变量，它们的名称均以 "_"（下划线）开头，例如_PAGENO、_ALIGNMENT 等。系统内存变量与简单内存变量有相同的使用方法，合理地运用系统内存变量，会给数据库系统的操作、管理带来许多方便。

5. 内存变量的显示、保存与恢复

（1）内存变量的显示

LIST MEMORY 和 DISPLAY MEMORY 命令的功能是显示内存变量的当前信息，包括变量名、作用域、类型和取值。它们的基本语法格式如下：

LIST | DISPLAY MEMORY [LIKE *FileSkeleton*]

其中，LIKE *FileSkeleton* 指定只显示匹配 *FileSkeleton* 的内存变量，*FileSkeleton* 支持诸如 "?" 和 "*" 的通配符，"?" 表示任意一个字符，"*" 表示任意多个字符，LIKE *FileSkeleton* 缺省时表示显示当前所有的内存变量。例如，若要显示所有以字母 A 开头的内存变量，可执行命令：DISPLAY MEMORY LIKE A*。

LIST MEMORY 和 DISPLAY MEMORY 命令的区别是：如果内存变量一屏显示不下时，LIST MEMORY 命令在执行时，会自动向上滚动，而 DISPLAY MEMORY 命令在执行时，会显示一屏后暂停，按任意键之后再继续显示下一屏。

（2）内存变量的保存

内存变量是系统在内存中设置的临时存储单元，当退出 Visual FoxPro 时其数据自动丢失。若要保存内存变量以便以后使用，可使用 SAVE TO 命令将变量保存到内存变量文件中。该命令的基本语法格式如下：

SAVE TO *FileName* [ALL LIKE *Skeleton* | ALL EXCEPT *Skeleton*]

其中，*FileName* 指定保存内存变量的内存变量文件，其默认扩展名是.MEM；*Skeleton* 同样也支持诸如 "?" 和 "*" 的通配符，ALL LIKE *Skeleton* 指定只保存匹配 *Skeleton* 的内存变量，ALL EXCEPT *Skeleton* 指定只保存不匹配 *Skeleton* 的内存变量。

例如，若要将第 3～5 个字符为 "stu" 的所有内存变量保存到 mv 内存变量文件中，可执行下面的命令：SAVE TO mv ALL LIKE ?? stu*。

（3）内存变量的恢复

若要将内存变量文件中所保存的内存变量恢复到内存，可以使用 RESTORE FROM 命令。

该命令的基本语法格式如下：

RESTORE FROM *FileName* [ADDITIVE]

其中，*FileName* 指定保存内存变量的内存变量文件；若使用关键字 ADDITIVE，则当前已存在的内存变量仍保留，只是将内存变量文件中保存的内存变量追加到当前内存中来（但若内存变量文件中的变量名与当前内存中的变量名相同，则进行覆盖），否则当前内存中的简单内存变量被清除。

2.3.5　运算符与表达式

运算符是用于处理数据运算问题的符号。表达式是通过运算符将数据（如常量、变量、函数等）组合起来可以运算的式子，其运算结果为单个值。需要说明的是，单个的常量、变量、函数等可看作表达式的特例。在用 Visual FoxPro 编写的程序里，表达式几乎无所不在。

在 Visual FoxPro 中，运算符可以分为数值运算符、字符运算符、日期/日期时间运算符、关系运算符和逻辑运算符，相应的表达式有数值表达式、字符表达式、日期/日期时间表达式、关系表达式和逻辑表达式。其中，关系表达式和逻辑表达式通常用于表示某种操作的条件，因此合称为条件表达式。此外，还有一种特殊的表达式——宏替换。

1．数值运算符与表达式

数值运算符也称为算术运算符，用于操作数值型数据。按优先级从高到低的顺序排列，数值运算符如表 2.6 所示。

表 2.6　数值运算符

优先级	运算符	操作含义
1	( )	子表达式分组以改变运算顺序（括号中的优先）
2	**或^	乘方运算
3	*、/、%	乘、除、求余运算
4	+、−	加、减运算

【例 2.11】　写出数学公式 $k\dfrac{xy}{x^2+y^2}$ 所对应的数值表达式。

k*x*y/(x**2+y**2) 或

k*x*y/(x^2+y^2) 或

k*x*y/(x*x+y*y)

2．字符运算符与表达式

使用字符运算符+、−和$可以连接和比较字符型数据。字符运算符及表达式如表 2.7 所示。

表 2.7　字符运算符及表达式

运算符	表达式	操作含义
+	字符串 1+字符串 2	前后两个字符串首尾连接形成一个新的字符串
−	字符串 1−字符串 2	将字符串 1 尾部空格移到字符串 2 的尾部，然后再连接形成一个新的字符串
$	字符串 1$字符串 2	若字符串 1 包含在字符串 2 之中，其表达式值为.T.，否则为.F.

【例 2.12】 字符表达式的使用。

```
? "Microsoft "+"Access"    &&结果为"Microsoft Access",两个单词间有一个空格
? "Microsoft "-"Access"    &&结果为"MicrosoftAccess ",空格移到连接后字符串尾部
? "Mic"$"Microsoft"        &&结果为.T.
? "mic"$"Microsoft"        &&结果为.F.
```

3. 日期/日期时间运算符与表达式

对于日期和日期时间型数据，可以使用的运算符有+和-两个。日期/日期时间运算符及表达式如表 2.8 所示。

表 2.8 日期/日期时间运算符及表达式

运 算 符	表 达 式	操作含义
+	日期+天数 天数+日期	其结果是若干天后的某个日期
	日期时间+秒数 秒数+日期时间	其结果是若干秒后的某个日期时间
−	日期−天数	其结果是若干天前的某个日期
	日期 1−日期 2	其结果是两个日期之间相差的天数
	日期时间−秒数	其结果是若干秒前的某个日期时间
	日期时间 1−日期时间 2	其结果是两个日期时间之间相差的秒数

注 意

不可以对两个日期型数据或两个日期时间型数据进行+运算。

【例 2.13】 日期/日期时间表达式的使用。

```
? {^2011/12/15}+10                          &&显示 12/25/11
? {^2011/12/15 10:30:00 a}+600              &&显示 12/15/11 10:40:00 AM
? {^2011/12/15}-10                          &&显示 12/05/11
? {^2011/12/15}-{^2011/12/01}               &&显示 14
? {^2011/12/15 10:30:00 a}-600              &&显示 12/15/11 10:20:00 AM
? {^2011/12/15 10:30:00 a}-{^2011/12/15 10:00:00 a}    &&显示 1800
```

4. 关系运算符与表达式

（1）关系运算符

关系运算符可用于任意数据类型的数据比较，运算结果为逻辑值。关系运算符如表 2.9 所示，它们的优先级相同。

注 意

除了日期型和日期时间型、数值型和货币型数据可以比较之外，其他情况下要求关系运算符两边的操作数据类型相同。后四种关系运算符的表示不同于数学上的表示。

表 2.9　关系运算符

序　号	运 算 符	操作含义	序　号	运 算 符	操作含义
1	<	小于比较	5	<=或=<	小于等于比较
2	>	大于比较	6	>=或=>	大于等于比较
3	=	等于比较	7	==	字符串精确等于
4	<>或#或!=	不等于比较			

（2）设置字符排序序列

在比较两个字符串时，系统对两个字符串中的字符从左向右逐个进行比较，一旦发现两个对应字符不同，就根据字符的排序序列决定两个字符串的大小。

可以通过 SET COLLATE TO 命令设置字符排序序列，该命令的语法格式如下：

　　　　SET COLLATE TO "*cSequenceName*"

其中，*cSequenceName* 用于指定字符排序序列，它可以是 "Machine"、"PinYin"、"Stroke"，默认字符的排序序列为 "PinYin"。

- Machine（机器）序列：按照机内码顺序排序。因此，由小到大是空格、大写字母、小写字母、一级汉字（按拼音排序）、二级汉字（按笔画排序）。需要说明的是，西文字符是按照 ASCII 码的值排列的，其中，字母从小到大排列是 A、B、C、D、…、X、Y、Z、a、b、c、d、…、x、y、z。
- PinYin（拼音）序列：汉字按照拼音顺序排序。对于西文字符而言，空格在最前面，字母从小到大排列是 a、A、b、B、c、C、d、D、…、x、X、y、Y、z、Z。
- Stroke（笔画）序列：汉字按照笔画顺序排序。西文字符的顺序同 PinYin 序列。

【例 2.14】　字符串大小比较示例。

```
SET COLLATE TO "Machine"
? "D"<"F","D"<"b","f"<"B"," "<"A"        &&显示.T..T..F..T.
SET COLLATE TO "PinYin"
? "D"<"F","D"<"b","f"<"B"," "<"A"        &&显示.T..F..F..T.
```

（3）EXACT 设置与字符串精确比较

在使用单等号（=）比较两个字符串时，运算结果与 SET EXACT ON | OFF 的设置有关。

- OFF 状态（默认值）：如果 "=" 右边的字符串长度比左边的短，则左边的字符串取同右边长度相同的子字符串参加比较。
- ON 状态：先在较短字符串的尾部加上若干个空格，使两个字符串的长度相等，然后再进行比较。

在使用双等号（==）比较两个字符串时，不受 SET EXACT 命令所设置环境的影响，即只有两个字符串长度相等并且各个字符相同时，运算结果才会是.T.，否则为.F.。

【例 2.15】　字符串等于比较示例。

```
SET EXACT ON                            &&填充空格,等长比较
STORE "数据库基础" TO s1
STORE "数据库基础    " TO s2             &&字符串尾部有 4 个空格
STORE "数据库基础与应用" TO s3
? s1=s2,s2=s1,s1=s3,s3=s1,s2==s1,s3=s1   &&显示.T. .T. .F. .F. .F. .F.
SET EXACT OFF                           &&以右串为结束标记
```

```
? s1=s2,s2=s1,s1=s3,s3=s1,s2==s1,s3==s1        &&显示.F. .T. .F. .T. .F. .F.
```

5. 逻辑运算符与表达式

逻辑运算符用于操作逻辑类型的数据，运算结果为逻辑值。按优先级从高到低的顺序排列，逻辑运算符如表 2.10 所示。

表 2.10   逻辑运算符

优先级	运算符	操作含义
1	( )	子表达式分组以改变运算顺序（括号中的优先）
2	NOT 或!	逻辑非，用于取反一个逻辑值
3	AND	逻辑与，用于对两个逻辑值进行"与"操作
4	OR	逻辑或，用于对两个逻辑值进行"或"操作

逻辑运算符的运算规则如表 2.11 所示，其中，L1、L2 分别代表两个逻辑型数据。

表 2.11   逻辑运算符的运算规则

L1	L2	NOT L1	L1 AND L2	L1 OR L2
.T.	.T.	.F.	.T.	.T.
.T.	.F.	.F.	.F.	.T.
.F.	.T.	.T.	.F.	.T.
.F.	.F.	.T.	.F.	.F.

【例 2.16】   逻辑表达式的使用。

```
? 3*2>3+2 OR 17%2=0 AND !"数据库"+"技术"<"数据库"-"应用"        &&显示.T.
? (3*2>3+2 OR 17%2=0) AND !"数据库"+"技术"<"数据库"-"应用"      &&显示.F.
```

6. 宏替换

宏替换的功能是替换出字符型变量的内容。许多 Visual FoxPro 命令和函数需要提供操作对象的名称（如内存变量名、字段名、文件名等），可以通过"宏替换"替换命令和函数中的名称，从而为 Visual FoxPro 的命令和函数提供了灵活性。宏替换的语法格式如下：

&MemVarName[.cExpression]

其中，*MemVarName* 指定宏替换中引用的内存变量名，且该变量只能是字符型的；使用句点分隔符（.）和 *cExpression* 选项可用来在宏替换后面追加额外的字符，附加在宏替换后面的 *cExpression* 也可以是一个宏替换。

【例 2.17】   宏替换表达式的使用。

```
cvar="南京大学"
var_name="cvar"
STORE "南京审计学院" TO &var_name        &&等价于 STORE "南京审计学院" TO cvar
? cvar                                   &&显示"南京审计学院"
? "&cvar.是一所财经类大学"               &&显示"南京审计学院是一所财经类大学"
```

2.3.6　Visual FoxPro 系统函数

函数是预先编制好的程序代码，可供在任何地方调用。函数的运算对象即为参数，它可以有 0 个、1 个或多个参数，有且仅有一个运算结果，称为函数值或返回值。调用函数时，其一般格式如下：

　　　　函数名([参数 1[,参数 2[,…]]])

注　意

对于某些没有参数的函数，圆括号内为空；当函数带有多个参数时，参数与参数之间用逗号分隔。

函数分为两大类：一类是由 Visual FoxPro 提供的内部函数，称之为系统函数；另一类是用户根据需要自行编写的函数，称之为用户自定义函数。

Visual FoxPro 中的系统函数有 380 多个，是 Visual FoxPro 语言的组成部分，要想正确地使用它们，必须从函数的功能、语法及返回值等方面去掌握。下面按照函数功能分类，介绍一些常用函数，有关数据库和表等操作的函数在第 3 章及其后介绍。

1. 数值函数

数值函数用于处理数值型数据，其返回值也为数值型数据。常用的数值函数有 ABS( )、INT( )、MAX( )、MIN( )、MOD( )、ROUND( )等。

（1）ABS( )函数

ABS( )函数的功能是返回指定数值表达式的绝对值。其语法格式如下：

　　　　ABS(*nExpression*)

【例 2.18】　绝对值函数 ABS( )的使用。

```
? ABS(6.8)                      &&显示 6.8
? ABS(16-40)                    &&显示 24
```

（2）INT( )函数

INT( )函数的功能是计算一个数值表达式的值，并返回其整数部分。其语法格式如下：

　　　　INT(*nExpression*)

【例 2.19】　取整函数 INT( )的使用。

```
? INT(9.32)                     &&显示 9
x=-16.27
? INT(x),INT(-x),INT(x*2)       &&显示-16  16  -32
```

（3）MAX( )和 MIN( )函数

MAX( )函数的功能是对几个表达式求值，并返回具有最大值表达式的值；MIN( )函数的功能是对几个表达式求值，并返回具有最小值表达式的值。它们的语法格式如下：

　　　　MAX(*eExpression1,eExpression2*[,*eExpression3*…])
　　　　MIN(*eExpression1,eExpression2*[,*eExpression3*…])

> **注 意**
>
> MAX( )和 MIN( )函数除了可作为数值函数对数值型数据进行处理，还可以对字符型、日期型、日期时间型等数据进行处理，但 *eExpression1*、*eExpression2* 等所有表达式的数据类型必须一致。

【例 2.20】 最大值函数 MAX( )和最小值函数 MIN( )的使用。

```
STORE 70 TO n1
STORE 36 TO n2
? MAX(35,n1-n2)                            &&显示 35
? MIN(35,n1-n2)                            &&显示 34
? MAX({^2011/12/11},{^2011/02/12})         &&显示 12/11/11
? MIN("教授","副教授","讲师","助教")         &&显示"副教授"
```

（4）MOD( )函数

MOD( )函数的功能是用一个数值表达式去除另一个数值表达式，返回余数。其语法格式如下：

    MOD(*nDividend,nDivisor*)

其中，被除数 *nDividend* 中的小数位数决定了返回值中的小数位。除数 *nDivisor* 为正数，返回值为正；若 *nDivisor* 为负数，返回值为负。如果被除数 *nDividend* 与除数 *nDivisor* 同号，则返回值为两数相除的余数；如果被除数 *nDividend* 与除数 *nDivisor* 异号，则返回值为两数相除的余数再加上除数 *nDivisor* 的值。

【例 2.21】 求模函数 MOD( )的使用。

```
? MOD(27,8),MOD(27,-8)                      &&显示 3  -5
? MOD(-27,8),MOD(-27,-8)                    &&显示 5  -3
```

（5）ROUND( )函数

ROUND( )函数的功能是返回四舍五入到指定位置的数值表达式的值。其语法格式如下：

    ROUND(*nExpression,nDecimalPlaces*)

其中，*nExpression* 指定要四舍五入的数值表达式；*nDecimalPlaces* 指定 *nExpression* 四舍五入的位置。若 *nDecimalPlaces* 大于等于 0，则它表示的是 *nExpression* 要保留的小数位数；若 *nDecimalPlaces* 小于 0，则返回值在小数点左端包含零的个数为 *nDecimalPlace* 的绝对值。例如，如果 *nDecimalPlaces* 为-2，那么小数点左端的第一和第二个数字（个位和十位）均为 0。

【例 2.22】 四舍五入函数 ROUND( )的使用。

```
x=2638.457
? ROUND(x,2),ROUND(x,0)                     &&显示 2638.46  2638
? ROUND(x,-1),ROUND(x,-2)                   &&显示 2640  2600
```

（6）SQRT( )函数

SQRT( )函数的功能是返回指定数值表达式的平方根。其语法格式如下：

    SQRT(*nExpression*)

其中，*nExpression* 指定计算的数值表达式，不能为负值。

【例 2.23】 平方根函数 SQRT( )的使用。

```
STORE -100 TO x
? SQRT(ABS(x))                              &&显示 10.00
```

（7）RAND( )函数

RAND( )函数的功能是返回一个 0 到 1 之间的随机数。其常用语法格式如下：

　　RAND( )

【例 2.24】　随机函数 RAND( )的使用。

```
? 100*RAND( )                               &&显示一个 0 到 100 之间的随机数
```

2. 字符函数

字符函数用于处理字符型数据，其返回值为字符型数据或其他类型数据。常用的字符型函数有 SPACE( )、LEN( )、ALLTRIM( )、SUBSTR( )、LEFT( )、RIGHT( )、AT( )等。

（1）SPACE( )函数

SPACE( )函数的功能是返回由指定数目的空格构成的字符串。其语法格式如下：

　　SPACE(*nSpaces*)

【例 2.25】　空格生成函数 SPACE( )的使用。

```
? "计算机"+SPACE(2)+"等级考试"               &&显示"计算机　等级考试"
```

（2）LEN( )函数

LEN( )函数的功能是返回字符表达式中字符的数目。其语法格式如下：

　　LEN(*cExpression*)

【例 2.26】　求字符串长度函数 LEN( )的使用。

```
? LEN ("Access"),LEN("数据库管理系统")      &&显示 6  14
? LEN("计算机"+SPACE(2)+"等级考试")          &&显示 16
```

（3）ALLTRIM( )、LTRIM( )、RTRIM( )、TRIM( )函数

ALLTRIM( )函数的功能是删除指定字符表达式的前导和尾部空格符，返回删除空格后的字符串；LTRIM( )函数的功能是删除指定字符表达式的前导空格，返回删除空格后的字符串；RTRIM( )和 TRIM( )函数的功能是删除指定字符表达式的尾部空格，返回删除空格后的字符串。它们的语法格式如下：

　　ALLTRIM(*cExpression*)

　　LTRIM(*cExpression*)

　　RTRIM(*cExpression*)

　　TRIM(*cExpression*)

【例 2.27】　删除字符串前后空格函数的使用。

```
x=SPACE(2)+"FoxPro"+SPACE(4)+"程序设计"+SPACE(3)
x1=LTRIM(x)
x2=RTRIM(x)
x3=TRIM(x)
x4=ALLTRIM(x)
? LEN(x1),LEN(x2), LEN(x3), LEN(x4)         `&&显示 21  20  20  18
```

（4）LEFT( )、RIGHT( )、SUBSTR( )函数

SUBSTR( )函数的功能是从给定的字符表达式中返回子字符串；LEFT( )函数的功能是从给定的字符表达式最左边字符开始返回指定数目的子字符串；RIGHT( )函数的功能是从给定的字符表达式最右边字符开始返回指定数目的子字符串。它们的语法格式如下：

> LEFT(*cExpression*,n*Expression*)
> RIGHT(*cExpression*,n*Expression*)
> SUBSTR(*cExpression*,n*StartPosition*[,*nCharactersReturned*])

其中，*cExpression* 指定要从其中返回子字符串的字符表达式。LEFT( )和 RIGHT( )函数中的 *nExpression* 指定从 *cExpression* 中截取的子串长度，若 *nExpression* 的值大于字符表达式 *cExpression* 的长度，则返回整个字符表达式 *cExpression*；若 *nExpression* 的值小于或等于 0，则返回一个空字符串。SUBSTR( )函数中的 *nStartPosition* 指定开始截取子串的起始位置，*nCharactersReturned* 指定截取的子串长度，若 *nCharactersReturned* 缺省或 *nCharactersReturned* 的值大于从起始位置到字符表达式 *cExpression* 末尾的字符长度，则从起始位置开始到 *cExpression* 的末尾截取子串，若 *nStartPosition* 为 0 或 *nCharactersReturned* 的值小于或等于 0，则返回一个空字符串。

【例 2.28】 取子串函数的使用。

```
x="VisualFoxPro"
STORE "数据库程序设计" TO y
? LEFT(x,6),LEFT(y,6)          &&显示"Visual 数据库"
? LEFT(x,18)                   &&结果为原字符串,显示"VisualFoxPro"
? LEFT(x,0)                    &&结果为空字符串,无显示内容
? RIGHT(x,6),RIGHT(y,8)        &&显示"FoxPro 程序设计"
? RIGHT(y,18)                  &&结果为原字符串,显示"数据库程序设计"
? RIGHT(x,-2)                  &&结果为空字符串,无显示内容
? SUBSTR(x,7,3),SUBSTR(y,1,6)  &&显示"Fox 数据库"
? SUBSTR(x,7),SUBSTR(y,7,10)   &&显示"FoxPro 程序设计"
? SUBSTR(x,0,4),SUBSTR(y,7,-2) &&结果为空字符串,无显示内容
```

（5）AT( )函数

AT( )函数的功能是返回一个字符表达式在另一个字符表达中出现的位置。其语法格式如下：

> AT(*cSearchExpression*,c*ExpressionSearched*[,*nOccurrence*])

其中，*cSearchExpression* 指定搜索的字符表达式；*cExpressionSearched* 指定被搜索的字符表达式；*nOccurrence* 指定搜索 *cSearchExpression* 在 *cExpressionSearched* 中的第几次出现，缺省时为 1。如果没有搜索到，函数的返回值为 0。

【例 2.29】 求子串位置函数 AT( )的使用。

```
x="数据库管理系统 FoxPro 是系统软件"
? AT("FoxPro",x),AT("foxpro",x)    &&显示15  0
? AT("系统",x),AT("系统",x,2)       &&显示11  23
```

> **注 意**
>
> AT( )函数区分搜索字符的大小写。如果想不区分搜索字符的大小写，可使用 ATC( ) 函数，ATC( )函数的其他用法与 AT( )函数相似。

（6）LIKE( )函数

LIKE( )函数的功能是确定一个字符表达式是否与另一个字符表达式相匹配。它们的语法格式如下：

> LIKE(*cExpression1*,*cExpression2*)

其中，*cExpression1* 指定要与 *cExpression2* 相比较的字符表达式，*cExpression1* 中可以包含通配符 "*" 和 "?"，只有在 *cExpression1* 与 *cExpression2* 中的字符逐个匹配的情况下，函数才返回逻辑值.T.，否则返回逻辑值.F.。

【例 2.30】　字符串匹配函数 LIKE( )的使用。

```
? LIKE("abc","abcd"),LIKE("ab*","abcd")      &&显示.F.  .T.
? LIKE("ab?d","abcd"),LIKE("a%c","abcd")      &&显示.T.  .F.
```

注 意

　LIKE( )函数的 cExpression1 中包含的字符 "%" 不是通配符。

（7）LOWER( )和 UPPER( )函数

LOWER( )函数的功能是将指定字符表达式中的大写字母转换成小写字母，其他字符不变，UPPER( )函数的功能是将指定字符表达式中的小写字母转换成大写字母，其他字符不变。它们的语法格式如下：

LOWER(*cExpression*)

UPPER(*cExpression*)

【例 2.31】　大小写转换函数 LOWER( )和 UPPER( )的使用。

```
? LOWER("AbCdEf123")                &&显示 abcdef123
? UPPER("AbCdEf123")                &&显示 ABCDEF123
```

3．日期与时间函数

日期与时间函数用于处理日期型或日期时间型数据，其返回值为日期型、日期时间型或数值型数据。常用的函数有 DATE( )、TIME( )、DATETIME( )、YEAR( )、MONTH( )、DAY( )、DOW( )等。

（1）DATE( )、TIME( )、DATETIME( )函数

DATE( )函数的功能是返回由操作系统控制的当前系统日期；TIME( )函数的功能是以 24 小时制的 hh:mm:ss 格式返回当前系统时间，返回值为字符型；DATETIME( )函数的功能是返回当前系统日期时间。它们的常用语法格式如下：

DATE( )

TIME( )

DATETIME( )

【例 2.32】　日期与时间函数的使用。

```
? DATE( )                       &&显示 10/02/11
SET CENTURY ON                  &&显示日期表达式时,用四位数字表示年
? DATE( )                       &&显示 10/02/2011
? TIME( )                       &&显示 21:37:17
? DATETIME( )                   &&显示 10/02/2011 09:37:17 PM
```

注 意

　本例中的命令在不同的日期时间下执行，显示结果是不一样的。

（2）YEAR( )、MONTH( )、DAY( )函数

YEAR( )函数的功能是返回给定日期表达式或日期时间表达式中的年份；MONTH( )函数的功能是返回给定日期表达式或日期时间表达式的月份；DAY( )函数的功能是返回给定日期表达式或日期时间表达式是某月中的第几天。它们的语法格式如下：

YEAR(*dExpression* | *tExpression*)

MONTH(*dExpression* | *tExpression*)

DAY(*dExpression* | *tExpression*)

【例 2.33】 求年份、月份和天数函数的使用。

```
STORE {^2011/09/10} TO x
? YEAR(x),MONTH(x),DAY(x)          &&显示 2011  9  10
```

注 意

YEAR( )返回带世纪的年份，CENTURY 的设置（ON 或 OFF）并不影响此返回值。

（3）DOW( )函数

DOW( )函数的功能是从日期表达式或日期时间表达式返回该日期是一周的第几天（第一天为星期日）。其常用语法格式如下：

DOW(*dExpression* | *tExpression*)

4. 数据类型转换函数

数据类型转换函数用于将一种类型的数据转换成另一种类型的数据。常用的函数有 STR( )、VAL( )、DTOC( )、CTOD( )、ASC( )、CHR( )等。

（1）STR( )函数

STR( )函数的功能是将数值表达式的值转换为字符型数据。其语法格式如下：

STR(*nExpression*[,*nLength*[,*nDecimalPlaces*]])

其中，*nExpression* 指定要转换的数值表达式；*nLength* 指定返回的字符串长度，该长度包括整数部分、小数部分、小数点和负号；*nDecimalPlaces* 指定转换返回的字符串中的小数位数。如果只缺省 *nDecimalPlaces*，则不转换小数部分。如果缺省 *nLength* 和 *nDecimalPlaces*，则系统默认转换的字符串长度为 10，并且无小数部分。如果存在 *nLength* 和 *nDecimalPlaces*，在转换时首先满足整数部分的转换，再自动调整小数位数（根据需要自动进行四舍五入）；如果 *nLength* 大于数值表达式 *nExpression* 值的长度，则字符串加前导空格以满足规定的要求；如果 *nLength* 小于数值表达式 *nExpression* 值的整数部分位数，则返回一串星号（*）。

【例 2.34】 数值型转换成字符型函数 STR( )的使用。

```
n=-582.459
? STR(n,8,3)                      &&返回"-582.459"
? STR(n,9,3)                      &&返回"□-582.459"（□代表空格）
? STR(n,9,2)                      &&返回"□□-582.46"
? STR(n,6,2)                      &&返回"-582.5"
? STR(n,6)                        &&返回"□□-582"
? STR(n,3)                        &&返回"***",溢出
? STR(n)                          &&返回"□□□□□□-582"
? STR(9876543210321)             &&返回"□9.876E+12"
```

（2）VAL( )函数

VAL( )函数的功能是将含有数字字符（包括正负号、小数点）的字符型数据转换成相应的数值型数据。其语法格式如下：

VAL(*cExpression*)

其中，*cExpression* 指定字符表达式。该函数从左往右进行转换，若字符串内出现非数字字符就停止转换（浮点表示形式的字符串除外）；若字符表达式 *cExpression* 的首字符为非数字字符，则返回值为 0，但忽略前导空格。

【例 2.35】　字符型转换成数值型函数 VAL( )的使用。

```
? VAL("  123")                        &&显示 123.00
? VAL("1e2")                          &&显示 100.00
? VAL("-2  7abc")                     &&显示-2.00
? VAL("stu10")                        &&显示 0.00
c="20120248"
? VAL(LEFT(c,2))+VAL(RIGHT(c,2))      &&显示 68.00
```

（3）DTOC( )和 TTOC( )函数

DTOC( )函数的功能是将日期型数据或日期时间型数据的日期部分转换成字符型数据，TTOC( )函数的功能是将日期时间型数据转换成字符型数据。它们的常用语法格式如下：

DTOC(*dExpression | tExpression*[,1])

TTOC(*tExpression*[,1])

如果没有使用参数 "1"，结果字符串中日期部分的格式与 SET DATE TO 语句的设置和 SET CENTURY ON | OFF（ON 为四位数年份，OFF 为两位数年份）语句的设置有关。结果字符串中时间部分的格式受 SET HOURS TO 12 | 24 语句的设置影响。

对于 DTOC( )函数来说，如果使用参数 1，则结果字符串的格式总是为 YYYYMMDD，共 8 个字符。对于 TTOC( )函数来说，如果使用参数 1，则结果字符串的格式总是为 YYYYMMDDHHMMSS，采用 24 小时制，共 14 个字符。

【例 2.36】　日期型转换成字符型函数 DTOC( )和日期时间型转换成字符型函数 TTOC( )的使用。

```
d={^2011/10/12}
t={^2011/08/20 04:20:38 p}
SET DATE TO AMERICAN              &&设置日期格式为美语
SET CENTURY OFF                   &&显示日期表达式时,用两位数字表示年
SET HOURS TO 12                   &&将系统时间设置为 12 小时时间格式
? DTOC(d),DTOC(d,1)               &&显示"10/12/11  20111012"
? TTOC(t)                         &&显示"08/20/11 04:20:38 PM"
? TTOC(t,1)                       &&显示"20110820162038"
SET DATE TO YMD                   &&设置日期格式为年月日
SET CENTURY ON                    &&显示日期表达式时,用四位数字表示年
SET HOURS TO 24                   &&将系统时间设置为 24 小时时间格式
? DTOC(d),DTOC(d,1)               &&显示"2011/10/12  20111012"
? TTOC(t)                         &&显示"2011/08/20 16:20:38"
? TTOC(t,1)                       &&显示"20110820162038"
```

（4）CTOD( )和 CTOT( )函数

CTOD( )函数的功能是将字符型数据转换成日期型数据，CTOT( )函数的功能是将字符型

数据转换成日期时间型数据。它们的语法格式如下：

    CTOD(*cExpression*)
    CTOT(*cExpression*)

其中，字符表达式 *Expression* 的日期部分格式要与系统设置的日期格式一致。其中的年份可以用四位，也可以用两位。

【例 2.37】 字符型转换成日期型函数 CTOD( )和字符型转换成日期时间型函数 CTOT( )的使用。

```
SET DATE TO YMD                  &&设置日期格式为年月日
SET CENTURY OFF                  &&显示日期表达式时，用两位数字表示年
SET HOURS TO 12                  &&将系统时间设置为 12 小时时间格式
d="2011/08/05"
t="2011/08/05 14:30:00"
? CTOD(d)+20                     &&显示 11/08/25
? CTOT(t)+3600                   &&显示 11/08/05 03:30:00 PM
```

（5）ASC( )函数

ASC( )函数的功能是返回字符表达式值中最左边字符的 ASCII 码值。其语法格式如下：

    ASC(*cExpression*)

【例 2.38】 字符转换成 ASCII 码值函数 ASC( )的使用。

```
? ASC("FoxPro")                  &&显示 70
```

（6）CHR( )函数

CHR( )函数的功能是将数值表达式的值作为 ASCII 码值，返回对应的字符。其语法格式如下：

    CHR(*nExpression*)

【例 2.39】 ASCII 码值转换成字符函数 CHR( )的使用。

```
? CHR(97)                        &&显示 a
```

5. 其他常用函数

下面再介绍几个较为常用的函数：BETWEEN( )、IIF( )、TYPE( )、MESSAGEBOX( )、INKEY( )、FILE( )、GETFILE( )。

（1）BETWEEN( )函数

BETWEEN( )函数的功能是判断一个表达式的值是否在另外两个相同数据类型的表达式的值之间，返回值主要为.T.或.F.。其语法格式如下：

    BETWEEN(*eTestValue,eLowValue,eHighValue*)

其中，*eTestValue* 指定测试的表达式；*eLowValue* 指定范围的下界；*eHighValue* 指定范围的上界。测试表达式 *eTestValue* 的数据类型可以是字符型、日期型、日期时间型、数值型、货币型等，如果 *eTestValue* 的值在另外两个相同数据类型表达式的值之间，返回值为.T.，否则返回值为.F.。

【例 2.40】 值域测试函数 BETWEEN ( )的使用。

```
? BETWEEN(25,12,60),BETWEEN(25,0,20)    &&显示.T.  .F.
? BETWEEN("H","D","K")                  &&显示.T.
```

（2）IIF( )函数

IIF( )函数的功能是根据逻辑表达式的值，返回两个值中的某一个。其语法格式如下：

IIF(*lExpression*,*eExpression1*,*eExpression2*)

其中，逻辑表达式 *lExpression* 指定测试条件，如果 *lExpression* 计算结果为.T.，返回值为 *eExpression1*，否则返回值为 *eExpression2*。

【例 2.41】 条件测试函数 IIF( )的使用。

```
x=85
? IIF(x>=60,"及格","不及格")                &&显示"及格"
? IIF(x<60,"不及格",IIF(x>=80,"优秀","及格"))  &&显示"优秀"
```

（3）TYPE( )函数

TYPE( )函数的功能是返回字符表达式内容的数据类型。其语法格式如下：

TYPE(*cExpression*)

其中，*cExpression* 指定一个字符表达式，该表达式书写时要加单引号或双引号，TYPE( )函数将对其内容求值，并返回适当的数据类型。

【例 2.42】 数据类型测试函数 TYPE( )的使用。

```
? TYPE("123"),TYPE("[123]")           &&显示N  C
? TYPE("$123"),TYPE("DATE( )")        &&显示Y  D
? TYPE("m")                           &&显示U,表示未确定的类型
m=.T.
? TYPE("m")                           &&显示L
```

（4）MESSAGEBOX( )函数

MESSAGEBOX( )函数的功能是显示一个用户自定义对话框，该函数的函数名可缩写为 MESSAGEB。其语法格式如下：

MESSAGEBOX(*cMessageText*[,*nDialogBoxType*[,*cTitleBarText*]])

其中，字符表达式 *cMessageText* 指定在对话框中显示的文本，在 *cMessageText* 中包含回车符（CHR(13)）可以使信息移到下一行显示；*nDialogBoxType* 指定对话框中的按钮和图标、显示对话框时的默认按钮；*cTitleBarText* 指定对话框标题栏中的文本，缺省时将显示"Microsoft Visual FoxPro"。

nDialogBoxType 可以表示成按钮值、图标值、默认值的和。其中，按钮值从 0 到 5 指定了对话框中显示的按钮，图标值 16、32、48、64 指定了对话框中的图标，如表 2.12 所示。

表 2.12 按钮值与对话框的图标值

数 值	对话框按钮	数 值	对话框图标
0	仅有"确定"按钮	16	"停止"图标
1	"确定"和"取消"按钮	32	"问号"图标
2	"放弃"、"重试"和"忽略"按钮	48	"惊叹号"图标
3	"是"、"否"和"取消"按钮	64	"信息(i)"图标
4	"是"、"否"按钮		
5	"重试"和"取消"按钮		

默认按钮值指定对话框中哪个按钮为默认按钮：0 指定第一个按钮为默认按钮；256 指定第二个按钮为默认按钮；512 指定第三个按钮为默认按钮。

MESSAGEBOX( )的返回值由用户选取对话框中的按钮决定，具体如下。

- 选取"确定"按钮，返回值为 1。
- 选取"取消"按钮，返回值为 2。

- 选取"放弃"按钮，返回值为3。
- 选取"重试"按钮，返回值为4。
- 选取"忽略"按钮，返回值为5。
- 选取"是"按钮，返回值为6。
- 选取"否"按钮，返回值为7。

【例 2.43】 用户自定义对话框函数 MESSAGEBOX ( )的使用。

```
? MESSAGEBOX("真的要退出吗?",4+32+256,"对话框举例")
```

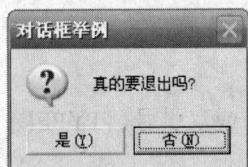

上述命令执行后，会弹出用户自定义对话框，如图2.8所示。如果用户选择了"是"按钮，则主窗口显示 6；如果用户选择了"否"按钮，则主窗口显示7。

图 2.8　MESSAGEBOX( )
函数示例

（5）INKEY( )函数

INKEY( )函数的功能是返回一个编号，该编号对应于键盘缓冲区中按键操作。其常用语法格式如下：

INKEY([*nSeconds*])

其中，秒数 *nSeconds* 指定 INKEY( )函数对键击的等待时间。如果不包含 *nSeconds*，INKEY( )函数立即返回 0。如果 *nSeconds* 为 0 时，INKEY( )函数一直等待到有键击为止，返回所按键的 ASCII 码值。如果 *nSeconds* 不为 0 时，在秒数 *nSeconds* 内无键盘输入时，INKEY( )函数返回 0；在秒数 *nSeconds* 内有键盘输入时，INKEY( )函数返回所按键的 ASCII 码值。

【例 2.44】 键盘输入函数 INKEY( )的使用。

```
? INKEY( )            &&立即显示 0
? INKEY(0)            &&按回车键时,则显示 13
? INKEY(5)            &&在 5 秒内无键盘输入时,则显示 0
? INKEY(5)            &&在 5 秒内按字母键 a,则显示 97
```

（6）FILE( )函数

FILE( )函数的功能是测试磁盘上是否存在指定的文件。其语法格式如下：

FILE(*cFileName*)

其中，文件说明 *cFileName* 是一个字符串，通常在文件名（必须包含文件的扩展名）前加入路径，从而在某个非当前目录中搜索文件。如果找到文件，则返回.T.，否则返回.F.。

【例 2.45】 测试文件函数 FILE( )的使用。

```
? FILE("d:\tsgl\ts.dbf" )    &&测试 d 盘 tsgl 文件夹中是否存在 ts.dbf 文件
```

（7）GETFILE( )函数

GETFILE( )函数的功能是显示"打开"对话框，并返回选定文件的名称。其常用语法格式如下：

GETFILE([*cFileExtensions*][,*cText*])

其中，文件扩展名 *cFileExtensions* 指定没有选择"所有文件"菜单项时，可滚动列表中显示的文件扩展名，*cFileExtensions* 可具有多种形式，如果 *cFileExtensions* 包含单一扩展名，则只显示具有此扩展名的文件；字符串 *cText* 指定"打开"对话框中"文件"文本框前的提示文本。

【例 2.46】 "打开"对话框函数 GETFILE( )的使用。

```
? GETFILE("prg","程序文件名")
```

上述命令执行后，会弹出"打开"对话框，如图2.9所示。若用户选择 VFPXTAB.PRG，则函数返回结果为"C:\Program Files\Microsoft Visual Studio\Vfp98\VFPXTAB.PRG"。

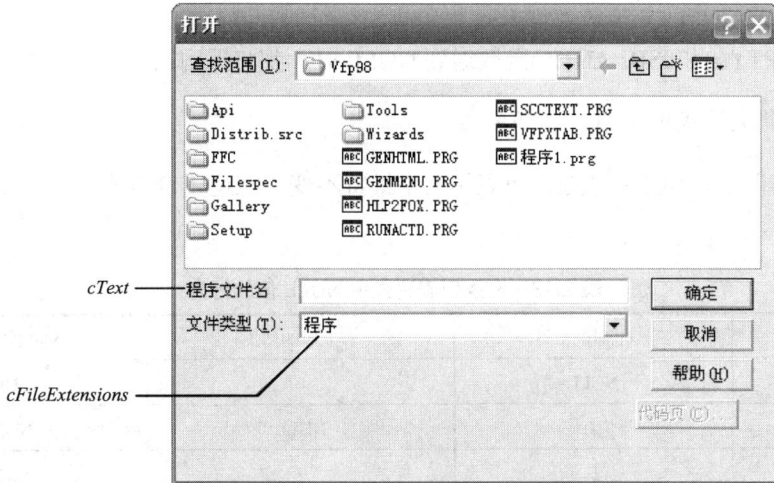

图 2.9　GETFILE( )函数示例

2.3.7　空值处理

Visual FoxPro 支持空值（用 NULL 或.NULL.表示），这种支持简化了对未知数据的处理，并使得处理可以包含 NULL 值的 Microsoft Access 或 SQL 数据库变得容易。

NULL 值具有以下特点。

- 等价于没有任何值。
- 与数值 0、空字符串""、空白日期{//}、空白日期时间{//:}、空格不同。
- 排序优先于其他数据。
- 在计算过程中或大多数函数中都可以用到 NULL 值。
- NULL 值会影响命令、函数、逻辑表达式和参数的行为。

1. 作为值使用空值

Visual FoxPro 支持的 NULL 值可以出现在任何使用值或表达式的地方，可以使用命令操作 NULL 值。NULL 值不是一种数据类型，当给变量赋 NULL 值时，该变量的数据类型不变，只是值变为 NULL。

【例 2.47】　对 NULL 值的操作示例。

```
DIMENSION A(3)
A(1)=NULL
A(2)={^2011/05/01}
STORE NULL TO A(2)
? TYPE("A(1)"),TYPE("A(2)")              && 显示 L  D
```

ISNULL( )函数可用于判断变量或表达式的计算结果是否为 NULL 值，如果为 NULL 值，则返回.T.，否则返回.F.。ISNULL( )函数与 EMPTY( )、ISBLANK( )函数的区别如下。

- 当变量或表达式的结果为空字符串""、空白日期{//}、空白日期时间{//:}、空格时，EMPTY( )和 ISBLANK( )函数都将返回.T.。
- EMPTY( )函数对于 0 或.F.也返回.T.。
- 当变量或表达式的结果为空字符串""、空白日期{//}、空白日期时间{//:}、空格、0、.F.

时，ISNULL( ) 函数都将返回.F.。

- EMPTY( )和 ISBLANK( )函数遇到 NULL 时，都将返回.F.。

2. 在逻辑表达式中 NULL 值的行为

大多数情况下，NULL 值在逻辑表达式中维持不变。在逻辑表达式中，NULL 值的行为如表 2.13 所示。

表 2.13   在逻辑表达式中 NULL 值的行为

逻辑表达式	x=.T.时的结果	x=.F.时的结果	x=NULL 时的结果
x AND NULL	NULL	.F.	NULL
x OR NULL	.T.	NULL	NULL
NOT x	.F.	.T.	NULL

在条件表达式中若遇到 NULL 值时，因为空值非真（.T.），所以会将此解释为条件失败。例如，结果为 NULL 值的 FOR 子句被当作"假"（.F.）值看待。

2.4   小型案例实训

【案例说明】

将一个十进制正整数的各位数字按相反的顺序重新排列成一个正整数，则称这两个数互为反序数，如 102 和 201，36 和 63 等。假定有一个三位十进制整数，要求用两种方法，在 Visual FoxPro 命令窗口执行有关命令求它的反序数。

【实现思路】

方法 1：通过 INT( )和 MOD( )函数分别得到原数的百位数数字、十位数数字和个位数数字，最后再进行数值计算求得原数对应的反序数。

方法 2：先将原数转换为字符串，然后通过取子串函数分别得到原数的百位数字符、十位数字符和个位数字符，再按照反向顺序进行字符的连接得到反序字符串，最后再将反序字符串进行数据类型转换求得原数对应的反序数。

【执行命令】

方法 1：

```
x=258                        &&给内存变量 x 赋值
x1=INT(x/100)                &&取出百位数字
x2=INT(MOD(x,100)/10)        &&取出十位数字
x3=MOD(x,10)                 &&取出个位数字
? x1+10*x2+100*x3            &&输出反序数,结果显示 852
```

方法 2：

```
x=258                        &&给内存变量 x 赋值
y=STR(x,3)                   &&将原三位数转换为三位字符串
y1=LEFT(y,1)                 &&取出百位数字符
y2=SUBSTR(y,2,1)             &&取出十位数字符
y3=RIGHT(y,1)                &&取出个位数字符
? VAL(y3+y2+y1)              &&输出反序数,结果显示 852
```

2.5 习　　题

一、选择题

1. 在下列有关项目与项目管理器的叙述中，不正确的_____。
   - A. 项目管理器共有 6 个选项卡，可用来分类显示各项
   - B. 同一个文件可以同时属于多个项目
   - C. 利用"移去"操作可以删除文件
   - D. 不是通过 VFP 创建的文件，不能添加到项目中

2. 命令 RENAME c:\aa\a1.txt to c:\bb\b1.txt 的作用是_____。
   - A. 仅完成文件 a1.txt 改名为 b1.txt
   - B. 文件 a1.txt 改名为 b1.txt 的同时将文件 a1.txt 添加到文件夹 bb 中
   - C. 文件 a1.txt 改名为 b1.txt 的同时进行文件的移动操作
   - D. 文件 a1.txt 改名为 b1.txt 的同时进行文件的复制操作

3. 在 Visual FoxPro 系统中，下列命名中不能作为变量名的是_____。
   - A. 姓名
   - B. 2011 姓名
   - C. ABC2011
   - D. stu_temp

4. 给变量 A1、A2 赋同样的值 123 的命令是_____。
   - A. A1=A2=123
   - B. STORE 123,123 TO A1,A2
   - C. STORE 123 TO A1,123 TO A2
   - D. STORE 123 TO A1,A2

5. 利用命令 DIMENSION A（2,3）定义了一个名为 A 的数组后，依次执行以下三条赋值命令：A(3)=20，A(4)=40，A(5)=60，则数组元素 A(1,1)、A(1,3)、A(2,2)的值分别是_____。
   - A. .F.、20、60
   - B. 0、40、60
   - C. 20、40、60
   - D. .T.、20、60

6. 以下关于函数说法错误的是_____。
   - A. 一个函数只能返回一个值
   - B. 一个函数可接受一个或多个参数
   - C. 函数中没有参数时，后面的圆括号也可以省略
   - D. 函数是一种预先编制好的程序代码，可供用户或程序调用

7. 下列各表达式中，属于 Visual FoxPro 中合法表达式的是_____。
   - A. "123"+SPACE(5)+27
   - B. CTOD("05/02/10")+DATE( )
   - C. [5*8+9]+6*8

    D. VAL("85")+100

8. 下列 4 个表达式中，运算结果为数值的是_____。

    A. "9988"-"1255"

    B. 200+800=1000

    C. LEN(SPACE(3))-1

    D. SUBSTR(DTOC(DATE( )),7)

9. 对于空值，下列叙述中不正确的是_____。

    A. 空值不是一种数据类型

    B. 空值可以赋给变量、数组和字段

    C. 空值等于空串（""）和空格

    D. 条件表达式中遇到 NULL 值，该条件表达式为"假"

10. 函数 ISBLANK(0)、ISNULL(" ")、EMPTY(NULL)和 ISNULL(NULL)的返回结果分别是_____。

    A. .F.、.F.、.F.、.T.

    B. .T.、.F.、.F.、.T.

    C. .F.、.T.、.F.、.T.

    D. .T.、.F.、.F.、NULL

二、填空题

1. 在"选项"对话框中进行设置后，如果按住_____键的同时按"确定"按钮，则当前设置会以命令形式显示在命令窗口中。

2. VFP 操作环境可以通过 SET 命令进行临时设置，将当前工作目录设置为 D 盘 TSGL 文件夹的命令为_____；若将日期表达式的显示格式设置为"2011 年 5 月 20 日"的形式，则使用的命令为_____。

3. 在 VFP 中，创建并保存一个项目后，系统会在磁盘上生成两个文件，这两个文件的文件扩展名分别是_____和_____。

4. 当内存变量与字段变量同名时，_____具有更高的访问优先权。如果内存变量和字段变量均有变量名"姓名"，那么引用内存变量的正确方法是_____。

5. 将第 2 个字符为"c"、第 4 个字符为"e"的所有内存变量保存到 mvfile 内存变量文件中，可以使用命令_____。

6. 表达式'□AB□□'+'□CD□'-'□EF□'的结果是_____，其中□表示空格。

7. 在 SET EXACT ON 和 SET EXACT OFF 的环境下，分别执行?"Ab"="Ab□□"命令（其中□表示空格），则显示结果分别是_____和_____。

8. old=25，sex="男"，dyf=.F.，xl="大学"，写出下列表达式的值：

NOT sex="女" AND old>20 的值是_____；

dyf=.F. OR xl="大学" AND sex="女"的值是_____。

9. 数值表达式 ROUND(123.537,-1)+ MOD(-23,5)的运算结果为_____，表达式 SUBSTR("P586",2,1)+RIGHT(STR(YEAR({^2010/01/01})),2)的运算结果为_____，表达式 VAL("1E1")+AT("1","1.31E1",2)的运算结果为_____。

10. 执行命令 Var1={^2011/10/12}，Var2="Var1"，则表达式&Var2+7 的值是_____。

第 3 章 数据库与表操作

✎ **本章要点**

- 数据库的设计过程
- 数据库的基本操作
- 表的基本操作
- 索引的概念、创建与使用
- 表之间的关系
- 参照完整性

数据库是一个容器，是许多相关的数据库表及其关系的集合。除此之外，数据库还包括视图、连接和存储过程等内容。在 Visual FoxPro 6.0 中，表分为自由表和数据库表两种类型。与自由表不同，数据库表之间存在着永久性关系和临时性关系，在建立永久性关系的两张数据库表之间可以设置参照完整性，同时数据库表还具有一些字段扩展属性、表属性、记录有效性规则、触发器等。

3.1　数据库的设计过程

在一个以数据库为基础的信息管理系统中，数据库的设计是非常关键的。数据库设计是否合理、完善，将直接影响到信息系统对数据的存储、处理效率以及用户应用程序的开发设计工作。在 Visual FoxPro 中，若要开发小型的信息管理系统，如图书管理系统、教学管理系统等，数据库的设计一般包括五个步骤：

- 需求分析，确定用户创建数据库的目的。
- 确定需要的表，将信息划分为若干主题，不同的主题对应于不同的表。
- 建立表的表结构，即确定表中的字段。
- 分析并建立表之间的关系。
- 改进、优化设计

下面以图书管理系统为例，详细介绍数据库的设计过程。

1. 需求分析，确定用户创建数据库的目的

在此阶段，首先要与数据库的用户多交流，了解现行该事物的处理流程，明确建立数据库的目的；尽量收集全部数据资料（如业务流程、单据、档案、计划等等）；分析用户从数据库获得哪些内容，以及数据库对数据完成什么样的处理、如何处理，会产生什么结果。

以图书管理系统为例，该系统主要实现对现代图书馆信息的管理，主要功能为管理有关读者、图书、借阅、查询、删除和管理员的信息等。在该系统中，要解决的问题是利用关键字对数据库进行查询。例如，查询读者的信息、查询图书的信息、查询读者借阅信息等。

2. 确定数据库中的表

在此阶段，要确定哪些表是用户要用到的。在 Visual FoxPro 中，采用关系数据模型，基本结构为二维表，可以将同类事物或事物之间的联系利用二维表描述出来。

在图书管理系统中，可以将读者信息、图书信息、出版社信息、读者借阅记录信息等设计为对应的不同表，尽量避免在同一张表中存储重复信息。图书管理系统中需要用到的表如图 3.1 所示。

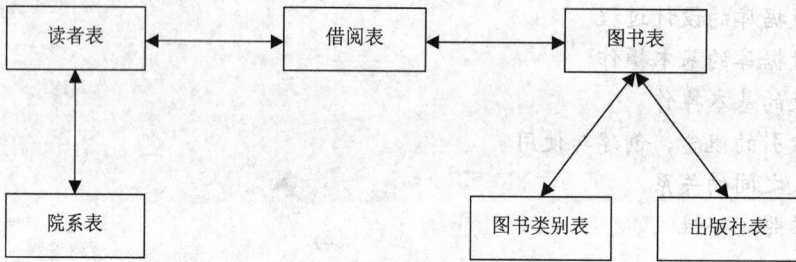

图 3.1　"图书管理系统"中的部分表

3. 确定表中字段，建立表结构

确定了图书管理系统中需要的表之后，要进一步确定每张表所包含的字段信息。在设计时，必须考虑表中字段与表的主题相关，应遵循以下原则：

1）必须确保一个表中的每个字段与表的主题相关，表中不应含有与主题不符的信息。例如，读者表不应包括"书号、书名"等图书信息。

2）表中的字段必须是基本数据，而不是多项数据的组合。如果一个字段中包含了多个数据项，将会很难获得单独的数据。例如，借阅表中，"读者编号、书号、借书时间、还书时间"等，设置为不同的字段。

3）表中的字段必须是原始数据，不能包含推导或计算得到的结果存储在表中，对于可推导得到的数据，可以在需要时进行计算解决。例如，图书表中，包括书号、书名、出版社编号、作者、单价、入库册数、库存册数等字段，需要 "总价格"信息时，可以利用"总价格=单价*入库册数"计算得到，而"总价格"不必作为字段存储在图书表中。

4）确定主关键字段。为了提高检索数据的速度，数据库中的每个表都必须有一个或若干个字段可用作唯一确定表中的每个记录，即主关键字。主关键字不能为空值或有重复值。例如，读者表的主关键字为"读者编号"，图书表的主关键字为"书号"，借阅表的主关键字为"读者编号，书号"。而"读者编号"和"书号"分别为借阅表的两个外部关键字。

4. 分析并建立表之间的关系

确定数据库中表之间的关系很重要，利用这些表之间的关系，可以查找相关联的信息，并为保持数据的一致性提供支持。

通常，表之间的关系有三种，分别是一对一（1:1）、一对多（1:n）和多对多（m:n）的关系。这三种关系都是通过相关表的主关键字体现出来的。例如，读者表的"读者编号"字段和借阅表的"读者编号"字段是有关系的，图书表的"书号"字段和借阅表的"书号"字段是有关系的。

在一对一关系中，表 A 的一条记录在表 B 中只有一条记录相对应，而表 B 中的一条记录在表 A 中也只对应一条记录。如果两张表之间存在一对一关系，可以考虑将分布在两张表中的所需字段合并到一个表中。例如，在人事管理系统中，职工表与工资表之间存在一对一关系，两张表的主关键字都是"职工工号"。如果两张表有不同的主关键字，选择其中一个表，把它的主关键字放到另一个表中作为外部关键字，以此建立一对一关系。例如，图书管理数据库中的读者类型就是教师和学生，可以把教师表的"教师工号"字段和学生表的"学号"字段存储到读者表中的"读者编号"字段中。

关系数据库中普遍存在的是一对多的关系，在一对多关系中，"一"的一方为主表，"多"的一方为子表。例如，读者表与借阅表之间存在一对多的关系，读者表为主表，借阅表是子表。一位读者可以借阅多本图书，读者表的每一个记录在借阅表中可以有多条记录与之对应。如图 3.2 所示。

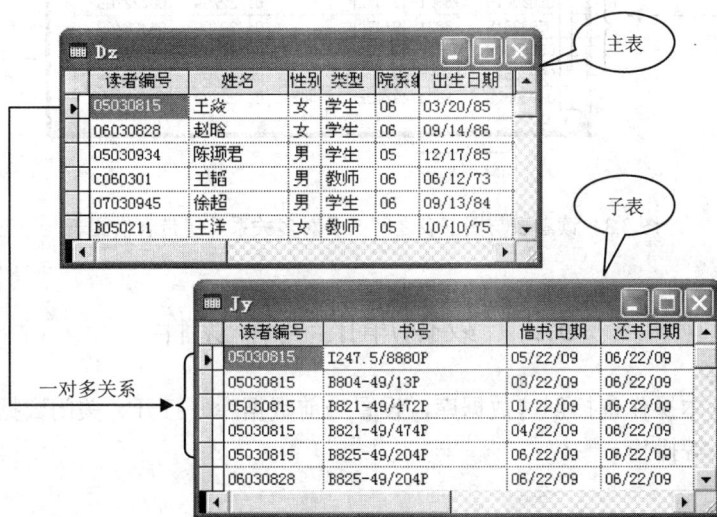

图 3.2　读者表与借阅表之间的一对多关系

在多对多关系中，表 A 的一个记录在表 B 中可以对应多个记录，而表 B 中的一个记录在表 A 中也可以对应多个记录。这种情况下，必须借助第三张表，把多对多关系分解成两个一对多的关系，此时，第三张表被称为"纽带表"。纽带表最大的特点就是拥有另外两张表的主关键字。例如，在图书管理数据库中，读者表和图书表之间是多对多的关系，一个读者可以借阅多本图书，而一本图书也可以被不同的多位读者借阅，其中，借阅表为读者表和图书表之间的纽带表。"读者编号"字段是读者表的主关键字，"书号"是图书表的主关键字，在借阅表中，"读者编号，书号"为组合主关键字，同时，"读者编号"和"书号"又分别是借阅表的外部关键字，如图 3.3 所示。

5. 改进、优化设计

完成初步的数据库表、字段以及关系设计后，需要进一步的检查分析，作进一步的优化设计。例如，检查是否可以找到一个路径来检索用户所需要的所有信息，检查所有需要的数据是否都可用，分析数据库的设计是否满足用户的需要等。如果对于以上的问题都能解决，则表示数据库设计基本完成了。

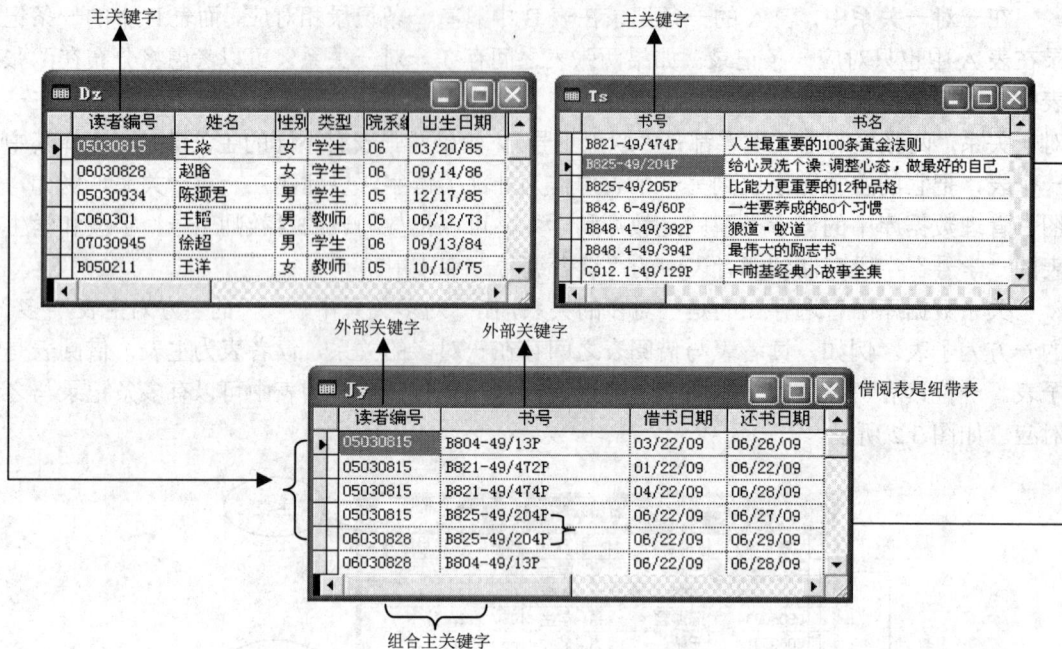

图 3.3　读者表与图书表之间的多对多关系及纽带表借阅表

3.2　数据库的基本操作

数据库的基本操作包括创建数据库，设置当前数据库，打开、关闭数据库，删除数据库，检查数据库等操作。

3.2.1　创建数据库

在 Visual FoxPro 中，常用以下三种方法创建数据库：

- 使用项目管理器创建数据库。
- 使用菜单命令创建数据库。
- 使用 CREATE DATABASE 命令创建数据库。

无论使用哪种方法创建数据库，在当前默认的工作目录下，系统都会自动创建 3 个文件，分别是数据库文件（扩展名为.dbc）、数据库备注文件（扩展名为.dct）、数据库索引文件（扩展名为.dcx）。

1. 使用项目管理器创建数据库

操作步骤如下：

1）在"项目管理器"窗口中选择"数据"选项卡，在"数据"选项卡窗口中，选择"数据库"对象，单击"新建"按钮，如图 3.4 所示。

2）在随后打开的"新建数据库"对话框中，选择"新建数据库"按钮，如图 3.5 所示。打开"创建"对话框，如图 3.6 所示。

3）在"创建"对话框中输入数据库文件的保存路径（如 D:\vfp）和名称（如 tsk），单击"保存"按钮，弹出"数据库设计器"窗口，如图 3.7 所示。

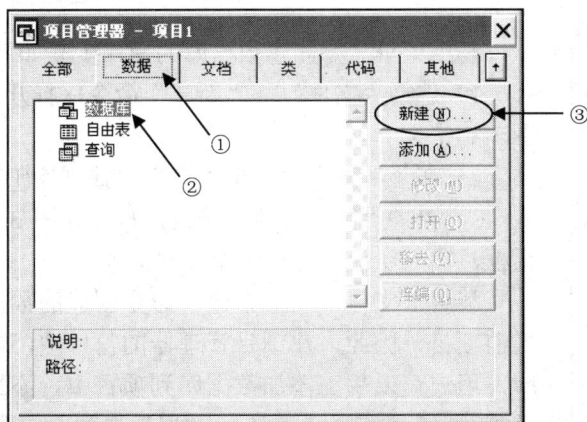

图 3.4　项目管理器的"数据"选项卡

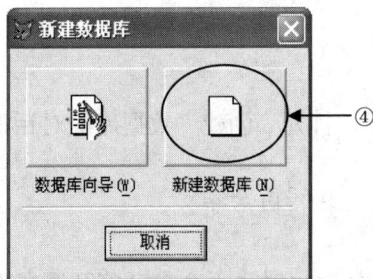

图 3.5　"新建数据库"对话框

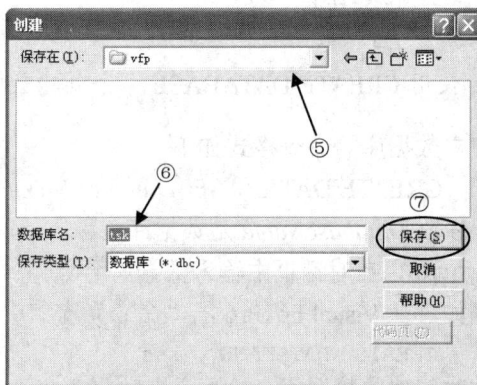

图 3.6　"创建"对话框

图 3.7　数据库设计器

在"数据库设计器"中，包括"数据库设计器工具栏"，右击"数据库设计器"可以弹出快捷菜单，如图 3.7 所示，快捷菜单上的菜单命令大多数与数据库设计器工具栏上的命令按钮功能一致。同时，在 Visual FoxPro 的常用工具栏上，显示当前创建的数据库的名称"tsk"。此时，创建的数据库 tsk 是一个空的数据库，不包括任何对象，用户可以为该数据库添加或创建表、视图等各种数据库对象。

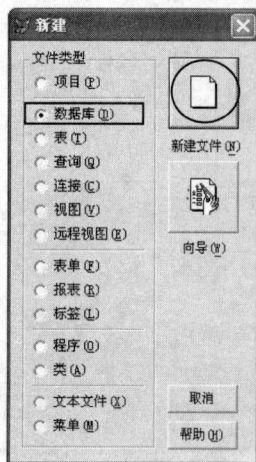

图 3.8 "新建"对话框

2. 选择菜单命令创建数据库

利用菜单命令创建数据库的操作步骤如下：

1）选择"文件"→"新建"命令，打开"新建"对话框，如图 3.8 所示。

2）在"新建"对话框中选中"数据库(D)"单选按钮。

3）单击"新建文件"按钮，打开如图 3.6 所示的"创建"对话框，输入要创建的数据库名称。

利用"文件"→"新建"命令创建的数据库，不会自动属于当前项目，因此，在项目管理器的窗口中，看不到新创建的数据库，用户可以手工添加数据库到项目中。添加的方法是：在"项目管理器"窗口中，单击"数据"选项卡，选中"数据库"对象，单击项目管理器中的"添加"按钮，然后选择数据库文件，可以把由菜单命令创建的数据库，添加到当前项目中。

3. 使用 CREATE DATABASE 命令创建数据

建立数据库的命令格式如下：

CREATE DATABASE [*DatabaseName*|?]

其中，参数 *DatabaseName* 是数据库名称。"?"则表示，打开"创建"数据库的对话框（如图 3.6 所示），在对话框中输入数据库名称。

例如，在 Visual FoxPro 的"命令"窗口中，输入并执行以下命令：

```
CREATE DATABASE jxsj
```

这时创建的数据库 jxsj 不会自动包含在当前项目中，同时也不会自动打开数据库设计器窗口。同样，用户可以手工添加数据库 jxsj 到项目中。

例如，在 Visual FoxPro 的"命令"窗口中，输入并执行以下命令：

```
CREATE DATABASE ?
```

则自动打开如图 3.6 所示的"创建"对话框，等待用户输入数据库名称。

用以上三种方法创建的数据库，在当前工作路径下，都会自动生成 3 个文件，分别是数据库文件（扩展名为.dbc）、数据库备注文件（扩展名为.dct）、数据库索引文件（扩展名为.dcx）。

3.2.2 数据库的组成

创建数据库后，在项目管理器窗口中可以看到数据库由以下几部分组成：数据库表、本地视图、远程视图、连接和存储过程，如图 3.9 所示。

1. 数据库表

Visual FoxPro 中有两种类型的表：自由表和数据库表。自由表不属于任何数据库，而数据库表从属于某一个数据库。一个数据库可以包含多个数据库表，而一张数据库表却只能从属于一个数据库，如果用户打算把一张数据库表添加到另外一个数据库中，则必须将该数据库表从原数据库中移走，脱离原数据库之后，才能将它添加到其他数据库中。

图 3.9 数据库的组成

在 Visual FoxPro 中，数据库和数据库表都是具有独立存储文件的。两者之间的相关性是通过数据库表文件（.dbf）与数据库文件（.dbc）之间的双向链接实现的，如图 3.10 所示。

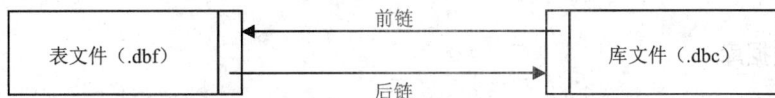

前链：保存在数据库文件中，包含表文件的路径和表名。
后链：保存在表文件中，包含数据库名及其路径。

图 3.10 数据库与数据库表之间的双向链接

需要注意的是，数据库与数据库表文件在物理上都是相互独立的，数据库表属于数据库，并不意味着表记录保存在数据库文件中。数据库与数据库表之间的包含与从属关系，是一种逻辑上的关系。

2. 视图（View）

在数据库设计时，要将数据按主题分解到不同的表中。在使用数据库时，可以通过联接条件将分散在相关表中的数据收集到一起，构成一张"虚表"，这张"虚表"在数据库中称为视图。视图的数据来源于一张或者多张表，也可以来源于其他视图，这些数据在数据库中并不实际存储，仅在数据库的数据字典中存储关于视图的定义。视图可以使数据暂时从数据库中分离成为"游离"数据，以便在主系统之外收集和修改数据。

视图分为本地视图和远程视图。如果视图的数据源是 Visual FoxPro 中的数据库表、自由表或视图，则创建的视图为本地视图。如果视图的数据源是来自其他数据库或电子表格的数据，则通过建立连接，才能创建视图，此时创建的视图为远程视图。

3. 连接（Connection）

连接是保存在数据库中一个定义，它指定了远程数据源的名称。通过连接，可以访问远程数据库服务器中的数据或者异构数据库中的数据。建立连接的方法有两种，一种是通过 ODBC（Open DataBase Connection，开放式数据库互连）；另一种是用"连接设计器"建立自定义连接。建立连接的目的是为了创建远程视图，通过远程视图，可以将远程服务器或远程数据库中的数据提取到本地计算机上进行处理。

4. 存储过程

在 Visual FoxPro 中，存储过程是一种在数据库中存储的复杂程序代码，以便外部程序调用的数据库对象，它可以视为数据库中的一种函数或子程序。而在一个远程数据源上，存储过程是保存在任何 SQL 数据库中一个名称下的 SQL 语句集合。

当用户需要经常性地对数据库中的数据进行一些相似或相同的处理时，可以把这些相似的处理代码编写成自定义函数并保存到存储过程中。当用户需要对数据进行相似的操作时，可以直接调用该存储过程。存储过程是保存在数据库文件（.dbc）中的，会随着数据库的移动而自动移动。当打开一个数据库时，该数据库包含的存储过程会被自动地加载到内存中。

利用存储过程可以提高数据库的性能，保证数据的安全性和完整性。例如，在 Visual FoxPro 数据库表的永久性关系中，系统自动创建的参照完整性函数代码，就是一种特殊的存储过程。

3.2.3　打开数据库

打开数据库有以下三种常用方法：
- 在"项目管理器"中打开数据库。
- 使用"打开"对话框打开数据库。
- 执行 OPEN DATABASE 命令打开数据库。

1. 在项目管理器中打开数据库

在"项目管理器"窗口中选择"数据"选项卡，在"数据"选项卡窗口中，选中需要打开的数据库，单击 打开(O) 按钮，就可打开数据库。这种方式打开数据库，并不会打开"数据库设计器"，在常用工具栏上可以观察到已经打开的数据库。如果当前的数据库已经打开，则"项目管理器"窗口右侧的按钮显示为 关闭(O) 按钮。此时单击 关闭(O) 按钮，就可关闭数据库，如图 3.11 所示。

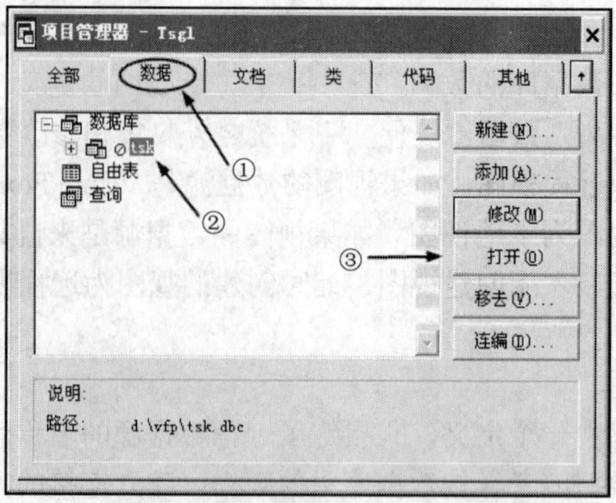

图 3.11　在项目管理器中打开数据库

2. 使用"打开"对话框打开数据库

选择菜单命令"文件"→"打开",或者单击常用工具栏中的█按钮,或按 Ctrl+O 键,打开"打开"对话框,如图 3.12 所示。

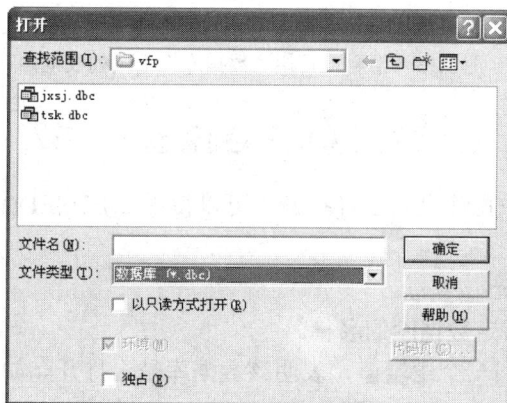

图 3.12　"打开"对话框

在"查找范围"下拉列表框中选择需要打开的数据库所在的文件夹,在"文件类型"下拉列表框中选择"数据库(*.dbc)",然后选择需要打开的数据库文件,单击"确定"按钮即可。在此方式下打开数据库时可以选择"以只读方式打开"和"独占"方式打开,同时会打开"数据库设计器"窗口。

3. 执行 OPEN DATABASE 命令打开数据库

OPEN DATABASE 命令用于打开数据库,其语法格式为:

OPEN DATABASE [*DatabaseName*|?] [EXCLUSIVE|SHARED][VALIDATE][NOUPDATE]

打开数据库命令中的各个子句的作用如下。

- EXCLUSIVE:以独占方式打开数据库。不允许其他用户在同一时刻也使用该数据库。
- SHARED:以共享方式打开数据库。允许其他用户在同一时刻也使用该数据库。
- VALIDATE:检查数据库中的对象(如表、索引等)是否有效。
- NOUPDATE:以只读方式打开数据库。不允许对数据库进行修改。

在省略[EXCLUSIVE|SHARED]子句的情况下,系统默认以独占方式打开数据库。利用 SET　EXCLUSIVE ON|OFF 命令也可设置数据库默认的打开方式,命令默认值为 ON,即以独占方式打开数据库。

例如,在 Visual FoxPro 的"命令"窗口中,输入并执行以下命令:

```
OPEN DATABASE  tsk
OPEN DATABASE  jxsj
```

可以打开 tsk 数据库和 jxsj 数据库,但是"数据库设计器"窗口没有打开。另外,在打开数据库时,不会自动打开数据库中的表,且使用数据库表时,也可以不必事先打开数据库。这是因为当用户打开数据库表时,数据库表所从属的数据库,会随着表的打开而自动打开。

用户打开多个数据库后,可以在常用工具栏上"数据库"下拉列表框中查看这些打开的数据库，也可指定当前数据库，如图 3.13 所示。

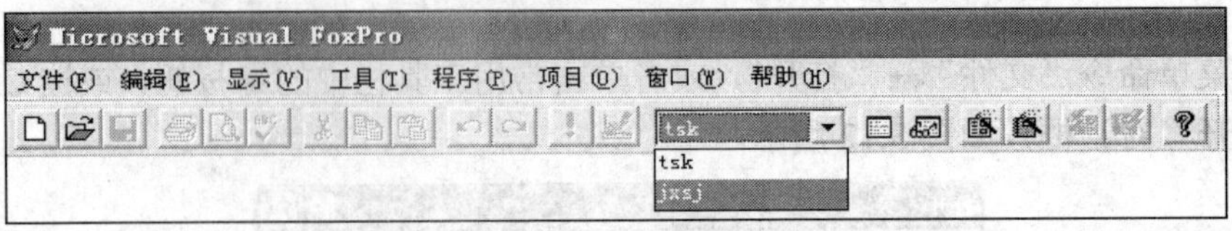

图 3.13 常用工具栏"数据库"下拉列表框

4. 利用 DBUSED( )函数测试数据库打开/关闭状态

为了方便用户了解数据库是否已经打开，可以使用 DBUSED()函数进行测试。其语法格式如下：

　　　　DBUSED(*cDatabaseName*)

其中，*cDatabaseName* 指定数据库的名称。

DBUSED( )函数返回一个逻辑值，表明该数据库是否打开。如果指定的数据库已经打开，则函数返回"真"(.T.)；否则返回"假"(.F.)。

例如，DBUSED("TSK")的结果为.T.，表示数据库 TSK 已经打开。

3.2.4 设置当前数据库

Visual FoxPro 允许同时打开多个数据库，但只有一个数据库为当前数据库，所有的数据库操作都作用于当前数据库。设置当前数据库的命令格式如下：

　　　　SET DATABASE TO [*DatabaseName*]

其中，*DatabaseName* 为指定的当前数据库的名称。

例如，在 Visual FoxPro 的"命令"窗口中，输入并执行以下命令：

```
SET DATABASE TO tsk
```

则指定 tsk 数据库为当前数据库。

在 Visual FoxPro 的"命令"窗口中，输入并执行以下命令：

```
SET DATABASE TO
```

则表示取消当前数据库，所有打开的数据库都不是当前数据库，但数据库仍处于打开状态。

从常用工具栏的"数据库"下拉列表框中，也可以设置当前数据库，如图 3.13 所示。被选中的数据库，为当前数据库。

可以使用函数 DBC( )测试当前数据库的名称。该函数的功能是返回当前数据库的名称和路径。

例如，在命令窗口中输入以下命令：

```
SET DATABASE TO tsk
?DBC()                          &&在主屏幕上显示"D:\VFP\TSK.DBC"
SET DATABASE TO                 &&取消当前数据库
?DBC()                          &&如果没有当前数据库,显示空串
```

3.2.5 修改数据库

修改数据库是指打开"数据库设计器"，完成对数据库所包含对象的建立、修改、删除等操作。修改数据库的方法有以下两种：

- 在"项目管理器"中修改数据库。
- 使用 MODIFY DATABASE 命令修改数据库。

1. 在项目管理器中修改数据库

在"项目管理器"窗口中选择"数据"选项卡，在"数据"选项卡窗口中，选中需要修改的数据库，单击"修改"按钮，打开"数据库设计器"窗口。

如前所述，当利用"文件"→"打开"菜单命令，打开某个数据库时，同时也会打开该数据库的"数据库设计器"窗口，可以直接进行修改操作。

2. 使用 MODIFY DATABASE 命令修改数据库

MODIFY DATABASE 命令的语法格式如下：

MODIFY DATABASE [*DatabaseName*|?][NOWAIT][NOEDIT]

如果不指定 *DatabaseName*，则表示修改当前数据库；如果使用"？"，则表示打开"打开"对话框，选择要修改的数据库。

NOWAIT 子句只用于程序中的 MODIFY DATABASE 命令，表示继续执行后面的语句。如果不指定该子句，则表示程序在"数据库设计器"窗口打开后，暂停执行，直到关闭"数据库设计器"才会继续执行后继命令。

NOEDIT 子句表示仅仅打开"数据库设计器"窗口，并不能对数据库进行修改。

3.2.6 关闭数据库

数据库使用完毕，可以将其关闭。关闭数据库的方法有以下两种：
- 在"项目管理器"中关闭数据库。
- 使用命令关闭数据库。

在"项目管理器"窗口中选择"数据"选项卡，在"数据"选项卡窗口中，选中需要关闭的数据库，单击"关闭"按钮。

需要注意的是，当关闭项目管理器时，项目管理器中的数据库也同时被关闭。

可以使用 CLOSE 命令关闭数据库。CLOSE 命令使用方式有以下三种：

```
命令 1：CLOSE  DATABASE        && 关闭当前数据库
命令 2：CLOSE  DATABASE  ALL && 关闭所有的已打开的数据库
命令 3：CLOSE  ALL            && 关闭所有已打开的数据库、表和索引,并选择工作区 1
```

除此之外，CLOSE ALL 命令还可以关闭项目管理器、表单设计器、标签设计器、报表设计器、查询设计器等。

3.2.7 删除数据库

数据库文件中保存了视图的定义、数据库表的路径信息以及其他数据库对象的引用信息，某些数据库对象具有独立的物理文件存放在磁盘中，例如表。当删除数据库时，不会删除数据库中的表对象。

合理删除数据库的方法有以下两种：
- 在"项目管理器"中删除数据库。
- 使用 DELETE DATABASE 命令删除数据库。

1．在项目管理器中删除数据库

在"项目管理器"窗口中选择"数据"选项卡，在"数据"选项卡窗口中，选中需要删除的数据库，单击"移去"按钮，打开如图 3.14 所示的提示对话框。

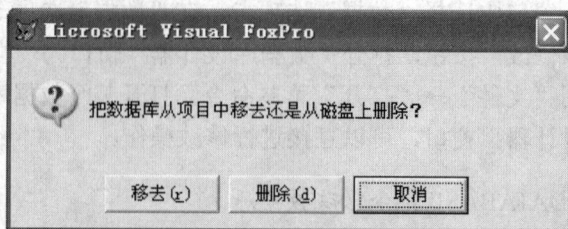

图 3.14　移去数据库提示对话框

用户单击"移去"按钮，可以将数据库从当前项目中移去，数据库仍然存在于磁盘上，并没有真的删除数据库，移走后，用户还可以重新将数据库添加到项目中。

用户单击"删除"按钮，可以从当前项目中物理删除数据库及其相关联的文件（包括数据库索引文件、数据库备注文件）。当数据库被删除后，数据库中的存储过程、视图、数据库表之间的关系以及表与数据库的双向链接将随之删除，但是数据库表不会被删除，而是变为自由表。

2．使用 DELETE DATABASE 命令删除数据库

DELETE DATABASE 命令的语法格式如下：

　　DELETE DATABASE [*DatabaseName*|?] [DELETETABLES][RECYCLE]

其中，DELETETABLES 子句的作用是删除数据库的同时，删除数据库中的表；RECYCLE 子句表示将删除的数据库和表放入 Windows 回收站。

没有使用 DELETETABLES 子句时，同第一种方法一样，DELETE DATABASE 命令删除数据库及其相关联的文件，但不会删除数据库表，数据库表会变为自由表。

需要注意的是，DELETE FILE 命令也可以删除一个物理数据库文件，但是 DELETE FILE 命令没有删除保存在该数据库中的表及链接信息，因此，数据库表不能自动转变为自由表，成为不可用的数据库表，此时，需要使用 FREE TABLE *TableName* 命令将数据库表变为自由表后，才能正常使用。

3.2.8　检查数据库

检查数据库是指检查数据库的有效性。包括对数据库进行完整性检查、修复数据库与数据库表之间的双向链接等。

检查数据库的完整性是为了确保数据库中每个记录都与它所代表的数据库表和对象准确对应。可用 VALIDATE DATABASE 命令检查当前数据库的完整性。例如：

```
OPEN DATABASE tsk
VALIDATE DATABASE
```

当用户意外移动了某个数据库文件或数据库表文件，则数据库文件或数据库表文件的磁盘存储路径会发生变化，有可能破坏数据库与数据库表之间的双向链接信息。可在 VALIDATE DATABASE 命令中使用 RECOVER 子句来更新数据库中的表链接信息。

例如，在 D 盘下存储数据库 tsk 及数据库表图书表（ts），将数据库表 ts 移动到 E 盘下，当执行如下命令时，会出现"检查数据库"的提示框，如图 3.15 所示。

```
OPEN DATABASE tsk
VALIDATE DATABASE RECOVER
```

单击"定位"按钮，可以打开一个对话框，重新定位表文件，更新修复链接信息。如果单击"删除"按钮，可以删除丢失的链接信息，使 ts 表变为自由表。

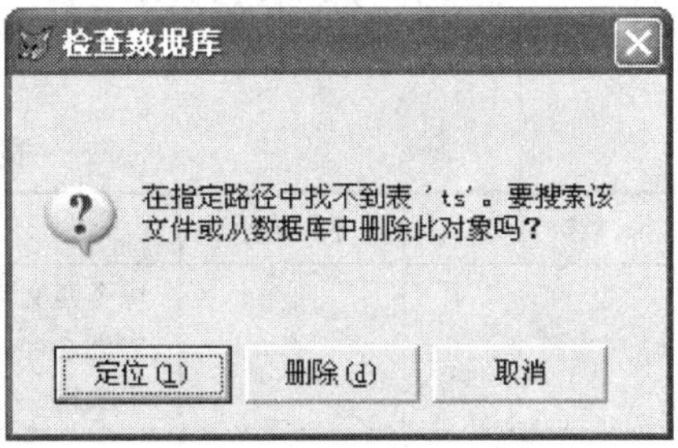

图 3.15 "检查数据库"对话框

3.3 表结构的基本操作

Visual FoxPro 中有两种类型的表：自由表和数据库表。自由表不属于任何数据库，而数据库表从属于某一个数据库。一个数据库可以包含多个数据库表，而一张数据库表却只能从属于一个数据库。本教材中，无特殊说明下，表即指数据库表。

3.3.1 表结构概述

Visual FoxPro 是一种关系型数据库管理系统。在关系模型中，一张表即是一个关系，关系是一种规范化的二维表（Table）。二维表中的一列，称为"字段"（Field），二维表中的一行数据，称为"记录"（Record），如表 3.1 所示的学生表（xs）。

表 3.1 学生表（xs）

学号	姓名	性别	出生日期	籍贯
040202029	吴宏伟	男	03/20/1985	江苏南京
040701002	秦卫	男	09/14/1986	江苏南京
040701003	孔健	男	11/17/1986	江苏扬州
040701004	阙正娴	女	10/15/1985	江苏苏州

创建一张表可以分为两个步骤完成，先创建表结构，然后输入表记录。表结构主要指表具有哪些字段，其中还包括每个字段的名称、字段数据类型、字段宽度、小数位数、是否允许为 NULL 值等。在 Visual FoxPro 中一张表最多可以有 255 个字段。

表结构及其描述如下：

1）字段名。每个字段的名字，也就是二维表中列的名字。

字段名用于在表中标识字段。字段名的命名规则与变量命名规则相似，一般要与其对应的实体属性名相同或相近，字段名可由字母、汉字、数字及下划线组成，但不能以数字开头，不能有空格，同一张表中不允许有完全相同的字段名。自由表的字段命名最多由 10 个字符组成，数据库表的字段名最多可达 128 个字符。例如，学生表（xs）的学生姓名字段可以取为"xm"、"姓名"、"name"等。

2）字段类型。字段的数据类型由存储在字段中的值的数据类型决定。

每个字段都有特定的数据类型，同一个字段中，存储相同数据类型的数据。Visual

FoxPro 支持的字段数据类型如表 3.2 所示。其中带 "*" 的数据类型只适用于表字段数据类型。

表 3.2　字段的数据类型

数据类型	字母表示	字段宽度	说　明
字符型	C	每个西文字符为 1 字节，汉字为 2 字节，最多可有 254 个字符	由字母、汉字符号和数字型文本构成在表设计器中，默认宽度为 10
货币型	Y	8 字节	货币单位，例如，工资$1240.78
日期型	D	8 字节	描述年、月、日的数据
日期时间型	T	8 字节	描述年、月、日、时、分、秒的数据
逻辑型	L	1 字节	"真" 或 "假"
数值型	N	在内存中占 8 字节，在表中占 1～20 字节	整数或小数
*浮动型	F	在内存中占 8 字节，在表中占 1～20 字节	与数值型一样
*双精度型	B	8 字节	实验要求的高精度数据
*整型	I	4 字节	无小数的数值
*备注型	M	在表中占 4 字节	存储不定长度的一段文本
*通用型	G	在表中占 4 字节	OLE 对象引用
*字符型（二进制）	C	每个西文字符为 1 字节，汉字为 2 字节，最多可有 254 个字符	用字符型，任意不经过代码页修改而维护的字符数据
*备注型（二进制）	M	在表中占 4 字节	同备注型，任意不经过代码页修改而维护的备注字段数据

3）字段宽度。该字段所能容纳的最多字节数。

在 Visual FoxPro 中，某些数据类型是字段宽度是固定的，如货币型、日期型、日期时间型和双精度型为 8 字节，逻辑型为 1 字节，备注型和通用型为个字节。

其中，备注型字段通常存放较长的字符型数据，如个人简历、籍贯等。4 字节显然不能存放较长的字符数据，这 4 字节实际上存放的是一个引用信息，真正的备注内容保存在表的备注文件（.fpt）中，4 字节存储的是该备注文件的引用信息。

通用型字段可以存放电子表格、文档、图片等 OLE 对象，在表中的 4 字节存储的是 OLE 对象的引用信息，如果 OLE 对象采用嵌入式，则真正的 OLE 对象存储在该表的备注文件（.fpt）中；如果 OLE 对象采用链接方式（链接到文件），则实际的 OLE 对象存放在对应的文件中。

4）小数位数。对于数值型、浮动型、双精度型的字段，可以指定其小数位数。

字段的总宽度=整数部分的宽度+1+小数位数，其中 1 代表小数点所占的 1 个宽度。

5）空值。.NULL.用来指示数据存在或不存在的一种标识。

空值在数据库中是一个重要的概念，它不是数值 0，也不是空字符串。在数据库中会遇到暂时不能确定的值，此时可以设置为 "允许为空"。例如学生的成绩表（cj）中，成绩字段的值为 0，就表示学生考了 0 分，如果值为.NULL.，则表示学生缺考没有成绩。

3.3.2 表结构的创建

创建表的结构可以利用表设计器、表向导或者 CREATE TABLE 命令等多种方法实现。下面以创建自由表学生档案表（xsda）为例，详细介绍如何创建一张表的表结构。学生档案表（xsda）的设计结构如表 3.3 所示。

表 3.3 学生档案表（xsda）的表结构

字段名	字段类型	字段宽度	小数位数	是否允许为空	字段含义
Xh	字符型	8			学号
Xm	字符型	10			姓名
Xb	字符型	2			性别
Csrq	日期型	8			出生日期
Gkfs	数值型	6	2	允许	高考分数
Bss	逻辑型	1			是否为保送生
Jg	备注型	4			籍贯
Zp	通用型	4			照片

1. 使用表设计器创建表结构

自由表创建操作，步骤如下：

1）在项目管理器中，选择"自由表"标签，单击"新建"按钮，出现"新建表"对话框。单击"新建表"按钮，如图 3.16 和图 3.17 所示。

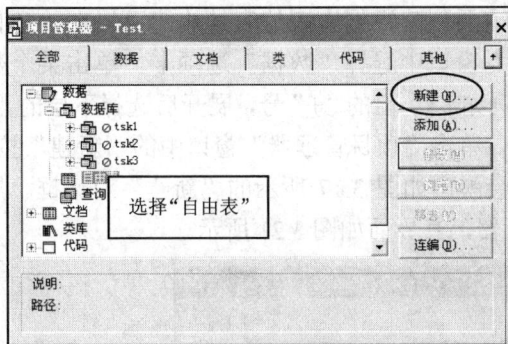

图 3.16 项目管理器窗口 　　　　　　图 3.17 "新建表"对话框

2）在打开的"创建"对话框中，输入表文件名"xsda"，单击"保存"按钮，出现自由表的表设计器窗口，如图 3.18 和图 3.19 所示。

3）在图 3.19 所示的"表设计器"窗口中，依次输入各个字段的名称、选择字段类型，设置字段的宽度及小数位数等。对于固定宽度的字段类型，宽度由系统自动给定，不必输入。如果某个字段允许接受.NULL.值，则单击该字段右侧的"NULL"按钮。

4）将所有字段输入完毕后，单击"确定"按钮，出现询问"现在输入数据记录吗？"的对话框，如图 3.20 所示。单击"否"按钮，暂时不输入记录。

此时，成功创建了自由表 xsda 表，该表属于当前项目。

图 3.18　"创建"对话框

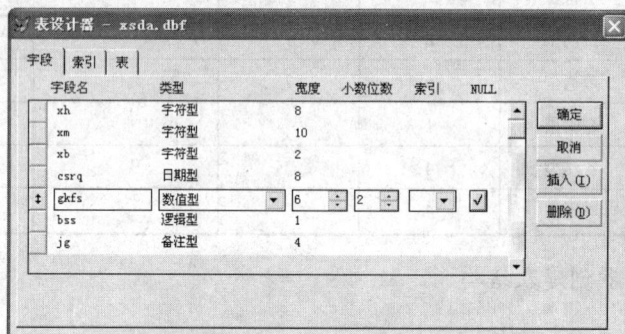

图 3.19　自由表的表设计器

图 3.20　是否输入记录询问框

以上操作则创建了一张自由表的表结构。如果用户需要创建数据库表的表结构，可以在"项目管理器"窗口中选择"数据"选项卡，单击某个数据库（例如 tsk）前的"+"号，展开后选择下层的"表"标签，单击"项目管理器"窗口中的"新建"按钮，系统会弹出如图 3.17 所示的"新建"对话框。然后单击"新建"按钮，打开数据库表的表设计器，其界面如图 3.21 所示。

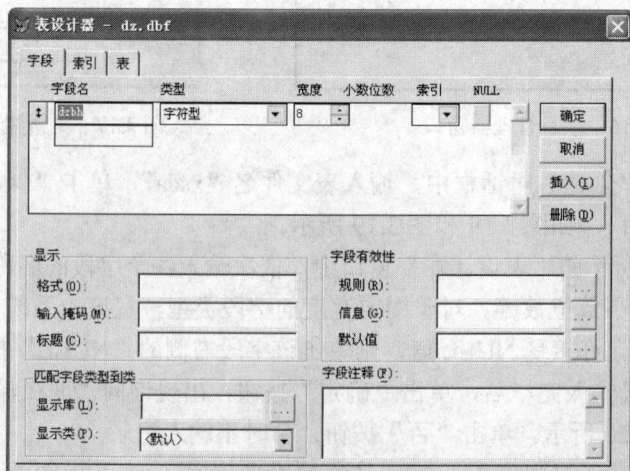

图 3.21　数据库表的表设计器

"数据库表设计器"与"自由表设计器"是有明显区别的，如图3.21所示，在设计器的下方，还增加了显示、字段有效性、匹配字段类型到类、字段注释等数据库表的扩展属性。

注 意

无论自由表还是数据库表，新建的表保存后，当前工作路径下会产生一个表文件（.dbf）。如果在新建的表中存在备注型或通用型字段时，当前路径下还会产生一个表备注文件，该备注文件与表同名，扩展名为.fpt。

2. 在"数据库设计器"窗口中创建数据库表结构

在"项目管理器"窗口中选择"数据"选项卡，在"数据"选项卡窗口中，选中某个数据库（如tsk），单击"修改"按钮，打开"数据库设计器"窗口。

在"数据库设计器"中，有"数据库设计器"工具栏，第一个按钮，为"新建表"按钮，如图3.22所示。单击"新建表"按钮，或者右击"数据库设计器"，在弹出的快捷菜单中选择"新建表"菜单命令，都可打开如图3.21所示的"数据库表设计器"。

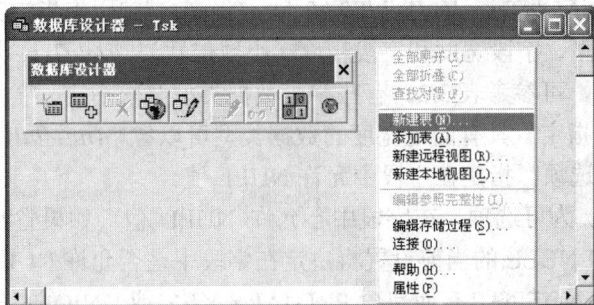

图 3.22 "数据库设计器"窗口

3. 选择菜单命令创建表结构

利用菜单命令创建表的操作步骤如下：

1）选择"文件"→"新建"命令，或者单击常用工具栏上的"新建"按钮，打开"新建"对话框，如图3.23所示。

2）在"新建"对话框中选中"表(T)"单选按钮。

3）单击"新建文件"按钮，打开如图3.18所示的"创建"对话框，输入要创建的表名称和保存路径。

4）单击"保存"按钮，打开表设计器。

如果此时项目中的数据库是打开的，则利用"文件"→"新建"命令创建的表属于当前数据库，会打开"数据库表设计器"。如果此时项目中没有数据库打开，创建的表是自由表，会打开"自由表设计器"。

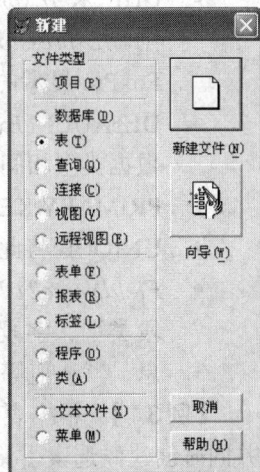

图 3.23 "新建"对话框

利用"文件"→"新建"命令创建的自由表，不会自动属于当前项目。因此，在项目管理器的窗口中，看不到新创建的表，用户可以手工添加表到项目中。

4. 使用 CREATE TABLE 命令创建表结构

CREATE TABLE_SQL 命令格式如下：

> CREATE TABLE *TableName* [NAME *LongTableName*][FREE];
> 　　(*FieldName1 FieldType* [(*nFieldWidth* [, *nPrecision*])]);
> 　　[NULL | NOT NULL] [CHECK *lExpression1* [ERROR *cMessageText1*]];
> 　　[DEFAULT *eExpression1*] [PRIMARY KEY | UNIQUE];
> 　　[,*FieldName21 FieldType* [(*nFieldWidth* [, *nPrecision*])];
> 　　　　……

其中，命令中各部分参数的含义如下：

- *TableName* 为表文件名，在命令中必须存在。
- NAME 指定表的长表名，可选项。因为长表名存储在数据库中，只有在打开数据库时才能指定长表名。长表名最多可包括 128 个字符，在数据库中可用来代替表名。只有创建数据库表时，才使用 NANE 参数，自由表无长表名。
- FREE 为可选项，用于指定创建的表是否是自由表。
- *FieldName1 FieldType* [(*nFieldWidth* [, *nPrecision*])]用来指定第一个字段的字段名称、字段类型、字段宽度和字段精度（小数位数）。*FieldType* 是指定字段数据类型的单个字母，可参考表 3.2。有些字段数据类型要求指定 *nFieldWidth* 或 *nPrecision* 或两者都要指定。具有固定宽度的数据类型可以省略(*nFieldWidth* [, *nPrecision*])。
- NULL 为可选项，指定在字段中允许 NULL 值。
- NOT NULL 为可选项，在字段中不允许 NULL 值。如果省略了 NULL 或 NOT NULL，SET NULL 的当前设置将决定在字段中是否允许 NULL 值。但是，如果省略 NULL 和 NOT NULL 而包含 PRIMARY KEY 或 UNIQUE 子句，SET NULL 的当前设置无效，字段默认为 NOT NULL，不允许为空值。
- CHECK *lExpression1*[ERROR *cMessageText1*]是可选项，用于指定字段的有效性规则。*lExpression1* 可以是用户自定义函数，用于指定当字段规则产生错误时，Visual FoxPro 显示的错误信息。错误信息提示由 ERROR 指定。
- DEFAULT *eExpression1* 指定字段的默认值。*eExpression1* 的数据类型必须和字段的数据类型相同。
- PRIMARY KEY 指定将此字段作为主索引。主索引标识名和字段名相同。
- UNIQUE 将此字段作为一个候选索引。候选索引标识名和字段名相同。
- *FieldName21 FieldType* [(*nFieldWidth* [, *nPrecision*])指定第 2 个字段的字段名称、字段类型、字段宽度和字段精度（小数位数）等参数，以及空值、有效性规则和信息、默认值等属性。同第一个字段用法相同。

【例 3.1】 根据表 3.3,使用 CREATE TABLE_SQL 命令建立自由表学生档案表（xsda）。并同时创建候选索引 xh。

```
CREATE TABLE XSDA FREE(xh C(8) UNIQUE,xm C(10),xb C(2),csrq D,;
                       gkfs N(6,2) NULL,bss L, jg M, zp G)
```

命令过长时，可以分行书写，续行符为分号。

注　意

使用 CREATE TABLE_SQL 命令创建的自由表，不会自动打开"自由表设计器"，也不会自动属于当前项目。

【例 3.2】　根据表 3.4，使用 CREATE TABLE_SQL 命令创建数据库表图书表（ts）。

表 3.4　图书表（ts）的表结构

字 段 名	字段类型	字段宽度	小数位数	其　他	字段含义
sh	字符型	20		主索引	书号
sm	字符型	50			书名
cbsbh	字符型	4			出版社编号
zz	字符型	40			作者
dj	数值型	5	1	有效性规则 dj>0	单价
rkcs	数值型	2	0		入库册数
kccs	数值型	2	0	默认值为 0	库存册数

命令如下：

```
SET DATABASE TO TSK
CREATE TABLE ts(sh C(20) PRIMARY KEY,sm C(50),cbsbh C(4),zz C(40),;
                dj N(5,1) CHECK dj>0,;
                rkcs N(2,0),kccs N(2,0) DEFAULT 0)
```

注　意

数据库表才可以设置有效性规则和信息、默认值、主索引。使用 CREATE TABLE_SQL 命令创建的数据库表，不会自动打开"数据库表设计器"，自动属于当前数据库。

3.3.3　表结构的修改

在建立表结构后，如果需要修改表结构，可以利用"表设计器"或者使用 ALTER TABLE_SQL 命令进行修改表结构。

1. 使用表设计器修改表结构

在"项目管理器"中选择要修改的表，单击"修改"按钮，即可打开"表设计器"对话框。或者，在命令窗口中，输入 MODIFY STRUCTURE 命令，可以打开当前表的"表设计器"窗口。

在"表设计器"中，可以执行以下操作：

- 添加字段。单击"字段名"列最下方的空行，直接输入新字段名即可。
- 插入字段。单击"插入"按钮，可在光标所在行的字段之前插入一个新字段。
- 删除字段。单击"删除"按钮，可删除光标所在行的字段。
- 修改字段名称。单击需要修改的字段名称，直接输入修改内容。

- 修改字段类型和宽度、小数位数。单击需要修改的字段内容，直接修改。
- 改变字段顺序。将鼠标指针移动到字段名左侧的"灰色方块"按钮上，当鼠标指针变为"上下箭头"形状时，按住鼠标左键不放，上下拖动鼠标即可调整字段的顺序。

在修改后，单击"确定"按钮，确认对表结构的修改设计，此时会弹出询问对话框，如图 3.24 所示。单击"是"按钮，保存修改，单击"否"按钮，则放弃刚刚进行的修改。

图 3.24　确认是否更改表结构的对话框

2. 使用 ALTER TABLE_SQL 命令修改表结构

利用 ALTER TABLE_SQL 命令可以实现增加字段、更改字段名称和类型、删除字段、设置字段有效性规则和信息、默认值等操作。

ALTER TABLE_SQL 命令格式如下：

　　ALTER TABLE *TableName* ADD [COLUMN];

　　　　FieldName1 FieldType [(*nFieldWidth* [, *nPrecision*])][NULL | NOT NULL];

　　　　[CHECK *lExpression1* [ERROR *cMessageText1*]];

　　　　[DEFAULT *eExpression1*];

　　　　[PRIMARY KEY | UNIQUE]

功能：为表增加一个新字段。各参数用法与 CREATE TABLE_SQL 命令相同。

或者：

　　ALTER TABLE *TableName* ALTER [COLUMN];

　　　　FieldName2 FieldType [(*nFieldWidth* [, *nPrecision*])] [NULL | NOT NULL];

　　　　[SET DEFAULT *eExpression2*];

　　　　[SET CHECK *lExpression2* [ERROR *cMessageText2*]];

　　　　[DROP DEFAULT];

　　　　[DROP CHECK]

功能：编辑或修改表中的字段。各参数用法与 CREATE TABLE_SQL 命令相同。

或者：

　　ALTER TABLE *TableName* DROP [COLUMN] *FieldName3*

功能：删除表中的一个字段。删除一个字段的同时也删除了字段的默认值和字段有效性规则。

或者：

　　ALTER TABLE *TableName* RENAME [COLUMN] *FieldName4* TO *FieldName5*

功能：重命名表中的字段。

通过下面几个例子，详细介绍一下 ALTER TABLE_SQL 命令的使用方法。

【例 3.3】　为图书表（ts）增加一个备注型字段，字段名为 bz。

```
ALTER TABLE ts ADD COLUMN bz M
```

【例 3.4】　为图书表（ts）中的 bz 字段，修改类型为字符型，宽度为 200。

```
ALTER TABLE ts ALTER COLUMN bz C(200)
```

【例 3.5】　为图书表（ts）中的 bz 字段更名为"备注"。

```
ALTER TABLE ts RENAME COLUMN bz TO "备注" &&此命令中，中文字段名也可不加引号
```

【例 3.6】　为图书表（ts）中的单价（dj）字段设置一个有效性规则和信息"单价不能为负数"。将库存册数（kccs）字段的默认值修改为 1。

```
ALTER TABLE ts ALTER COLUMN dj SET CHECK dj>0 ERROR " 单价不能为负数"
ALTER TABLE ts ALTER COLUMN kccs SET DEFAULT 1
```

注 意

使用 ALTER TABLE_SQL 命令修改表结构时，只有数据库表才可以设置有效性规则和信息、默认值、主索引。

【例 3.7】　删除图书表（ts）中的"备注"字段。删除图书表（ts）中单价（dj）字段的默认值。

```
ALTER TABLE ts DROP COLUMN "备注"
ALTER TABLE ts ALTER COLUMN dj DROP DEFAULT
```

3.4　数据库表与自由表

Visual FoxPro 中有两种类型的表：自由表和数据库表。自由表不属于任何数据库，而数据库表从属于某一个数据库。一个数据库可以包含多个数据库表，而一张数据库表却只能从属于一个数据库。数据库表除了具有字段名、类型、宽度等基本属性外，还具有标题、默认值、有效性规则和信息、字段注释、匹配类、长表名、记录有效性规则、表注释等扩展属性。除此之外，数据库表还可以建立主索引、设置触发器，数据库表之间还可以创建永久性关系并设置参照完整性规则。

自由表可以加入某一个数据库，称为数据库表，反之，数据库表也可以从数据库中移走，变成自由表。

3.4.1　将自由表添加到数据库

将自由表添加到数据库中，常用方法有三种：

- 在"项目管理器"中将自由表添加到数据库。
- 在数据库设计器中添加自由表。
- 使用 ADD TABLE 命令。

1. 在"项目管理器"中将自由表添加到数据库

在"项目管理器"窗口中选择"数据"选项卡，在"数据"选项卡窗口中，选中某个数据库（例如 tsk），单击该数据库下的"表"标签，然后单击"添加(A)"按钮。出现"打开"对话框，并在其中选择要添加的自由表，如图 3.25 所示。

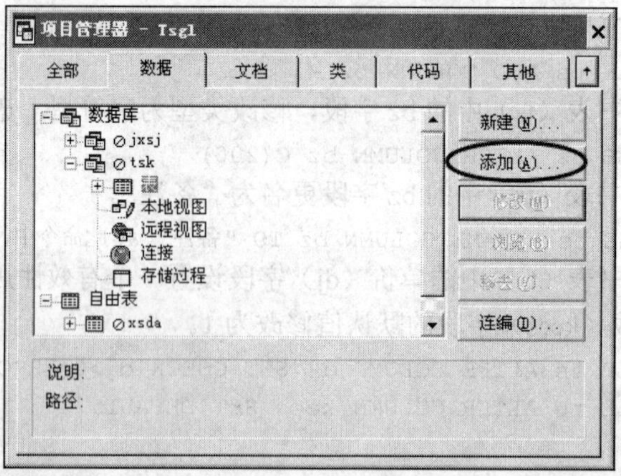

图 3.25   在"项目管理器"中将自由表添加到数据库

2. 在数据库设计器中添加自由表

选中某个数据库，打开"数据库设计器"（此操作见 3.2.5 节）。单击"数据库设计器工具栏"上的"添加表"按钮，或者右击"数据库设计器"，在快捷菜单中单击"添加表"菜单命令。出现"打开"对话框，并在其中选择要添加的自由表。

3. 使用 ADD TABLE 命令

ADD TABLE 命令格式如下：

ADD TABLE *TableName*|? [NAME *LongTableName*]

其中，*TableName* 指定添加到数据库中的表的名称。"?"表示显示"打开"对话框，从中可以选择添加到数据库中的自由表。NAME *LongTableName* 是可选项，*LongTableName* 指定表的长表名。长表名可以包含 128 个字符，可用来取代扩展名为.dbf 的表文件名。

注 意

执行 ADD TABLE 命令前，必须打开数据库，并设置当前数据库，否则会出错。

3.4.2   将数据库表变为自由表

一个数据库可以包含多个数据库表，而一张数据库表却只能从属于一个数据库，如果用户打算把一张数据库表添加到另外一个数据库中，则必须将该数据库表从原数据库中移走，变为自由表后，才能将它添加到其他数据库中。

将数据库表变为自由表，常用方法有以下三种：

- 在"项目管理器"中将数据库表移走。
- 在数据库设计器中移走表。
- 使用 REMOVE TABLE 命令。

1. 在"项目管理器"中将数据库表移走

在"项目管理器"的"数据"选项卡中选择相应数据库中要移走的表名称（如图 3.26

所示），然后单击"移去"按钮，在打开的如图 3.27 所示的确认对话框中单击"移去"按钮，则选择的数据库表变为自由表。

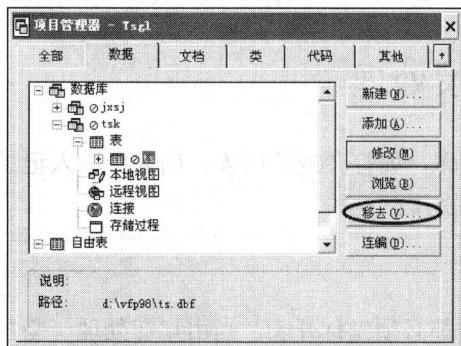

图 3.26　"项目管理器"中将数据库表移走

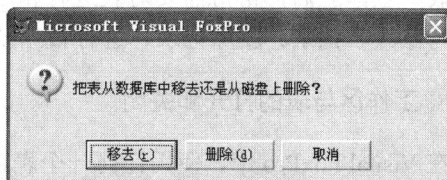

图 3.27　确认移走数据库表

2. 在数据库设计器中移走表

选择某个数据库，打开"数据库设计器"，选择要移走的表，单击"数据库设计器"工具栏上的"移去表"按钮。或者，在要移除的表上右击鼠标，在弹出的快捷菜单中选择"删除"命令。

上述方法都会打开如图 3.27 所示的确认对话框，在确认对话框中单击"移去"按钮，则选择的数据库表变为自由表。

3. 使用 REMOVE TABLE 命令

REMOVE TABLE 命令格式如下：

　　REMOVE TABLE *TableName*|? [DELETE]

其中，*TableName* 指定要从当前数据库中移去的表的名称。"?"表示显示"移去"对话框，从中可以选择一个要从当前数据库中移去的表，如图 3.28 所示。DELETE 是可选项，指定从数据库中移去该表，并从磁盘上删除。

REMOVE TABLE 命令是把数据库表与数据库之间的双向链接删除，使数据库表从数据库中脱离出来，成为自由表。

如果用户从磁盘上意外删除某个数据库文件，那么原属于该数据库的表文件中，仍然保留指向被删数据库的引用信息（后链），这些表就不能被添加到其他数据库中，且变得无法使用。此时，可以使用 FREE TABLE 命令，将这些表变为自由表。

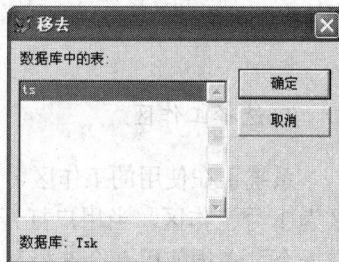

图 3.28　"移去"对话框

解除后链的命令格式如下：

　　FREE TABLE *TableName*

注　意

　　当一个数据库表变为自由表后，其结构和内部数据记录都不会发生变化，但不再拥有

字段扩展属性、表扩展属性以及记录有效性规则、触发器、参照完整性等相关联的内容，
也不可以建立主索引，原有的主索引会转换为候选索引，继续保留在结构复合索引文件中。

3.5 表记录处理

表一旦建立后，常常需要对表进行相应的操作，如打开或关闭表、向表中输入记录、
显示与修改表记录、删除记录、进行数据统计等操作。

3.5.1 工作区与表的打开和关闭

在 Visual FoxPro 中，使用任何一个表之前，都必须先打开表。当用户在处理一些复杂
问题时，往往需要对多个表进行操作，此时需要打开多个表。为了解决能同时打开多个表
的问题，Visual FoxPro 引入了工作区的概念。

1. 工作区

所谓工作区，是指用来标识一张打开的表所在区域，其实质是内存中的一块区域。打
开表文件，就是将表文件从磁盘（外存）调入内存的某个区域中，这个区域称之为工作区。

在 Visual FoxPro 中，最多可以有 32767 个工作区，每个工作区有一个编号，其范围为
1～32767（前 10 个工作区编号可以用字母 A～J 表示，从第 11 个工作区开始，编号依次为
W11，W12，……，W32767）。VFP 系统启动后，默认的当前工作区为"工作区 1"。

每个工作区中只能打开一张表，如果在一个工作区中已经打开了一个表，再在此工作
区中打开另一个表时，前一个被打开的表将自动被关闭。用户可以同时在多个工作区中打
开多个表，也可以将一个表同时在多个工作区中打开。

工作区的逻辑示意图如图 3.29 所示。

工作区1（A）	工作区2(B)	……	工作区11(W11)	……	工作区32767
打开一张读者(dz)表	打开一张图书(ts)表	……	每个工作区可以打开一张表	……	

图 3.29 工作区逻辑示意图

2. 选择工作区

系统正在使用的工作区，为当前工作区。Visual FoxPro 系统启动后，默认的当前工作
区为 1 号工作区。当用户打开多个表时，会占用多个工作区，但任何时刻当前工作区只能
有一个。必须使用命令选择某个工作区为当前工作区，命令格式为：

SELECT *nWorkArea* | *cTableAlias*

其中，*nWorkArea* 表示工作区编号，*cTableAlias* 表示工作区别名。*nWorkArea* 的取值范
围为 0～32767，如果为 0，表示选择尚未使用的且编号最小的工作区。

例如，选择 2 号工作区为当前工作区，命令如下：

```
SELECT  2
```

或者

```
SELECT  B
```

如果当前已经使用了 1、2、4 号工作区，则

```
SELECT   0
```
表示选择了第 3 号工作区为当前工作区。

3. 数据工作期窗口

如果用户想查看工作区的使用情况，可以通过"数据库工作期"窗口，如图 3.30 所示。通过该窗口，用户不仅可以查看表占用工作区的情况，还可以打开、浏览、关闭指定的表。

选择"窗口"→"数据工作期"菜单命令，或者单击常用工具栏上的 按钮，打开"数据工作期"窗口。

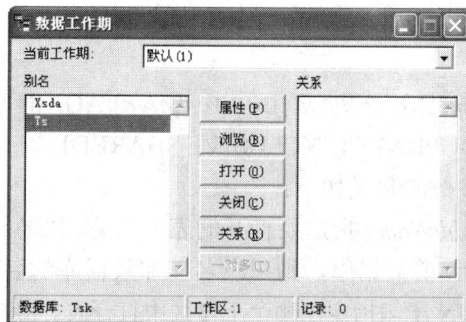

图 3.30　"数据工作期"窗口

4. 表的打开

通常在使用之前，要先打开表。对于新建的表会自动处于打开状态。

打开表的方式分为直接打开和间接打开。直接打开是通过界面操作或者 USE 命令直接打开表。间接打开是指在执行某些操作时，系统间接自动打开对应的表，例如，在修改某个表结构时，也会自动打开表。

（1）通过界面操作打开表

方法 1：利用"文件"→"打开"菜单命令或者单击常用工具栏上的 按钮，出现"打开"对话框，从对话框中选择需要打开的表，如图 3.31 所示。在"打开"对话框中，还可以选择"独占"或者"只读"方式打开表。在该对话框中选择的表文件，将在当前工作区中打开。

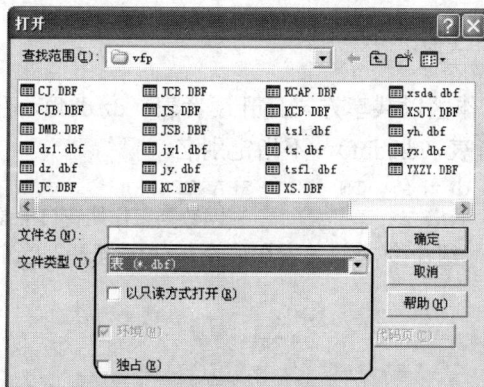

图 3.31　常用"打开"表对话框

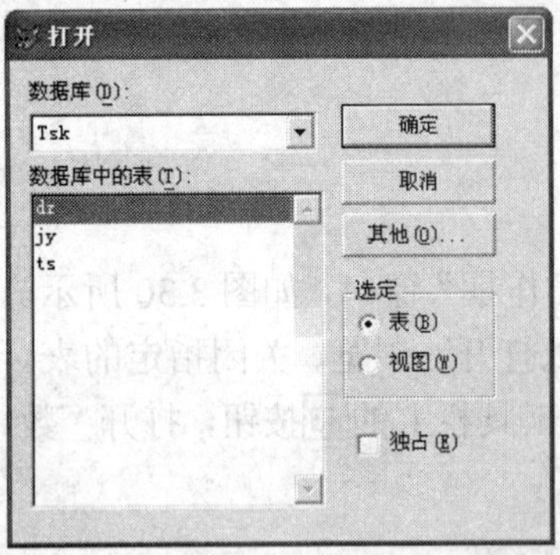

方法 2：在"数据工作期"窗口中，单击"打开"按钮，出现"打开"对话框，如图 3.32 所示。在该对话框中选择表文件，将在当前未被使用的最小编号的工作区中打开表，但当前工作区保持不变。

方法 3：在"项目管理器"窗口中，选择需要打开的数据库表或者自由表，单击"修改"或"浏览"按钮，出现"表设计器"或"表浏览"窗口，间接打开表。

（2）利用 USE 命令打开表

USE 命令的格式如下：

图 3.32　"打开"对话框

USE [*DatabaseName*!]*TableName* [IN *nWorkArea*][AGAIN][ALIAS *cTableAlias*];
　　　　[NOUPDATE][EXCLUSIVE|SHARED]

其中，命令中各部分参数的含义如下：

- [*DatabaseName*!]*TableName* 指定要打开的表的名称。如果打开一个数据库表而该表所在的数据库不是当前数据库，则在表名前加数据库的名称，中间用叹号分隔。
- IN *nWorkArea* 利用 IN 子句指定在哪个工作区中打开表。*nWorkArea* 表示工作区编号。
- AGAIN 表示再次打开表。再次打开表时应指定别名，否则以工作区别名代替。
- ALIAS *cTableAlias* 表示在打开表时，为表指定一个别名。
- NOUPDATE 表示以只读方式打开表，不允许修改表记录和表结构。
- EXCLUSIVE 表示以独占方式打开表。
- SHARED 表示以共享方式打开表。

注　意

利用 SET EXCLUSIVE ON|OFF 命令，也可以设置 Visual FoxPro 在网络上以独占方式还是共享方式打开表文件。

下面通过具体范例，说明 USE 命令的使用。

【例 3.8】 在当前工作区打开图书表（ts.dbf）。

```
USE ts
```

【例 3.9】 打开数据库 jxsj 中的 xs 表。

```
USE jxsj! xs
```

【例 3.10】 在 2 号工作区以共享方式打开读者表（dz.dbf），并指定别名为 duzhe，在 3 号工作区再一次打开读者表（dz.dbf），不指定别名。

```
USE dz ALIAS duzhe IN 2 SHARED
USE dz AGAIN IN 3          &&数据工作期窗口中显示的别名为"C"
```

【例 3.11】 执行下面一组命令，则 kc 表在哪个工作区打开？当前工作区是几号工作区？

```
SELECT 1
USE XS
SELECT 3
USE JS
USE KC IN 0
```

课程表（kc.dbf）在 2 号工作区中打开，当前工作区为 3 号工作区。

5. 表的关闭

关闭表文件是指停止内存中工作的表，释放工作区空间。通常在一个工作区中已经打开了一张表，则在此工作区中再次打开另外一张表时，先前的表将自动被关闭。另外，可以通过界面操作或者命令关闭表。

（1）通过界面操作关闭表

在"数据工作期"窗口中，选择需要关闭的表，单击"关闭"按钮。

（2）使用命令关闭表

命令如下：

```
命令1：  USE                    && 关闭当前工作区中打开的表
命令2：  USE IN nWorkArea       && 关闭指定工作区中的表
命令3：  USE IN cTableAlias     && 关闭指定别名的表
命令4：  CLOSE TABLES ALL       && 关闭所有的表文件，并选择工作区1
命令5：  CLOSE  ALL             && 关闭所有已打开的数据库、表和索引,并选择工作区1
```

例如，USE IN 2

表示关闭 2 号工作区中的表。

6. 相关函数

（1）测试工作区编号的函数 SELECT( )

SELECT( )函数的格式如下：

SELECT([0|1|cTableAlias])

功能：返回某个指定的表所在的工作区的区号。参数 0 表示返回当前工作区的编号。参数 1 表示返回未使用工作区的最大编号。参数 cTableAlias 指定表的别名。

返回值类型：数值型。

例如：

```
CLOSE TABLES ALL
USE  ts
? SELECT("ts")          && 返回1
SELECT 3
USE dz  ALIAS duzhe
? SELECT(0)             &&返回当前工作区的编号 3
? SELECT(1)             &&返回当前未被使用的工作区的最大编号,即 32767
? SELECT("dz")          &&返回 0,因为 dz 表以别名"duzhe"打开的
? SELECT("duzhe")       &&返回 3
```

（2）测试表别名的函数 ALIAS( )

ALIAS( )函数的格式如下：

ALIAS([nWorkArea])

功能：返回当前表或指定工作区表的别名。nWorkArea 表示工作区编号。如果省略参数 nWorkArea，函数将返回在当前工作区中打开的表的别名。如果当前或指定工作区没有打开的表，则函数返回空字符串。

返回值类型：字符型。

例如：

```
CLOSE TABLES ALL
```

```
USE  ts
USE  ts  AGAIN IN 5
USE  ts  ALIAS book IN 15 AGAIN
? ALIAS()                    &&返回当前工作区中表的别名"ts"
? ALIAS(5)                   &&返回 5 号工作区的别名"E"
? ALIAS(15)                  &&返回 15 号工作区中表的别名"book"
? ALIAS(2)                   &&返回空字符串
```

（3）测试表是否打开的函数 USED( )

USED( )函数的格式如下：

    USED([*nWorkArea* | *cTableAlias*])

功能：测试是否在指定工作区中打开了一个表。如果在指定的工作区中打开了一个表，USED( )函数就返回"真"(.T.)；否则，USED( )函数就返回"假"(.F.)。*nWorkArea* 指定工作区编号，*cTableAlias* 指定表的别名。如果省略 *nWorkArea* 或 *cTableAlias*，则检查当前选定工作区中是否有一个打开的表。

返回值类型：逻辑型。

例如：

```
CLOSE TABLES ALL
USE ts                     &&在 1 号工作区打开 ts 表
USE dz  ALIAS duzhe        &&在 1 号工作区以别名"duzhe"打开 dz 表
USE cbs IN 0               &&在 2 号工作区打开 cbs 表
?USED()                    &&返回.T.，测试当前工作区中是否有表打开
?USED("ts")                &&返回.F.，ts 表已经被自动关闭
?USED("duzhe")             &&返回.T.
?USED("dz")                &&返回.F.，因为 dz 表以别名"duzhe"打开的
?USED(3)                   &&返回.F.，测试 3 号工作区是否有表打开
```

3.5.2　向表中输入记录

1. 表记录的输入操作

当表结构建立结束时，关闭"表设计器"窗口，系统会提示"现在输入数据记录吗？"，单击"是"按钮，则出现表的"编辑"窗口或"浏览"窗口，如图 3.33 所示。

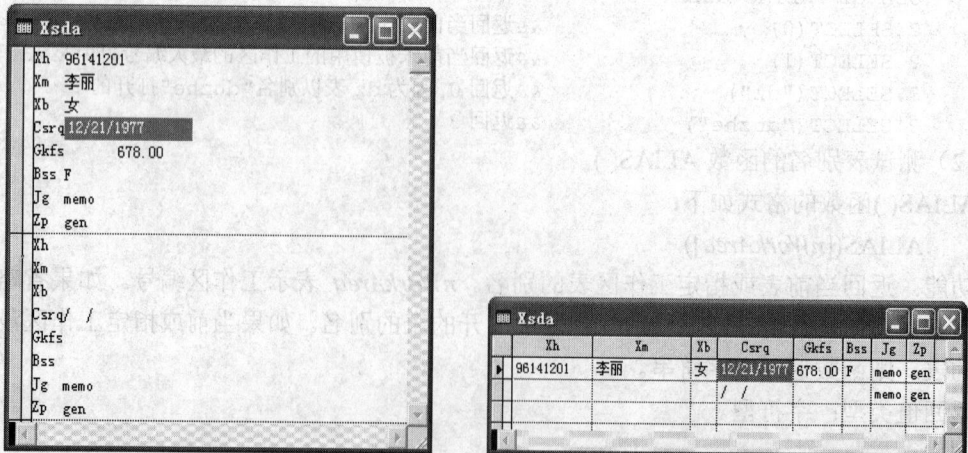

图 3.33　表的"编辑"窗口和"浏览"窗口

表的"编辑"窗口和"浏览"窗口是可以相互切换的。通过菜单命令"显示"→"浏览"或"编辑"进行切换，如图 3.34 所示。当记录输入结束时，单击"关闭"按钮，或者按"Ctrl+W"组合键保存。

输入记录时，不同类型的数据，按照以下方法进行输入：

1）任何类型的数据，在界面输入时，不必加定界符。

2）日期型字段按照"mm/dd/yy"的形式输入。

3）NULL 值可利用"Ctrl+O"组合键输入。

4）备注型字段，用鼠标双击"memo"标志，或者按下"Ctrl+PgDn"或"Ctrl+Home"组合键，打开备注型字段的文字编辑窗口，进行输入。输入完毕后，关闭文字编辑窗口，此时"memo"变为"Memo"标志。

图 3.34　"显示"菜单

5）通用型字段输入时，双击"gen"标志，或者按下"Ctrl+PgDn"组合键，出现通用型字段的编辑窗口，然后利用菜单"编辑"→"插入对象…"命令，打开"插入对象"对话框（如图 3.35 所示），选择"由文件创建"单选按钮，单击"浏览…"按钮，在指定的文件夹中选择要放入通用型字段的图片文件名，单击"打开"按钮，返回到"插入对象"对话框，单击"确定"按钮，图片就插入到通用型字段中。如果要删除已经插入的对象，选择"编辑"→"清除"菜单命令即可。

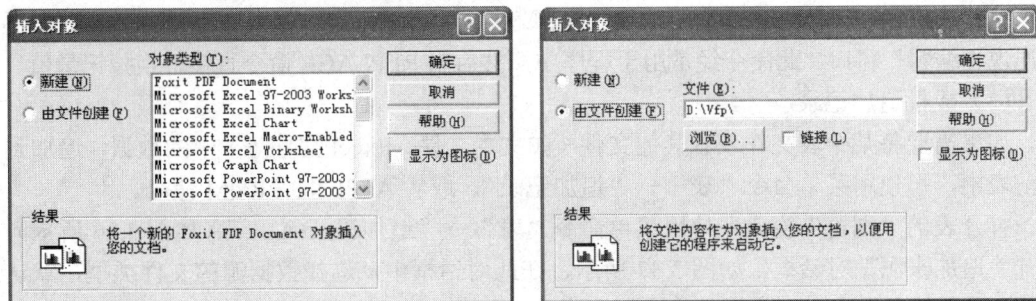

图 3.35　"插入对象"对话框

2. 表记录的追加

追加记录就是在已有记录的后面添加新的记录。在当前表中追加记录通常有四种方法：

- 在浏览窗口中追加记录。
- 使用 APPEND 命令追加记录。
- 成批追加记录。
- 使用 INSERT 命令追加记录。

（1）在浏览窗口中追加记录

在"项目管理器"中，选择"数据"选项卡窗口，选择需要浏览的表文件，单击"浏览"按钮，打开表的"浏览"窗口。或者在"数据工作期"窗口中，选择某个表，单击"浏览"按钮，也可打开表的"浏览"窗口。

此时，在 Visual FoxPro 的主菜单中，出现"表(A)"菜单项，如图 3.36 所示。选择"追加新记录(N)"命令，这样就会在当前记录的后面添加新记录的空白行且光标定位于新记录的首字段上。

图 3.36　"表"菜单

此操作每次只能追加一条新记录，效率太低。如果用户需要连续追加多条记录，可以利用"显示"→"追加方式"命令（如图 3.34 所示），连续向表中输入记录。

（2）使用 APPEND 命令追加记录

APPEND 命令的格式如下：

　　　　APPEND [BLANK]

执行 APPEND 命令后，出现记录的"编辑"窗口，并且窗口内会出现空白记录，等待用户输入记录。

执行 APPEND BLANK 命令后，在表尾部追加一条空白记录，留待以后填入数据，但不会出现"编辑"窗口。此命令经常用于程序中，然后用 REPLACE 命令直接替换掉记录值。

（3）成批追加记录

如果需要将某个表文件或者其他文件（如文本文件、Excel 文件等）中的数据，追加到当前表中，可使用菜单命令"表"→"追加记录"，或者 APPEND FROM 命令。

打开表的"浏览"窗口，使用菜单命令"表"→"追加记录(A)…"（如图 3.36 所示），打开"追加来源"对话框，如图 3.37 所示，在此对话框中，选择数据源的文件类型，默认为.dbf 表文件。用户也可选择其他数据源类型，如文本文件、Excel 表格等。

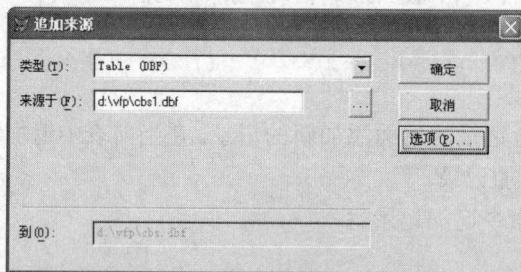

图 3.37　"追加来源"对话框

用户可以在"来源于"文本框中直接输入数据来源的文件名，也可以单击右侧的□按钮，打开"打开"对话框，在其中选择文件对象作为数据源。

如果用户只需要追加数据源中的部分记录，可以单击"选项(P)…"按钮，在图 3.38 所示的"追加来源选项"对话框中，设置需要追加数据的字段，或利用按钮"For(F)…"设置需要追加记录的条件。例如，如果只需要将数据源表 cbs1.dbf 中满足出版社名称包含"江苏"这一条件的记录追加到当前表 cbs.dbf 中，且只追加 chsbh、cbsmc、lxdh 三个字段值，可以在"追加来源选项"对话框中，利用"字段(D)…"按钮选择 cbs 表的三个字段，利用"For(F)…"按钮，设置条件为 cbs1.cbsmc = "江苏"，如图 3.38 所示。

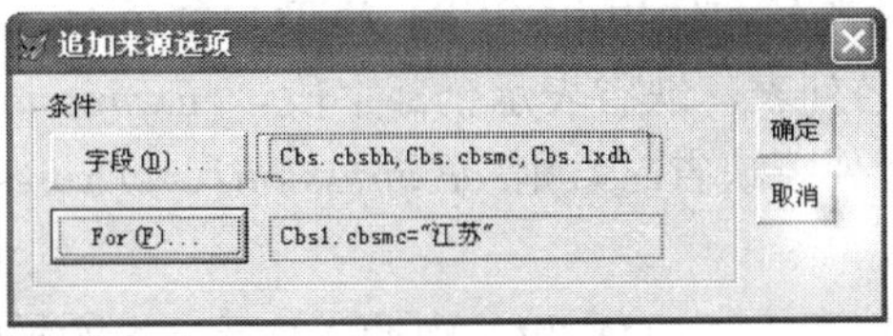

图 3.38　"追加来源选项"对话框

以上操作对应的命令如下：

```
APPEND FROM d:\vfp\cbs1.dbf ;
FOR Cbs1.cbsmc="江苏" FIELDS Cbs.cbsbh,Cbs.cbsmc,Cbs.lxdh
```

APPEND FROM 命令可以实现成批追加记录，其命令格式如下：

APPEND FROM *FileName* [FIELDS *FieldList*][FOR *lExpression*][DELIMITED|XLS]

其中，FIELDS *FieldList* 是可选项，对应于选取的需要追加数据的字段列表，FOR *lExpression* 为可选项，表示满足条件的记录追加到当前表中，DELIMITED 表示数据源为文本文件（.txt），XLS 表示数据源为 EXCEL 文件，默认的数据源类型为表文件（.dbf）。

【例 3.12】　将 EXCEL 表 cbs2.xls 中的记录追加到当前 cbs 表中。将文本文件 cbs3.txt 中的数据追加到当前 cbs 表中。

```
USE cbs
APPEND FROM cbs2.xls XLS
APPEND FROM cbs3.txt DELIMITED
```

注 意

　　利用 APPEND FROM 命令从其他数据源向当前表中追加记录时，数据源表中的字段结构应与当前表的字段结构相同。

（4）使用 INSERT 命令追加记录

INSERT 命令有两种格式：INSERT 命令和 INSERT INTO_SQL 命令。

1）INSERT 命令格式如下：

INSERT [BEFORE][BLANK]

其中，BEFORE 表示在当前记录的前面插入新记录，否则在当前记录后面插入新记录；BLANK 是指在当前记录之后插入空白记录；使用 BLANK 不会出现表浏览窗口。使用 INSERT 命令之前必须先打开表。

注 意

　　需要插入记录的表如果已经建立了有效性规则或主索引、候选索引，则不能使用 APPEND 和 INSERT 插入记录。因为两个命令均是先插入空记录，然后再替换记录内容，表存在空记录时会违反主索引、候选索引或有效性规则。

2）INSERT INTO_SQL 命令格式如下：

INSERT INTO *TableName* [(*fieldname1* [, *fieldname2*, ...])];

VALUES (*eExpression1* [, *eExpression2*, ...])

其中，*TableName* 为表名，使用 INSERT INTO 命令无需事先打开表，*fieldname1*，*fieldname2*，…，是字段名列表，缺省表示全部字段，*eExpression1*，*eExpression2*，…是对应的字段值，如果字段名列表缺省时，则 *eExpression1*，*eExpression2*，…必须与表的字段顺序一致。

【例 3.13】 在学生档案表（xsda.dbf）中插入如表 3.5 所示的记录。

表 3.5　学生档案表（xsda）的记录

学号（xh）	姓名（xm）	性别（xb）	出生日期（csrq）	高考分数（gkfs）	保送生（bss）	籍贯（jg）
100001	李丽	女	12/10/1988	456.73	.F.	江苏镇江

```
INSERT INTO xsda(xh,xm,xb,csrq,gkfs,bss,jg);
VALUES("100001","李丽","女",{^1988/12/10},456.73,.F.,"江苏镇江")
```

使用 INSERT INTO_SQL 命令时，需要注意常量的语法格式。例如，字符型、日期型、日期时间型、逻辑型字段的值需要加定界符；数值型不用加定界符；备注型可以用字符型数据代替等。

使用 INSERT INTO_SQL 命令每次只能追加一条记录。

3.5.3　表记录的定位

当用户向表中输入记录时，根据输入记录的先后次序，系统自动为每个记录产生一个"记录号"，例如，第一条输入的记录，其记录号为 1，第二条输入的记录，其记录号为 2，以此类推。记录号的顺序显示了表中记录的"物理顺序"，即最初输入时的先后顺序。

1. 记录指针

对于每一张打开的表，系统会分配一个指针，称为"记录指针"。记录指针指向的记录为当前记录。每当打开一个表时，记录指针最初总是指向第一条记录，如图 3.39 所示。

记录定位就是指移动记录指针，使之指向符合条件的记录的过程。

每个表都有两个特殊位置：文件头和文件尾。文件头是表中第一条记录之前的空位置，也称为"开始标志"。文件尾则是表中最后一条记录下面的一个空位置，也称为"结束标志"。

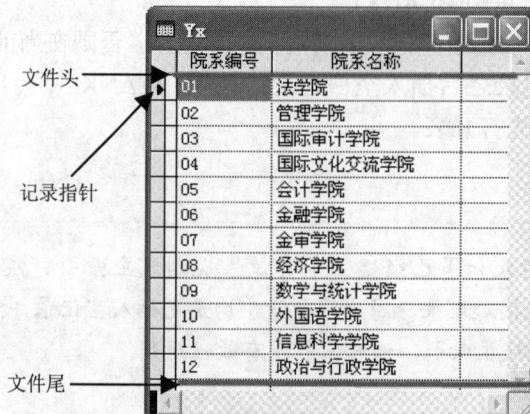

图 3.39　记录指针和文件头、文件尾的位置

2. 记录定位

记录定位分为绝对定位、相对定位和条件定位。

绝对定位是将记录指针移动到指定的位置上，例如，记录指针定位到指定记录号的记录上、第一条记录或最后一条记录。

相对定位是将记录指针从当前位置开始，相对于当前记录位置向表头或表尾方向移动。

条件定位是按照指定的条件在整个表（或表的某个指定范围）内自动查找符合该条件的记录，如果找到符合条件的记录，则把记录指针定位到找到的符合条件的第一条记录上；否则，指针将定位到整个表（或表的某个指定范围）的末尾。

3. 记录定位界面操作

选择一张表，打开该表的浏览窗口，此时，在 Visual FoxPro 的主菜单中，出现"表(A)"菜单项，选择"表"→"转到记录"命令，出现下级子菜单，如图 3.40 所示。

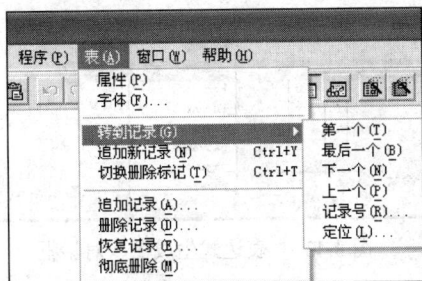

图 3.40　　"表"菜单中的"转到记录"子菜单

在"转到记录"子菜单中有六个菜单项可供选择。前四个分别代表定位到第一条记录、最后一条记录、当前记录的下一条记录、当前记录的上一条记录。选择"记录号(R)…"命令可打开"转到记录"对话框，如图 3.41 所示，可将记录指针定位到指定记录号的记录上。选择"定位(L)…"命令可打开"定位记录"对话框，如图 3.42 所示。在此对话框中，可在"作用范围"下拉列表框中设置查找范围，在"For"条件文本框中设置定位条件，单击"定位"按钮，系统会自动在指定范围内，查找符合条件的第一条记录，并将指针定位到该记录上。

图 3.41　　"转到记录"对话框　　　　图 3.42　　"定位记录"对话框

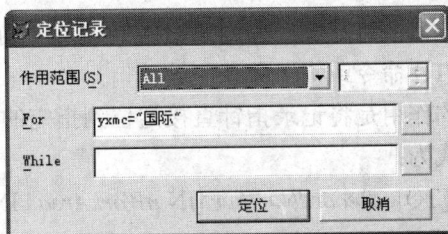

在图 3.42 所示的"定位记录"对话框中，有四种作用范围供选择。

- ALL：指表中全部记录。
- NEXT N：指包含当前记录在内的后面 N 条记录。N 的值由右侧微调框设定。
- RECORD N：指记录号为 N 的一条记录。N 的值由右侧微调框设定。

- REST：指包含当前记录在内一直到表尾的后面所有记录。

"For"文本框和"While"文本框，均是用来设定定位条件的。条件表达式可以直接在文本框中输入，也可以单击右侧█按钮，在出现的"表达式生成器"对话框中输入，如图 3.43 所示。在"表达式生成器"对话框中输入条件表达式，可以利用"检验"按钮进行简单语法检查，检查输入的表达式是否正确，如果存在错误，则会提示用户出错信息。检查结束后，可以单击"确定"按钮，返回"定位记录"对话框。

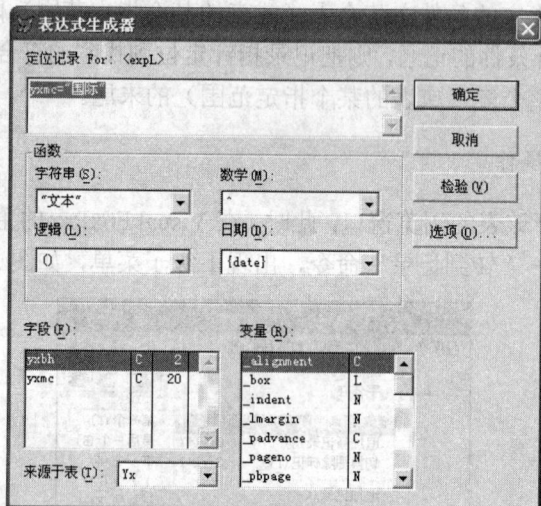

图 3.43 "表达式生成器"对话框

"For"和"While"条件的区别如下：

1）利用"For"文本框设定的条件，系统自动在指定范围内进行查找，如果找到符合条件的记录，就将指针定位到该记录上。如果在指定范围内的第一条记录不满足定位条件，会继续向下查找。

2）利用"While"文本框设定的条件，用于定位指定范围内连续满足此条件的记录，如果在指定范围内的第一条记录不满足定位条件，就停止查找，即使后面还有满足条件的记录，也不再定位。

4. 记录定位命令

记录定位命令有三个，分别是 GOTO 命令、SKIP 命令、LOCATE 命令。

（1）GOTO 命令或 GO 命令

该命令的作用是将记录指针直接定位到指定的记录上。

命令格式为：

　　GO[TO] *nRecordNumber* [IN *nWorkArea* | IN *cTableAlias*]

或者

　　GO[TO] TOP|BOTTOM [IN *nWorkArea* | IN *cTableAlias*]

其中，*nRecordNumber* 代表记录号，IN *nWorkArea* | IN *cTableAlias* 表示在指定的工作区或者在指定表中进行定位，TOP 表示定位到表当前顺序下的第一条记录，BOTTOM 表示定位到表当前顺序下的最后一条记录。

　　例如：

```
CLOSE TABLES ALL
USE  ts
GO  3                        &&记录指针定位到第 3 条记录上
GO TOP
GO BOTTOM
```

（2）SKIP 命令

该命令的作用是将记录指针从当前位置向表头或表尾方向移动若干条记录。

命令格式为：

　　　SKIP [*nRecords*][IN *nWorkArea* | *cTableAlias*]

其中，*nRecords* 为正数，记录指针向文件尾移动 *nRecords* 个记录；如果 *nRecords* 为负数，记录指针将向文件头移动 *nRecords* 个记录。缺省 *nRecords* 时，默认为 1。

例如：

```
CLOSE TABLES ALL
USE  ts
GO  3                        &&记录指针定位到第 3 条记录上
SKIP -2                      &&记录指针定位到第 1 条记录上
SKIP  5                      &&记录指针定位到第 6 条记录上
```

（3）LOCATE 命令

该命令的作用是实现记录指针条件定位。

命令格式为：

　　　LOCATE FOR *lExpression1*[Scope] | WHILE *lExpression2*

其中，*lExpression1* 为条件表达式，表示系统自动按顺序搜索当前表，以找到满足条件表达式 *lExpression1* 的第一个记录，如果找到，则定位到该记录上；如果没有找到满足条件的记录，则定位到指定范围的末尾。Scope 用于设定查找范围，有 ALL、NEXT、RECORD 和 REST 四种选择。WHILE *lExpression2* 用于定位指定范围内连续满足此条件的记录。

例如：

```
CLOSE TABLES ALL
USE  dz
LOACATE FOR xb="女" AND  lx="学生"    &&记录指针定位到第 1 条女学生读者记录
CONTINUE                             &&定位到下一条满足条件的记录
```

执行 LOCATE FOR 命令，记录指针定位到第一条满足 FOR 条件的记录上，如果需要继续定位下一条满足条件的记录，可以使用 CONTINUE 命令。

5. 记录定位相关函数

（1）测试记录号函数 RECNO( )

函数语法格式如下：

　　　RECNO([*nWorkArea* | *cTableAlias*])

功能：测试当前记录的记录号。

返回值类型：数值型。

说明：*nWorkArea* 指定工作区编号，*cTableAlias* 指定表别名。缺省时，默认为当前工作区。

（2）测试文件头函数 BOF( )

函数语法格式如下：

BOF([*nWorkArea* | *cTableAlias*])

功能：测试当前记录指针是否在表头。

返回值类型：逻辑型。

说明：*nWorkArea* 指定工作区编号，*cTableAlias* 指定表别名。缺省时，默认为当前工作区。

（3）测试文件尾函数 EOF( )

函数语法格式如下：

BOF([*nWorkArea* | *cTableAlias*])

功能：测试当前记录指针是否在表结束标志。

返回值类型：逻辑型。

说明：*nWorkArea* 指定工作区编号，*cTableAlias* 指定表别名。缺省时，默认为当前工作区。

新打开的表中是否有记录，会影响该函数的返回值，如表 3.6 所示。

表 3.6　表打开时记录指针的定位情况

表中是否有记录	BOF( )的值	EOF( )的值	RECNO( )的值
无记录	.T.	.T.	1
有记录	.F.	.F.	1

（4）测试表中记录个数函数 RECCOUNT( )

函数语法格式如下：

RECCOUNT ([*nWorkArea* | *cTableAlias*])

功能：返回当前或指定表的记录个数。

返回值类型：数值型。

说明：*nWorkArea* 指定工作区编号，*cTableAlias* 指定表别名。缺省时，默认为当前工作区。如果在指定的工作区中没有表打开，RECCOUNT( )返回 0。注意，RECCOUNT( ) 函数不受 SET DELETED 命令和 FILTER 命令的影响，始终返回表中实际记录个数。

（5）测试表中字段个数函数 FCOUNT( )

函数语法格式如下：

FCOUNT ([*nWorkArea* | *cTableAlias*])

功能：返回当前或指定表的字段个数。

返回值类型：数值型。

说明：*nWorkArea* 指定工作区编号，*cTableAlias* 指定表别名。缺省时，默认为当前工作区。

（6）测试表中字段名称函数 FIELD( )

函数语法格式如下：

FIELD(*nFieldNumber*)

功能：返回表中第 *nFieldNumber* 个字段的字段名。

返回值类型：字符型。

（7）测试定位操作是否成功的函数 FOUND( )

函数语法格式如下：

FOUND([*nWorkArea* | *cTableAlias*])

功能：如果 CONTINUE、FIND、LOCATE 或 SEEK 命令执行成功，函数的返回值为"真"(.T.)，否则返回值为"假"(.F.)。

返回值类型：逻辑型。

说明：*nWorkArea* 指定表所在的工作区。FOUND( )函数的返回值表示此表最近一次的 CONTINUE、FIND、LOCATE 或 SEEK 命令是否执行成功。如果在指定工作区中没有打开的表，FOUND( )函数的返回值为"假"(.F.)。

【例 3.14】 在命令窗口中输入下列命令，观察主窗口中显示的结果。

```
CLOSE TABLES ALL
USE  ts
?RECNO()                         &&返回 1
?BOF()                           &&返回.F.
SKIP  -1
?BOF()                           &&返回.T.
?RECNO()                         &&返回 1，RECNO()最小值为 1
GO BOTTOM
?RECNO()                         &&返回表最后一条记录的记录号
?EOF()                           &&返回.F.
SKIP
?EOF()                           &&返回.T.
?RECNO()                         &&返回表中记录个数值+1
?RECCOUNT()                      &&返回表中记录的个数
?FCOUNT()                        &&返回表中字段的个数
?FIELD(3)                        &&返回第 3 个字段的名称"cbsbh"
LOCATE FOR cbsbh="Z014"
?FOUND()                         &&返回.T.，表示找到满足条件的记录
?RECNO()                         &&返回当前记录的记录号
LOCATE FOR cbsbh="Z123"
?FOUND()                         &&返回.F.，表示未找到满足条件的记录
?EOF()                           &&返回.T.
?RECNO()                         &&返回表中记录个数值+1
```

3.5.4 表记录的浏览

向表中输入记录后，可以浏览表中的记录。浏览的方法有以下两种：
* 界面操作浏览表记录。
* 使用命令浏览表记录。

1. 界面操作浏览表记录

在"项目管理器"中，选择"数据"选项卡窗口，选择需要浏览的表文件，单击"浏览"按钮，打开表的"浏览"窗口。或者在"数据工作期"窗口中，选择某个表，单击"浏览"按钮，也可打开表的"浏览"窗口。

2. 使用命令浏览表记录

浏览表记录的命令包括 LIST、DISPLAY、BROWSE 命令。

（1）LIST 命令

该命令的作用是显示当前表中的全部或部分记录和字段数据。

命令格式如下：

       LIST [FIELDS *FieldList*] [Scope] [FOR *lExpression1*][OFF];

           [TO PRINTER|TO FILE *FileName*]

其中，FIELDS 是可选项，*FieldList* 是字段列表，表示浏览指定的字段，多个字段之间用逗号间隔，Scope 表示表文件记录的范围，LIST 命令只对范围内的记录起作用。范围有四个参数取值 ALL、NEXT N、RECORD N 和 REST，默认情况下为 ALL。FOR *lExpression1* 用于选出指定范围中满足条件的记录。TO PRINTER 表示输出到打印机，TO FILE *FileName* 是指输出到指定的文本文件，默认情况下，浏览的数据显示在 Visual FoxPro 的主窗口中。使用 OFF 表示只显示记录内容而不显示记录号。

【例 3.15】   浏览出版社表（cbs.dbf）中出版社编号（cbsbh）为"Z014"的记录，只显示出版社编号（cbsbh）、出版社名称（cbsmc）、地址（dz）三个字段的数据，且输出到文本文件 temp 中。

```
USE cbs
LIST FIELDS cbsbh, cbsmc,dz FOR cbsbh="Z014" TO FILE temp
```

执行上述命令后，在 Visual FoxPro 的主窗口中显示如图 3.44 所示的结果。

记录号	CBSBH	CBSMC	DZ
39	Z014	作家出版社	北京农展馆南里10号

图 3.44   LIST 命令显示结果

【例 3.16】   在命令窗口中输入下列命令，观察主窗口中显示的记录。

```
USE TS
LIST                &&显示 ts 表中所有的记录
GO  3               &&记录指针定位到第 3 条记录上
LIST NEXT 4         &&显示含当前位置在内的后面四条记录，即第 3~6 条记录
LIST RECORD 2       &&显示第 2 条记录
LIST REST           &&显示含当前位置在内的后面所有记录
```

（2）DISPLAY 命令

在程序中经常使用 DISPLAY 命令来显示记录，DISPLAY 命令的格式与 LIST 命令完全相同，作用略有差异。

命令格式如下：

       DISPLAY   [FIELDS *FieldList*]   [Scope] [FOR *lExpression1*][OFF];

           [TO PRINTER|TO FILE *FileName*]

DISPLAY 命令与 LIST 命令的区别有以下两点：

1）如果不选择记录的范围或者没有设置 FOR 筛选条件，LIST 命令显示所有记录，而 DISPLAY 命令则仅仅显示当前一条记录，如果要显示所有记录，必须使用 DISPLAY ALL。

2）当显示的记录超过一屏幕时，LIST 命令直到显示完记录才会停止，即连续显示，自动刷屏；而 DISPLAY 命令在显示满一屏时会暂停，用户需要按任意键才继续显示下一屏，即分页显示。

（3）BROWSE 命令

该命令的作用是打开浏览窗口，显示当前或选定表的记录。

命令格式如下：

　　　BROWSE [FIELDS *FieldList*] [FOR *lExpression1*][FREEZE *FieldName*];

　　　　　　　[NOAPPEND][NODELETE][NOMODIFY][TITLE *cTitleText*]

各参数的作用如下：

1）FIELDS *FieldList* 指定显示在浏览窗口中的字段。这些字段以 *FieldList* 指定的顺序显示。

2）FOR *lExpression1* 指定筛选条件，只有满足 *lExpression1* 为"真"的记录才显示于浏览窗口。

3）FREEZE *FieldNam* 允许在浏览窗口中只修改一个字段。使用 *FieldName* 指定该字段，其他字段可显示但不能编辑。

4）NOAPPEND 禁止用户追加记录。

5）NODELETE 禁止用户删除记录。

6）TITLE *cTitleText* 可以设置浏览窗口标题栏上的标题。标题名称由 *cTitleText* 指定。

【例 3.17】　浏览出版社表（cbs.dbf）中出版社地址（dz）在"江苏"的记录，只显示出版社编号（cbsbh）、出版社名称（cbsmc）、地址（dz）三个字段的数据。

```
USE cbs
BROWSE FIELDS cbsbh, cbsmc, dz FOR dz="江苏"
```

执行上述命令后，出现一个浏览窗口，如图 3.45 所示。

图 3.45　BROWSE 命令显示结果

3.5.5　表记录的筛选

1. 使用"工作区属性"窗口设置筛选条件

当表处于浏览状态时，利用"表"→"属性"菜单命令，打开"工作区属性"对话框，如图 3.46 所示。通过"数据过滤器"下面的文本框设置筛选条件，可以实现对表的数据筛选。

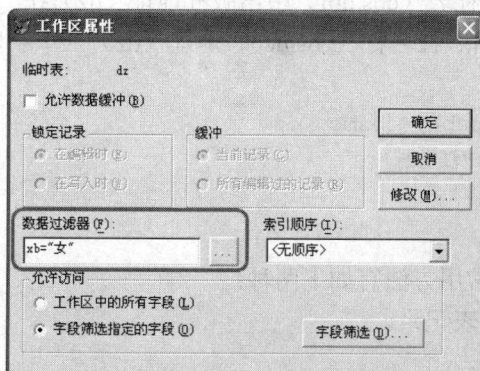

图 3.46　"工作区属性"对话框

2. 使用 SET FILTER TO 命令设置筛选条件

命令格式如下：

    SET FILTER TO [lExpression1]

其中，*lExpression1* 是条件表达式，缺省时表示所有记录，即取消筛选。

【例 3.18】 浏览出版社表（cbs.dbf）中出版社地址（dz）在"江苏"的记录，且只显示出版社编号（cbsbh）、出版社名称（cbsmc）、地址（dz）三个字段的数据。

    USE cbs
    SET FILTER TO dz="江苏"
    BROWSE FIELDS cbsbh, cbsmc, dz

3. 使用"工作区属性"窗口筛选表字段

在"工作区属性"对话框中，选择"字段筛选指定的字段(O)"单选按钮，单击"字段筛选"按钮，出现"字段选择器"对话框，如图 3.47 所示。

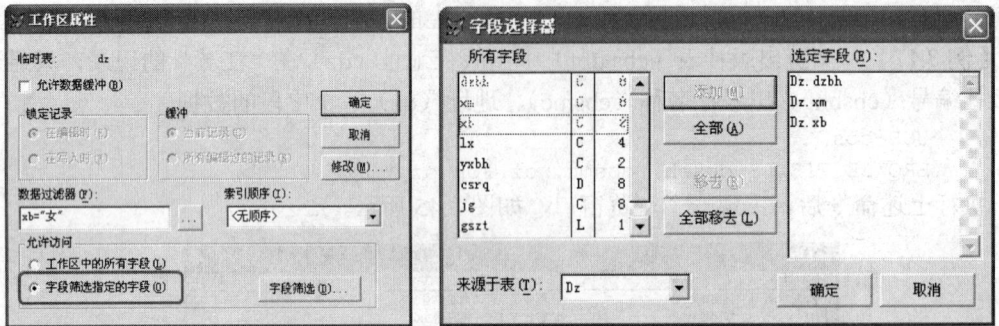

图 3.47 "字段选择器"对话框

4. 使用 SET FIELD TO 命令筛选字段

命令格式如下：

    SET FIELD TO [FieldList]

其中，*FieldList* 是字段列表，所过字段之间用逗号分隔。缺省时，表示所有字段，即取消字段筛选。或者使用 SET FIELD OFF 命令取消字段筛选。

【例 3.19】 浏览出版社表（cbs.dbf）中出版社地址（dz）在"江苏"的记录，且只显示出版社编号（cbsbh）、出版社名称（cbsmc）、地址（dz）三个字段的数据。

    USE cbs
    SET FIELD TO cbsbh, cbsmc, dz
    BROWSE FOR dz="江苏"

3.5.6 表记录的修改

对表中记录的修改，常用方法有如下两种：

1）使用界面操作修改表记录。

2）使用命令修改记录。

1. 使用界面操作修改表记录

对于当前工作区中的表，打开表的"浏览"窗口或者"编辑"窗口，将光标定位在需要修改的记录和字段上，直接进行修改。这种方法每次只能逐个记录、逐个字段进行修改。

如果用户需要对所有记录或满足条件的一批记录进行"相同"的修改（例如，需要修改的数据可以由统一的表达式计算得到），可以利用"替换字段"操作进行批量修改。

用户在表的浏览状态下，选择菜单命令"表"→"替换字段"，打开如图 3.48 所示的"替换字段"对话框。

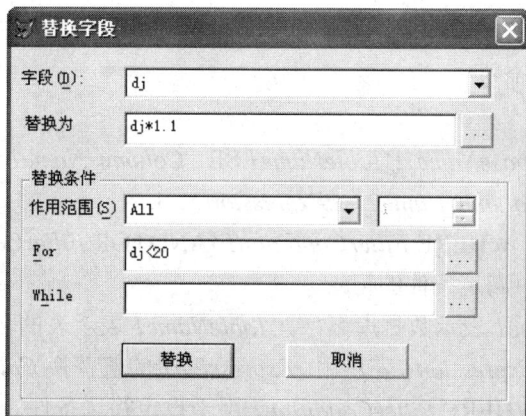

图 3.48　"替换字段"对话框

在对话框中，在"字段"下拉列表框中选择需要替换的字段名（例如，ts 表的 dj 字段）；在"替换为"文本框中输入替换后的值（例如，dj 上调 10%）；在"作用范围"下拉列表框中选择替换范围（例如，ALL）；在"For"文本框中输入替换条件表达式。本例的目的是将图书表中凡是单价（dj）低于 20 元的图书价格，统一上调单价（dj）10%。

对于"For"和"While"条件的区别，请参考 3.5.3 记录定位章节的内容。

2. 使用命令修改记录

修改记录的命令有两个：REPLACE 命令和 UPDATE_SQL 命令。

（1）REPLACE 命令

命令格式如下：

REPLACE *FieldName1* WITH *eExpression1* [ADDITIVE];

　　[, *FieldName2* WITH *eExpression2* [ADDITIVE]] ...;

　　[Scope] [FOR *lExpression1*] [IN *nWorkArea* | *cTableAlias*]

功能：成批替换指定范围内满足条件的记录。

其中，*FieldName1*、*FieldName2* 等为需要替换的字段名称，表达式 *eExpression1* 的值用来代替 *FieldName1* 字段中的数据；表达式 *eExpression2* 的值用来代替 *FieldName2* 字段中的数据；以此类推。Scope 指定要替换内容的记录范围，只替换指定范围内记录字段的内容，范围子句有 ALL、NEXT、RECORD 和 REST。缺省 Scope 范围设定，默认为当前记录。

FOR *lExpression1* 用于设定筛选条件。*lExpression1* 为条件表达式，只有当指定记录满足条件表达式，使 *lExpression1* 求值结果为"真"(.T.) 时，它的字段才会被替换为新的内容。因此，包含 FOR 子句可以使命令有条件地修改记录，而将那些不需要修改的记录筛选掉。

ADDITIVE 表示在原备注字段内容的后面追加新的替换内容。ADDITIVE 只对替换备注字段有用。如果省略 ADDITIVE，则改写备注字段原有内容。

IN *nWorkArea|cTableAlias* 用于指定工作区或表别名。如果同时省略 *nWorkArea* 和 *cTableAlias*，则更新当前选定工作区中表的记录。

【例 3.20】 将图书表（ts.dbf）中凡是单价（dj）值低于 20 元的图书价格，统一上调单价 10%。

```
USE ts
REPLACE ALL ts.dj WITH dj*1.1 FOR dj<20
```

（2）UPDATE_SQL 命令

命令格式如下：

UPDATE [*DatabaseName1!*]*TableName1* SET *Column_Name1 = eExpression1*;

[, *Column_Name2 = eExpression2* ...];

WHERE *FilterCondition1* [AND | OR *FilterCondition2* ...]

功能：成批更新表中满足条件的记录。

其中，*DatabaseName1* 表示数据库名字，*TableName1* 表示表的名字。

Column_Name1 = eExpression1 表示用 *eExpression1* 的值替换 *Column_Name1* 字段，可以同时替换多个字段。WHERE *FilterCondition1* 用于设定筛选条件。

【例 3.21】 将图书表（ts.dbf）中凡是单价（dj）值低于 20 元的图书价格，统一上调单价 10%。

```
UPDATE ts SET dj= dj*1.1 where dj<20
```

REPLACE 命令与 UPDATE_SQL 命令的区别如下：

1）使用 REPLACE 命令之前，表必须事先打开；而使用 UPDATE 命令，表不需要事先打开。

2）REPLACE 命令中的筛选条件使用 FOR 子句引导，缺省 FOR 子句，也不指定范围，表示仅对当前一条记录进行替换修改；有 FOR 子句，没有指定范围，表示范围是 ALL；UPDATE 命令中的条件使用 WHERE 子句引导，没有 WHERE 子句，表示对表中所有记录进行替换修改。

3）REPLACE 命令应指定"作用范围"（包括 ALL、NEXT、RECORD 和 REST），缺省范围，则仅对当前一条记录进行替换修改；UPDATE 命令不用指定"作用范围"，其范围就是整个表。

4）REPLACE 命令执行后，记录指针定位于指定范围的末尾；UPDATE 命令执行后，记录指针定位于表的末尾。

3.5.7 删除表记录

在对表的记录进行删除操作时，要分两步进行：先设置删除标记，然后物理删除。

1. 设置删除标记

标记要删除的记录是指为需要删减的记录添加删除标记，但这些记录并没有从表中真正被删除，因此，这种删除也称为记录的逻辑删除。

在表的浏览窗口中，可以观察到在记录指针与记录之间，存在删除标记列。删除标记列为黑色，表示设置了删除标记，如图 3.49 所示。

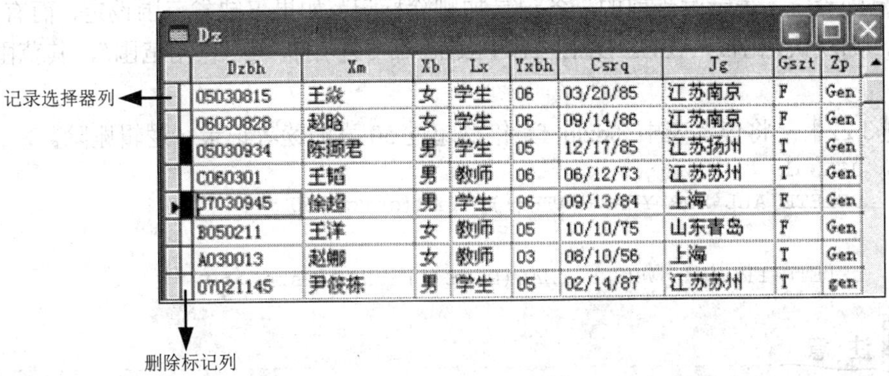

图 3.49 加注删除标记

（1）界面操作方式设置删除标记

在浏览窗口中，单击记录左侧的矩形区域，该区域就变为黑色，这一黑色矩形区域就是删除标记，表示此记录被逻辑删除。再次单击它，黑色标记会被取消，表示恢复记录。

选择"表"→"删除记录"菜单项命令，打开"删除"对话框，如图 3.50 所示。在"删除"对话框中，可以选择范围、输入删除条件表达式，可以在某一范围内删除一组符合指定条件的记录。

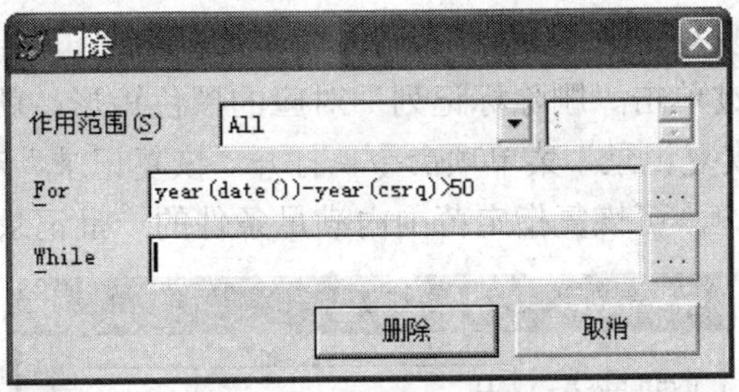

图 3.50 "删除"对话框

（2）使用命令设置删除标记

逻辑删除的命令有两个：DELETE 命令和 DELETE_SQL 命令。

- DELETE 命令的语法格式如下：

  DELETE [*Scope*] [FOR *lExpression1*][IN *nWorkArea* | *cTableAlias*]

功能：对指定范围内满足条件的记录设置删除标记。

其中，命令中的参数与 REPLACE 命令中的参数作用相同。

- DELETE_SQL 命令的语法格式如下：

  DELETE FROM [*DatabaseName*!]*TableName*;

  [WHERE *FilterCondition1* [AND | OR *FilterCondition2 ...*]]

功能：给表文件中满足条件的记录加删除标记。

其中，命令中的参数与 UPDATE 命令中的参数作用相同。

两个命令的区别如下：

1）使用 DELETE 命令必须事先打开表，而 DELETE_SQL 命令不必事先打开表。

2）条件子句前者用 FOR，后者用 WHERE。

3）DELETE 命令中应指定范围，范围与条件的设定与 REPLACE 相同。如果缺省 FOR 条件和范围设定，表示对当前的一条记录加删除标记；如果仅缺省范围设定，而有 FOR 条件设定，则默认范围为 ALL。DELETE FROM 命令不用指定"作用范围"，其范围就是整个表。

【例 3.22】　将读者表中（dz.dbf）年龄超过 50 岁的读者记录，逻辑删除。

```
USE  dz
DELETE ALL FOR YEAR(DATE())-YEAR(csrq)>50
```

或者

```
DELETE FROM dz WHERE YEAR(DATE())-YEAR(csrq)>50
```

注 意

Visual FoxPro 为每一条记录准备一个字节用于存储删除标记。例如表有字符型、数值型和逻辑型 3 个字段，其中字符型字段宽度为 6，数值型字段宽度为 5，小数位数为 2，逻辑型字段宽度为 1，则一个记录所占的字节宽度为 6+5+1+1=13。

2. 恢复记录

由于逻辑删除仅仅是为记录添加删除标记，而非真正的删除，所以，还可以取消删除标记，恢复记录。

（1）界面操作方式恢复记录

在浏览窗口中，通过单击"删除标记列"对应的黑色矩形，就可以取消删除标记。或者利用菜单"表"→"恢复记录"菜单项命令，打开"恢复记录"对话框，如图 3.51 所示。在"恢复记录"对话框中，可恢复指定范围内满足条件的一批记录。

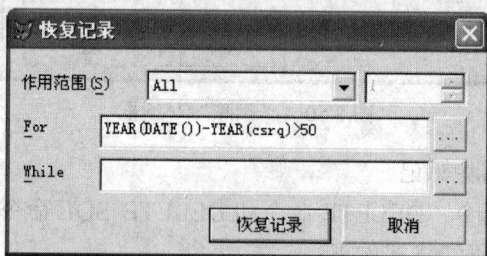

图 3.51　"恢复记录"对话框

（2）使用命令取消删除标记

RECALL 命令的格式如下：

RECALL [*Scope*] [FOR *lExpression1*][IN *nWorkArea* | *cTableAlias*]

功能：对指定范围内满足条件的记录取消删除标记。

【例 3.23】　将读者表中（dz.dbf）年龄超过 50 岁的读者记录，取消逻辑删除标记。

```
USE  dz
RECALL ALL FOR YEAR(DATE())-YEAR(csrq)>50
```

3. 物理删除

如果用户需要真正地删除表中的记录，在加注了删除标记后，可以物理地彻底删除记录，这一操作执行后，记录将不能被恢复。此删除操作称为"物理删除"。

（1）界面操作方式

在表浏览状态下，选择"表"→"彻底删除"菜单项命令，即可物理删除带有删除标记的记录。

（2）命令方式

采用 PACK 命令。

功能：彻底删除带删除标记的记录。使用 PACK 命令时，表必须以独占方式打开。

采用 ZAP 命令。

功能：彻底删除表中的全部记录，无论记录是否具有删除标记。使用 ZAP 命令时，表必须以独占方式打开。

4. 相关函数

当前记录是否设置了删除标记，可以利用 DELETED( )函数测试。

DELETED( )函数的语法格式如下：

　　　DELETED([*cTableAlias* | *nWorkArea*])

功能：测试当前记录是否带有删除标记。

返回值类型：逻辑型。

说明：*cTableAlias* | *nWorkArea* 是可选项，默认为当前工作区。如果当前记录设置了删除标记，则返回"真"(.T.)，否则返回"假"(.F.)。

在 Visual FoxPro 中，是否处理带有删除标记的记录，与 SET DELETED 命令有关。

当 SET DELETED ON 时，系统忽略带有删除标记的记录，即不访问带删除标记的记录。

当 SET DELETED OFF 时，则允许访问带有删除标记的记录，但不是对所有命令或函数都有作用。例如 RECCOUNT( )函数，就不受 SET DELETED 命令的影响。

例如，当前表中具有 20 条记录，其中有 10 条记录添加了删除标记，无论 SET DELETED ON 或者 OFF，RECCOUNT( )函数的返回值都是 20。

3.5.8　数据的复制

利用 COPY TO 命令可以将当前表中的记录复制到其他文件中。

命令格式如下：

　　　COPY TO *FileName* [FIELDS *FieldList*] [Scope] [FOR *lExpression1*][SDF|XLS]

功能：用当前选定表的内容创建新文件。

其中，*FileName* 指定创建的新文件名，默认为 Visual FoxPro 的表文件（.dbf）；*FieldList* 指定字段列表，若省略 FIELDS *FieldList*，则将所有字段复制到新文件，若要创建的文件不是表，则即使备注字段名包含在字段列表中，也不把备注字段复制到新文件；Scope 指定要复制到新文件的记录范围，只有在范围内的记录才被复制。Scope 子句包含 ALL、NEXT、RECORD 和 REST。FOR *lExpression1* 指定只复制逻辑条件 *lExpression1* 为"真"(.T.) 的记录到文件中。

SDF 表示将当前表中的数据复制到系统格式文件中，SDF 文件是指 ASCII 文本文件，其中记录都有固定长度，并以回车和换行符结尾。字段不分隔。若不包含扩展名，则指定 SDF 文件的扩展名为.TXT。

XLS 表示将当前表中的数据复制到 Excel 电子表格文件中，扩展名为.xls。

【例 3.24】 将读者表中（dz.dbf）所有教师的记录复制到表文件 dz1.dbf 中，仅仅复制 xm、xb 两个字段。将同样的内容分别复制到文本文件 dz2.txt 和 Excel 表格文件 dz3.xls 中。

```
USE dz
COPY TO dz1 FOR lx=" 教师" FIELDS xm,xb
COPY TO dz2 SDF FOR lx="教师" FIELDS xm,xb   && 复制到文本文件
COPY TO dz3 XLS FOR lx="教师" FIELDS xm,xb   && 复制到 Excel 文件
```

如果只复制表的结构而不复制表中的记录，可使用 COPY STRUCTURE 命令，其命令格式如下：

COPY STRUCTURE TO *TableName* [FIELDS *FieldList*]

说明：*TableName* 为新表的表文件名；*FieldList* 指定字段列表，缺省为全部字段。

【例 3.25】 为读者表（dz.dbf）创建一个读者备份表（dzbf.dbf）的结构。

```
USE dz
COPY STRUCTURE TO dzbf
```

3.5.9 数据的统计计算

1. 统计记录个数 COUNT 命令

利用 COUNT 命令统计当前表中记录的个数。
命令格式如下：

COUNT [Scope] [FOR *lExpression1*][TO *VarName*]

功能：统计当前表中满足指定条件的记录个数并保存到指定内存变量中。

【例 3.26】 统计读者表（dz.dbf）中男读者的人数，并保存到内存变量 nan 中。

```
USE dz
COUNT FOR xb="男" TO nan
? nan
```

2. 数值型字段纵向求和 SUM 命令

利用 SUM 命令对当前表中数值型字段进行列求和。
命令格式如下：

SUM [*eExpressionList*][Scope] [FOR *lExpression1*] [TO *VarName*|TO ARRAY *ArrayName*]

功能：对满足指定条件的数值型字段的字段值求和，并将求和结果保存到内存变量或数组中。

说明：*eExpressionList* 指定要总计的一个或多个字段或者字段表达式。如果省略字段表达式列表，则总计所有数值型字段。

【例 3.27】 统计图书表（ts.dbf）中出版社编号（cbsbh）为"B003"的图书的单价总和，并将总和保存到变量 djsum 中。

```
USE ts
```

```
SUM dj TO djsum FOR cbsbh="B003"
? djsum
```

3. 数值型字段纵向求平均值 AVERAGE 命令

利用 AVERAGE 命令对当前表中数值型字段值求平均值。

命令格式如下：

AVERAGE [*eExpressionList*][Scope] [FOR *lExpression1*];

　　　　　[TO *VarName*|TO ARRAY *ArrayName*]

功能：对满足指定条件的数值型字段的字段值求和，并将求和结果保存到内存变量或数组中。

【例 3.28】　统计图书表（ts.dbf）中出版社编号（cbsbh）为 "B003" 的图书的平均单价，并将平均值保存到变量 pjdj 中。

```
USE ts
AVERAGE dj TO pjdj FOR cbsbh="B003"
? pjdj
```

4. 汇总 TOTAL 命令

所谓汇总，是将表的数值型字段值按某个关键字段进行分类求和，生成一个新的表文件。汇总的条件是在执行汇总操作前当前表必须在关键字段上排序或建立了索引。若是建立了索引文件，则该索引文件必须先打开。

TOTAL 命令格式如下：

TOTAL ON *KeyExpression* [TO *FileName*][FIELDS *FieldNameList*][Scope];

　　　　　[FOR lExpression1]

功能：对当前打开的表中所有符合条件的记录，按照指定的关键字段对 *FieldNameList* 字段列表中的各个字段进行汇总，所形成的新记录保存到指定的汇总文件中。

说明：一组关键字段值相同的记录在新表中只产生一个记录。对于非数值型字段，只将关键字相同的第一个记录放入该记录。

【例 3.29】　在学生档案表（xsda.dbf）中，以性别（xb）为汇总关键字，对 1986 年以后出生的学生的高考分数字段进行分类汇总，汇总后产生的新表文件为 hz.dbf。

```
USE xsda
INDEX ON xb TAG xb                    &&按照 xb 字段建立索引
TOTAL ON xb FIELDS gkfs FOR csrq>={^1986/01/01} TO hz
SELECT hz
BROWSE
```

3.6　表　的　索　引

3.6.1　索引概述

一般情况下，表中记录的顺序是由用户输入记录的前后次序决定的，每条记录都被赋予一个记录号，记录号代表的顺序为 "物理顺序"。例如，用户建立一张学生表（xs.dbf），向表中输入记录，输入的第一条记录，记录号为 1，输入的第 2 条记录，记录号为 2，以此类推。则表中数据的顺序，为用户输入记录的先后顺序，如图 3.52 所示。

记录号	学号	姓名	性别	出生日期	专业
1	100001	王三	男	01/02/99	计算机应用
2	100002	周涛	女	03/05/98	英语
3	100003	李丽	女	04/12/99	英语
4	100004	王小丽	女	12/13/98	计算机应用
5	100005	赵大风	男	12/23/99	信息管理
6	100006	陈岚	男	02/02/98	英语

图 3.52　学生表（xs.dbf）的物理顺序

在现实应用中，用户对数据的处理具有不同的要求，为了加快数据的检索、显示、查询和打印速度，常常对表中的数据进行重新排序。例如，为了快速查找所有姓"王"的学生，可以将学生表按照"姓名"排序，如图 3.53（a）所示；为了快速输出不同专业的学生，可以按照"专业"排序，如图 3.53（b）所示。

记录号	学号	姓名	性别	出生日期	专业
6	100006	陈岚	男	02/02/98	英语
3	100003	李丽	女	04/12/99	英语
1	100001	王三	男	01/02/99	计算机应用
4	100004	王小丽	女	12/13/98	计算机应用
5	100005	赵大风	男	12/23/99	信息管理
2	100002	周涛	女	03/05/98	英语

（a）按"姓名"排序

记录号	学号	姓名	性别	出生日期	专业
1	100001	王三	男	01/02/99	计算机应用
4	100004	王小丽	女	12/13/98	计算机应用
5	100005	赵大风	男	12/23/99	信息管理
2	100002	周涛	女	03/05/98	英语
3	100003	李丽	女	04/12/99	英语
6	100006	陈岚	男	02/02/98	英语

（b）按"专业"排序

图 3.53　对表中的数据重新排序

如图 3.53 所示，将学生表分别按照"姓名"、"专业"排序后，得到两种不同的记录顺序，这种顺序是按照某个字段或者多个字段的组合进行的重组排序，称为"索引顺序"或者"逻辑顺序"。排序的依据称之为"索引关键字"或"索引表达式"，可以是某个字段，或者多个字段构成的字段表达式，例如图 3.53（a）中，按照"姓名"排序，"姓名"字段就是索引关键字。

表中的数据只有一种物理顺序，却可以有多种不同的逻辑顺序。为了节省磁盘空间，不会重新建立一张表文件来存放逻辑顺序的记录，而是建立一个索引文件，在索引文件中只保存索引关键字的值及其对应的记录号，如表 3.7 所示。当通过索引文件查询记录数据时，在索引文件中找到对应的记录号，然后根据记录号，找到表中对应的记录。

表 3.7　索引文件的内容

索引序号	索引关键字的值	记录号
1	陈岚	6
2	李丽	3
3	王三	1
4	王小丽	4
5	赵大风	5
6	周涛	2

索引文件由索引序号（逻辑序号）、关键字和记录号组成，其中的内容按索引关键字的值排序，相当于一个识别数据排序的目录列表，因此不会占用过多的磁盘空间。

注 意

　　每一条记录的记录号是唯一且保持不变的。无论记录在逻辑顺序中的先后次序如何，记录的记录号始终保持不变。

3.6.2　索引关键字

　　索引关键字通常是由一个字段或者多个字段组合的表达式构成，有时也称为"索引表达式"，是建立索引和排序的依据。换句话说，就是按照"谁"排序，"谁"就是索引关键字。当使用多个字段组合构成索引表达式时，需要将不同类型的字段转换成相同类型的字段后，再组合。

　　在 Visual FoxPro 中，可以为表建立一个或多个索引，每一个索引代表着一种逻辑顺序。

注 意

　　不能依据备注型字段或通用型字段建立索引。

　　当使用多个字段建立索引表达式，应遵循以下规则：

　　1）先按照"A"字段排序，如果"A"字段相同，再按照"B"字段排序时，必须采取"A+B"的形式，并且要求 A、B 字段均为字符型字段。如果 A、B 不是字符型字段，则必须使用类型转换函数，将 A、B 字段转换成字符型字段。

　　例如，在学生表中先按照"性别（xb）"字段排序，性别相同时，再按照"出生日期（csrq）"字段排序。则索引表达式应为：xb+DTOC(csrq,1)。

　　在图书表（ts.dbf）中先按照"单价（dj）"字段排序，单价相同时，再按照"入库册数（rkcs）"排序，则索引表达式为：STR(dj,5,1)+STR(rkcs,2)。

　　2）用多个"数值型"字段求和建立的索引表达式，索引将按照求和结果进行排序。

　　例如，在图书表（ts.dbf）中，如果按照"单击（dj）"和"入库册数（rkcs）"的总和排序，则索引表达式为 dj+rkcs。

　　3）索引表达式的计算结果影响索引顺序。例如，"STR(dj,5,1)+STR(rkcs,2)"和"STR(rkcs,2)+ STR(dj,5,1)"两个表达式的索引顺序是不一样的。前者是先按照"单价（dj）"字段排序，单价相同时，再按照"入库册数（rkcs）"排序；后者是先按照"入库册数（rkcs）"字段排序，入库册数相同时，再按照"单价（dj）"排序。

3.6.3　索引标识

　　为了标识不同的索引需要给每个索引命名一个索引标识名。索引标识名的命名规则与内存变量的命名规则一致，但长度最多 10 个字符。索引标识名也保存在索引文件中。

3.6.4　索引类型

　　Visual FoxPro 中的索引分为主索引、候选索引、唯一索引和普通索引四种。

1. 主索引

主索引是指在数据库表中能够唯一确定表中一条记录的索引关键字，即在数据库表中建立主索引关键字的字段不允许出现重复值或空值。例如读者表的读者编号（dzbh）字段、图书表的书号（sh）字段、学生表的学号（xh）字段，可以用来创建主索引。当用户向表中添加记录时，如果索引关键字出现了重复值，系统将会自动给出警告并不予接受。

只有数据库表才可以建立主索引，且只能建立一个主索引。自由表不可以建立主索引。

2. 候选索引

数据库表和自由表都可以建立候选索引，一张表可以建立多个候选索引。建立候选索引的字段或字段表达式必须能够唯一确定表中的一条记录，不允许出现重复值。例如，课程表中可以根据课程编号（kcbh）字段建立候选索引，如果课程名（kcm）没有重复值，也可以用课程名创建候选索引。

3. 普通索引

在一张表中允许索引关键字或索引表达式的值出现重复的索引称为普通索引。数据库表和自由表都可以建立普通索引，一张表可以建立多个普通索引。例如，在读者表中，可以按照性别（xb）字段建立普通索引，也可以按照"xb+DTOC(csrq,1)"建立普通索引。

4. 唯一索引

唯一索引指索引关键字或索引表达式的值允许出现重复值，但在索引项中只显示重复数据的第一条记录，其他记录忽略。例如，根据读者表中的性别（xb）字段创建唯一索引，只会在逻辑顺序中出现两条记录，一条是第一个性别为"男"的记录，另一条是第一个性别为"女"的记录。

数据库表和自由表都可以建立唯一索引，一张表可以建立多个唯一索引。

3.6.5　索引文件

索引文件按照存储结构划分，分为结构复合索引文件、非结构复合索引文件、独立索引文件。其中，最常用的是结构复合索引文件。

1. 结构复合索引文件

结构复合索引文件中，存储了表的一个或多个索引标识信息，结构复合索引文件的名为.cdx，主文件名与表名相同，创建时系统自动给定。结构复合索引文件与表文件同步打开、更新和关闭。

2. 非结构复合索引文件

非结构复合索引文件中，存储了表的一个或多个索引标识信息，非结构复合索引文件的扩展名.cdx，主文件名有用户给定，打开表时非结构复合索引不会自动打开。

在非结构复合索引文件中不能创建主索引。

3. 独立索引文件

独立索引文件只存储一个索引，独立索引文件的扩展名为.idx，主文件名由用户给定。独立索引文件也不会随表的打开而自动打开。

3.6.6 索引的创建

1. 结构复合索引文件的创建

创建结构复合索引文件常用两种方式：
- 利用"表设计器"创建。
- 利用 INDEX 命令创建。

（1）利用"表设计器"创建索引

在"表设计器"窗口，选择"索引"选项卡，如图 3.54 所示，依次输入索引名、选择索引类型、输入索引表达式、设置筛选条件。

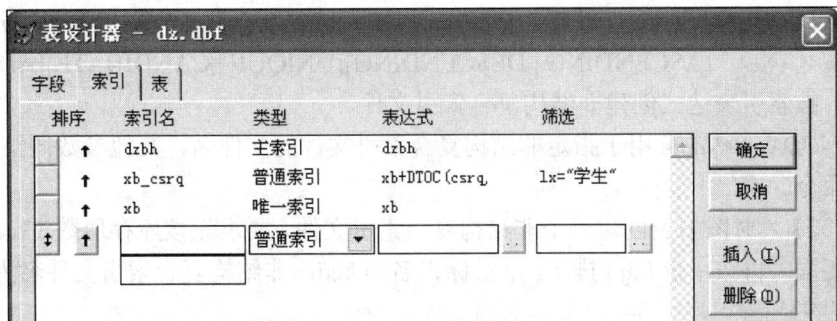

图 3.54　在"表设计器"创建索引

（2）利用 INDEX 命令创建

INDEX 命令的语法格式如下：

INDEX ON *eExpression* TAG *TagName* [FOR *lExpression*];
   [ASCENDING | DESCENDING][UNIQUE | CANDIDATE][ADDITIVE]

功能：按索引表达式创建结构复合索引。

其中，*eExpression* 用于设定索引表达式；*TagName* 是存储在结构复合索引文件中的索引标识名。每一个标识都有唯一标识名确定，索引标识的数目仅受可用内存和磁盘空间的限制。

FOR *lExpression* 指定一个条件表达式，使索引文件中只有满足条件的记录。

ASCENDING 指定升序排序方式，DESCENDING 指定降序排序方式，默认为升序。

UNIQUE 指定索引类型为唯一索引。

CANDIDATE 指定索引类型为候选索引。

ADDITIVE 是指所有先前已经打开的索引文件保持打开状态。

【例 3.30】　为图书表创建普通索引 rqkc，先按入库日期排序，入库日期相同时再按库存册数排序，仅作用于书号以"B"开头的图书。

```
CLOSE TABLES ALL
USE ts
```

```
INDEX ON DTOC(rkrq,1)+STR(kccs,2) TAG rqkc FOR left(sh,1)="B"
```

【例 3.31】 假设成绩表（cj.dbf）中有课程代号（kcdh）字段和成绩（cj）字段。创建一个复合结构索引 kcdhcj，要求先按照课程代号升序排序，课程代号相同时，再按照成绩字段降序排序。

```
USE cj
INDEX ON kcdh+str(100-cj) TAG kcdhdj ASCENDING
```

注 意

> 为表创建好结构复合索引后，系统会产生结构复合索引文件，主文件名和表文件名相同，扩展名为.cdx ，一张表的所有结构复合索引都存储在该表的结构复合索引文件中。

2. 非结构复合索引文件的创建

非结构复合索引文件只能用 INDEX 命令创建。命令格式如下：

INDEX ON *eExpression* TAG *TagName* OF *CDXFileName* [FOR *lExpression*];
          [ASCENDING | DESCENDING][UNIQUE | CANDIDATE][ADDITIVE]

功能：按索引表达式创建非结构复合索引文件。

其中，*CDXFileName* 用于指定非结构复合索引文件的文件名，其他参数同结构复合索引的创建命令。

【例 3.32】 对图书表创建一个非结构复合索引文件，要求先按库存册数（kccs）排序，库存册数相同时再按单价（dj）排序，索引标识名为 kcdj，非结构复合索引文件名为 ts1.cdx。

```
CLOSE TABLES ALL
USE ts
INDEX ON str(kccs,2)+str(dj,5,1) TAG kcdj OF ts1
```

3. 独立索引文件的创建

独立索引文件只能用 INDEX 命令创建。命令格式如下：

INDEX ON *eExpression* TO *IDXFileName* [FOR *lExpression*];
          [UNIQUE][COMPACT][ADDITIVE]

功能：按索引表达式创建独立索引文件，其扩展名为.idx。

其中，*IDXFileName* 是独立索引文件名。COMPACT 表示创建压缩的.idx 索引文件，而复合索引文件总是压缩的。

【例 3.33】 对图书表创建一个独立索引，要求按照书名（sm）排序，索引文件名为 cbssm。

```
USE ts
INDEX ON sm TO cbssm
```

4. 修改或删除索引

如果对已经创建的索引需要进行修改或删除，可用界面操作方式，同创建索引类似，在表设计器的"索引"选项卡下进行。

索引的删除页可以用 DELETE TAG 命令。DELETE TAG 命令格式如下：

DELETE TAG *Tagname1*

其中，*Tagname1* 为结构复合索引的标识名。

3.6.7 索引的使用

一个表文件可以创建多个索引文件，如果是复合索引，还可以包含多个索引标识。在某一时刻，只有一个索引对表起作用，这个索引标识为主控索引。

1. 主控索引的设置

（1）利用"工作区属性"窗口设置主控索引

在表的"浏览"状态下，选择"表"→"属性"菜单命令，出现"工作区属性"对话框，如图 3.55 所示。

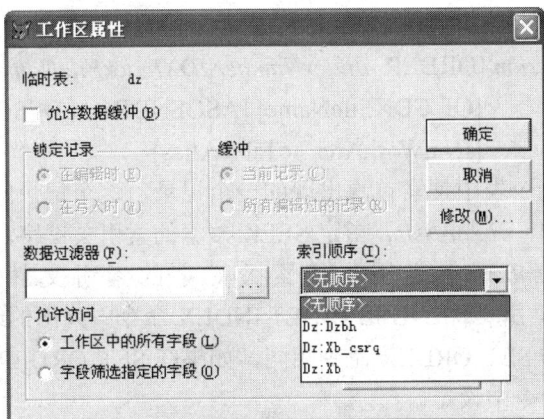

图 3.55 在"工作区属性"窗口设置主控索引

在"工作区属性"窗口中，利用"索引顺序"的下拉列表框选择一个索引标识名，为主控索引。

（2）打开表的同时设置主控索引

语法格式如下：

USE *TableName* ORDER [TAG] *TagName* [OF *CDXFileName*]

功能：打开表时设置主控索引标识。

其中，ORDER [TAG *TagName*] [OF *CDXFileName*]指定.cdx 复合索引文件中的主控标识。标识名可以是来自结构复合索引文件或任何其他打开的复合索引文件。

【例 3.34】 打开学生档案表（xsda.dbf），并设置当前主控索引为"xm"。

    USE xsda ORDER TAG xm

（3）利用 SET ORDER 命令设置主控索引

语法格式如下：

SET ORDER TO [*nIndexNumber*| *IDXIndexFileName* | [TAG] *TagName*;

  [OF *CDXFileName*] [IN *nWorkArea* | *cTableAlias*] [ASCENDING | DESCENDING]]

功能：指定表的主控索引文件或标识。

其中，*IDXIndexFileName* 指定作为主控索引文件的.idx 文件。

[TAG *TagName*] [OF *CDXFileName*] 指定.cdx 文件中的一个标识作为主控索引标识。如果.idx 文件和标识名重复，.idx 文件优先。

[IN *nWorkArea* | *cTableAlias*] 为在非当前选定工作区中打开的表指定主控索引文件或索引标识。*nWorkArea* 指定工作区编号，*cTableAlias* 指定表的别名。

ASCENDING | DESCENDING 以升序或降序显示或访问表记录。使用 ASCENDING 或 DESCENDING 不会改变索引文件或索引标识。

【例 3.35】　在学生档案表以学号 xh 字段建立候选索引，索引名为 xsxh 并将 xsxh 设置为主控索引。

```
USE xsda
INDEX ON xh TAG xsxh CANDIDATE
SET ORDER TO xsxh
```

2. 利用索引快速定位记录

快速定位记录是用 SEEK 命令实现。SEEK 命令格式如下：

SEEK *eExpression* [ORDER *nIndexNumber*|*IDXIndexFileName*|[TAG] *TagName*;

[OF CDXFileName] [ASCENDING | DESCENDING]];

[IN nWorkArea | cTableAlias]

功能：SEEK 在一个表中搜索首次出现的一个记录，这个记录的索引关键字必须与指定的表达式匹配。其中，*eExpression* 指定 SEEK 搜索的索引关键字。

ORDER *nIndexNumber* 指定用来搜索关键字的索引文件或索引标识编号。*nIndexNumber* 指出了索引文件在 USE 和 SET INDEX 命令中列出的编号。

其余参数的作用与 SET ORDER 命令相同，如果在 SET ORDER 命令中没有设定这些参数，可以在 SEEK 命令中设定。

SEEK 命令只能在已经创建了索引的表中使用，且只能搜索索引关键字。除非 SET EXACT 设置为 OFF，否则匹配关键字必须是完全匹配。如果 SEEK 命令找到了与索引关键字相匹配的记录，则 RECNO( )返回匹配记录的记录号；FOUND( )函数返回"真"(.T.);EOF( )函数返回"假"(.F.)。如果找不到相匹配的关键字，则 RECNO( )函数将返回表中记录的个数加 1，FOUND( )函数返回"假"(.F.);EOF( )函数返回"真"(.T.)。

除了 SEEK 命令，还可以利用 SEEK( )函数进行快速搜索。

SEEK( )函数在一个已建立索引的表中搜索一个记录的第一次出现位置，该记录的索引关键字与指定表达式相匹配。SEEK( )函数返回一个逻辑值，指示搜索是否成功。

SEEK( )的命令格式如下：

SEEK(*eExpression*)

其中，*eExpression* 指定 SEEK（）搜索的索引关键字。

SEEK( )函数的作用相当于 SEEK 命令+FOUND( )函数。

【例 3.36】　假设图书表（ts）的结构复合索引 ts.cdx 中有两个索引标识，分别是 cbsbh、tssh，要求查找出出版社编号为"Z014"的记录。

```
USE ts
SET ORDER TO cbsbh
SEEK "Z014"
? FOUND()          &&返回.T.
? EOF()            &&返回.F.
? SEEK("Z014")     &&返回.T
```

3.7　数据库表的扩展属性

在 3.3.2 节介绍中，数据库表的表设计器比自由表的表设计器多了许多新属性，这些属性用于控制表中字段的显示标题、格式、输入掩码，设置表字段的有效性规则及信息，还可以为表中字段添加注释。另外，在表设计器的"表"选项卡窗口中，还可以设置记录有效性规则、触发器以及表注释等。对于以上这些自由表没有的属性，系统会将其作为数据库的一部分保存起来，保存在数据库.dbc 文件中，并且一直为该表所拥有，直到该表从数据库中移去为止，即当表从数据库中移走，变为自由表后，这些属性内容会被自动删除。

3.7.1　数据库表字段的扩展属性

数据库表的字段扩展属性包括显示属性、字段的有效性规则和字段的显示类。

1. 字段的显示属性

字段的显示属性是用来指定输入和显示字段的格式属性，包括格式、输入掩码和标题。

（1）字段格式

格式：控制字段在浏览窗口、表单或报表中的整体显示格式。常用的格式属性及作用如表 3.8 所示。

表 3.8　字段的格式

格式字符	功　能
A	只允许字母字符（不允许空格或标点符号）
D	使用当前的 SET DATE 格式
K	当控件具有焦点时选择所有文本
L	在文本框中显示前导零，而不是空格。只对数值型数据使用
T	删除输入字段前导空格和结尾空格
!	把字母字符转换为大写字母。只用于字符型数据，且只用于文本框
^	使用科学记数法显示数值型数据，只用于数值型数据
$	显示币符

格式属性是对整个字段起作用的，并且对一个字段可以同时设置多个格式属性。例如，对图书（ts）表的书号（sh）字段，可设置格式"T!"，表示将书号字段中的字符显示为大写字符，并删除字段的前后空格。

（2）输入掩码

输入掩码：限定该字段输入数据的范围，并控制每一位的输入格式。常用的掩码符号如表 3.9 所示。

输入掩码规定了相应输入位置上数据输入和显示的行为。例如，选择读者表（dz）的读者编号（dzbh）字段，在"输入掩码"文本框中输入"999999"，则表示在增加记录或者修改记录时，读者编号（dzbh）字段最多允许输入 6 位字符，并且每位上只允许是数字字符（0～9）。

表 3.9　常用的输入掩码符号

格式字符	功　能
X	可输入任何字符
9	可输入数字和正负符号
#	可输入数字、空格和正负符号
*	在值的左侧显示星号
.	句点分隔符指定小数点的位置
,	逗号可以用来分隔小数点左边的整数部分
$	在某一固定位置显示（由 SET CURRENCY 命令指定的）当前货币符号
$$	在微调控制或文本框中，货币符号显示时不与数字分开

（3）字段的标题和注释

标题是用于显示的。通常在表单、报表上显示时使用的标题，如果不设置，标题就是字段名称。在设计表的字段时，为了方便使用，往往采用英文或中文拼音缩写等，这样造成字段名称不直观。例如，书号的字段名为"sh"，如果没有设置标题，则在浏览或显示菜单、报表时显示 sh。如果设置了标题"书号"，则在浏览或显示菜单、报表时显示"书号"。

字段的注释是给字段加以详细的说明。可以帮助用户了解一些重要字段的属性、意义及用途。

标题和注释都是为了使字段具有更好的可读性，但标题和注释不是必需的。标题是不带双引号的字符串，注释可以带双引号也可以不带双引号。

2. 字段的有效性

字段的有效性包括字段的有效性规则、信息和默认值。

（1）字段有效性规则

字段的有效性规则是一个逻辑表达式，用来指定该字段的值所满足的条件，或者该字段的取值范围。当对该字段输入或者修改数据时，系统会自动检查输入或修改的字段值是否满足逻辑表达式，如果使得逻辑表达式的值为"真"（.T.），则系统接受该字段的值，否则，拒绝用户输入或修改，同时给出警告信息。

【例 3.37】　在读者表中设置性别（xb）字段的有效性规则为：性别只能是男或者女。打开读者（dz）表的表设计器，在"字段的有效性规则"文本框中输入：

```
xb="男" or xb="女"
```

如果用户在输入或修改 xb 字段时，无意输入"难"，违反了字段有效性规则，使得上述表达式的值为"假"（.F.）。则当光标离开该字段时，系统会给出警告信息"违反了字段 xb 的有效性规则"，同时拒绝接受输入"难"。

例题 3.37 的操作界面如图 3.56 所示。

当用户的操作违反字段有效性规则时，系统会给出默认的警告信息，如图 3.57 所示。

字段有效性规则在字段值发生改变时，对改变的值进行检查。当光标离开该字段或关闭表的浏览窗口时，会激发字段的有效性规则。如果对表中已经存在的数据不作有效性规则检查时，可在确认保存时出现的对话框中取消勾选"用此规则对照现有的数据"复选框，则设定的有效性规则对表中原有的数据无效，如图 3.58 所示。

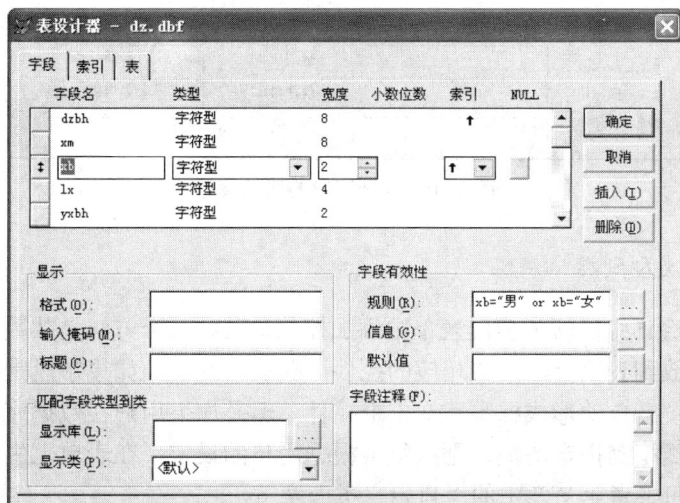

图 3.56　xb 字段的有效性规则设置

图 3.57　系统默认的字段有效性信息　　　图 3.58　"现有数据是否对照规则"提示框

（2）字段有效性信息

如果用户操作违反字段有效性规则，虽然系统会给出默认的警告信息，但是此警告信息并不具体，用户有时难以理解。用户可以自己设置警告信息的内容。例如，例题 3.37 中，可以设置有效性规则信息为"性别只能是男或女！"，则系统弹出的警告信息会变为如图 3.59 所示。

图 3.59　用户自定义字段有效性信息及系统弹出的警告提示框

用户在输入字段有效性信息时，要加英文半角格式下的引号，将信息内容括起来。

（3）默认值

当用户向数据库表中输入记录时，为字段所指定的初始值，称为"默认值"。设置默认值的目的主要是为了提高输入的效率。

例如，如果读者表中绝大多数读者是男性时，可以把性别（xb）字段的默认值设置为"男"。

注意

默认值必须根据字段的数据类型加定界符。例如，字符型、逻辑型、日期型和日期时间型字段的默认值，必须加定界符，如图 3.60 所示。

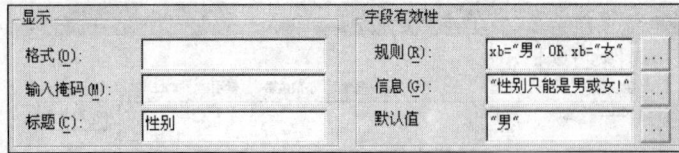

图 3.60 性别字段的属性设置

3. 匹配字段类型到类

在第 7 章中会详细讲解如何向表单中添加控件，其中一个方法是从数据环境中，将数据库表的字段拖放到表单上，形成相应的控件。默认情况下，如果字段是字符型、数值型或者逻辑型，系统会自动形成标签和文本框控件。但是如果用户在数据库表的设计器中，设置了匹配字段类型到指定的类，则系统会根据用户的设定，在表单上生成指定类对应的控件。具体操作可参考第 7 章中的"自定义类"章节。

3.7.2 数据库表的扩展属性

数据库表的表属性包括长表名、表注释、记录有效性规则及信息、触发器等。设置表属性可以在表设计器的"表"选项卡窗口中进行，如图 3.61 所示。

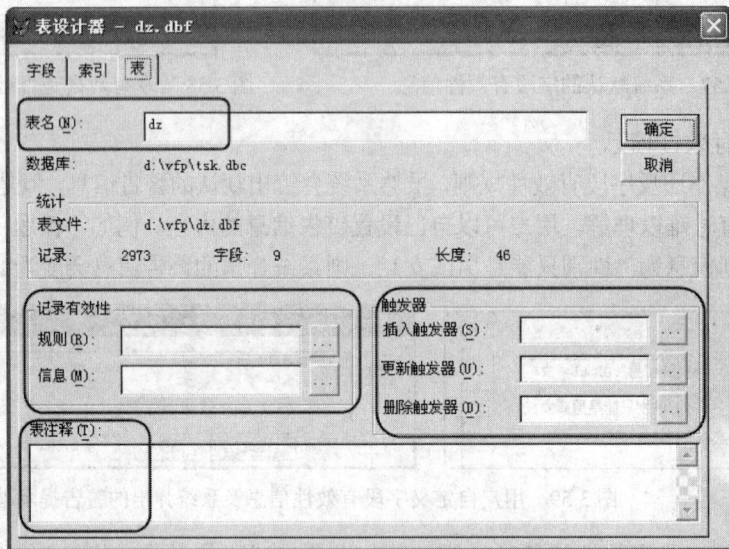

图 3.61 数据库表的扩展属性

（1）长表名与表注释

在创建表时，每张表的表文件名就是表名。表名的长度受操作系统的限制，在 Visual FoxPro 中规定，数据库表及自由表的表名最大长度为 128 个字符。为了便于记忆和阅读，用户可以为数据库表设置一个长表名代替表名。

注 意

打开数据库时，长表名可以代替表名使用，但是使用长表名打开表时，表所属数据库必须是打开的，且为当前数据库。

　　表的注释是表的说明信息，用于补充说明表的含义等信息。用户输入表注释时，可以加引号，也可以不加引号。

　　（2）记录有效性规则及信息

　　记录有效性规则是一个逻辑表达式，该逻辑表达式规定了同一记录中不同字段之间的逻辑关系，在用户输入或修改记录时，系统能自动检查一条记录中若干字段是否遵守同一规则。例如，借阅（jy）表中，借书日期（jsrq）字段的值不能超过还书日期（hsrq）字段，可设置记录有效性规则为"jsrq<=hsrq"。

　　记录有效性信息含义及用法同字段有效性信息相同。当用户输入或修改表记录时，如果违反记录有效性规则，当光标离开该记录，或关闭表浏览窗口时，会激发记录有效性规则，系统会弹出记录有效性信息中设置的警告信息。

　　（3）触发器

　　数据库表中有三种触发器：插入触发器、更新触发器和删除触发器。

　　触发器实际上是绑定在表上的逻辑表达式，同时每种触发器对应着一个用户动作，即插入新记录操作、更新修改记录操作以及删除记录操作。当用户执行这三种操作时，系统会根据设置的触发器表达式，对记录进行检查，检查记录是否满足触发器表达式的条件。如果记录值使得触发器表达式的值为"真"（.T.），则系统允许用户执行对应的操作；否则，系统将禁止用户执行对应的操作，并弹出"触发器失败"的警告提示框。

- 插入触发器：每次向表中插入或追加记录时触发该触发器表达式。如果插入的新记录使插入触发器表达式的值.T.，则允许用户插入该记录；若使插入触发器表达式的值为.F.，则提出警告，拒绝插入该记录。

- 更新触发器：每次在表中修改记录时触发该触发器表达式。如果该条记录经修改后使更新触发器表达式的值为.T.，则接受该记录；若使更新触发器表达式的值为.F.，则提出警告，拒绝修改该记录。

- 删除触发器：每次在表中删除记录时触发该触发器表达式。如该条记录使删除触发器表达式的值为.T.，则允许删除该记录；若使删除触发器表达式的值为.F.，则提出警告，不允许删除该记录。

【例 3.38】　为数据库表读者（dz）表，设置触发器：

①　只允许插入读者类型是"学生"和"教师"的记录。

②　只允许修改读者编号不为空的记录。

③　所有记录都不允许删除。

则该题的操作界面如图 3.62 所示。

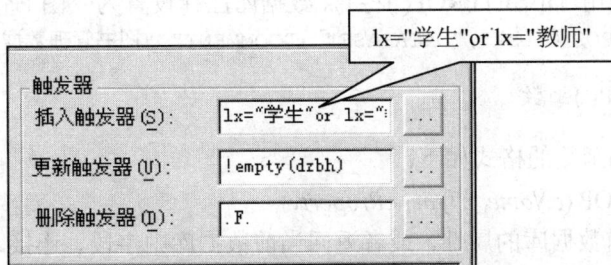

图 3.62　读者表的触发器设置

当用户向 dz 表中插入一条记录，其类型为"教工"时，违反插入触发器，当光标离开该记录，或关闭表浏览窗口时，会触发插入触发器，系统会弹出警告框，如图 3.63 所示。

图 3.63　触发器失败警告提示框

3.7.3　与数据库属性相关的函数

1. DBSETPROP( )函数

DBSETPROP( )函数的格式如下：

　　DBSETPROP (*cName, cType, cProperty, ePropertyValue*)

功能：给当前数据库或当前数据库中的字段、连接、表或视图设置一个属性。该函数只能设置部分属性。

函数返回值类型：逻辑型。

说明：

- cName：指定要设置属性的数据库、字段、连接、表或视图的名称。
- cType：指定 *cName* 是当前数据库还是当前数据库中的一个字段、连接、表或视图。cType 的取值包括 DATABASE、FIELD、CONNECTION、TABLE、VIEW。
- cPropert：指定要设置的属性名。如果某个属性是只读的，它的值就不能用 DBSETPROP( )函数修改，只能使用 DBGETPROP( )函数。
- cPropert 的取值包括 Caption、Comment、DefaultValue（只读属性）、Format、InputMask、RuleExpression（只读属性）、RuleText（只读属性）。
- ePropertyValue：指定 *cProperty* 的设定值，*ePropertyValue* 的数据类型必须和属性的数据类型相同。

【例 3.39】　利用 DBSETPROP( )将借阅（jy）表 dzbh 字段的标题设置为"读者编号"。

```
OPEN DATABASE tsk
SET DATABASE TO tsk
? DBSETPROP("jy.dzbh","FIELD","CAPTION","读者编号")    &&返回.T.
```

【例 3.40】　利用 DBSETPROP( )将 tsk 数据库注释设置为"图书管理数据库"。

```
? DBSETPROP ("tsk","DATABASE" ,"COMMENT","图书管理数据库")
```

2. DBGETPROP( )函数

DBGETPROP( )函数的格式如下：

　　DBGETPROP (*cName, cType, cProperty*)

功能：返回当前数据库的属性，或者返回当前数据库中字段、连接、表或视图的属性。

返回值类型：字符型，数值型，或者逻辑型。

说明：各参数的用法与 DBSETPROP( )函数相同。

【例 3.41】 利用 DBGETPROP( )函数查看借阅（jy）表的表注释、sh 字段的默认值。

```
?  DBGETPROP  ("jy","TABLE","COMMENT")
?  DBGETPROP  ("jy.sh","FIELD","DefaultValue")
```

DBSETPROP( )函数与 DBGETPROP( )函数中 cType 参数的说明见表 3.10。

表 3.10　cType 参数说明

cType	说　明
DATABASE	cName 是当前数据库
CONNECTION	cName 是当前数据库中的一个连接
FIELD	cName 是当前数据库中某个数据库表的一个字段
TABLE	cName 是当前数据库中的一个数据库表
VIEW	cName 是当前数据库中的一个视图

DBSETPROP( )函数与 DBGETPROP( )函数中 cPropert 参数的说明见表 3.11。

表 3.11　cPropert 参数说明

cPropert	说　明
Caption	字段标题。可读写
Comment	注释文本。可读写
DefaultValue	字段默认值。只读
Format	字段显示格式。可读写
InputMask	字段输入掩码。可读写
RuleExpression	字段有效性规则表达式。只读
RuleText	字段有效性规则信息。只读

3.8　数据库表之间的关系

数据库表之间关系是指在两个表之间建立记录指针同步移动的关系（临时关系），或者是保障数据完整性的参照关系（永久性关系）。临时性关系和永久性关系都是两个表之间的一种逻辑关系。建立数据库表之间的关系，主要目的是为了使相互关联的表之间的数据能够被同时引用、处理，提高数据库管理效率，保障数据库的完整性。

3.8.1　创建数据库表之间的关系

在 Visual FoxPro 中，表之间的关系分为临时性关系和永久性关系。

临时性关系只是在使用表时建立的两表之间的关系（自由表也可以建立临时性关系），一旦其中一个表关闭，临时性关系就消失了；永久性关系则是被保存在数据库中的数据库表之间的关系，它将随着数据库的打开而打开，随着数据库的关闭而关闭，随着数据库长期保存。

对于建立关系的两张表，为了便于区别，当前表叫做"父表"，与之关联的表称为"子表"，父表与子表之间的关系类型，只有"一对一"或者"一对多"两种类型。即"一"的一方为父表，"多"的一方为子表。

1. 创建永久性关系

建立永久性关系的步骤如下：

1）首先确定两张表之间的关系，是 1∶1 关系还是 1∶n 关系？如果是"1∶1"关系，令其中的一张表为父表，另一张表为子表。如果是"1∶n"关系，"一"的一方为父表，"多"的一方为子表。

2）如果是"1∶n"的关系，根据两表之间的同名字段，父表必须建立主索引或候选索引，子表必须以父表的主关键字作为子表的外部关键字建立普通索引。

如果是"1∶1"关系，根据两表之间的同名字段，父表必须建立主索引或候选索引，子表必须以与父表相同的关键字建立主索引或候选索引。

3）打开"数据库设计器"窗口，将父表的主索引或候选索引标识，拖放到子表对应的索引标识上，即可完成永久性关系的建立。

以读者表（dz）与借阅表（jy）之间的一对多关系，建立永久性关系，如图 3.64 所示。

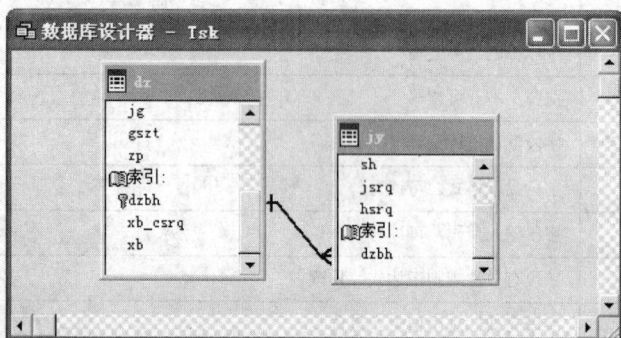

图 3.64　在"数据库设计器"窗口创建永久性关系

将读者表的主索引（dzbh）拖放到借阅表的普通索引（dzbh）上，两表之间产生了一条连线，即表示两表之间的永久性关系。如果要删除表之间的永久性关系，则在数据库设计器中，单击关系连线，该线变粗，按 DEL 键删除；或用鼠标右键单击关系连线，在快捷菜单中选择"删除关系"命令；或者选择"数据库"→"编辑关系"菜单命令，出现"编辑关系"对话框，在该对话框中进行编辑、修改。

2. 创建临时性关系

不同的工作区中打开的表都有各自的记录指针，用以指向当前记录。建立临时关系，父表和子表的记录指针就可以同时定位，形成联动的关系，例如，在图书表中查询一个图书的记录，同时，在借阅表中记录指针会自动定位在对应的图书借阅记录上。

创建临时性关系的方法有两种：

- 在"数据库工作期"窗口中建立临时性关系。
- 使用 SET RELATION 命令创建临时性关系。

（1）在"数据库工作期"窗口中建立临时性关系

步骤如下：

1）在“数据工作期”窗口中，打开要创建临时性关系的两张表。

2）子表以外部关键字建立普通索引，并且设置该索引为主控索引。

3）在数据工作期窗口中先选择父表，单击“关系”按钮，然后选择子表，弹出关系“表达式生成器”对话框，如图 3.65 所示。在“表达式生成器”对话框中出现两表建立关系的关键字表达式，单击“确定”按钮。

4）在“数据工作期”窗口中可以看到具有临时性关系的两张表之间有连线，如图 3.66 所示。

5）如果删除临时性关系，将父表或子表关闭即可，或者在“数据工作期”窗口双击临时性关系的连线，删除表达式即可。

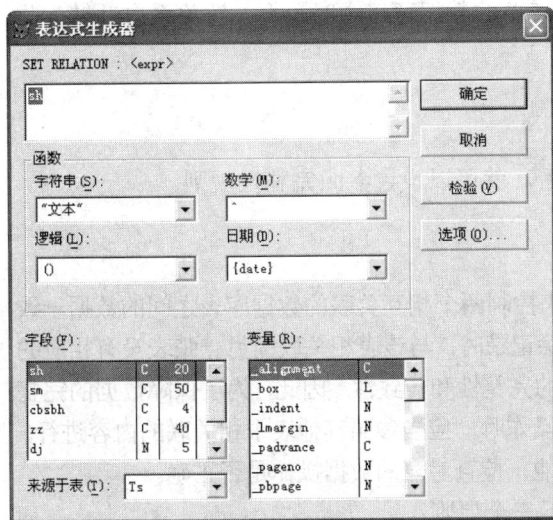

图 3.65　关系“表达式生成器”对话框　　　　图 3.66　在“数据工作期”窗口中建立临时关系

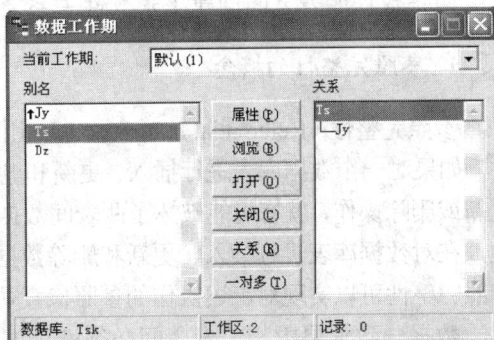

（2）使用 SET RELATION 命令创建临时性关系

命令格式如下：

　　　　SET RELATION TO *eExpression1*　　INTO　*nWorkArea* | *cTableAlias*

功能：在两个打开的表之间建立临时性关系。

说明：*eExpression1* 指定用来在父表和子表之间建立关系的关系表达式。关系表达式通常是子表主控索引的索引表达式。INTO *nWorkArea* | *cTableAlias* 指定子表的工作区编号（nWorkArea）或子表的表别名（cTableAlias）。

【例 3.42】　建立图书表与借阅表之间的临时性关系。

```
close tables all
Use jy
Index on sh Tag sh
Set order to sh
Select 0
Use ts
Set relation to sh into jy
```

浏览两张表，观察记录指针的变换，SET RELATION TO 命令可直接取消临时性关系。或者关闭父表和子表中任何一张表，临时性关系也会被取消。

3. 临时性关系与永久性关系的区别与联系

两种关系的区别和联系在于：

1）永久性关系只能在两个数据库表之间创建，且两个数据库表必须属于同一个数据库；临时性关系可以在打开的任意两张数据库表、自由表、视图或临时表之间创建。

2）临时性关系只在表打开时起作用，一旦表关闭，临时性关系就消失；永久性关系长期保存在数据库中，随着数据库的打开而打开，随着数据库的关闭而关闭。

3）永久性关系中的子表，可以与多个父表建立永久性关系；而临时性关系中的子表只可以有一张父表。

4）当具有永久性关系的两张表，添加到表单的数据环境中时，永久性关系自动转为临时性关系。

3.8.2　相关表之间的参照完整性

两张数据库表之间创建了永久性关系之后，就可以设置参照完整性规则。

1. 参照完整性的概念

参照完整性（Referential Integrity，RI）用来控制两个相互关联的数据库表之间的数据一致性。如果对一个数据库表进行插入、更新和删除记录时，与该表相关联的另一张表没有相应的更新或删除操作，就有可能破坏了两表间数据的完整性和一致性。因此，为了保障数据的完整性，在对数据库表进行插入、更新和删除数据操作时，应当参照其他表中相关联的内容进行，参照完整性可以实现对上述操作的参照检查功能，检查对表的数据操作是否正确。

数据一致性要求相关表之间必须满足如下三个原则：

1）子表中的每一个记录在对应的父表中必须有一个父记录。例如，在相关联的图书表和借阅表之间，借阅表中一条记录的书号字段值，必须在图书表中存在。

2）在父表中修改记录，如果修改了主关键字的值，则子表中对应的相关子记录的外部关键字的值也必须同样修改。

3）在父表中删除记录时，与该记录相关的子表中的记录必须全部删除。

在一对多关系中，当用户对父表进行修改或删除记录时，或插入子表记录时，可能会使子表中的记录成为"孤立记录"，即子表的某些记录在父表中没有对应的父记录，就破坏了数据的参照完整性。

2. 设置参照完整性

相关表之间的参照完整性规则是建立在永久性关系基础上的。在"数据库设计器"中，双击永久性关系连线，弹出"编辑关系"对话框，如图 3.67 所示。

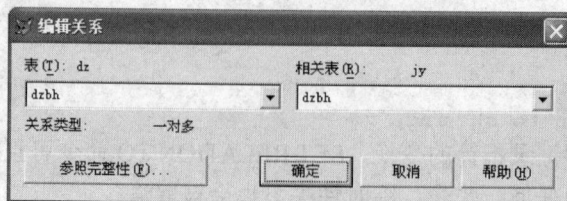

图 3.67　"编辑关系"对话框

在"编辑关系"对话框中单击"参照完整性(F)..."按钮，则打开如图 3.68 所示的"参照完整性生成器"对话框。

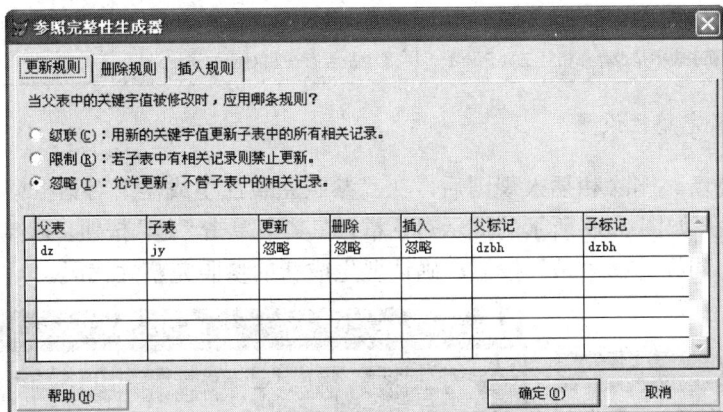

图 3.68 "参照完整性生成器"对话框

注 意

在第一次编辑参照完整性之前，需要对数据库进行清理。在"数据库设计器"中，选择"数据库"→"清理数据库"菜单命令即可。

在图 3.68 所示的"参照完整性生成器"对话框中，有 3 个选项卡，分别是更新规则、删除规则和插入规则。在每个选项卡窗口下方，都具有一张含 7 个列的表格，表格中的一行为数据库中的一个关系，从左到右各列说明如下。

- "父表"列：显示一个关系中父表的表名。
- "子表"列：显示一个关系中子表的表名。
- "更新"、"删除"和"插入"列：显示相应设置的设置值。
- "父标记"列：显示父表的主索引名或候选索引名。
- "子标记"列：显示子表的索引名。

在 Visual FoxPro 中，参照完整性规则分为更新规则、删除规则和插入规则。每一种又有级联、限制和忽略三种设置。具体说明见表 3.12。

表 3.12 参照完整性规则

选 项	更新规则	删除规则	插入规则
	当父表中记录的关键字值被更新时触发	当父表中删除记录时触发	在子表中插入记录时触发
级联	对父表中的主关键字段或候选关键字段进行修改，则系统自动更改所有相关子表记录中对应的外部关键字的值	父表中删除一条记录，则子表中所有对应的相关子记录，会被同时删除	
限制	如果父表中一条记录，在子表中存在对应的子记录，则禁止更改父表中的主关键字段或候选关键字段的值，这样在子表中就不会出现孤立的记录	如果父表中一条记录，在子表中存在对应的子记录，则禁止删除父表中的该记录，这样在子表中就不会出现孤立的记录	如果父表中没有相匹配的关键字值，则禁止在子表中插入一条孤立记录

续表

选 项	更新规则	删除规则	插入规则
忽略	允许更新父表中主关键字段或候选关键字段的值，不管子表中是否存在相对应的子记录	允许删除父表中的记录，不管子表中是否存在相对应的子记录	允许在子表中插入记录

3. 确认参照完整性设置

在设置了更新、删除和插入规则后，在"参照完整性生成器"对话框中单击"确定"按钮，此时会打开如图 3.69 所示的提示对话框，在其中单击"是"按钮，则继续打开图 3.70 所示的对话框，同样选择"是"按钮，确认要生成新的参照完整性代码。

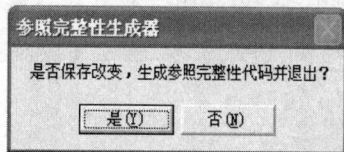

图 3.69　确认修改参照完整性规则　　　图 3.70　确认生成新的参照完整性代码

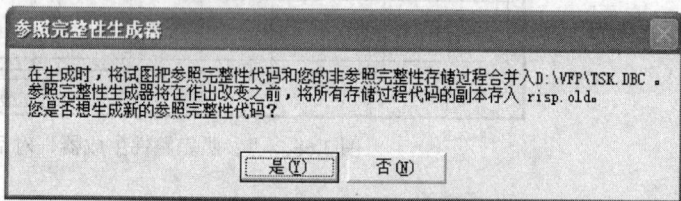

参照完整性规则属于表之间的规则，当用户建立了参照完整性规则后，实际上是在永久性关系上设置了参照完整性标记。根据用户设置的参照完整性规则，系统自动为用户创建相应的参照完整性规则代码，该代码以自定义函数的形式保存在数据库的存储过程中，并且这些函数被设置在父表或子表的表触发器中。

例如，在读者（dz）表和借阅（jy）表之间设置了"更新级联"的参照完整性规则，则在数据库的存储过程中会产生一个自定义函数_ri_update_dz( )，可在数据库的存储过程中查看该函数，该函数设置在 dz 表的更新触发器中。当 dz 表修改主关键字或候选关键字的值时，触发该函数的执行，执行的结果是子表 jy 表的相关记录的外部关键字也被修改为一样的值。

4. 数据完整性综述

在关系数据库中，数据完整性是指采取一些有效的措施来保障数据正确、有效的特性。在 Visual FoxPro 中，数据完整性一般包括域完整性、实体完整性和参照完整性，利用字段的完整性和记录的完整性、表的主索引以及表之间的参照完整性来实现。

域完整性是指对表中字段的取值要有合理的设置，使得字段中的数据值或字段的类型必须符合特定的要求。字段的有效性规则和记录的有效性规则实际上保障的就是域完整性。

实体完整性是指表中任何一个记录的主关键字的值不能为空值，且必须在所属的关系中保持唯一性（无重复）。数据库表的主索引保证了实体完整性。

参照完整性是指外部关键字的值必须在相应的表中作为主关键字存在，数据库的参照完整性规则保证了相关表之间的数据一致性，参照完整性规则的实施是通过触发器实现的。

通过字段级、记录级和表之间的三级完整性约束，有效实现了数据库中数据的完整性和一致性，从而方便和简化了数据维护工作。

3.9　小型案例实训

【案例说明】

本节以一个简单的"学生信息管理系统"为例，结合本章中介绍的数据库设计及数据库操作的基本知识，详细介绍使用 Visual FoxPro 开发数据库应用系统的基本步骤和过程。

学生信息管理系统需要处理与学生相关的各类数据，主要包括学生个人基本信息、学生成绩、课程信息等。设计一个学生信息管理数据库，并根据学生选课的情况，设计一些属性或参照完整性规则。

【案例分析】

在学生信息管理数据库中，表之间存在着一定的关系。其中，学生可以选修多门课程，而一门课程也可以被不同班级、不同专业的学生选修，学生与课程之间存在多对多的关系。在设计数据库时，多对多的关系要分解为两个一对多的关系，因此，至少要创建 3 张表：学生表、选课表、课程表。其中，选课表为纽带表，又因为学生选修了某一门课之后，会参加该课程的考试，获得该课程的学分和成绩，因此，选课表又可以由成绩表所代替。

【案例实现】

1. 数据库设计

根据 3.1 节中所介绍的数据库设计过程，首先要确定数据库中需要处理的各种表，以及表中包含的字段；然后确定表与表之间的关系；最后进行改进与优化。

在学生信息管理数据库中，学生信息可以设计为学生表（xs.dbf），课程信息可以设计为课程表（kc.dbf），选课信息可以设计为成绩表（cj.dbf）。表结构见表 3.13～表 3.15。

表 3.13　学生表（xs.dbf）的表结构

字段名	字段类型	字段宽度	是否允许为空	属性	字段含义
Xh	字符型	8	否	主关键字	学号
Xm	字符型	10			姓名
Xb	字符型	2		只能是男或女	性别
Csrq	日期型	8			出生日期
Xdh	字符型	2			系代号
Zydh	字符型	12			专业代号
Jg	备注型	4			籍贯
Zp	通用型	4			照片

表 3.14　课程表（kc.dbf）的表结构

字段名	字段类型	字段宽度	小数位数	是否允许为空	属性	字段含义
Kcdh	字符型	6		否	主关键字	课程代号
Kcm	字符型	20		否	候选关键字	课程名
Xf	数值型	2	0			学分
Bxk	逻辑型	1			默认值为.F.	必修课

表 3.15　成绩表（cj.dbf）的表结构

字段名	字段类型	字段宽度	小数位数	是否允许为空	属性	字段含义
Xh	字符型	8		否	外部关键字	学号
Kcdh	字符型	6		否	外部关键字	课程代号
Cj	数值型	4	1		Cj>0,Cj<100	成绩
Bz	备注型	4				备注

2. 创建项目、数据库和表

启动 VFP 6.0，在命令窗口中设置默认路径，输入以下命令：

```
SET DEFAULT TO D:\VFP
CREATE PROJECT XSXXGL                    &&创建项目 XSXXGL
CREATE DATABASE XSK                      &&创建数据库 XSK
```

使用命令创建的数据库，不会自动属于 XSXXGL 项目管理器，使用"添加"按钮，将数据库 XSK 添加到项目中。

```
CREATE TABLE XS (xh C(8) PRIMARY KEY,xm C(10),xb C(2),csrq D,;
xdh C(2),zydh C(4),jg M, zp G)          &&创建 xs 表
CREATE TABLE KC（kcdh C(6) PRIMARY KEY,kcm C(20),xf N(2,0),bxk L)
&&创建 kc 表
CREATE TABLE CJ(xh C(8), kcdh C(6),cj N(4,1),bz M)
&&创建 cj 表
```

输入以下命令，更改表结构，设置表的属性和字段属性。

```
ALTER TABLE CJ ALTER COLUMN cj SET CHECK cj>0 and cj<100
ALTER TABLE XS ALTER COLUMN xs SET CHECK xb="男" or xb="女"
ALTER TABLE KC ALTER COLUMN  bxk SET DEFAULT .F.
```

3. 设置并查看表的扩展属性

在命令窗口中输入以下函数：

```
? DBSETPROP("xs","table","comment","学生信息表")&&设置 xs 表的注释
? DBGETPROP("xs.xb","Field","RULEEXPRESSION")&&查看 xs.xb 字段的有效性规则
```

4. 添加表记录

在学生表（xs）中输入如表 3.16 所示的记录。

表 3.16　学生表（xs）的记录

xh	xm	xb	csrq	xdh	zydh	jg
12010101	李丽	女	12/10/1988	01	0101	江苏镇江

```
INSERT INTO xs(xh,xm,xb,csrq,xdh,zydh,jg);
VALUES("12010101","李丽","女",{^1988/12/10},"01","0101","江苏镇江")
```

在课程表（kc）中输入如表 3.17 所示的记录。

表 3.17　课程表（kc）的记录

kcdh	kcm	xf	bxk
B00001	英语	3	.T.

```
INSERT INTO kc(kcdh,kcm,xf,bxk) VALUES("B00001","英语",3,.T.)
```
在成绩表（cj）中输入如表 3.18 所示的记录。

表 3.18 成绩表（cj）的记录

Xh	Kcdh	Cj	Bz
12010101	B00001	93.0	通过

```
INSERT INTO cj(xh, kcdh,cj,bz) VALUES("12010101"," B00001",93.0,"通过")
```

5. 表记录的处理

将成绩表中成绩大于 90 分的记录，备注字段修改为"优秀"。
```
UPDATE cj SET bz="优秀" WHERE cj>90
```
在学生表中，查找江苏籍贯的学生的基本信息。
```
USE XS
LOCATE FOR jg="江苏"
DISPLAY
```

6. 创建索引

为成绩表的 kcdh、xh 字段创建普通索引。
```
USE CJ
INDEX ON xh TAG XH
INDEX ON kcdh TAG KCDH
```

7. 创建关系

创建学生表与成绩表之间的临时性关系。
```
CLOSE TABLES ALL
SELECT 1
USE XS
SELECT 2
USE CJ
SET ORDER TO XH
SELECT 1
SET RELATION TO XH INTO CJ
BROWSE
SELECT 2
BROWSE
```

8. 设置参照完整性

打开数据库 XSK 的数据库设计器，创建相关表之间的永久性关系。将学生表的主索引 xh 拖放到成绩表的普通索引 XH 上，将课程表的主索引 kcdh 拖放到成绩表的普通索引 KCDH 上。双击课程表与成绩表之间的永久性关系连线，弹出"编辑关系"对话框，在"编辑关系"对话框中单击"参照完整性(F)…"按钮，打开"参照完整性生成器"对话框。在对话框中设置更新级联，删除限制。

3.10 习　　题

一、选择题

1. 下列关于项目、数据库和表的描述中，错误的是_____。
   A. 一个项目中可以包含多个数据库文件
   B. 一个数据库文件也可以包含在多个项目中
   C. 一个数据库可以包含多张表
   D. 一张表可以包含在多个数据库中

2. 整型、货币型和逻辑型字段的宽度是固定的，它们分别是_____。
   A. 4、8、2　　　　　B. 8、8、2　　　　　C. 4、4、1　　　　　D. 4、8、1

3. 在 VFP 中，对于数据库表来说，如果将其移出数据库（变成自由表），则该表原设置或创建的_____仍然有效。
   A. 候选索引　　　　B. 长表名　　　　C. 记录有效性规则　　D. 触发器

4. 在创建表索引时，索引表达式可以包含表的一个或多个字段。在下列字段类型中，不能直接选作索引表达式的是_____。
   A. 货币型　　　　　B. 日期时间型　　　　C. 逻辑型　　　　　D. 备注型

5. 若为 xs 表添加一个宽度为 8 的字符型字段 bjmc，以下命令中正确的是_____。
   A. ALTER TABLE xs ADD bjmc C(8)
   B. ALTER xs　 ADD COLUMN bjmc C(8)
   C. ALTER xs　 ADD bjmc C(8)
   D. ALTER TABLE xs ADD FIELD bjmc C(8)

6. 在创建数据库表时，可以设置字段的 Format（格式）属性。通过该属性的设置可以对输入数据做一些控制或处理。例如，有一个字符型字段，要求存储的数据均为大写字母（即使输入小写字母也会自动转换成大写字母），可以在该字段的 Format（格式）属性中设置控制字符为_____。
   A. S　　　　　　　　B. X　　　　　　　　C. T　　　　　　　　D. !

7. 函数 SELECT(1)的返回值是_____。
   A. 当前工作区号
   B. 当前工作区的下一个工作区号
   C. 当前未被使用的最小工作区号
   D. 当前未被使用的最大工作区号

8. 设某数据库中的学生表（XS. DBF）已在 2 号工作区中打开，且当前工作区为 1 号工作区，则下列命令中不能将该 XS 表关闭的是_____。
   A. CLOSE TABLE　　　　　　　　　　B. CLOSE DATABASE ALL
   C. USE IN 2　　　　　　　　　　　　D. USE

9. 在创建某数据库表时，给表指定了主索引。该主索引可以实现数据完整性中的_____。
   A. 参照完整性　　　　　　　　　　　B. 域完整性

    C. 实体完整性　　　　　　　　　　　　D. 用户自定义完整性

10. 依次执行下列命令后，浏览窗口中显示的表的别名及当前工作区号分别是_____。

```
CLOSE TABLES ALL
USE js
SELECT 5
USE js AGAIN
SELECT O
USE js AGAIN
BROWSE
```

    A. B、2　　　　　　B. TS、2　　　　　C. B、5　　　　　D. E、2

11. 在下列有关表索引的叙述中，错误的是_____。

    A. 数据库表可以有结构复合索引，但自由表不可以

    B. 结构复合索引文件随着表的打开而自动打开

    C. 数据库表可以创建主索引，但自由表不可以

    D. 一个数据库表可以有多个候选索引，但只能有一个主索引

12. 在 VFP 中，如果指定两个表的参照完整性的删除规则为"级联"，则当删除父表中的记录时，_____。

    A. 系统自动备份父表中被删除记录到一个新表中

    B. 若子表中有相关记录，则禁止删除父表中记录

    C. 自动删除子表中所有相关记录

    D. 不作参照完整性检查，删除父表记录与子表无关

13. 一张表的全部 Memo 字段的内容存储在_____。

    A. 不同的备注文件中　　　　　　　　B. 表文件中

    C. 同一个备注文件中　　　　　　　　D. 同个数据库文件中

14. 建立两个表之间的临时关系时，必须设置_____。

    A. 主表的主索引　　　　　　　　　　B. 主表的主控索引

    C. 子表的主索引　　　　　　　　　　D. 子表的主控索引

15. 数据库表字段名最长可达_____个字符。

    A. 10　　　　　　B. 64　　　　　　C. 128　　　　　D. 254

二、填空题

1. 表的列称为_____，它规定了表的结构。表的一行称为_____，它是数据项的集合。

2. 表文件的扩展名为_____，如果表结构中包括备注型字段或通用型字段时，会产生一个扩展名为_____的备注文件。

3. Visual FoxPro 系统中，表的触发器是绑定在表上的_____，当表的任何记录被指定的操作命令修改时，触发器被击活。

4. 使用一条命令关闭非当前工作区中表 JS,可用命令: USE _____ JS。

5. 想把学生表（xs.DBF）添加到图书管理数据库（tsgl.DBC）中，却提示该表已有后链，若仍然想执行该添加操作，可以先使用命令_____，然后再添加 xs 表到图书管理数据库中。

6. 当前工作区中已打开学生表，若希望在当前未被使用的最小工作区打开教师表

（js.dbf）并且保持当前工作区不变，只需执行一条命令＿＿＿＿。

7. 在某数据库中有三张表：教师表（TEACHER）、讲课表（JKB）和课程表（KCB）。表结构如表 3.19～表 3.21 所示。

表 3.19　教师表（TEACHER.DBF）

字 段 名	类型和宽口	含 义
JSH	C(6)	教师号
XM	C(8)	教师姓名
XB	C(2)	性别

表 3.20　讲课表（JKB.DBF）

字 段 名	类型和宽口	含 义
JSH	C(6)	教师号
KCDH	C(2)	课程代号
PJ	C(4)	评价

表 3.21　课程表（KCB.DBF）

字 段 名	类型和宽口	含 义
KCDH	C(2)	课程代号
KCM	C(18)	课程名
KSS	N(3, 0)	课时数

说明：JKB 中 PJ 字段用来记录对教师主讲的该课的评价，分"优秀"、"良好"、"中等"、"差"四个等级。

1）为教师表（TEACHER）增加一个备注字段（BZ　M）。

＿＿＿＿＿＿　TABLE TEACHER ＿＿＿＿＿＿　BZ M

2）在课程表（KCB）中追加一条记录，如表 3.22 所示。

表 3.22　课程表（KCB.DBF）的记录

KCDH	KCM	KSS
03	西方经济学	64

INSERT ＿＿＿＿＿ KCB VALUES (＿＿＿＿,"西方经济学", 64)

3）为所有的男教师设置备注内容，内容为：教师号+教师的姓名，（如"A0001 王刚"）。

UPDATE TEACHER ＿＿＿＿ BZ= ＿＿＿＿＿＿＿ WHERE XB="男"

4）为讲课表（JKB.DBF）的 KCDH 字段创建普通索引。

INDEX ＿＿＿ KCDH ＿＿＿ KCDH

为教师表（TEACHER）的 JSH 字段创建候选索引。

USE TEACHER
INDEX ON JSH TAG JSH ＿＿＿＿

5）在教师表（TEACHER）和讲课表（JKB.DBF）之间建立永久性关系，创建了参照完整性规则：更新级联、删除限制、插入限制。两个表中的记录如表 3.23 和表 3.24 所示。

表 3.23 教师表（TEACHER.DBF）的记录

JSH	XM	XB
A00023	周涛	男
A00024	王强	男
A00025	李红	女

表 3.24 讲课表（JKB.DBF）的记录

JSH	KCDH	PJ
A00023	03	良好
A00023	01	良好
A00024	02	中等
A00025	03	优秀

观察两种表中已经存在的记录，如果将教师表（TEACHER）中 JSH 为 "A00023" 的记录修改为 "B00023"，则在讲课表（JKB.DBF）中有_____条记录被修改；如果删除教师表（TEACHER）中 "王强" 教师的信息，是否允许？ _____（填写是或否）。

8. 如果要物理删除带有删除标志的记录，可使用命令_____，但在该命令的执行前，必须将表以_____方式打开。

9. 若当前数据库中有一个名为 GBDA 的表，且表中有一个名为 XM 的字段，则利用函数设置该字段的标题属性为 "姓名" 的命令为：=DBSETPROP（"gbda.xm",_____，"Caption","姓名"）。

10. 已知自由表 STUDENT 中有 20 条记录，执行下列程序段后，N 的值为_____。
程序清单如下：

```
USE STUDENT
DELETE NEXT 4
SET DELETED ON
N=RECCOUNT()
```

第 4 章 查询与视图

本章要点

- 查询和视图的功能
- 使用查询设计器创建查询的方法
- 视图的创建和使用
- SELECT-SQL 语句
- 查询和视图的联系与区别

查询与视图是 Visual FoxPro 提供的两个基本工具，它们都可以从一个或几个相关联的表中快速检索出满足条件的记录，并将这些记录显示出来。

4.1 创 建 查 询

4.1.1 查询概述

查询就是检索信息的请求，它使用一些条件来提取特定的记录。查询的运行结果是一个基于表和视图的动态的数据集合。创建查询必须基于确定的数据源，数据源可以是自由表、数据库表或视图。

Visual FoxPro中，实现查询的方法主要有三种。

- 利用查询向导创建查询。
- 利用查询设计器创建查询。
- 使用 SELECT-SQL 命令实现查询。

与 SELECT-SQL 命令不同，使用查询向导和查询设计器创建查询，可以生成独立的查询文件，其扩展名为.QPR，查询文件的内容是根据用户在查询向导或查询设计器所做的设置自动产生的 SELECT-SQL 语句。

本节介绍用查询设计器创建查询的方法。

4.1.2 使用查询设计器创建单表查询

当确定了要查找的信息，以及这些信息存储在哪些表或视图中后，就可以使用查询设计器通过以下几个步骤来建立查询。

① 打开"查询设计器"窗口。
② 指定被查询的数据表或视图。
③ 选择出现在查询结果中的字段。
④ 设置查询的筛选条件。
⑤ 设置排序依据及对查询结果进行分组。

⑥ 选择查询结果的输出类型。

⑦ 保存查询。

⑧ 运行查询。

下面通过实例介绍用查询设计器创建查询的方法。

【例 4.1】　基于图书表（ts），查询出版社编号为 B002、B003 和 B004 的出版社出版的单价在 20～50 元范围内的图书的书号（sh）、书名（sm）、出版社编号（cbsbh）和单价（dj），查询结果按出版社编号升序排序，同一个出版社的图书按单价降序排序。

1. 打开查询设计器

打开"查询设计器"的方法很多，主要有以下几种。

● 在"项目管理器"窗口中选择"查询"对象，单击"新建"按钮，在"新建查询"对话框中单击"新建查询"按钮，打开"查询设计器"窗口。

● 选择"文件"→"新建"窗口（或单击常用工具栏中的"新建"按钮），在出现的"新建"对话框中选择"文件类型"为"查询"，单击"新建文件"按钮，打开"查询设计器"窗口。

● 使用 CREATE QUERY 命令打开"查询设计器"。

查询设计器分为上下两个区域，上半部分为数据源显示区，下半部分为查询设置区，如图 4.1 所示。

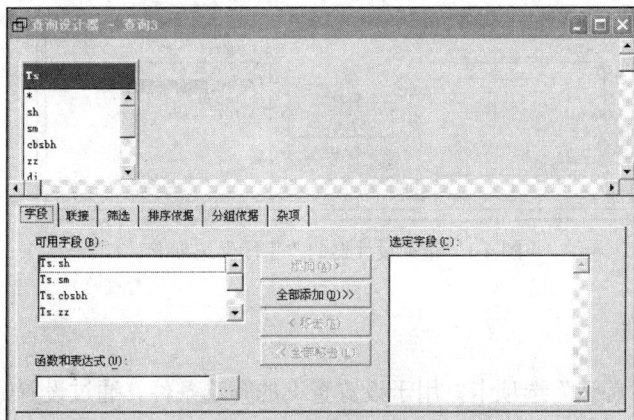

图 4.1　查询设计器

数据源显示区显示添加的表或视图，若是多张表或视图，还可以看到相联接的表或视图之间有一个基于相关字段的联线。如果没有添加数据源，也可以选择"查询"菜单（或快捷菜单）下的"添加表"命令，进行添加表的操作；若要移去表，则首先选择要移去的表，然后可以使用"查询"菜单（或快捷菜单）下的"移去表"命令，或者直接按 Del 键。

查询设置区包括六个选项卡：字段、联接、筛选、排序依据、分组依据和杂项。

当查询设计器打开时，可以利用系统菜单"查询"、查询工具栏或查询设计器的快捷菜单完成与查询相关的一些操作，它们的功能基本相同。

2. 添加表或视图

打开查询设计器时，系统会同时打开"添加表或视图"对话框，等待用户选择查询所基

图 4.2　"添加表或视图"对话框

于的数据源，如果数据源是自由表，可先单击"其他"按钮，然后再来选择。

本例选择 ts 表，如图 4.2 所示。

3. 设置输出字段

查询设计器的"字段"选项卡，用于设置查询的输出字段。"可用字段"列表框列出了查询数据源中的所有字段。"选定字段"列表框用于显示查询结果中包含的字段。

添加选定字段分为两种情况。

（1）选定字段直接来源于可用字段

操作方法为：双击可用字段；或者先选定字段，然后单击"添加"按钮，将选定的字段添加至"选定字段"列表框。

（2）选定字段不直接来源于可用字段

操作方法为：先在"函数和表达式"文本框中输入相应的表达式，再单击"添加"按钮，将字段添加至"选定字段"列表框。

若要给输出字段添加别名，应在"函数和表达式"文本框中输入字段名或表达式后，输入"AS"和别名，例如：ts.sh AS 书号，再单击"添加"按钮，添加至"选定字段"列表框。

本例中，依次添加 ts.sh、ts.sm、ts.cbsbh 和 ts.dj 字段，如图 4.3 所示。

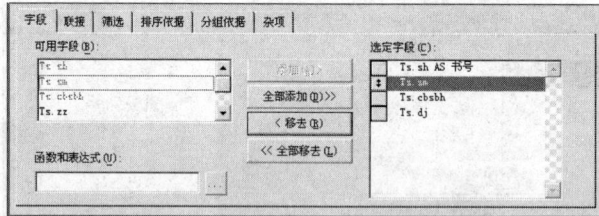

图 4.3　查询设计器的"字段"选项卡

4. 设置筛选条件

查询设计器的"筛选"选项卡，用于设置查询的筛选条件。通过设置筛选条件，可以定义记录子集。

下面说明"筛选"选项卡中几个项目的使用。

1）逻辑：图中的一行构成一个关系表达式，通过"逻辑"下拉列表框，可以指定与下一行表达式之间的逻辑运算符。所有的行构成一个逻辑表达式。

2）条件："条件"下拉列表框中条件的比较类型有：=、Like、==、>、<、>=、<=、Is NULL、Between、In。这里的几个关系运算符在前面的章节中已经介绍，下面介绍几个前面没有提到的"条件"的用法。

- Like：指定字段与实例文本相匹配。其中百分号"%"和下划线"_"是两种通配符，前者匹配任何顺序的0个或多个字符，后者匹配任意单个字符。
- Is NULL：指定字段为NULL值。
- Between：指定字段大于等于实例文本中的小值，并小于等于实例文本中的大值。
- In：指定字段必须与实例文本中的某一个样本相匹配。

本例筛选条件的设置如图 4.4 所示。

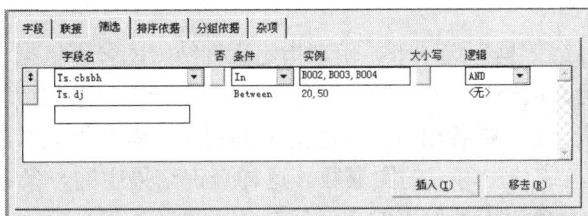

图 4.4 查询设计器的"筛选"选项卡

3）否：指定对当前行的条件是否取反。

4）实例：在"实例"文本框中输入实例常量时，要注意实例常量的表示方法。

- 仅当字符串与源表中的字段名相同时，才用引号把字符串括起来。否则，无需用引号将字段串括起来。
- 日期不必用花括号{}括起来。
- 逻辑值的前后必须加定界符句点号，如.T.。
- 如果输入源表的字段名，则VFP将它识别为一个字段。

5）大小写：如果实例中输入的是含有英文字母的字符型数据，指定是否要区分英文字母的大小写。

注 意

备注、通用型字段不能作为选定条件。

5. 设置排序依据

查询设计器的"排序依据"选项卡，用于设置查询结果的排序依据。排序决定了查询输出结果中记录的先后顺序。

注 意

排序条件中的字段只能来源于选定字段。

本例中，查询结果按出版社编号（cbsbh）升序排序，同一个出版社的图书按单价(dj)降序排序。在"排序依据"选项卡中，把"选定字段"列表框中的"ts.cbsbh"和"ts.dj"，先后添加到"排序条件"列表框中，然后在"排序条件"列表框中选中"ts.dj"，在"排序选项"中选中"降序"单选按钮，如图 4.5 所示。

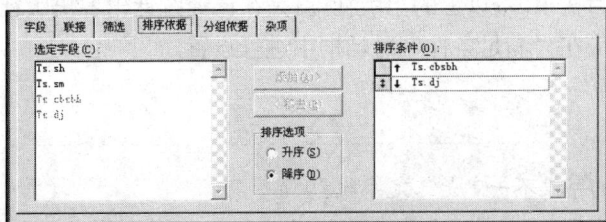

图 4.5 查询设计器的"排序依据"选项卡

6. 设置分组依据

查询设计器的"分组依据"选项卡，用来指定查询结果的分组依据。所谓分组就是将多个类似的记录作为一组，压缩成一个结果记录，完成基于一组记录的计算。

例如，查询图书表（ts）中各出版社出版的图书数量，就是将图书表的记录按出版社编号（cbsbh）分成几组，统计出每组的图书数。这样查询结果中的一条记录"出版社编号为xx 的图书数目为 3 本"，就对应着原表的 3 条记录。

在分组查询中，一般需要利用COUNT( )、SUM( )、AVG( )、MAX( )和MIN( )等合计函数，它们的功能分别是计数、求和、求平均值、求最大值和求最小值。

【例 4.2】 查询哪些出版社出版的图书数目在 10 本以上，按出版社编号排序输出。

操作步骤如下。

① 打开查询设计器，添加 ts 表。

② 设置输出字段为 cbsbh 和"COUNT(*) AS 图书数目"。注意这里的符号"*"代表表中任意字段。

③ 设置排序依据为 cbsbh。

④ 设置分组依据为 cbsbh，如图 4.6 所示，同时设置满足条件为"图书数目>10"，如图 4.7 所示。

图 4.6 查询设计器中的"分组依据"选项卡

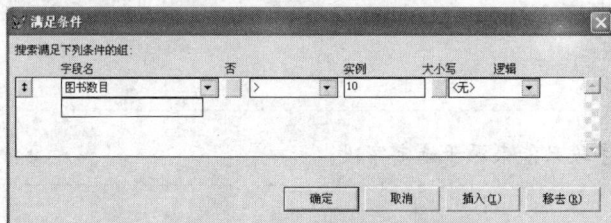

图 4.7 "满足条件"对话框

在"分组依据"选项卡中，有一个"满足条件"按钮，它的用途是什么？如果要对查询的结果进行筛选，即取查询结果的子集，可以单击"满足条件"按钮进行设置。在本例中要筛选出出版的图书数目在 10 本以上的出版社，就是在已经统计出各出版社出版图书数量的前提下进行筛选，所以应在"满足条件"对话框中进行设置。

注意

- 分组依据的字段不一定是选定字段。
- 分组依据的字段不能是一个计算字段，例如，例 4.2 中的图书数目不能作为分组依据。

● 如果在输出列中使用了合计函数，但没有设置分组依据，则对整个表进行合计，即将表中的所有记录作为一组。如查询图书表中图书的最高单价、最低单价和平均单价就是对整个表进行统计，不需要设置分组依据。

7. 查询结果的其他设置

在"查询设计器"对话框中的"杂项"选项卡中，还可以设置是否允许重复记录以及结果的记录范围，如图 4.8 所示。

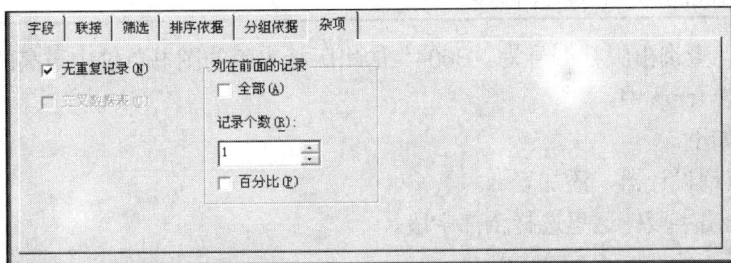

图 4.8　"查询设计器"的"杂项"选项卡

（1）排除查询结果中所有重复的行

复选框"无重复记录"：若选中该复选框，将排除结果中所有重复的记录，否则将允许重复记录的存在。

（2）设置结果的记录范围

结果的记录范围有三种选择：全部、排在前面的 n 个记录、排在前面 n% 的记录。如果要设置结果的记录范围为排在前面的 n 个记录或排在前面 n% 的记录，必须先设置排序依据。

8. 设置查询结果的输出类型

在没有选择查询结果的输出类型时，查询结果将输出在浏览窗口中。可以根据需要，设置查询去向，有以下几种方法。

● 在"查询"菜单中，选择"查询去向"命令。

● 单击查询设计器工具栏中"查询去向"按钮。

● 从查询设计器的快捷菜单中选择"输出设置"命令。

以上三种方法都将弹出"查询去向"对话框，如图 4.9 所示。

查询去向类型说明如表 4.1 所示。

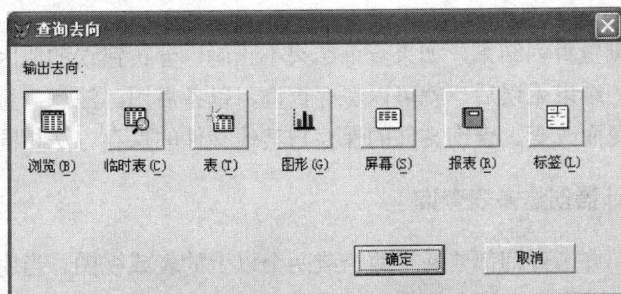

图 4.9　"查询去向"对话框

表 4.1　查询结果输出去向类型说明

输出去向类型	说　明
浏览	在"浏览"窗口中显示查询结果
临时表	将查询结果存储在一张临时只读表中，临时表只存于内存中，当临时表被关闭时，表将从内存中删除
表	将查询结果保存为一个表文件(.dbf)，表文件将永久地保存在磁盘上
图形	将查询结果用于 Microsoft Graph 应用程序
屏幕	在 VFP 主窗口或当前活动输出窗口中显示查询结果
报表	将输出送到一个报表文件(.frx)
标签	将输出送到一个标签文件(.lbx)

【**例 4.3**】　查询出版社编号为"B004"的出版社出版的图书单价中最高的 5 本图书，查询结果输出到表 temp 中。

操作步骤如下。

① 打开查询设计器，添加表 ts。

② 设置输出字段：这里选择全部字段。

③ 设置筛选条件：cbsbh="B004"。

④ 设置排序依据：dj，降序。

⑤ 设置杂项：列在前面的记录个数为 5。

⑥ 设置查询去向：表 temp。

9. 运行查询

运行查询的方法有以下几种。

* 在查询设计器打开的状态下，单击"常用"工具栏上的"运行"按钮；或选择菜单命令"查询"→"运行查询"。
* 在项目管理器中选择要运行的查询，单击"运行"按钮。
* 用 DO 命令来运行查询。例如：

```
DO chaxun1.qpr  &&运行查询文件 chaxun1
```

注　意

　　用 DO 命令来执行查询时，查询文件的扩展名（.qpr）不能省略。

10. 保存查询

查询运行后，浏览查询结果，如果查询结果不正确，分析错误的原因，继续在查询设计器中修改查询。查询结果无误后，就可以保存查询，以备后用。注意，查询结果是动态的，会随着数据源的改变而改变。查询文件的保存与其他文件的保存方法相同。

4.1.3　使用查询设计器创建多表查询

在实际应用中，许多查询都要基于两个或两个以上的表或视图。当用户对多个表查询的时候，最重要的就是建立多个表之间的联接。

1. 联接的概念

联接是指查询或视图的一个数据库操作。两张表联接的结果是一张新表。两张表中各有一个记录，如果这两个记录满足联接条件，将组合成新表的一个记录。

当两张表进行无条件的联接时，交叉组合后所形成的新记录个数是两张表记录数的乘积。然而在实际应用中，交叉组合后所产生的所有记录并非都是有用的。

因此，在联接产生新记录时，必须限定在符合什么条件时，才构成一个新记录，所谓联接条件便是这样的限定条件。

2. 联接的类型

在建立联接时必须选择一个联接类型。Visual FoxPro提供四种联接类型，见表4.2。

表 4.2 联接类型

联 接 类 型	说 明
内联接（Inner Join）	两张表中仅满足联接条件的记录，这是最普通的联接类型
左联接（Left Outer Join）	表中在联接条件左边的所有记录，和表中联接条件右边的且满足联接条件的记录
右联接（Right Outer Join）	表中在联接条件右边的所有记录，和表中联接条件左边的且满足联接条件的记录
完全联接（Full Join）	表中不论是否满足条件的所有记录

3. 设置表之间的联接

查询设计器的"联接"选项卡，用来设置联接类型和联接条件。

当向查询中添加多张表时，如果新添加的表与已存在的表之间在数据库中已经建立了永久关系，则系统将以该永久关系作为默认的联接条件，否则系统会打开"联接条件"对话框，并以两张表的同名字段作为默认的联接条件。如果所有的表中都没有同名的字段，则对话框的联接条件为空白，此时需要用户来设置。

若已存在于查询中的表或视图之间还没有建立联接，可以进行如下操作：
- 把一张表中的字段拖到另一张表中的字段上建立联接条件。
- 从"查询设计器"工具栏上单击"添加联接"按钮，通过"联接条件"中的对话框，建立联接条件。
- 在"查询设计器"中的"联接"选项卡中进行设置。

如果要删除联接，则先单击联接线，然后按 Del 键；或者在"联接"选项卡中选择要删除的联接，单击"移去"按钮。

联接不必基于完全匹配的字段，可基于 Like、==、<、>等运算，设置不同的联接条件。

【例4.4】 查询"赵晗"和"徐超"两位读者所借阅图书的书名。查询结果按姓名排序，姓名相同再按书号排序，查询结果输出到屏幕。

操作步骤如下。

① 打开查询设计器，添加表 dz、jy 和 ts。注意表添加的顺序，jy 表是纽带表，一般在中间添加。

② 设置输出字段：dz.xm、ts.sh、ts.sm。

③ 设置联接：见图 4.10。

④ 设置筛选条件：dz.xm="赵晗"OR dz.xm="徐超"。

图 4.10　查询设计器中的"联接"选项卡

⑤ 设置排序依据：dz.xm，ts.sh。

⑥ 设置查询去向：屏幕。

【例 4.5】 查询哪些读者没有借阅记录。

操作步骤如下。

① 打开查询设计器，添加表 dz、jy。

② 设置输出字段为：dz.dzbh、dz.xm。

③ 设置联接类型为：左联接。联接条件为：dz.dzbh=jy.dzbh。

④ 设置满足条件为：jy.dzbh IS NULL。注意，此筛选条件，由于是对查询结果（左联接得到的结果）进行筛选，因此不能在"筛选"选项卡中设置。

【例 4.6】 查询读者人数在 200 人以上的院系名称，按读者人数降序排序。

操作步骤如下。

① 打开查询设计器，添加表 dz、yx。

② 设置输出字段为：yx.yxmc、COUNT(*) AS 读者人数。

③ 设置联接类型为：内联接。联接条件为：dz.yxbh=yx.yxbh。

④ 设置排序依据：COUNT(*) AS 读者人数，降序。

⑤ 设置分组依据：dz.yxbh。满足条件为：读者人数>200。

利用查询设计器所做的设计工作，实质上是在查询文件中生成并保存为一个

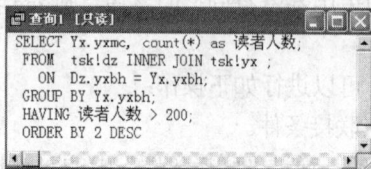

图 4.11　例 4.6 对应的 SELECT-SQL 命令

SELECT-SQL 命令。在查询设计器中，单击查询设计器工具栏中的"显示 SQL 窗口"按钮，或者执行菜单（或快捷菜单）命令"查看 SQL"，都会打开该查询的 SQL 窗口，从该窗口可以查看相应的 SELECT-SQL 命令。例如，如图 4.11 所示的窗口中显示的就是例 4.6 对应的 SELECT-SQL 命令。

因此，查询设计器实质上是系统提供的一个帮助用户编写 SELECT-SQL 命令的可视化工具。SELECT-SQL 命令将在本章后续章节中介绍。

4.2　视图的创建和使用

视图是一个虚拟表。所谓虚拟，是因为视图的数据是从已有的表或其他视图中抽取得来的，这些数据在数据库中并不实际存储，仅在数据字典中存储视图的定义。但视图一经定义，就成为数据库的组成部分，可以像数据库表一样使用。

创建视图和创建查询的方法和过程类似，主要的区别在于视图是可更新的，并且可以将更新发送回源表，而查询的结果是只读的。

根据数据来源不同，视图可以分为本地视图和远程视图。本地视图使用 Visual FoxPro SQL 语法选择存储在本地计算机上表或视图中的数据，远程视图使用远程 SQL 语法从远程

ODBC 数据源表中选择数据。

4.2.1　创建本地视图

可以使用视图向导、视图设计器或 CREATE SQL VIEW 命令创建本地视图。本节介绍使用视图设计器创建视图的方法。

在项目管理器"数据"选项卡的某数据库中选择"本地视图"，然后单击"新建"按钮，打开"视图设计器"窗口。使用视图设计器创建视图的过程与使用查询设计器创建查询一样，但视图设计器比查询设计器多一个"更新条件"选项卡，如图 4.12 所示。

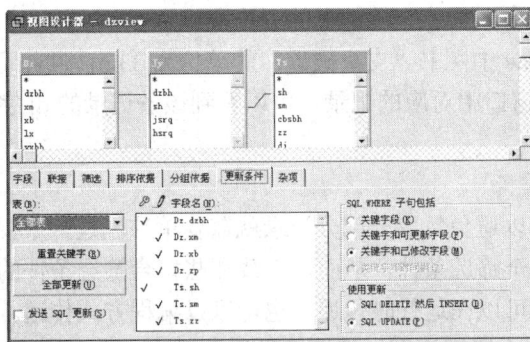

图 4.12　视图设计器

4.2.2　使用视图更新数据

通过视图，可以对数据源表（基表）中的记录进行修改，这一功能是通过"更新条件"选项卡实现的。该选项卡可以进行如下设置。

1）表：指定视图所使用的哪些表是可以修改的。如果视图是基于多个表的，默认可以更新"全部表"的相关字段；如果只更新某个表的数据，可通过"表"下拉列表框进行选择。

2）字段名：显示视图的所有字段。在字段名左侧有两列标志，其中"钥匙"符号列为关键字段，"铅笔"符号列为可更新字段，通过单击相应列可以改变相关的状态。系统默认可以更新所有非关键字段。字段中必须要有关键字段，否则源表中的任何字段都不能修改。

3）重置关键字：如果已经改变了关键字段，而又想把它们恢复到初始设置，单击此按钮。

4）全部更新：单击此按钮，将除了关键字段以外的所有字段设置为可更新字段。

5）发送 SQL 更新：决定是否将对视图中记录的修改传送给源表。想要将对视图中记录的修改保存到源表中，必须选中此项。

6）SQL WHERE 子句包括：此选项用于管理多个用户访问同一数据时，如何更新记录。在更新之前，检查源表中的相应字段在其数据被提取到视图之后，是否又发生了变化。如果源表中的这些数据在此期间已被修改，则不允许进行更新操作。此选项组的功能如表 4.3 所示。

表 4.3　SQL WHERE 选项

选择的 SQL WHERE 选项	功　能
关键字段	当源表的关键字段被改变时，使更新失败
关键字和可更新字段	当远程表中关键字段和任何可更新的字段被改变时，使更新失败
关键字和已修改字段	当在视图中改变的任一字段的值在源表中已被改变时，使更新失败
关键字和时间戳	当远程表上记录的时间戳在首次检索之后被改变时，使更新失败（仅当远程表有时间戳列时有效）

【**例 4.7**】 基于图书表（ts），建立单价（dj）100 元以下的图书视图 ts_view，并修改书名（sm）为"支离破碎"的图书的单价为 33.6（原价为 43.6），并且将修改后的单价反映在 ts 表中。

操作步骤如下。

① 打开视图设计器。

② 设置输出字段为：ts 表全部字段。

③ 设置筛选条件为：dj<100。

④ 设置更新条件：关键字段 sh，更新字段 zz、dj、bz，发送 SQL 更新。

⑤ 保存视图（文件名 ts_view），关闭视图设计器。

⑥ 浏览视图 ts_view，同时打开 ts 表的浏览窗口。

⑦ 修改视图 ts_view 中图书"支离破碎"的单价为 33.6，并将记录指针移离该条记录。

⑧ 观察 ts 表浏览窗口中对应的记录，可以看到该条记录的 dj 字段值自动更新为 33.6。

4.2.3 参数化视图

使用参数化视图可以避免每取一部分记录就需要单独创建一个视图的情况。参数化视图在视图的创建时加入一个筛选条件，从而仅下载那些符合筛选条件的记录，筛选条件中的实例是一个参数，参数值可以在运行时传递，也可以以编程方式传递。

【**例 4.8**】 创建一个通用视图，根据提供的出版社名称下载该出版社出版的图书信息。

操作步骤如下。

① 打开视图设计器，添加表 ts、cbs。

② 设置输出字段为：cbs.cbsmc，ts 表的全部字段。

③ 设置联接类型为：内联接。联接条件为：ts.cbsbh=cbs.cbsbh。

④ 设置筛选条件为：cbs.cbsmc=?出版社名称。如图 4.13 所示。

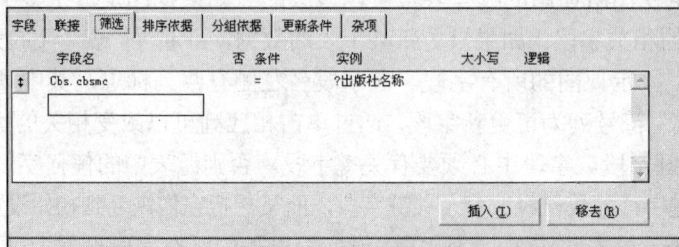

图 4.13　定义视图参数

⑤ 选择"查询"→"视图参数"菜单命令，在弹出的"视图参数"对话框中定义参数名"出版社名称"，并选择其类型为"字符型"，如图 4.14 所示。（此步骤可省）

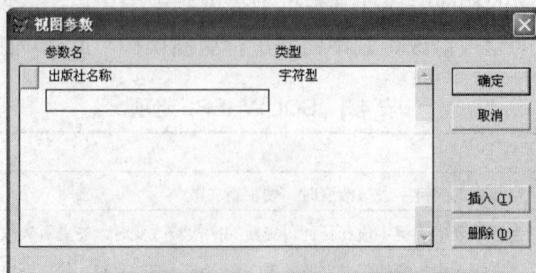

图 4.14　"视图参数"对话框 1

⑥ 浏览该视图，在弹出的"视图参数"对话框中输入相应的出版社名称，如图 4.15 所示，即可浏览该出版社出版的所有图书的信息。

图 4.15　　"视图参数"对话框 2

4.2.4　创建远程视图

远程视图是通过 ODBC 基于远程数据源建立的视图，ODBC（Open DataBase Connectivity，即开放式数据库互连）是一种用于数据库服务器的标准协议，通过 ODBC 可访问多种数据库中的数据。可安装多种数据库的 ODBC 驱动程序，从而使 VFP 可以与多种数据库相连接，访问数据库中的数据。

使用远程视图时，用户无需将所有记录下载到本地计算机上就可以读取 ODBC 服务器上的数据子集。用户也可以在本地机上操作这些选定的记录，然后把更改或添加的值回送到远程数据源中。

下面通过实例介绍建立远程视图的方法。

【例 4.9】　有一 Access 数据库"教学管理.mdb"，现在需要在 VFP 中访问该数据库。

1. 使用"连接设计器"创建连接

如果想为服务器创建定制的连接，可以使用"连接设计器"，所创建的连接作为数据库的一部分保存起来，连接中含有如何访问特定数据源的信息。

本例首先创建基于"教学管理.mdb"数据库的连接，步骤如下。

① 在项目管理器的某数据库中，选择"连接"，单击"新建"按钮，打开"连接设计器"窗口。

② 在"连接设计器"窗口中，选择数据源：MS Access Database，单击"验证连接"按钮，可以验证是否能够成功地连接到远程数据库，如图 4.16 所示。

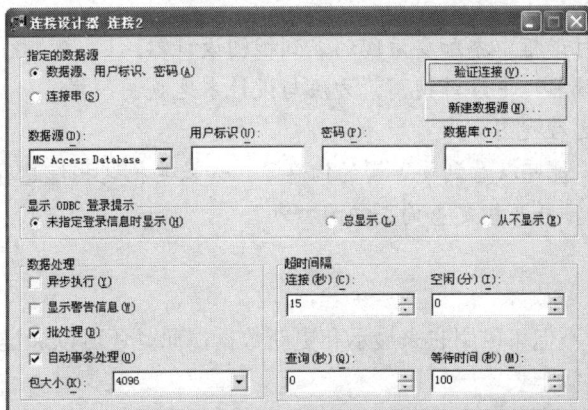

图 4.16　　"连接设计器"窗口

③ 提示连接成功后，关闭"连接设计器"，在弹出的对话框中选择保存连接，连接名称

为 Access_c。

2. 创建远程视图

创建联接后，在 VFP 的数据库中基于连接创建远程视图，来访问各种数据库。

本例中要访问"教学管理.mdb"数据库，具体操作如下。

① 在项目管理器"数据"选项卡的某数据库中，选择"远程视图"，单击"新建"按钮，弹出"选择连接或数据源"对话框，如图 4.17 所示。

② 选择连接 Access_c，单击"确定"按钮，弹出"选择数据库"对话框，如图 4.18 所示。

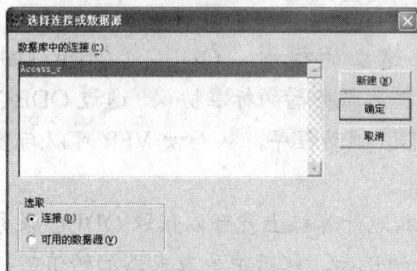

图 4.17   "选择连接或数据源"对话框　　　　图 4.18   "选择数据库"对话框

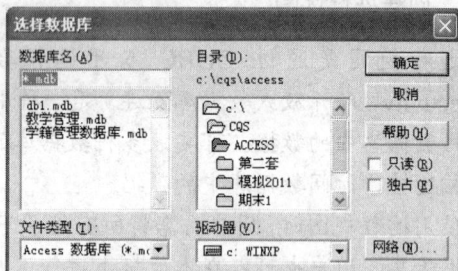

③ 选择"教学管理.mdb"数据库，单击"确定"按钮，打开视图设计器，同时弹出"打开"对话框，如图 4.19 所示。

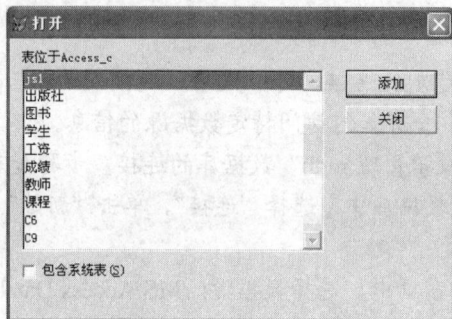

图 4.19   "打开"对话框

④ 在"打开"对话框中添加要访问的表到视图设计器。

⑤ 在"视图设计器"中设计视图，方法与设计本地视图一样。

⑥ 保存并关闭远程视图。

⑦ 浏览该视图，就可以看到要了解的信息了。如果要把这些信息存储为.dbf格式，可以基于该视图创建查询，并且指定查询去向为"表"。

4.2.5　视图的使用

视图建立之后，不但可以用它来显示和更新数据，而且还可以通过调整它的属性来提高性能。视图的使用类似于表。

1. 视图的打开、浏览与关闭

视图的打开、浏览与关闭操作与表的相应操作基本一致，这里不再赘述。需要说明的有以下几点。

- 一个视图在使用时，其实质是作为临时表在自己的工作区打开。
- 如果视图是本地视图，则在打开视图的同时，在其他工作区中同时打开基表。
- 如果视图是远程视图，则只打开此视图，基表并不打开。
- 关闭视图时，随着视图的关闭，基表并不自动关闭，必须另外发出命令关闭基表。

2. 定制视图

可以与数据库表一样，为视图设置注释、字段标题、字段注释、字段的默认值等属性。

【例 4.10】 为例 4.7 中创建的视图 ts_view 的单价字段设置字段有效性规则：单价大于 1。
操作步骤如下。

① 在项目管理器中选择视图 ts_view，单击"修改"按钮，打开视图设计器。

② 在"字段"选项卡中，单击"属性"按钮，弹出"视图字段属性"对话框，如图 4.20
所示。

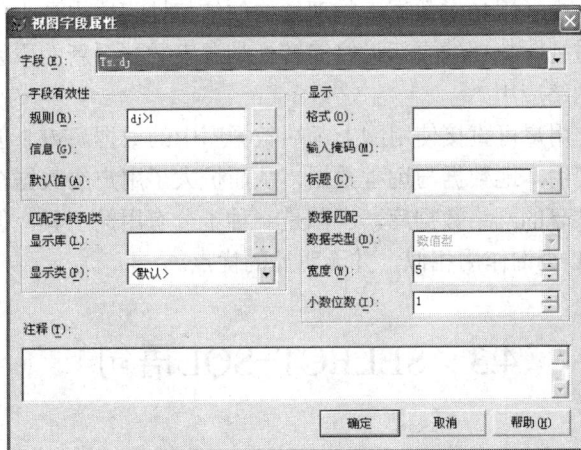

图 4.20 "视图字段属性"对话框

③ 选择 dj 字段，在"字段有效性"选项组的"规则"文本框中输入：dj>1，单击"确
定"按钮。

4.2.6 查询与视图的联系与区别

1. 查询与视图的联系

1）两者都是检索数据的方法。查询是检索存储在表中的特定信息的一种方法，视图是特
殊的查询。

2）两者本质上都是SELECT-SQL命令。

2. 查询与视图的区别

1）视图可以更新数据并返回源表，而查询中的数据不能被修改。

2）视图只能从属于某一个数据库，而查询是一个独立的文件（.qpr）。

3）视图既可以访问本地数据源，又可以访问远程数据源，而查询只能访问本地数据源。

4）视图的输出形式单一，而查询的输出形式多样。

5）视图一旦创建，便成为数据库中的一个对象，与普通的数据表相似，也可以当作表使用，即可以作为数据源。而查询不能作为其他查询或视图的数据源。

3. 视图的优点

初学者常常有这样的疑问：视图与查询十分相似，为什么还要引入视图的概念？视图有以下优点。

（1）视图提高了数据库应用的灵活性

一个数据库可能拥有许多用户，不同的用户需要不同的数据。视图的出现，可使用户将注意力集中在各自所关心的数据上，按个人的需要来定义视图。这样，同一个数据库在不同用户的眼中就呈现为不同的视图，从而简化了用户的操作，提高了数据应用的灵活性。

（2）视图减少了用户对数据库物理结构的依赖

在关系数据库中，表的结构难免会有这样那样的变化。一旦表结构出现变动，用户程序也要跟着修改，不胜麻烦。引入视图后，当数据库物理结构变化时，便可用改变视图来代替改变应用程序，从而减少了用户对数据库物理结构的依赖性。这也是为什么要求视图能支持数据更新，并支持把对视图数据的更新最终能转换为源表数据更新的原因。

（3）视图可支持网络应用

创建远程视图后，用户可直接使用网上远端数据库中的数据。VFP 创建的远程视图就支持在同一视图中合并使用本地数据与远程数据，从而扩大了用户的数据查询范围。

总之，对于用户共享的网络数据库，视图是一种十分有用的工具。但对于小型的 PC 数据库，使用视图与 SQL 查询作用相似，并无明显的优点。

4.3　SELECT-SQL语句

4.3.1　SQL 语言概述

SQL（Structured Query Language，结构化查询语言）是关系数据库的标准语言，是一种组织、管理和检索数据的工具。当需要从数据库中检索数据时，可以使用 SQL 语言做出请求，DBMS 会处理这个 SQL 请求，检索请求的数据并将它返回给用户。

SQL 已经成为关系数据库广泛采用的查询语言，一些主流的 DBMS 产品都实现了 SQL 语言。Visual FoxPro 支持 SQL。VFP 支持的 SQL 命令有 CREATE TABLE-SQL、ALTER TABLE-SQL、INSERT-SQL、UPDATE-SQL、DELETE-SQL 和 SELECT-SQL。

本节重点介绍SELECT-SQL，其他SQL命令在前面章节中已分别介绍过。

4.3.2　SELECT-SQL 命令

SELECT-SQL 命令的语法格式：

SELECT [ALL | DISTINCT] [TOP *nExpr* [PERCENT]]

[*Alias.*] *Select_Item* [AS *Column_Name*]

[, [*Alias.*] *Select_Item* [AS *Column_Name*] …]

FROM [FORCE][*DatabaseName!*]*TableName* [*Local_Alias*]

[[INNER | LEFT [OUTER] | RIGHT [OUTER] | FULL [OUTER] JOIN

DatabaseName!]*Table* Name[*Local_Alias*]

[ON *JoinCondition* …]

[[INTO *Destination*]

| [TO FILE *FileName* [ADDITIVE] | TO PRINTER [PROMPT]

| TO SCREEN]]

[NOCONSOLE]

[PLAIN]

[ON *JoinCondition* [AND *JoinCondition*…]

[WHERE *JoinCondition* [AND *JoinCondition* …]

[AND | OR *FilterCondition* [AND | OR *FilterCondition* …]]]

[GROUP BY *GroupColumn* [, *GroupColumn* …]]

[HAVING *FilterCondition*]

[UNION [ALL] *SELECTCommand*]

[ORDER BY *Order_Item* [ASC | DESC] [, *Order_Item* [ASC | DESC] …]]

SELECT-SQL 命令的语法比较复杂，对照查询设计器，可以把它分为如表 4.4 所示的几个主要组成部分（子句）。

表 4.4　SELECT-SQL 语句主要组成成分与查询设计器的对照

查询设计器	查询子句	功　能
添加表或视图	FROM	指定数据源表
字段	SELECT	指定输出字段
联接	JOIN…ON…	确定源表间的联接
筛选	WHERE	数据源的记录筛选
排序依据	ORDER BY	指定结果顺序
分组依据及满足条件	GROUP BY	定义记录的分组
	HAVING	筛选结果记录
查询去向	INTO|TO	指定输出类型
杂项	ALL|DISTINCT	指定有无重复记录
	TOP *nExpr* [PERCENT]	指定结果的范围

下面就SELECT-SQL命令中的各项加以说明。

1. SELECT 子句指定查询输出的字段

1）*Alias*：限定匹配项的名称。如果多个项具有相同的名称，则应在这些项名前加上表的别名和一个句点，以防止出现重复的列。

2）*Select_Item*：指定包含在查询结果中的项，可以是字段、常量、表达式和用户自定义函数。若输出结果项包含被查询表中的所有字段，可使用星号（*）。

3）AS *Column_Name*：指定查询结果中该列的标题。

2. FROM 子句列出所有的数据源

1）*Local_Alias*：为表指定一个本地别名。如果指定了本地别名，那么在整个语句中都必须用这个别名来代替表名。

2）ON JoinCondition…：指定联接的条件。ON 子句多于一个时，ON 子句应集中在一起，或者采用 ON JoinCondition AND JoinCondition…的形式。例如：

```
FROM ts a INNER JOIN jy b INNER JOIN dz c ;
ON b.dzbh=c.dzbh ON a.sh=b.sh
```

说　明

> 　　在利用 SELECT-SQL 命令查询时，SELECT、FROM 子句是必须给出的，其他子句是可选项。

3．INTO 和 TO 子句指定查询去向

具体用法如下：

```
INTO ARRAY ArrayName          && 将查询结果保存到数组中
INTO CURSOR CursorName        && 将查询结果保存到临时表中
INTO DBF|TABLE TableName      && 将查询结果保存到表中
TO FILE FileName[ADDITIVE]    && 将查询结果保存到文本文件中
TO PRINTER                    && 输出到打印机
TO SCREEN                     && 输出到 VFP 的主窗口
```

如果查询同时包含 INTO 和 TO 子句，则 TO 子句不起作用；这两个子句都缺省的话，查询结果输出到浏览窗口。

4．WHERE 子句指定筛选条件

需要注意问题如下：

1）SELECT-SQL 命令不遵守用 SET FILTER 指定的筛选条件。

2）*FilterCondition* 筛选条件可以包含子查询，但嵌套不能太深。

3）多表查询时，也可以用 WHERE 子句实现多表之间的联接条件。

5．GROUP BY 子句按列的值对查询结果进行分组

1）*GroupColumn* 可以是字段名或表达式，也可以是该列在查询结果中的位置（最左边的列编号为1），分组依据字段不一定是输出项。

2）HAVING 子句指定包括在查询结果中的组必须满足的筛选条件。

6．ORDER BY 子句根据列的数据对查询结果进行排序

1）每个 *Order_Item* 必须对应查询结果中的一列。

2）*Order_Item* 可以是输出列的列名或别名，也可以是查询结果中列的位置。

7．UNION 子句实现组合查询。

UNION 子句用于把一个 SELECT-SQL 命令的查询结果同另一个 SELECT-SQL 命令的查询结果组合起来。默认情况下，UNION 检查组合的结果并排除重复的记录，使用 ALL 将不排除组合结果中重复的记录。使用 UNION 子句遵守下列规则。

- 不能使用 UNION 来组合子查询。

- 两个SELECT-SQL命令的查询结果中的列数必须相同。
- 两个SELECT-SQL查询结果中的对应列必须有相同的数据类型和宽度。
- 只有最后的SELECT-SQL中可以包含ORDER BY子句，而且必须用编号指出排序字段，它将影响整个结果。

8. 其他

1）ALL|DISTINCT：设置是否允许出现重复记录，DISTINCT 表示结果集中不允许出现重复的记录。

2）TOP *nExpr*[PERCENT]：设置结果的记录范围。

由上面的介绍可以看出，利用查询设计器所实现的功能，均可利用 SELECT-SQL 命令实现，但反之不然，如组合查询就不能通过查询设计器实现，所以 SELECT-SQL 命令实现的功能更强大。

4.3.3 SELECT-SQL 命令应用举例

1. 基于单个表的查询示例

【例 4.11】 基于图书表 ts，查询所有图书的书号、书名和单价。

```
SELECT sh,sm,dj FROM ts
```

【例 4.12】 基于图书表 ts，查询书名多于 20 个字节或者单价在百元以上的图书的书号、书名和单价。

```
SELECT sh,sm,dj FROM ts WHERE LEN(ALLT(sm))>20 OR dj>100
```

【例 4.13】 查询图书表 ts 中单价最高的 3 本图书的书号、书名和单价。

```
SELECT TOP 3 sh,sm,dj FROM ts ORDER BY dj DESC
```

【例 4.14】 查询图书表 ts 中书号的首字符为 B～G 的图书，按书号排序，查询结果保存到 ts1 表中。

```
SELECT * FROM ts WHERE LEFT(sh,1) BETWEEN "B" AND "G";
 ORDER BY sh INTO TABLE ts1
```

【例 4.15】 基于图书表 ts，查询各出版社出版图书的数量和平均单价，按出版社编号排序。

```
SELECT cbsbh,COUNT(*) AS 数量,AVG(dj) AS 平均单价 FROM ts;
 GROUP BY cbsbh ORDER BY cbsbh
```

2. 基于多个表的查询示例

【例 4.16】 基于图书表 ts 和借阅表 jy，查询 2010 年以后的借阅记录，输出书名、书号、读者编号、借书日期和还书日期，按借书日期降序排序。

```
SELECT sm,jy.* FROM ts INNER JOIN jy  ON jy.sh=ts.sh;
 WHERE jsrq>={^2010-01-01} ORDER By jsrq DESC
```

【例 4.17】 基于读者表 dz、借阅表 jy 和图书表 ts，查询每个读者所借阅图书的书名和借书日期，按读者编号升序排序，同一读者按借书日期降序排序。

```
SELECT dz.dzbh,xm,ts.sh,sm,jsrq;
 FROM ts INNER JOIN jy INNER JOIN dz ON dz.dzbh=jy.dzbh ON jy.sh=ts.sh;
 ORDER BY 1,5 DESC
```

【例 4.18】 基于借阅表 jy 和图书表 ts，查询读者已经借阅的图书有哪些，输出书名，且每本书只输出一次。

```
SELECT DISTINCT sm FROM ts JOIN jy ON jy.sh=ts.sh
```

【例 4.19】　基于借阅表 jy 和图书表 ts，查询哪些图书被借阅 3 次(含 3 次)以上，输出书名和借阅次数。

```
SELECT sm,COUNT(*) AS 借阅次数 FROM ts,jy WHERE jy.sh=ts.sh;
   GROUP BY 1 HAVING 借阅次数>=3
```

【例 4.20】　基于读者表 dz 和借阅表 jy，查询读者借书的情况，包括那些没有借阅记录的读者。

```
SELECT dz.dzbh,xm,sh,jsrq,hsrq FROM dz LEFT JOIN jy ON dz.dzbh=jy.dzbh
```

3．子查询示例

子查询就是嵌套在另一个查询语句中的查询语句，使用子查询可以用户将一个复杂的查询任务，按照某种层次，分解成一系列简单的查询任务，写出对应的查询语句，一层层地构造出复杂的查询命令。此外，子查询也可以用于构造其他 SQL 语句的筛选条件。子查询在语法上有以下一些限制。

● 子查询必须放在圆括号( )中。
● 外层查询的输出项不能来自于子查询的数据源表。
● 子查询不能与 TO、INTO 子句及 ORDER BY 子句连用。

下面介绍几种 Visual FoxPro 中的子查询。

（1）IN 子查询

谓词 IN 用于判断列表达式的当前值是否是其右边集合的一个元素，IN 子查询的功能就是用其查询结果构成一个集合的元素列表。IN 子查询的内层查询的输出项只能是一项。

【例 4.21】　基于读者表 dz 和借阅表 jy，查询没有借阅记录的读者。

```
SELECT * FROM dz;
WHERE dzbh NOT IN (SELECT dzbh FROM jy);
ORDER BY dzbh
```

（2）EXISTS 子查询

谓词 EXISTS 用于判断一个子查询的查询结果中是否存在记录，如果有，运算结果为真，否则为假。EXISTS 子查询具有以下特点。

● 外层查询的 WHERE 子句不需列名、列表达式。
● 子查询的输出项常用 "*"，因为 EXISTS 不返回具体的值，只返回真或假。

例 4.21 中查询如果用 EXISTS 子查询完成，应为：

```
SELECT * FROM dz;
   WHERE NOT EXISTS (SELECT * FROM jy WHERE dzbh=dz.dzbh);
   ORDER BY dzbh
```

【例 4.22】　查询出版了书号以 "B" 开头图书的所有出版社的名称。

```
SELECT cbsmc FROM cbs a WHERE EXISTS;
     (SELECT * FROM ts b WHERE sh LIKE "B%" AND a.cbsbh=b.cbsbh)
```

（3）比较运算符子查询

比较运算符子查询有如下规定。

● 子查询结果必须返回单个值，除非使用 ANY、SOME、ALL 等量词，量词对子查询结果的影响见表 4.5。

● 子查询的输出项可以使用统计函数。

表 4.5　量词对子查询结果的影响

比较运算符	量　词	结果取值
>、>=、!<	ALL	最大值
<、<=、!>	ALL	最小值
>、>=、!<	SOME、ANY	最小值
<、<=、!>	SOME、ANY	最大值
=	SOME、ANY	任一值
<>	SOME、ANY	任一值

【例 4.23】 基于图书表 ts 和出版社表 cbs，查询一些图书的信息，要求其单价高于"中华书局"出版的任何一本图书的单价。

```
SELECT * FROM ts WHERE dj>;
   ANY( SELECT dj FROM ts a JOIN cbs b ON a.cbsbh=b.cbsbh ;
        WHERE cbsmc="中华书局")
```

4. 自联接示例

自联接也叫自身联接，就是表自己和自己联接，是一种特殊的联接。SQL 语法上规定，同名表联接是非法的，所以自联接将同一个表指定不同的别名，将一个表逻辑地看成两个，从而实现语法上的联接。

【例 4.24】 基于借阅表 jy，查询那些被借阅 2 次（含 2 次）以上的图书，输出书号、读者编号和借书日期。

```
SELECT DISTINCT j1.* FROM jy j1 join jy j2 ON j1.sh=j2.sh;
   WHERE j1.dzbh<>j2.dzbh ORDER BY j1.sh
```

分析：

假定 jy 表记录如表 4.6 所示。

表 4.6　jy 表记录

sh（书号）	dzbh（读者编号）	jsrq（借书日期）
A1	B1	2011-10-08
A2	B1	2011-10-08
A3	B2	2011-12-01
A1	B2	2011-12-01
A1	B3	2011-12-30
A2	B4	2011-12-03

在 jy 表中被借阅 2 次（含 2 次）以上的图书的书号是一样的，所以令 jy 表为不同的表 j1 和 j2，通过内联接将书号相同的记录联接起来（如表 4.7 所示），联接中要去除自身的记录行（书号、读者编号都相同的记录，表中加底纹表示），所以要加上筛选条件 j1.dzbh<>j2.dzbh，还要去除重复行，要加关键字 DISTINCT。

表 4.7　JY 表自联接的结果（联接条件为 sh 相同）

J1.SH	J1.DZBH	J1.JSRQ	J2.SH	J2.DZBH	J2.JSRQ
A1	B1	2011-10-08	A1	B1	2011-10-08
A1	B1	2011-10-08	A1	B2	2011-12-01
A1	B1	2011-10-08	A1	B3	2011-12-30
A2	B1	2011-10-08	A2	B1	2011-10-08
A2	B1	2011-10-08	A2	B4	2011-12-03
A3	B2	2011-12-01	A3	B2	2011-12-01
A1	B2	2011-12-01	A1	B1	2011-10-08
A1	B2	2011-12-01	A1	B2	2011-12-01
A1	B2	2011-12-01	A1	B3	2011-12-30
A1	B3	2011-12-30	A1	B1	2011-10-08
A1	B3	2011-12-30	A1	B2	2011-12-01
A1	B3	2011-12-30	A1	B3	2011-12-30
A2	B4	2011-12-03	A2	B1	2011-10-08
A2	B4	2011-12-03	A2	B4	2011-12-03

当然此查询也可以用 IN 子查询完成：

```
SELECT * FROM jy;
 WHERE sh IN(SELECT sh FROM jy GROUP BY sh HAVING COUNT(*)>1);
 ORDER BY sh
```

5. 组合查询示例

【例 4.25】　查询各价位的图书各有多少本，价位分档为：为 50 元以下（含 50 元）、50 元到 100 元（含 100 元）和 100 元以上。

```
SELECT SPACE(1)+"50 元以下" AS 价位,COUNT(*) AS 数量;
 FROM ts WHERE dj<=50;
UNION;
SELECT SPACE(1)+"50～100 元" AS 价位,COUNT(*) AS 数量;
 FROM ts WHERE dj>50 AND dj<=100;
UNION;
SELECT "100 元以上" AS 价位,COUNT(*) AS 数量;
 FROM ts WHERE dj>100;
 ORDER BY 2
```

6. 基于视图的查询示例

【例 4.26】　下列命令用于创建视图 tsjy_view。

```
CREATE VIEW tsjy_view AS;
 SELECT ts.*,jy.dzbh,jy.jsrq,jy.hsrq ;
 FROM ts INNER JOIN Jy ON ts.sh=jy.sh
```

基于 tsjy_view 视图，查询哪些图书还没有归还。

```
SELECT sh,sm,jsrq,dzbh FROM tsjy_view WHERE EMPTY(hsrq)
```

4.4　小型案例实训

【案例说明】

基于表 4.8 和表 4.9：课程（kc）表和成绩（cj）表，查询学生对哪些选修课不感兴趣，即没人选修。

表 4.8　kc.dbf 结构	
字段名	字段类型
课程号	C(3)
课程名	C(18)
课时数	N(1)
必修课	L(.T.：必修课，.F.:选修课)

表 4.9　cj.dbf 结构	
字段名	字段类型
姓名	C(6)
课程号	C(3)
成绩	N(3)

【实现思路】

方法 1：使用左联接完成。首先通过左联接得到被选选修课的信息，和没有被选选修课的信息，然后再筛选出没有被选的选修课程的信息。

方法 2：使用 IN 子查询完成。首先利用子查询先得到所有被选课程的课程代号，然后再筛选出这样的选修课，其课程代号不属于子查询得到的课程代号构成的集合。

方法 3：使用 EXISTS 子查询完成。首先依次判断课程表中每门课程是否是选修课，如果是，再判断其课程号是否等于成绩表某条记录的课程号，如果返回值为真，就输出该课程的信息。

【利用 SELECT-SQL 命令实现】

方法 1：

```
SELECT kc.* ;
    FROM kc LEFT JOIN cj ON kc.课程号=cj.课程号;
    WHERE NOT 必修课;
    HAVING cj.课程号 IS NULL
```

方法 2：

```
SELECT *;
    FROM kc;
    WHERE NOT 必修课 AND 课程号 NOT IN(SELECT 课程号 FROM cj)
```

方法 3：

```
SELECT *;
    FROM kc;
    WHERE NOT 必修课 AND;
    NOT EXISTS (SELECT * FROM cj WHERE kc.课程号=cj.课程号)
```

4.5　习　　题

一、选择题

1. 下列关于查询的说法，不正确的是_____。

　　A. 查询的结果是只读的

  B. 查询的结果只能从浏览窗口中查看

  C. 查询是从指定的表或视图中提取满足条件的记录

  D. 查询是预先定义好的一个 SELECT-SQL 语句

 2. SQL 语言的查询语句是_____。

  A. INSERT   B. UPDATE C. DELETE D. SELECT

 3. 查询文件的扩展名为_____。

  A. QPR   B. PRG   C. SEL   D. CDX

 4. 下列关于视图的说法中，正确的是_____。

  A. 视图独立于表文件   B. 视图不可更新

  C. 视图只能从一个表派生出来 D. 视图可以删除

 5. 若 SQL 语句中的 ORDER BY 子句定制了多个字段，则_____。

  A. 依次按从左至右的字段顺序排序 B. 依次按从右至左的字段顺序排序

  C. 只按第一个字段排序   D. 语法错误，无法排序

 6. 查询设计器和视图设计器的主要不同表现在_____。

  A. 查询设计器有"更新条件"选项卡，没有"查询去向"选项

  B. 查询设计器有"更新条件"选项卡，也有"查询去向"选项

  C. 视图设计器有"更新条件"选项卡，没有"查询去向"选项

  D. 视图设计器有"更新条件"选项卡，也有"查询去向"选项

 7. 可以设置查询去向的子句是_____。

  A. FROM   B. INTO   C. HAVING D. WHERE

 第 8～10 题基于产品表，表中有"产品编号"、"名称"，"类别"和"单价"四个字段，单价字段为数值型，其他字段均为字符型。

 8. 语句"SELECT 名称，单价 FROM 产品"完成的操作称为_____。

  A. 选择   B. 投影   C. 联接   D. 并

 9. 查询各类别产品的平均单价和数量，分组依据为_____。

  A. 类别   B. 单价   C. 平均单价 D. 数量

 10. 以下 SELECT 语句用于查询产品编号的第一个字符为"L"的日用品，其中不正确的是_____。

  A. SELECT * FROM 产品 WHERE 产品编号="L" AND 类别="日用品"

  B. SELECT * FROM 产品 WHERE 产品编号="L"AND IN;

   (SELECT 产品编号 FROM 产品 WHERE 类别="日用品")

  C. SELECT * FROM 产品 a WHERE 产品编号="L" AND EXISTS;

   (SELECT * FROM 产品 b WHERE 类别="日用品" AND ;

   a.产品编号=b.产品编号)

  D. SELECT * FROM 产品 WHERE 类别="日用品" AND 产品编号 IN;

   (SELECT 产品编号 FROM 产品 WHERE 产品编号="L")

二、填空题

 1. SELECT-SQL 中的 WHERE 子句与查询设计器的_____选项卡相对应。

 2. 在 SQL 语句中，空值用_____来表示。

3．视图是一个虚拟表，只能存在于_____中。

4．在视图设计器的"更新条件"选项卡中，如果某字段的旁边出现"铅笔"标志，表示该字段可以_____。

5．某 SELECT-SQL 语句如下：

　　SELECT a.* FROM 商品 a LEFT JOIN 购物 b ON a.商品编号=b.商品编号

则商品表与购物表的联接方式为_____，除此之外两张表的联接方式还有_____等三种。

6．建立远程视图之前应首先建立与远程数据库的_____。

以下各题基于"会员"表进行查询，其部分记录如下。

会员号	姓名	性别	出生日期	项目	组长会员号
001	王一	男	1978.8.9	足球	
002	王二	女	1982.3.9	羽毛球	010
003	王三	男	1988.7.12	足球	001
004	王四	男	1991.12.3	足球	001
005	王五	男	1992.1.3	足球	012

　　……

7．列出表中所有的项目，去掉重复记录。

　　SELECT _____项目 FROM 会员

8．列出年龄最大的五个会员的信息。

　　SELECT _____ * FROM 会员 ORDER BY _____

9．查询哪些项目的从事人数超过 10 人。

　　SELECT 项目,COUNT(*) AS 人数 FROM 会员;

　　GROUP BY 1 HAVING _____

10．查询组长"王一"管理的会员有哪些。

　　SELECT * FROM 会员 WHERE _____;

　　　　(SELECT 会员号 FROM 会员 WHERE 姓名="王一")

11．查询表中 30 岁以上和 30 岁以下（含 30 岁）各有多少会员。

　　SELECT "30 岁以上", _____ AS 人数 FROM 会员;

　　　　WHERE (DATE()-CSRQ)/365>30;

　　　　_____;

　　SELECT "30 岁以下",_____AS 人数 FROM 会员;

　　　　WHERE (DATE()-CSRQ)/365<=30

12．列出所有的组长和他们管理的会员。如：

组长　　会员姓名

王一　　王三

王一　　王四

　　……

　　SELECT b.姓名 AS 组长,a.姓名 AS 会员姓名 FROM 会员 a,会员 b;

　　　　WHERE _____

第 5 章　程序设计基础

本章要点

- 创建、编辑和运行程序的方法
- 常用的输入、输出命令
- 顺序结构、选择结构和循环结构程序设计的方法
- 过程和用户自定义函数的定义、调用
- 参数传递的两种形式

程序设计的方法主要有两类：结构化程序设计（Structured Programming，SP）和面向对象的程序设计（Object-Oriented Programming，OOP）。本章主要讲解结构化程序设计，面向对象的程序设计将在后续章节讲解。

20 世纪 60 年代人们提出了结构化程序设计方法。结构化程序的结构简单清晰，模块化强，描述方式贴近人们习惯的推理式思维方式。因此到目前为止，仍有许多应用程序的开发采用结构化程序设计技术和方法。即使在目前流行的面向对象软件开发中也不能完全脱离结构化程序设计。

结构化程序设计的基本思想是将应用程序划分为几个功能独立的模块，每个模块还可以进一步划分为几个小的模块，每个模块完成一个功能，从而把复杂的问题简化为一系列简单模块的设计。结构化程序设计包含三种基本控制结构：顺序结构、选择结构和循环结构。

5.1　创建程序文件

VFP 程序文件是由一系列命令或语句按照一定的顺序和规则组织起来的文本文件，其文件的扩展名为.prg。创建程序文件的操作主要有以下三个步骤。

1. 打开程序的编辑窗口

打开程序文件编辑窗口的方法有多种，可以任选以下任何一种：

- 在"项目管理器"窗口的"代码"选项卡中选择"程序"，单击"新建"按钮，出现如图 5.1 所示的编辑窗口。
- 选择"文件"→"新建"菜单命令，在弹出的"新建"对话框中选择文件类型为"程序"，单击"新建文件"按钮，也出现如图 5.1 所示的程序编辑窗口。
- 单击"常用"工具栏中的"新建"按钮，在弹出的"新建"对话框中选择文件类型为"程序"，单击"新建文件"按钮，也出现程序的编辑窗口。
- 在"命令"窗口中输入并执行以下命令，出现程序的编辑窗口。
  MODIFY COMMAND [*FileName*|?]

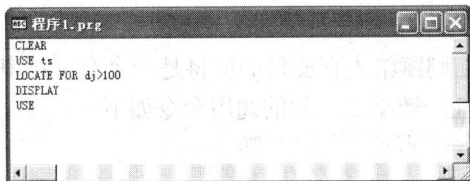

图 5.1　程序文件的编辑窗口

2. 程序文件的编辑与保存

打开程序的编辑窗口后，在窗口中输入程序。注意：一行只能写一条语句，每条语句都以回车键结尾。若语句较长，可分成多行书写，这时，除了最后一行外，每行的行尾需加续行符";"，最后以回车键结束。

程序编辑完毕可以先保存程序，也可以直接运行程序，这时系统会提示用户保存程序。保存程序文件的方法，跟保存其他文件没有区别，这里不再赘述。

对于已经存在的程序，可以先打开程序的编辑窗口，然后进行修改。修改过后，保存程序，这时系统会将修改之前的程序文件以扩展名为.BAK（备份文件）保存，即扩展名为 .BAK 的备份文件保存的是该程序的"上一版本"。

3. 程序文件的运行

运行程序文件，是程序文件建立的最终目的。运行程序文件的方法有多种，如下。

- 当程序文件编辑窗口打开时，单击"常用"工具栏上的"!"按钮。
- 程序文件保存后，执行"程序"→"运行"菜单命令，在弹出的"运行"对话框中选择要运行的程序后，单击"运行"命令按钮。
- 在"项目管理器"窗口中选择要运行的程序后，单击"运行"命令按钮。
- 在命令窗口中运行 DO 命令。DO 命令的语法格式如下：

    DO *ProgramName*

程序文件一旦运行，系统会自动地对程序文件进行编译，包括对程序的词法和语法检查，生成扩展名为.FXP的伪编译程序。运行程序时，系统实际上是运行.FXP文件。

5.2　顺序结构程序设计

在介绍顺序结构设计之前，先介绍一些与程序设计相关的常用命令。

5.2.1　简单的输入和输出命令

1. 键入字符串命令 ACCEPT

命令格式如下：

    ACCEPT [*cMessageText*] TO [*VarName*]

功能：暂停程序的运行，等待用户键入一个或多个字符，并将键入的内容作为字符串赋给内存变量*VarName*。

说明：

- *cMessageText* 是指定显示在屏幕上的，用于提示用户的信息。若省略 *cMessageText*

参数，则不显示提示信息。

● 如果只按回车键，则赋给内存变量的值将是一个空字符串。

例如，编写可以打开任一数据表文件的通用命令如下：

```
ACCEPT "请输入要打开的表文件名:" TO bm
USE &bm
```

2. 输入单字符命令 WAIT

命令格式如下：

WAIT [*cMessageText*] [**TO** *VarName*][**WINDOW**[**AT** nRow,nColumn]]

功能：暂停程序的运行，等待用户键入单个字符后再恢复程序运行。系统将输入的字符存入指定的内存变量 *VarName* 中，如果省略 **TO** *VarName*，输入的字符不保存。

例如，在屏幕第 10 行第 12 列的位置开设一个小窗口，显示提示信息"请输入一个键："，等待用户从键盘输入一个字符。

```
WAIT "请输入一个键:" TO x WINDOW AT 10,12
```

WAIT 命令经常作为输出语句使用，如：

```
x="你好吗? "
WAIT WINDOW x
```

3. 输入命令 INPUT

命令格式如下：

INPUT [*cMessageText*] **TO** [*VarName*]

功能：暂停程序运行，等待用户键入表达式，并将表达式的值存入内存变量 *VarName* 中。

说明：表达式的类型可以是字符型、数值型、日期型、日期时间型和逻辑型。

例如，在"命令"窗口逐条执行下述命令。

```
INPUT "请输入姓名: " TO xm
INPUT "请输入你的出生日期: " TO csrq
? xm+"的年龄: ",YEAR(DATE())-YEAR(csrq), "岁"
```

第一条命令执行后，主窗口显示提示信息"请输入姓名："，用户输入姓名（如："lily"）后按回车键；第二条命令执行后，主窗口显示提示信息"请输入你的出生日期："，用户输入生日（如，{^1991-01-01}，也可以是 CTOD("01/01/1991")）后按回车键；最后执行第三条命令，系统输出"lily 的年龄：20 岁"。（这里系统日期为 2011 年）

三条输入命令的区别如下。

1）ACCEPT 命令只能接受字符型的数据，不需要定界符，输入完毕按回车键结束。

2）WAIT 命令只能输入单个字符，且不需要定界符，输入完毕无需按回车键。

3）INPUT 命令可接受数值型、字符型、逻辑型、日期型和日期时间型数据；数据形式可以是常量、变量、函数和表达式，如果是字符型、逻辑型、日期型和日期时间型常量，需要定界符；输入完毕按回车键结束。

4. 定位输出命令

命令格式如下：

@*nRow,nColumn* **SAY** *eExp*

功能：在指定的行、列坐标位置输出表达式的值。

说明：表达式可以是各种类型的表达式。

例如，在屏幕第 5 行第 6 列输出当前日期。

```
@5,6 SAY DATE()
```

5.2.2 其他命令

1. 系统状态设置命令

命令格式如下：

    SET TALK ON|OFF

功能：确定是否显示 Visual FoxPro 命令执行的状态。系统默认状态是显示。

说明：当人机会话方式开启时，很多命令执行后，系统会在状态栏自动显示执行后的结果状态，因此影响了程序的运行速度，所以往往程序的最开头有一条 SET TALK OFF 命令，关闭人机对话，非输出命令不再显示相应输出，在程序结束前，应再放置一条 SET TALK ON 命令，恢复人机会话。

例如，在 SET TALK ON 状态下，执行 LOCATE FOR 命令时，如果找到符合条件的记录，系统会在状态栏自动显示被找到的记录号，否则会显示"已到文件尾"。但一般在程序中是不需要这些显示的，找到了记录就直接显示出来，没找到一般用一个对话框来给出更清楚的提示，所以在程序一开始往往要设置一条 SET TALK OFF 命令。

2. 终止程序执行命令 CANCEL

命令格式如下：

    CANCEL

功能：终止程序的执行，释放程序在内存中的变量，返回命令窗口状态。

3. 返回命令 RETURN

命令格式如下：

    RETURN [eExp][TO MASTER|TO FILEName]

功能：终止命令的执行，返回到上一层程序。

说明：表达式 eExp 用在当过程或用户自定义函数需要有返回值时。TO MASTER 选项，直接返回到最外层主程序；可选项 TO FILEName 强制返回到指定的程序文件。

4. 注释命令

命令格式如下：

    NOTE

功能：注释命令在程序的运行过程中并不被执行，只是起到解释说明程序的作用。

例如：

```
NOTE 本程序用于计算圆的面积
INPUT "r=" TO r          && r 为半径
? 3.14*r*r
```

5.2.3 顺序结构

顺序结构是在程序执行时，按照程序中语句排列的先后顺序依次执行，它是程序中最简单的一种基本结构，如图 5.2 所示。一个程序总体上

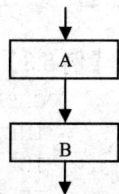

图 5.2 顺序结构

是一个顺序结构，其中的某些部分可能是各种结构的组合和嵌套。

【例 5.1】 在图书（ts）表中根据书名（sm）查找该图书的相关信息。

```
CLEAR
ACCEPT "请输入书名：" TO x
USE ts
LOCATE FOR sm=x
DISPLAY
USE
```

【例 5.2】 根据一个人的生日，计算其年龄。

```
INPUT "请输入你的生日：" TO rq
nl=YEAR(DATE())-YEAR(rq)
? "你今年"+ALLT(STR(nl))+"岁"
```

5.3 选择结构程序设计

在大多数程序中都会包含选择结构。它的作用是根据所指定的条件，执行不同的操作。在 Visual FoxPro 中实现选择结构的语句有两种：IF…ELSE…ENDIF 和 DO CASE… ENDCASE。

5.3.1 IF…ELSE…ENDIF 语句

IF 语句是用来判断所给定的条件是否满足，根据判断的结果执行给出的两种操作之一，如图 5.3 所示。IF 语句的语法格式如下：

IF *lExp*

    Commands1

 [ELSE

    Commands2]

ENDIF

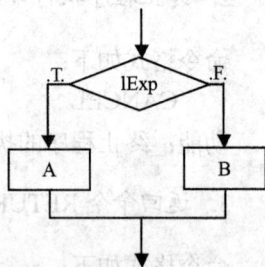

图 5.3 选择结构（IF 语句）

功能：首先判断逻辑表达式 *lExp* 的值，若其值为.T.，执行命令序列 *Commands1*；若其值为.F.假，执行命令序列 *Commands2*。

注 意

● 若只有一个分支，ELSE 子句可省。执行顺序：判断逻辑表达式 *lExp* 的值，若其值为.T.，执行命令序列 *Commands*1；若其值为.F.假，执行 ENDIF 后面的语句。
● 命令序列 *Commands1* 或 *Commands*2 中还可以包含 IF 语句，称为 IF 语句的嵌套。
● IF 和 ENDIF 子句必须成对出现。
● 为了方便阅读，最好采用缩格（锯齿形）的书写方式。

【例 5.3】 将 2 个数按由小到大的顺序输出。

```
CLEAR
INPUT "x=" TO x
INPUT "y=" TO y
IF x>y
    t=x
```

```
      x=y
      y=t
   ENDIF
   ? x,y
```

【例5.4】　从键盘任意输入一个数，判断这个数是奇数还是偶数。

```
   INPUT  "请任意输入一个数: " TO x
   IF x%2=0
     ? STR(x)+"是偶数"
   ELSE
     ? STR(x)+"是奇数"
   ENDIF
```

【例5.5】　根据键入 x 的值，计算下面分段函数的值，并显示结果。

$$y=\begin{cases} x^2+4x-1 & (x\leqslant 0) \\ 3x^2-2x+1 & (0<x\leqslant 10) \\ x^2+1 & (x>10) \end{cases}$$

```
   CLEAR
   INPUT "x=" TO x
   IF x>0
      IF x>10
         y=x*x+1
      ELSE
         y=3*x*x-2*x+1
      ENDIF
   ELSE
      y=x*x+4*x-1
   ENDIF
   ? "分段函数值为:",y
```

5.3.2　DO CASE…ENDCASE 语句

实际问题中常常需要用到多分支选择结构，当然可以用 IF 语句的嵌套来处理，像例 5.5 一样，但如果分支过多，程序不仅冗长而且可读性降低。DO CASE 语句可直接处理多分支选择。DO CASE 语句的语法格式如下：

```
   DO CASE
        CASE    lExp1
             Commands1
        [CASE    lExp2
             Commands2
        …
        CASE    lExpN
             CommandsN]
        [OTHERWISE
             Commands]
   ENDCASE
```

功能：DO CASE 语句的执行流程如图 5.4 所示。在执行 DO CASE 语句时，从第一个 CASE

开始，判断其后的表达式 *lExp1*，如果值为.T.，就执行相应的命令序列 *Commands*，然后执行 ENDCASE 后面的语句；如果为.F.，就继续判断后面的表达式是否为.T.，如果所有表达式都不为.T.，就执行 OTHERWISE 后的命令序列。

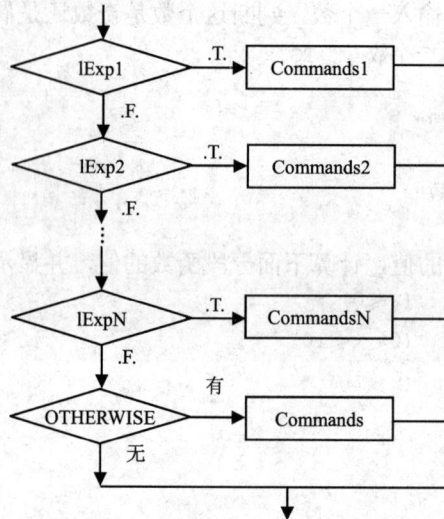

图 5.4   选择结构（DO CASE 语句）

> **说　明**
> - DO CASE 与第一个 CASE 之间不能有任何语句。
> - 当语句中任意一个命令序列执行完后，都将跳过下一个 CASE 与 ENDCASE 之间的所有语句。
> - 若有多个条件同时满足，则仅执行第一个满足条件的命令序列。
> - DO CASE 与 ENDCASE 语句必须成对出现。

【例 5.6】 用 DO CASE 语句修改例 5.5。

```
CLEAR
INPUT "x=" TO x
DO CASE
    CASE x<=0
        y=x*x+4*x-1
    CASE x>0 AND x<=10
        y=3*x*x-2*x+1
    CASE x>10
        y=x*x+1
ENDCASE
? "分段函数值为:"+STR(y,10,2)
```

5.4   循环结构程序设计

在许多实际问题中需要用到循环控制。例如，计算每个学生的总成绩、求若干数的和等。几乎所有实用的程序都包含循环结构，循环结构用于控制部分命令的反复执行。在 Visual FoxPro 中实现循环结构的语句有三种：DO WHILE…ENDDO、FOR…ENDFOR 和 SCAN…

ENDSCAN。

5.4.1　DO WHILE…ENDDO 语句

当满足某些条件重复执行某一操作时，比较适合使用 DO WHILE 语句。其语法格式如下：

  DO WHILE *lExp*

    Commands

  ENDDO

功能：判定指定的逻辑条件 *lExp*，如果其值为.T.，执行命令序列 *Commands*，再判断指定的逻辑条件 *lExp*，如果其值为.T.，继续执行命令序列 *Commands*，直到指定的逻辑条件 lExp 值为.F.，才结束循环，执行 ENDDO 后面的语句，如图 5.5 所示。

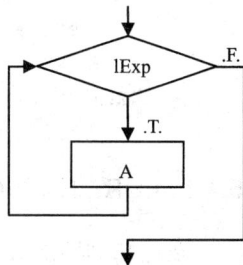

图 5.5　循环结构

注 意

- 在循环体内要设置修改循环条件的语句，避免死循环。若出现死循环现象，可按 Esc 键中止程序的执行。
- DO WHILE 和 ENDDO 子句必须成对出现。

【例 5.7】　求 1 到 100 之间偶数的和，即 2+4+…+100 的值。

```
i=2
s=0
DO WHILE i<=100
  s=s+i
  i=i+2
ENDDO
? "1 到 100 之间偶数的和为:",s
```

【例 5.8】　统计图书（ts）表中百元以上图书的数量。

```
SET TALK OFF
n=0
USE ts
DO WHILE NOT EOF()
   IF dj>100
      n=n+1
   ENDIF
   SKIP
ENDDO
USE
? "百元以上图书的数量为:",n
SET TALK ON
```

【例 5.9】　将一个字符串中的各个单词的首字母组成其缩写形式（大写字母）。如：unidentified flying object 的缩写形式为"UFO"。

```
CLEAR
str1="unidentified flying object"    && 赋初值
? str1+"的缩写形式为: "
str1=ALLT(str1)
```

```
str2=SPACE(0)                              && 缩写形式的字符串
IF LEN(str1)<>0
   DO WHILE LEN(str1)>0
     str2=str2+UPPER(LEFT(str1,1))
     n=AT(SPACE(1),str1)
     str1=ALLT(SUBSTR(str1,n))
   ENDDO
ENDIF
?? str2
```

5.4.2 FOR…ENDFOR 语句

在已知循环次数的情况下，使用 FOR 语句比较方便。其语法格式如下：

FOR   *nVar*=*nInitialValue* **TO** *nFinalValue*   [**STEP** *nIncrement*]

       Commands

ENDFOR|NEXT

它的执行过程如下。

① 给循环变量 *nVar* 赋初值 *nInitialValue*。

② 判断循环变量的值是否超过终值 *nFinalValue*，若没超过终值，执行循环体（命令序列 *Commands*），否则结束循环。

③ 计算循环变量的值，*nVar* = *nVar* + *nIncrement*(步长)。

④ 转到第 2 步骤继续执行。

注 意

- 该语句在循环变量的控制下，反复执行循环体。仅当循环变量值超过终值（步长为正）或循环变量值小于终值（步长为负）时，才跳出循环，执行 ENDFOR 后面的语句。
- 可以在循环体内改变循环变量的值，但会改变循环执行的次数。
- 步长缺省时，默认值是 1。
- FOR 和 ENDFOR，或者 FOR 和 NEXT 子句必须成对出现。

【例 5.10】 统计一个字符串中汉字的个数。

```
ACCEPT "请输入一个字符串:" TO str1
str2=str1
n=LEN(str1)
j=0                              && 汉字的个数
FOR i=1 TO n
   m=ASC(SUBSTR(str2,i,1))
   IF m>127
     j=j+1
     i=i+1
   ENDIF
NEXT
WAIT WINDOW "'"+str1+"'字符串中汉字的个数为:"+ALLT(STR(j))
```

【例5.11】 随机产生 10 个 1~100 的整数，然后由小到大排序输出。

```
DIMENSION a(10)
FOR i=1 TO 10
  a(i)=INT(RAND()*100+1)
ENDFOR
FOR i=1 TO 9
  FOR j=i+1 TO 10
    IF a(i)>a(j)
      t=a(i)
      a(i)=a(j)
      a(j)=t
    ENDIF
  ENDFOR
ENDFOR
? "10 个数由小到大为:"
FOR i=1 TO 10
  ?? STR(a(i),5)
ENDFOR
```

【例5.12】 编程打印如图 5.6 所示图案，图案共有 5 层。

```
CLEAR
c="*"
n=5
FOR i=1 TO n
  ?? SPACE(n-i)
  FOR j=1 TO 2*i-1
    ?? c
  ENDFOR
  ?
ENDFOR
```

```
    *
   ***
  *****
 *******
*********
```

图 5.6 例 5.12 运行结果

5.4.3 SCAN...ENDSCAN 语句

SCAN 语句主要用于表记录的处理。其语法格式为：

SCAN [Scope] [FOR lExp| WHILE lExp]

    Commands

ENDSCAN

说　明

● *Scope* 表示记录的范围，缺省值为 ALL。

● 语句执行时在范围中依次寻找满足 FOR 条件或 WHILE 条件的记录，并对满足条件的记录执行命令系列 *Commands*，每次遇到 ENDSCAN 记录指针自动加 1。

● FOR 子句是对指定范围内所有满足条件的记录进行操作，WHILE 子句是从当前记录开始在指定范围内循环，一旦遇到不满足条件的记录就结束循环，即使后面还有满足条件的记录。

【例5.13】 在图书（ts）表中查找所有单价（dj）在 100 元以上的记录。

```
SET TALK OFF
CLEAR
USE ts
SCAN FOR dj>100
    DISPLAY
ENDSCAN
USE
SET TALK ON
```

【例 5.14】　在图书（ts）表中查找最高和最低单价的图书的书号（sh）、书名（sm）和单价（dj）。

```
SET TALK OFF
CLEAR
USE ts
max_dj=dj
min_dj=dj
max_reno=1
min_reno=1
SCAN
    IF dj>max_dj
      max_dj=dj
      max_reno=RECNO()
    ENDIF
    IF dj< min_dj
      min_dj=dj
      min_reno=RECNO()
    ENDIF
ENDSCAN
GO max_reno
? "最高单价的图书的书号为"+ALLT(sh)+",书名为"+ALLT(sm)+",其单价为:",dj
GO min_reno
? "最低单价的图书的书号为"+ALLT(sh)+",书名为"+ALLT(sm)+",其单价为:",dj
USE
SET TALK ON
```

5.4.4　EXIT 和 LOOP 语句

在循环体 *Commands* 中，可有两个特殊的语句：EXIT 和 LOOP。

EXIT：循环出口语句，遇到 EXIT 循环结束。

LOOP：短路语句，遇到 LOOP 回到循环的开始。

在任何时候都可以通过使用EXIT命令从任何一个循环中退出，或者使用LOOP命令来跳过循环中的后续处理。

【例 5.15】　基于图书表（ts），查询出版图书"漫话手绘"的出版社出版的其他图书。

```
SET TALK OFF
CLEAR
USE ts
LOCATE FOR sm="漫话手绘"
IF FOUND()
  x=cbsbh
```

```
ELSE
   ? "没有查到相关记录"
   RETURN
ENDIF
SCAN FOR cbsbh=x
   IF sm="漫话手绘"
      LOOP
   ENDIF
   ? sh,ALLT(sm),cbsbh
ENDSCAN
USE
SET TALK ON
```

【例 5.16】　基于图书表（ts），查询 500 元最多能买几本 cbsbh 为 "B004" 出版社出版的图书。输出这些图书的书号（sh）、书名（sm）和单价（dj），以及还会剩下多少钱。

```
SET TALK OFF
CLEAR
USE ts
INDEX ON dj TAG xx FOR CBSBH="B004"
SET ORDER TO xx
s=0
SCAN
  s=s+dj
  IF s>500
     EXIT
  ENDIF
  ? sh,ALLT(sm),dj
ENDSCAN
? "还剩"+STR(500-s+dj,5,1)+"元"
USE
SET TALK ON
```

5.5　过程和用户自定义函数

每个系统函数是系统预先编制好的一段程序代码，用户如果要使用该函数的功能可在任何地方调用。同样，用户也可以将经常执行的具有某种功能的一段代码独立出来，将其定义为过程（Procedure）或用户自定义函数（User Define Function，UDF）。在需要使用该功能的时候，调用这个过程或用户自定义函数。一个过程或用户自定义函数可以被多次调用，各个过程或用户自定义函数之间也可以相互调用。要善于利用过程或用户自定义函数，以减少重复编写程序代码的工作量。

过程和用户自定义函数在 Visual FoxPro 中区别不大。它们都用于实现某一处理功能，二者调用方法也相同，但在定义方式上略有差别。

5.5.1　过程和用户自定义函数的定义

过程定义的语法格式如下：

[PROCEDURE *ProcedureName*]

```
        [PARAMETERS ParameterList]
        Commands
        [RETURN[eExp]]
    [ENDPROC]
```

用户自定义函数定义的语法格式如下：

```
    [FUNCTION FunctionName]
        [PARAMETERS ParameterList]
        Commands
        [RETURN[eExp]]
    [ENDFUNC]
```

其中，PARAMETERS 语句作用是为过程或用户自定义函数进行参数定义，使过程或用户自定义函数可以根据不同的参数进行不同的处理，需要说明以下两点。

- PARAMETERS语句可省，如果过程（或用户自定义函数）中有PARAMETERS语句，则该语句必须是在PROCEDURE或FUNCTION语句后面的第一条语句。
- PARAMETERS命令中的参数最多不能超过27个，各参数之间用逗号分隔，并且被VFP默认为私有变量（私有变量的概念见后续内容）。

RETURN 语句的作用是返回调用程序，并且指定过程或用户自定义函数的返回值，*eExp* 默认时返回值为.T.。

【例 5.17】 定义用户自定义函数 tarea，函数的功能是求梯形的面积。

```
FUNCTION tarea
    PARAMETERS x,y,h            && x、y、h 分别为梯形的上底、下底和高
    s=(x+y)*h/2                 && s 为梯形的面积
    RETURN s
ENDFUNC
```

过程或用户自定义函数的存储方式有以下几种。

- 存储在数据库的存储过程中。
- 以一个程序文件保存。这时FUNCTION和PROCEDURE语句可省，程序文件名可以作为过程名或函数名。
- 放在调用程序之后。这时调用程序和过程（或用户自定义函数）的定义保存在同一个程序文件中。
- 存放在过程文件中。过程文件是一个保存多个过程或用户自定义函数的程序文件。过程文件不能用DO命令直接运行。使用过程文件时必须先在程序中打开过程文件，然后才可以调用其中的过程或用户自定义函数。打开过程文件的命令为：

```
SET PROCEDURE TO [FileName]
```

说明：命令中如果不写过程文件名，即为关闭该过程文件。

5.5.2 过程和用户自定义函数的调用

Visual FoxPro中，过程和用户自定义函数的调用有两种方式。

格式 1：使用 DO 命令。

DO 命令的语法格式如下：

　　　　　DO Procedure [IN *FileName*][WITH *ParameterList*]

其中，IN 子句用于指定过程或用户自定义函数所在的过程文件，WITH 子句用于指定传递给过程或用户自定义函数的参数，如 DO tarea WITH 2,3,4。

　　格式 2：与系统函数的调用方式相同。如 tarea(2,3,4)，这种调用方式有返回值。

　　通常，将在 PARAMETERS 语句 *ParameterList* 中的参数（变量）称为 "形式参数"（简称 "形参"）；在调用语句中的参数称为 "实际参数"（简称 "实参"）。无论是格式 1 中的 WITH 子句 *ParameterList* 中的参数，还是格式 2 中函数名后面括号中的参数，都是实参。

　　在Visual FoxPro中，形参和实参的数目一般应一致，发生调用时对应位置的实参与形参一一传递。也可以形参的数目多于实参，在这种情况下，剩余的形式参数就被初始化为.F.。如果实参数目多于形参，运行程序时系统会提示出错。

　　【例5.18】　计算数列 1/1!、1/3!、1/5!、…、1/n!的和，当某项的值小于 0.0001 时停止计算。

```
n=1
t=1/n
s=0
DO WHILE t>0.0001
  s=s+t
  n=n+2
  t=1/jc(n)              && n 为实参
ENDDO
? "数列的和是：",s
FUNCTION jc
  PARA m                 && m 为形参
  ss=1
  FOR i=1 TO m
    ss=ss*i
  ENDFOR
  RETURN ss
ENDFUNC
```

5.5.3　参数传递的两种形式

　　由实参向形参的数据传递有两种形式：传值和传址。传值即实参变量对形参变量的数据传递是 "值传递"，即单向传递，只由实参将其内容传给形参，而不能由形参将其内容传回给实参。而传址即实参变量对形参变量的数据传递是 "地址传递"，即双向传递，将实参在内存中的地址传递给形参，形参的内容一经改变，实参的内容也跟着改变。

　　在 Visual FoxPro 中，默认情况下，采用 5.5.2 中介绍的格式 1 方式调用时，数据传递是传址方式（引用），而采用格式 2 方式调用时，则是传值方式。需要说明的是：如果实参是一个常数或一个表达式时，不管采用什么方式调用，传递方式只能是传值。

　　【例5.19】　实现例 5.18 的功能，也可以采用 DO 命令调用用户自定义函数 jc。

```
n=1
t=1/n
s=0
DO WHILE t>0.0001
  s=s+t
```

```
        n=n+2
        p=1
        DO jc WITH n,p
        t=1/p
    ENDDO
    ? "数列的和是:",s
    FUNCTION jc
      PARA m,ss
      FOR i=1 TO m
        ss=ss*i
      ENDFOR
    ENDFUNC
```

可以使用 SET UDFPARMS TO 命令来改变参数传递的方式。若要按值方式传递参数，在调用过程或用户自定义函数之前，先执行如下命令：

```
    SET UDFPARMS TO VALUE
```

若要按引用方式传递参数，在调用用户自定义函数之前，先执行如下命令：

```
    SET UDFPARMS TO REFERENCE
```

注 意

- 当使用 DO 命令调用，用 WITH 子句传递参数时，不受 SET UDFPARMS TO 命令的影响。
- 也可以不管 SET UDFPARMS 的设置，强制设定以值传递方式或引用传递方式传递参数：如果用括号括起一个变量，设定按值传递；在一个变量前加@符号，则设定引用传递方式。

【例5.20】 分析以下两段程序的运行结果。

程序段1：

```
    SET UDFPARMS TO VALUE
    STORE 1 TO x
    ? "函数返回值:"+STR(plusone(x))
    ? "变量x的值:"+STR(x)
    FUNCTION plusone
      PARAMETERS a
        a=a+1
      RETURN a
    ENDFUNC
```

该程序的运行结果是：函数返回值为 2，变量 x 的值为 1。如果将第一行语句"SET UDFPARMS TO VALUE"修改为"SET UDFPARMS TO REFERRENCE"，程序的结果会有什么变化？答案应该是：函数返回值为 2（不变），变量 x 的值是 2（不是 1）。

程序段2：

```
    SET UDFPARMS TO VALUE
    STORE 1 TO x
    ? "函数返回值:"+STR(plusone(@x))
    ? "变量x的值:"+STR(x)
    FUNCTION plusone
```

```
PARAMETERS a
  a=a+1
RETURN a
ENDFUNC
```

上面已经分析过，如果程序的第三行 "?"函数返回值： "+STR(plusone(@x))" 中，变量 x 前不加@符号，运行结果是：函数返回值为 2，变量 x 的值为 1。而在一个变量前加@符号，则设定引用传递方式，所以这个程序的运行结果是：函数返回值为 2，变量 x 的值是 2。

5.5.4　变量的作用域

以变量的作用域来分，内存变量可分为全局变量、私有变量和本地变量三类。

1. 全局变量

全局变量是指在任何模块中都可使用的变量。建立全局变量的语法格式如下：

　　PUBLIC *VarList*

功能：将内存变量表 *VarList* 中指定的变量设置为全局变量，并为这些变量赋初值.F.。

说明：

- 若下层模块中建立的内存变量要供上层模块使用，或某模块中建立的内存变量要供并列模块使用，必须将这种变量说明成全局变量。
- Visual FoxPro中，默认命令窗口中定义的变量都是全局变量。
- 程序终止执行时全局变量不会自动清除，而只能用RELEASE或CLEAR　ALL命令来清除。

2. 私有变量

私有变量仅在定义它的模块及其下层模块中有效，而在定义它的模块运行结束时自动清除。声明私有变量的语法格式如下：

　　PRIVATE *VarList*

功能：声明私有变量并隐藏上级模块的同名变量，直到声明它的程序、过程或自定义函数执行结束后，才恢复使用先前隐藏的变量。

说明：

- VFP默认程序中定义的变量是私有变量。
- PRIVATE并不自动对变量赋值，仅是声明而已。
- 在程序模块调用时，参数接受命令PARAMETERS声明的参变量也是私有变量。

3. 本地变量

本地变量只能在建立它的模块中使用，而且不能在高层或低层模块使用，该模块运行结束时本地变量就自动释放。建立本地变量的语法格式如下：

　　LOCAL *VarList*

功能：将内存变量表 *VarList* 中指定的变量设置为本地变量，并为这些变量赋初值.F.。

【例5.21】　　分析以下程序的运行结果。

```
x="12"
y="34"
```

```
DO sub
? "x,y,z=",x,y,z
***sub.prg ***
PRIVATE x            && x 是私有变量,隐藏上级模块的 x 变量,本模块运行时自动清除
PUBLIC  z            && z 是全局变量
x=1
y=2
z=3
? "x,y,z=",x,y,z
RETURN
```

此程序的运行结果应有 2 行输出，第 1 行是 "x,y,z=1　2　3"，第 2 行是 "x,y,z=12　2　3"。

【例 5.22】　利用全局变量修改例题 5.18 中的程序如下，同样可以完成题目的要求。

```
PUBLIC n
n=1
t=1/n
s=0
DO WHILE t>0.0001
  s=s+t
  n=n+2
  DO jc
  t=1/ss
ENDDO
? "数列的和是:",s
FUNCTION jc
  PUBLIC ss
  ss=1
  FOR i=1 TO n
    ss=ss*i
  ENDFOR
  RETURN ss
ENDFUNC
```

5.6　小型案例实训

【案例说明】

cj 表记录每个学生各门课程的成绩，cj_sum 表记录每个学生的总成绩，结构如表 5.1 所示。当修改 cj 表成绩字段的值时，应相应修改 cj_sum 表的总成绩字段。现在有部分 cj_sum 记录的总成绩字段值不正确，请挑出这些记录，并将这些记录存放到一个名为 od_cj 的表中（与 cj_sum 表结构相同，自己建立），然后根据 cj 表成绩字段修改 od_cj 表的总成绩字段。

表 5.1　cj 表和 cj_sum 表的结构

（a）cj 表结构

字段名	字段类型
姓名	C(6)
课程号	C(3)
成绩	N(3)

（b）cj_sum 表结构

字段名	字段类型
姓名	C(6)
总成绩	N(3)

【实现思路】

首先基于 cj 表查询出每个学生的总成绩，将查询结果保存到一个临时表中；然后再通过比较 cj_sum 表中每个学生的总成绩与临时表中相应学生的总成绩，找出总成绩不一样的记录，保存到 od_cj 表中；最后利用循环对 od_cj 表中的总成绩按照临时表中相应学生的总成绩逐一修改。

【编程实现】

```
SELECT 姓名,SUM(成绩) AS 总成绩 FROM cj GROUP BY 1 INTO CURS xx
SELECT a.姓名,a.总成绩 FROM cj_sum a JOIN xx b ON a.姓名=b.姓名;
    WHERE a.总成绩<>b.总成绩 INTO TABLE od_cj
DO WHILE NOT EOF()
    UPDATE od_cj SET 总成绩=xx.总成绩 WHERE od_cj.姓名=xx.姓名
    SKIP
ENDDO
```

5.7 习 题

一、选择题

1. ACCEPT 命令将输入作为_____型数据接收。

   A. 数值　　　　　B. 字符　　　　　C. 逻辑　　　　　D. 备注

2. 打开"图书"表，在屏幕的第 2 行第 3 列输出书名（C,30）、出版日期（D）和单价（N,6,2）三个字段的值，应该使用命令_____。

   A. @2,3 SAY 书名,出版日期,单价

   B. @2,3 SAY 书名+出版日期+单价

   C. @2,3 SAY 书名+DTOC(出版日期)+STR(单价,6,2)

   D. @2,3 SAY 书名+CTOD(出版日期)+STR(单价,6,2)

3. 在 VFP 的程序中不需要用 PUBLIC 等命令明确声明和建立，可直接使用的内存变量是_____。

   A. 局部变量　　　B. 私有变量　　　C. 公共变量　　　D. 全局变量

4. 在 DO WHILE…ENDDO 循环中，若循环条件为.T.，退出循环应使用的命令是_____。

   A. EXIT　　　　　B. LOOP　　　　　C. CLOSE　　　　D. CLEAR

5. 模块调用时，下列关于参数传递的说法正确的是_____。

   A. 实参与形参的数量必须相等，否则运行时出现错误

   B. 当实参的数量多于形参的数量时，运行时不会出现错误

   C. 当形参的数量多于实参的数量时，运行时不会出现错误

   D. 当实参的数量多于形参的数量，或当形参的数量多于实参的数量时，运行时都不会出现错误

6. 下列程序的运行结果是_____。

```
x=-9
IF DATE()>{^2010-01-01}
    x=9
ENDIF
```

```
x=19
? x
```
    A. -9   B. 9   C. 19   D. 结果不确定

7. 下列程序的运行结果是_____。

```
n=1
i=5
DO WHILE i>1
   n=2*n+1
   i=i-1
ENDDO
? n
```
    A. 1   B. 3   C. 5   D. 31

8. 一只球从 200 米的高度自由落下，每次落地后反弹回原高度的一半。下列程序的功能是：计算并显示当它在第 5 次落地时，总共经过的距离和第 5 次反弹的高度。则程序中，两处空白应分别填入_____。

```
CLEAR
s=200
h=100
FOR i=1 TO _____
   s=s+ _____
   h=h/2
ENDFOR
? s,h
```
    A. 5，h   B. 5，2*h   C. 4，h   D. 4，2*h

二、填空题

1. 程序文件的扩展名是_____。

2. 在循环体内要设置修改循环条件的语句，避免死循环。若出现死循环现象，可按_____键中止程序的执行。

3. 已知 CJ 表有学号（xh c(5)）、课程代号（kcdh c(2)）和成绩（cj n(3,0)）三个字段。以下程序求 kcdh 为 "02" 这门课的平均成绩。完善程序：

```
USE cj
zf=0
n=0
SCAN _____
   zf=_____
   n=n+1
ENDSCAN
USE
? zf/n
```

4. 下列程序的功能是对英文字符串进行加密。算法是：将字符串中的字符换成其 "对称" 字符（a 与 z 对称，A 与 Z 对称，b 与 y 对称，B 与 Y 对称，……）。例如，字符串 "FoxPro" 加密后为 "UlcKil"。

```
ACCEPT "请输入一个英文字符串" TO cString
cResult=SPACE(0)
```

```
    FOR i=1 TO LEN(cString)
        c=SUBSTR(cString,i,1)
        IF ISUPPER(c)
            cResult=cResult+_____
        ELSE
            cResult=cResult+_____
        ENDIF
    ENDFOR
    WAIT WINDOWS "字符串后加密后为"+cResult
```

5. 完善程序，使其具有功能：将任意输入的二进制正数转换为十进制数并显示。

```
    CLEAR
    ACCEPT "请输入一个二进制正数:" TO num1
    num1=ALLT(num1)
    n=LEN(num1)
    m=AT(".",num1)
    s=0
    FOR i=m-1 TO 1 STEP -1            && 转换整数部分
        c=VAL(SUBSTR(num1,i,1))
        s=s+_____
    ENDFOR
    FOR i=m+1 TO n                    && 转换小数部分
        c=VAL(SUBSTR(num1,i,1))
        s=s+_____
    ENDFOR
    ? "二进制数"+num1+"对应的十进制数为:",s
```

6. 以下程序的功能是删除一个字符串中的所有空格请完善。

```
    ACCEPT "请输入一个字符串: " TO x
    ?del_sp(x)
    FUNCTION del_sp
        PARA str1
        n=OCCURS(SPACE(1),str1)          && 测试字符串 str1 中含有空格字符的个数
        IF n>0
            FOR i=1 TO n
                m=AT(SPACE(1),str1,1)
                str1=SUBSTR(str1,1,m-1)+_____
            ENDF
        ENDIF
        RETURN _____
    ENDFUNC
```

7. 完善以下程序，要求根据学生的姓名查询该生某门课的成绩，以及这门课的平均成绩。已知 xs 表中有学号(xh C(6))、姓名(xm C(8))等字段，cj 表中含有学号(xh C(6))、课程代号(kcdh C(2))和成绩(cj N(3))字段，kc 表含有课程名(kcm C(30))、课程代号(kcdh C(2))等字段。

```
    SET TALK OFF
    CLOSE TABLES ALL
    ACCEPT "请输入学生姓名:" TO xm1
    USE xs
    LOCATE FOR xm=xm1
```

```
IF FOUND()
   ACCEPT "请输入课程名:" TO kcm1
   SELECT cj FROM xs JOIN cj JOIN kc ON kc.kcdh=cj.kcdh ON cj.xh=xs.xh ;
   WHERE xm=xm1 AND kcm=kcm1;
   UNION;
   SELECT AVG(cj) FROM cj JOIN kc ON kc.kcdh=cj.kcdh
   _____ INTO ARRAY aa
    ? xm1+kcm1+"的成绩、这门课的平均成绩分别是:",_____
ELSE
    ? "没有此人的信息!"
ENDIF
CLOSE TABLES ALL
SET TALK ON
```

8. 写出下列程序的运行结果。第一行是_____，第二行是_____。

```
PUBLIC a
x=1
y=2
a=40
DO aproc
? a,b,x,y

PROCEDURE aproc
  PRIVATE x,a
  PUBLIC b
  x=10
  y=20
  a=33
  b=22
  ? a,b,x,y
RETURN
```

第6章 表单的创建与使用

本章要点

- 面向对象程序设计的概念
- 类的特性
- 对象的属性、方法与事件
- 基类的分类、最小事件集和最小属性集
- 引用对象
- 属性和方法的设置
- 核心事件和常用事件
- 表单的创建与应用
- 表单的常用属性、事件与方法
- 表单的设计工具与数据环境

从程序设计的方法来看，Visual FoxPro 不仅支持结构化的程序设计，而且支持面向对象的程序设计，并提供了许多相关的可视化开发工具。表单（Form）类似于 Windows 中各种标准窗口和对话框，用于实现直观、快速、方便的各种操作，是重要的界面操作工具。

本章首先介绍面向对象程序设计的基本概念，如对象、类、属性、事件和方法等内容，然后重点介绍表单的设计和应用。

6.1 面向对象程序设计基础

程序设计的方法分为两种：传统的面向过程的结构化程序设计方法和面向对象程序设计方法。

面向过程的结构化程序设计方法以问题的求解过程组织程序的流程，围绕着"做什么"到"如何做"这一思想，以功能为主进行设计，其方法是自顶向下、功能分解。这种方法的优点是系统结构强，便于用户设计与理解。但在这种方法中，数据的定义和操作都需要使用命令或函数语句来实现，难以提高编程的效率。

面向对象程序设计方法的基本单位是类与对象，其方法是基于问题的自底向上的功能综合，开发过程是从"用什么做"到"要做什么"，优点是让用户从编写程序的繁重工作中解脱出来，利用系统提供的一系列辅助设计工具，把程序代码与用户界面连接起来。

6.1.1 类和对象

面向对象的程序设计是通过类和对象的设计来实现的。

类（Class）是一组对象的属性和行为特征的抽象描述。或者说，类是具有相同结构、操作并遵守相同规则的一组对象的集合，是一个具有相同行为的对象集合的抽象。类是一个静态的概念，它刻画了对象的模板，类定义了对象的所有属性、事件和方法。

对象（Object）是基于某类所创建的实例。从编程的角度来看，对象是一种将数据和操作过程结合在一起的数据结构，或者是一种具有属性（数据）和方法（过程和函数）的集合体，是一个动态的概念。

在现实世界中，有许多具有相同属性和行为特征的事物。例如，篮球、排球、足球都属于球类，而其中的一个具体的球（对象）就是这一类的一个实例。由此可以理解，类是抽象的，对象是具体的。

在 Visual FoxPro 中，一个具体的控件，如表单及表单上的控件，就可以理解为对象。创建表单就是创建 Form 类的实例，所有表单属于 Form 类，而各个表单可以设置不同的属性、编写不同的事件过程代码，从而实现不同的功能。

1. 类的性质

在面向对象程序设计中，类是简化和优化应用程序的重要工具，因为类具有封装性、继承性、多态性和抽象性。

（1）封装性

类的封装性是指把类的内部信息和内部结构对用户隐藏起来，使得用户可以调用类的事件、方法，而不需要知道类内部的数据结构和代码等信息。换句话说，就是把对象的属性和行为结合成一个独立的单位，并尽可能隐蔽对象的内部细节。

就现实世界而言，类的封装性例子有很多。例如，当驾驶汽车上路时，驾驶员无需了解汽车如何驱动车轮转动，而只需知道如何驾驶即可，而这个驾驶的动作，就是送出消息（Message）给汽车（Object），汽车接受信息之后，就会执行相应的动作（Action）。在这样的信息隐藏意义之下，可以发现，发动一部汽车、驾驶一部汽车所需要的知识就变得非常单纯。

在 Visual FoxPro 中，如果从内存中释放表单，可以调用表单的 Refresh 方法。至于表单的 Refresh 方法是如何执行的，用户无需了解。由于封装性，只需学会如何将消息送至该对象即可，其余的事情就交给对象去完成。例如，在 Visual FoxPro 的表单设计中，用户可以使用标签、按钮、文本框等控件对象，但是用户却不必了解每个控件的内部数据结构的定义和程序代码等信息。

（2）继承性

继承性是指子类延用父类特征的能力。如果父类特征发生改变，则子类将继承这些新特征。这里所谓的"继承"，与"子女继承父母的长相和个性"中的"继承"类似。类具有多层继承机制，通常称原来存在的类为父类，构造出的新类为子类。子类会自动继承其父类的全部属性、事件和方法。同时，子类又可以创建新的属性与方法。

（3）多态性

多态性是指一些相关联的类（如父类、子类）包含同名的方法程序，但方法程序的内容可以不同。具体调用哪种方法程序，在运行时根据对象的类确定，同名的方法程序在不同的层次结构中被调用时，执行的代码不一定会相同，最后导致的行为也不同。

（4）抽象性

抽象性是指提取一个类或对象与众不同的特征，而不对该类或对象的其他信息进行处理。例如，当创建一个表的定位按钮组类时，可以将它们作为整体，而不必关心其中的单个组件以及它们之间是如何作用的。

2. 对象

在面向对象程序设计中，对象是基础。每一个对象，都具有其特有的属性、事件和方法。用户就是通过设置对象的属性、调用对象的方法或事件来进行程序设计的。

（1）属性（Property）

属性是指定义对象的特征或某一方面的行为，如大小、颜色、所处的位置等，即对象的物理性质。例如，电视机的颜色、大小及其摆放位置等电视机的属性。属性是对象所包含的信息，在设计对象时确定。在 Visual FoxPro 中，每一个对象都具有属性。例如，一个命令按钮的大小、背景色、按钮上的标题文字等，都属于命令按钮的属性。

（2）方法（Method）

方法是对象能够执行的一个操作。例如，电视机的频道转换、音量调节等是电视机的方法。方法与对象紧密相关，是对象本身独具的功能。方法也可以由用户创建，因此其集合可以无限制地扩展。在 Visual FoxPro 中，方法实际上就是对象的内部函数，每个类型的对象都有它自己的方法集。例如在命令按钮对象中，调用 Move 方法可以移动按钮的位置。

（3）事件（Event）

事件是由对象识别的一个动作，可以编写相应的代码，以对此动作进行响应。事件是一种预先定义好的特定动作，被用户或系统激活，每个对象都具有与之相关的事件和事件处理程序，都可以对事件的动作进行识别和响应。在多数情况下，事件是由用户的交互行为产生的。例如，对电视机来说，当用户按下电源开关时，激发了一个事件——打开电视。在 Visual FoxPro 中，当用户发生一个单击鼠标左键的动作时，该动作对应的单击（Click）事件就被用户激活，当前对象就会识别其 Click 事件，执行用户在 Click 事件中编写的代码。

事件可以具有与之相关联的方法程序。例如，用户为 Click（单击鼠标）事件编写的方法程序代码将在 Click 事件发生时被执行。方法程序也可以独立于事件而单独存在，此类方法程序必须在代码中被显式调用。

在 Visual FoxPro 中，不同的对象所能识别的事件虽然有所不同，但事件的集合是固定的，用户不能创建新事件。

当使用"对象"这个术语时，既可以指一个具体的对象，也可以泛指一般的对象，但是当使用"实例"这个术语时，必须是指一个具体的对象。对象具有标识唯一性、分类性、多态性、封装性、模块独立性等特征。

6.1.2　类的分类

在 Visual FoxPro 中，类可以分为三类：基类、子类和用户自定义类。

1. 基类

基类是 Visual FoxPro 系统提供的类，可作为其他用户自定义类的基础，如表单和所有控件。

2. 子类

子类是以其他类定义为起点，为某一种对象所建立的新类。子类将继承任何对父类（即子类所基于的类）所做的修改。

3. 用户自定义类

用户自定义类与基类相似，但由用户定义，并且可用来派生子类。

在 Visual FoxPro 系统提供的基类中，根据类的可视性，将基类划分为可视类和非可视类。可视类是指无论在程序设计时，还是在程序运行时，都具有相应的图标和图形化界面。运行时不显示的类，称为非可视类。

在基类中，有些类是可以包容其他类的，因此，根据包容关系，又可以将基类分为容器类和控件类（非容器类）。容器类（Container Classes）是包容其他类的基类，如表单、表单集、命令按钮组等属于容器类。控件类（Control Classes）是可以包含在容器类中的基类，如命令按钮、文本框、标签等。容器类可以包含其他对象，并具有"AddObject（添加对象）和 Setall"等方法。

系统提供的常用基类如表 6.1 所示。Visual FoxPro 中的容器类及其可包含的控件，如表 6.2 所示。

表 6.1　Visual FoxPro 系统的常用基类

容 器 类	控 件 类	
命令按钮组（CommandGroup）	标签（Label）	命令按钮（CommandButton）
选项按钮组（OptionGroup）	文本框（TextBox）	复选框（CheckBox）
表格（Grid）	编辑框（EditBox）	组合框（ComboBox）
*列（Column）	微调框（Spinner）	列表框（ListBox）
页框（PageFrame）	图像（Image）	*计时器（Timer）*
*页（Page）	线条（Line）	OLE 绑定控件（OleBoundControl）
工具栏（ToolBar）	形状（Shape）	分隔符（Separator）
容器（Contain）	*标头（Head）	*选项按钮（Option）
表单（Form）		
表单集（FormSet）		

注 意

　　表中带*表示该类是容器类的集成部分，在类设计器中不能基于它们创建子类，而且它们对应的控件也不能直接添加到表单中。表中斜体显示的类，表示在运行时是不可见的，属于非可视化类。

Visual FoxPro 中的对象根据所基于的类的性质，可以分为容器对象和控件（非容器）对象。容器类控件可以作为其他控件的直接容器，有时称为"父对象"，而非容器控件则可以包含在容器控件中。

Visual FoxPro 中的所有容器对象都具有与之相关的计数（Count）属性和集合（Collection）属性。集合属性是一个数组，用以引用每个包含在其中的对象。计数属性是一个数值，表示容器所包含对象的数目。

表 6.2 容器类及其可包含的控件

容 器 类	所能包含的对象
命令按钮组（CommandGroup）	若干个命令按钮（CommandButton），默认为 2 个
选项按钮组（OptionGroup）	若干个选项按钮（Option），默认为 2 个
表格（Grid）	表格列
列（Column）	标头，除表单、表单集、工具栏、计时器和列对象以外的任何其他对象
页框（PageFrame）	若干个页面（Page），默认为 2
页（Page）	任意控件
工具栏（ToolBar）	分隔符，除表格之外的任意控件。
容器（Contain）	任意控件
表单（Form）	任意控件
表单集（FormSet）	表单、工具栏

每个容器的集合和计数属性是按照容器对象的类型来命名的。表 6.3 列出了容器及其相应的集合属性和计数属性。

表 6.3 集合属性与计数属性

容 器	集合属性	计数属性
表单集	Forms	FormCount
表单	Controls	ControlCount
页框	Pages	PageCount
页面	Controls	ControlCount
表格	Columns	ColumnCount
命令按钮组 选项按钮组	Buttons	ButtonCount
列、工具栏、容器	Controls	ControlCount

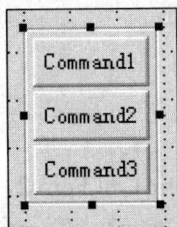

图 6.1 命令按钮组

例如，在图 6.1 所示的命令按钮组中，共有 3 个命令按钮，则命令按钮组的计数属性 ButtonCount 的值为 3，集合属性 Buttons(1) 、Buttons(2) 、Buttons(3)分别代表命令按钮组中的 3 个按钮：Command1、Command2、Command3。

6.1.3 基类的最小事件集和最小属性集

每种基类都有自己的一套属性、方法和事件。不管哪种基类都具有的属性为最小属性集，如表 6.4 所示。

例如，从命令按钮类创建子类 cmd1 和 cmd2，再由 cmd1 类创建 cmd11 子类，则 cmd1、cmd2、cmd11 都具有相同的 BaseClass 属性。如果对象所基于的类是 VFP 的基类，那么 ParentClass 和 BaseClass 是相同的。

表 6.5 列出了基类的最小事件集，不管何种类型的对象都会激活这些事件。

表 6.4   基类的最小属性集

属　性	说　明
Class	该类属于何种类型
BaseClass	该类由何种基类派生而来
ClassLibrary	该类从属于哪个类库
ParentClass	对象所基于的类

表 6.5   基类的最小事件集

事　件	说　明
Init	创建对象时激活
Destroy	从内存释放对象时激活
Error	对象的事件或方法程序运行中发生错误时激活

6.1.4   处理对象

用户可以利用 Visual FoxPro 系统提供基类或已定义的子类或自定义类创建对象。一旦定义了对象，便可以通过对对象的修改、方法程序的调用来处理对象。

1. 对象的引用

所谓对象的引用是指如何在程序设计和程序运行时对这些对象进行控制和操作、明确地标识容器中的对象。在进行表单设计时，在表单界面上可能会用到若干个控件对象，而这些对象之间又可能具有相互包容的层次关系。此时，只有明确一个对象所处的层次位置才能准确定位该对象。例如，如果要在表单集中处理一个表单中的控件，则需要引用"表单集.表单.控件"，其中"."用于分隔对象。

在容器层次中引用对象就好似给 Visual FoxPro 提供这个对象的地址。例如，当给一个远方的朋友写信时，在信封上需要写明朋友所在的国家、省份、城市、街道，甚至朋友家的门牌号，否则将引起混淆。

对象引用分为绝对引用和相对引用。

（1）绝对引用

绝对引用是指从容器的最高层次引用对象，给出对象的绝对地址。

例如，若要绝对引用表单 Form1 中的文本框 Text1 对象可以表示如下：

```
Formset1.Form1.Text1
```

假设在图 6.2 中，有一个表单集 FormSet1，该表单集包含 2 个表单 Form1 和 Form2，在表单 Form1 中，有个页框 PageFrame1，页框 PageFrame1 的第 2 个页面 Page2 上有一个命令按钮 Command1，还有一个包含 2 个按钮的命令按钮组 CommandGroup1。

如果要引用命令按钮组 CommandGroup1 中的第 1 个按钮 Command1，则使用绝对引用时，从容器的最高层次开始引用，可以表示如下：

```
FormSet1.Form1.PageFrame1.Page2.CommandGroup1.Command1
```

（2）相对引用

相对引用是指在容器层次中相对于某个容器层次的引用。相对引用通常应用于某个对象的事件处理代码或方法程序代码中。

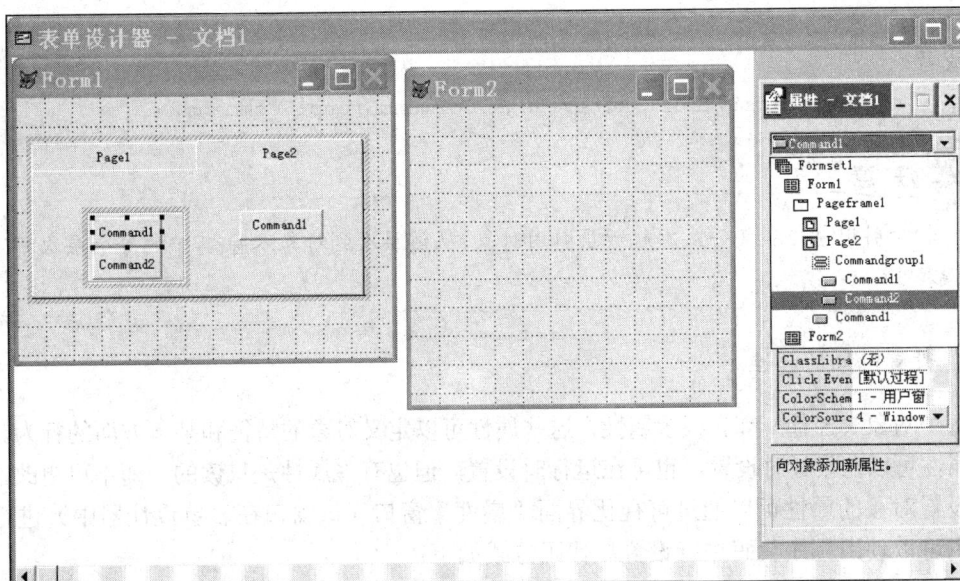

图 6.2　容器及容器中对象的层次关系

在相对引用中，对同一个对象的引用，可以采用不同的引用路径，通常采用相对引用关键字。相对引用关键字，包括以下几个。

- **This**：引用当前具有焦点的对象本身。
- **ThisForm**：引用包含对象的当前表单，即当前对象所在的表单。例如：

  `ThisForm.PageFrame1.Page2.CommandGroup1.Command2`
- **ThisFormSet**：引用包含对象的表单集。例如：

  `ThisFormSet.Form1.PageFrame1.Page2.CommandGroup1.Command2`
- **ActiveControl**：引用当前活动表单中具有焦点的控件。例如：

  `ThisForm.ActiveControl`
- **ActiveForm**：引用当前活动表单。例如：

  `ThisFormSet.ActiveForm.ActiveControl`
- **ActivePage**：引用当前活动表单中的活动页面。例如：

  `ThisFormSet.ActiveForm.ActivePage.CommandGroup1.Command2`
- **Parent**：引用包含对象的直接容器，即父对象。该属性设计时不可用，运行时只读。

使用 Parent 属性，可以访问一个控件所属的容器对象的属性、方法或事件。

例如，如果一个控件类中的对象被放置在未知的表单对象上，可以用 Parent 属性来引用。

　　`This.Parent.ActiveContronl`

- **_Screen** 是指屏幕对象。

如果要引用当前屏幕上的活动表单，可以这样使用：

　　`_Screen. ActiveForm`

如果要引用当前屏幕上的活动表单上的活动控件，可以这样使用：

　　`_Screen. ActiveForm. ActiveControl`

例如，在图 6.2 中，如果引用命令按钮组 CommandGroup1 中的第 2 个按钮 Comand2，采用相对引用，则可以表示为：

　　`ThisFormSet.Form1.PageFrame1.Page2.CommandGroup1.Command2`

或者：

```
This.Parent.Command2
```
或者：
```
_Screen.ActiveForm.ActivePage.CommandGroup1.Command2
```

> **注 意**
>
> 相对引用也应从某一层次起逐层引用对象，从该层次到对象本身，其中的每个层次都不能漏掉。

2. 设置对象的属性

每个对象（控件）都有很多属性，这些属性可以定义对象的特征和某一方面的行为。对象的属性可以在设计时设置，也可在运行时设置，但也有些属性是只读的，即不可更改的。

设置对象的属性可以通过可视化界面"属性"窗口（该窗口在表单设计器中）进行设置，也可以使用程序代码进行设置，代码方式如下：

〈引用对象〉.〈对象属性名称〉=〈属性值〉

例如，在表单 Form1 中有一个文本框 Text1，设置文本框 Text1 的字体（FontName）为黑体，字体颜色（ForeColor）为蓝色，字号（FontSize）为 16 号字，则代码如下：
```
ThisForm.Text1.FontName="黑体"
ThisForm.Text1.ForeColor=RGB(0,0,255)
ThisForm.Text1.FontSize=16
```

此外，还可以利用 WITH…ENDWITH 语句简化对同一个对象的多个属性的设置。例如，上述代码可以简化为：
```
WITH ThisForm.Text1
    .FontName="黑体"
    .ForeColor=RGB(0,0,255)
    .FontSize=16
ENDWITH
```

3. 调用对象的方法程序

方法程序是指对象能够执行的一个操作，是和对象相联系的过程。如果对象已经创建，则可以在应用程序的任何地方调用对象的方法程序。

调用格式如下：

〈引用对象〉.〈对象方法名称〉

例如，在表单 Form1 中有一个命令按钮 Command1，单击该按钮时，调用表单的 Release（释放）方法，则代码如下：
```
ThisForm.Release
```

对于具有返回值的方法程序，则必须以圆括号结尾（类似于函数调用），如果有参数传递给方法程序，该参数也必须放在圆括号中。

例如，将当前对象移动到相对容器边缘坐标位置在（100,50）的位置上，要调用该对象的 Move 方法，代码如下：
```
This.Move(100,50)
```

6.1.5　事件

事件是由对象识别的一个动作，由系统定义，用户不能为对象创建事件。当对象的事件发生时，该事件的过程代码就被自动执行。如果事件没有与之相关的处理程序代码，则事件发生时不会发生任何操作。

例如，当用户单击命令按钮时，将发生 Click 事件，命令按钮的 Click 事件代码被执行。如果 Click 事件中没有相应的程序代码，则 Click 事件虽然发生，但不执行任何操作。

需要特别强调说明，事件一般是由用户的交互方式动作触发的，如单击或双击鼠标，按下键盘上的键，都可以触发相对应的事件。也有些事件是被系统触发的，例如计时器控件中的 Timer 事件和表单的 Load 事件等。在没有事件发生时，用户也可以显式地调用与事件相关的程序代码，如语句：

```
ThisFormSet.Form1.Activate
```

该调用将使 Activate 事件中的程序代码被执行，但并不激活表单 Form1。

虽然一个对象可以拥有多个事件，但并非对所有的事件都要编写事件代码，用户要根据程序的具体要求来定。对于必须响应的事件需要编写事件代码，而不需要理会的事件，只要交给系统的默认处理程序即可。

1. 核心事件集

Visual FoxPro 基类的事件集合是固定的，用户不能进行扩充。表 6.6 列出了 Visual FoxPro 中的核心事件集，这些事件适用于大多数对象。

表 6.6　核心事件集

事　件	事件被激发后的动作
Load	表单或表单集被加载到内存中
Unload	从内存中释放表单或表单集
Init	创建对象
Destroy	从内存中释放对象
Click	单击对象
DblClick	双击对象
RightClick	右键对象
GotFocus	对象接收焦点，由用户动作引起
LostFocus	对象失去焦点，由用户动作引起
KeyPress	用户按下或释放键
MouseDown	按下鼠标按钮
MouseMove	在对象上移动鼠标
MouseUp	当鼠标指针停在一个对象上，用户释放鼠标按钮
InteractiveChange	以交互方式改变对象值

2. 事件激发的顺序

在 Visual FoxPro 中，有些事件的激发顺序是固定的，有些事件是独立发生的。例如，表单事件的激发顺序为 Load、Init、Activate、Destroy、Unload。 文本框对象的事件发生顺序是 When、GotFocus、Valid、LostFocus。

大多数事件是用户与 Visual FoxPro 交互操作时伴随着其他一系列事件发生的。一个动作可能触发多个事件，甚至是多个对象的多个事件。了解这些事件及事件发生的顺序，有助于正确设置事件代码。表 6.7 给出了一些动作及它触发的多个事件的顺序。

表 6.7　一个动作触发多个事件的情况

动　作	事　件
单击对象	When、GotFocus、MouseDown、MouseUp、Click
双击对象	When、GotFocus、MouseDown、MouseUp、Click、DbClick
单击表单	Activate、MouseDown、表单中第一个对象的 When、表单中第一个对象的 GotFocus、表单的 MouseUp、表单的 Click
单击列表框	MouseDown、MouseUp、InteractiveChange、Click
单击表格中的单元格	BeforeRowColChange、MouseDown、MouseUp、AfterRowColChange、Click

3. 常用事件介绍

在 Visual FoxPro 中，常用的事件有鼠标事件、键盘事件、表单事件和控件焦点事件等，如表 6.8 所示。

表 6.8　常用的事件列表

事件分类	事　件
鼠标事件	Click、RightClick、DbClick、MouseDown、MouseUp、MouseMove
键盘事件	KeyPress
改变控件内容	InteractiveChange
焦点事件	GotFocus、Valid、LostFocus
表单事件	Load、Activate、Unload
数据环境	BeforeOpenTables、AfterCloseTables
其他	Init、Destroy、Error、Timer

下面对常用事件加以说明。

（1）鼠标事件

Click 事件：当在程序中包含触发此事件的代码，或者单击鼠标左键，或者更改特定控件的值，此事件发生。

RightClick 事件：当用户在控件上按下并释放鼠标右键时，此事件发生。

DblClick 事件：当连续两次快速按下鼠标左键并释放时，此事件发生。

（2）键盘事件

KeyPress 事件：当用户按下并释放某个键时，此事件发生。该事件应用于复选框、组合框、命令按钮、编辑框、表单、列表框、选项按钮、微调框、文本框。

（3）改变控件内容的事件

InteractiveChange 事件：在使用键盘或鼠标更改控件的值时发生。该事件应用于复选框、组合框、命令按钮组、编辑框、列表框、选项按钮组、微调框、文本框。

（4）焦点事件

焦点（Focus）是用以指出当前被操作的对象。

When 事件：在控件接收焦点之前发生。如果 When 事件返回.T.，默认控件接收到焦点，否则没有接收到焦点。

GotFocus 事件：当通过用户操作或执行程序代码使对象接收到焦点时，此事件发生。

Valid 事件：在控件失去焦点之前发生。Valid 事件返回 ".T."，表明控件失去焦点；若返回 ".F."，则说明控件没有失去焦点。

LostFocus 事件：当某个对象失去焦点时发生。

（5）表单事件

Load 事件：在创建对象前发生，该事件应用于表单和表单集。

Activate 事件：当激活表单、表单集或页对象，或者显示工具栏对象时，此事件发生。

Unload 事件：在对象释放时发生。Unload 事件发生在 Destroy 事件和所有包含的对象被释放之后。

例如，一个表单集中包含一个表单，该表单中包含一个控件（一个命令按钮），释放的顺序如下：表单集的 Destroy 事件、表单的 Destroy 事件、命令按钮的 Destroy 事件、表单的 Unload 事件、表单集的 Unload 事件。

（6）数据环境事件

BeforeOpenTables 事件：仅发生在与表单集、表单或报表的数据环境相关联的表和视图打开之前。

AfterCloseTables 事件：在表单、表单集或报表的数据环境中，释放指定的表或视图后，将发生此事件。

（7）其他事件

Init 事件：在创建对象时发生。

对于表单集和其他容器对象来说，容器中对象的 Init 事件在容器的 Init 事件之前触发，因此容器的 Init 事件可以访问容器中的对象。容器中对象的 Init 事件的发生顺序与它们添加到容器中的顺序相同。

Destroy 事件：当释放一个对象的实例时发生。

一个容器对象的 Destroy 事件在它所包含的任何一个对象的 Destroy 事件之前触发；容器的 Destroy 事件在它所包含的各对象释放之前触发。

Error 事件：当某方法在运行出错时，此事件发生。

Timer 事件：当经过 Interval 属性中指定的毫秒数时，此事件发生。

4. 编写事件代码的规则

1）容器不处理所包含的控件相关联事件。例如，单击表单上的命令按钮，触发的是命令按钮的 Click 事件，而不是表单的 Click 事件。

2）在容器层次中，当某事件发生时，只有与事件相关联的最里层对象才识别该事件，更高层的容器不识别该事件（选项按钮组和命令按钮组除外）。例如，单击页面上的命令按钮，激发的是命令按钮的 Click 事件，而不是页面的 Click 事件，也不是表单的 Click 事件。

　　3）若没有与控件相关联的事件代码，Visual FoxPro 将在更高的容器层次上检查是否有与此事件相关联的控件代码（典型代表：选项按钮组和命令按钮组）。

6.1.6　事件驱动与事件循环

　　在面向对象的程序设计中，程序代码大多数是为对象或对象的某个（某些）事件而编写的事件处理代码，程序代码的执行总是由某个事件的发生而引起的。即采用面向对象的程序设计方法设计的应用程序，其功能的实现是由事件驱动的。

　　事件驱动的编程环境与传统的结构化编程环境截然不同。在结构化程序设计中，程序的执行是按照程序的流程顺序和固定的路径执行的，这就大大地限制了编程的自由度和可以完成的功能。而基于事件驱动的程序设计则没有一个固定的执行路线，它的执行不局限于某一个固定的流程，而取决于当前所发生的事件，由事件来驱动。什么事件发生了，便有相应的事件处理程序去处理，这显然给程序设计留下了非常大的余地，对用户来说，就是"所思即所得"。

　　利用 Visual FoxPro 进行应用程序的设计时必须建立事件循环。事件循环由 READ EVENTS 命令建立，CLEAR EVENTS 命令终止。当发出 READ EVENTS 命令时，系统启动事件处理，发出 CLEAR EVENTS 命令时停止事件处理。若 READ EVENTS 命令位于某程序代码中，且在该命令后面还有其他命令，则执行 CLEAR EVENTS 命令后，程序还将继续执行紧跟在 READ EVENTS 后面的那条语句。

　　READ EVENTS 命令通常出现在应用程序的主文件的程序代码中，可以是主程序文件中，也可以是主菜单的清理代码中，或者主表单的事件处理代码中。如果使用 READ EVENTS 命令启动了事件循环，在应用程序中，必须有合适的地方使用 CLEAR EVENTS 清除事件循环，否则引起死循环，如果程序运行时出现"死循环"现象，可以通过按 Esc 键强制中断程序执行。CLEAR EVENTS 一般放在"退出"菜单或表单上的"退出"按钮的事件代码中。具体应用参见第 10 章。

6.2　表单的创建与应用

　　表单（Form）是 Visual FoxPro 用于创建应用程序用户界面的主要工具之一，在表单中可以添加命令按钮、文本框等控件，构成标准窗口或对话框。表单也可以显示、输入和编辑数据库表中的数据，为用户提供一个可视化的操作界面。

6.2.1　表单的创建

Visual FoxPro 提供了两种创建表单的方法：利用表单向导和表单设计器。

　1. 利用向导创建表单

　　表单向导是 Visual FoxPro 提供的创建表单的快速、简单的方法。由于表单向导的交互性，开发人员无须用复杂的编程来实现，使创建表单变得更轻松。利用 Visual FoxPro 系统提供的表单向导，可以方便地创建基于一张表或基于具有一对多关系的两张表的表单。

启动"表单向导"可采用以下两种方法之一。

方法1：在"项目管理器"中启动"表单向导"。

选择"项目管理器"窗口中的"文档"选项卡，选择"表单"标签，如图 6.3 所示，单击"新建"按钮，打开"新建表单"对话框，如图 6.4 所示。然后选单击"表单向导"按钮，出现"向导选取"对话框，如图 6.6 所示。

方法2：在"文件"菜单中选"新建"来启动"表单向导"。

单击"文件"→"新建"菜单项，打开"新建"对话框，如图 6.5 所示。在"新建"对话框中选用"表单"单选选项，然后单击"向导"按钮，出现"向导选取"对话框，如图 6.6 所示。

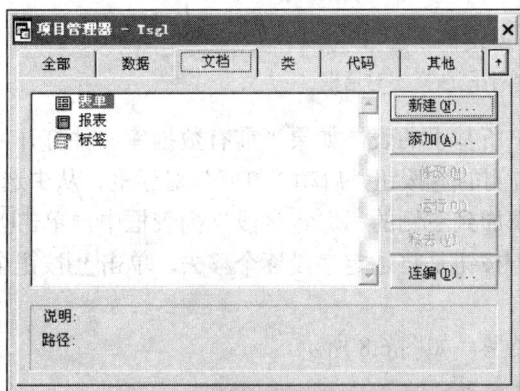

图 6.3　"项目管理器"窗口中的"文档"选项卡

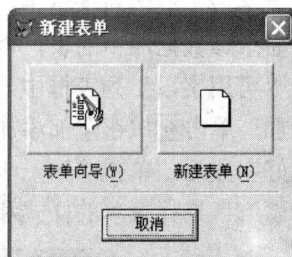

图 6.4　"新建表单"对话框

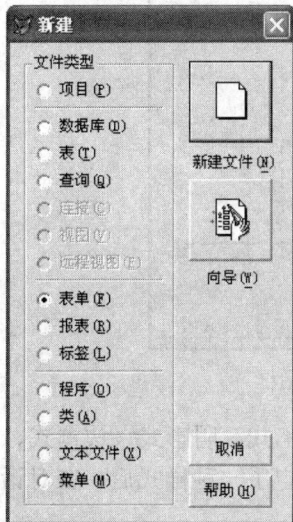

图 6.5　"新建"对话框

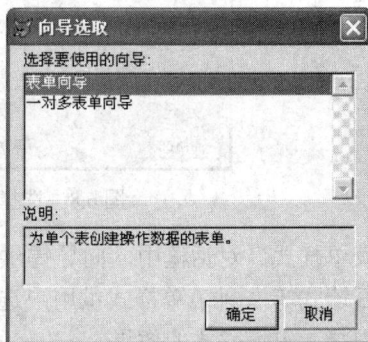

图 6.6　表单"向导选取"对话框

在"向导选取"对话框中，可以选择"表单向导"，为单个表创建表单，也可以选择"一对多表单向导"，为两个相关表创建表单。

（1）创建单个表的表单

创建单个表的表单，向导提供了以下四步。

步骤一：选择数据库和表以及表单上要显示的字段，如图 6.7 所示。

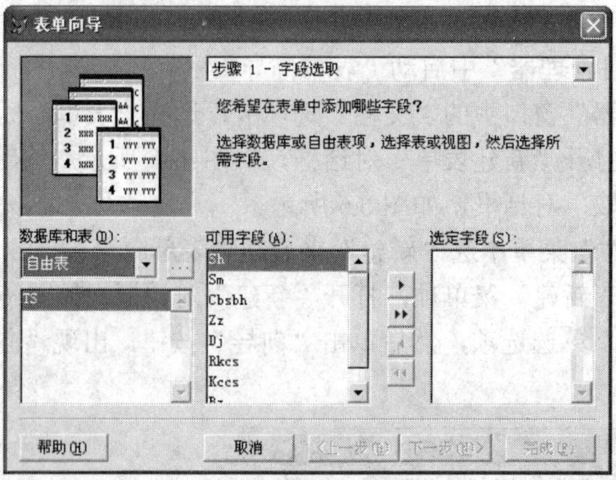

图 6.7　"字段选择"对话框

在"字段选取"对话框中，选择表单所基于的表，如果当前有数据库文件打开，则系统自动显示该数据库中的表，否则利用右侧的▢按钮，启动"打开"对话框，从中选择表。然后从"可用字段"列表框中选取字段添加到右侧的"选定字段"列表框中，单击▸按钮逐个添加，单击▸▸按钮全部添加，单击◂按钮是将选定字段逐个移去，单击◂◂按钮全部移去。选好字段后，单击"下一步"按钮。

步骤二：选择表单的样式和按钮的类型，如图 6.8 所示。

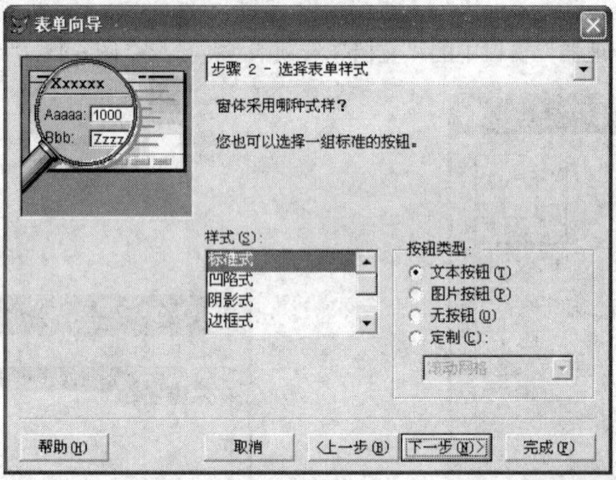

图 6.8　选择"表单样式"对话框

在"表单样式"对话框中，向导提供了标准式、凹陷式、阴影式、边框式、浮雕式、新奇式、石墙式等 9 种表单样式供用户选择。当用户选定了一种样式后，在对话框左上角的放大镜中显示出该样式的效果。

不同的"按钮类型"决定了表单中按钮的样式，系统提供了文本按钮、图片按钮、无按钮和定制四种类型供用户选择。

选择某种样式和按钮后，单击"下一步"按钮。

步骤三：选择排序的字段，如图 6.9 所示。

在排序对话框中，选定排序字段，最多选择三个字段来排序，也可以选取一个索引标识来排序记录。

步骤四：完成，输入表单标题，如图 6.10 所示。

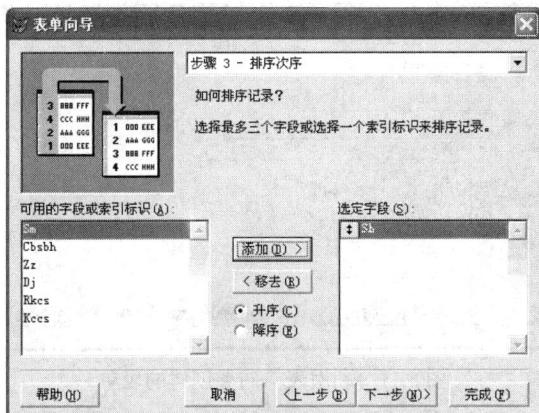

图 6.9　"排序次序"对话框

图 6.10　"完成"对话框

在"完成"对话框中可以为表单设置一个标题，该对话框为用户提供了三种保存表单的方式，可以根据需要选择一种方式保存表单。在单击"完成"按钮前，用户可以单击"预览"按钮，来运行创建的表单（预览时表单的按钮不起作用），如果对设计不满意，可单击"上一步"按钮来进行修改；如果满意，则单击"完成"按钮，在"另存为"对话框中为新创建的表单输入一个文件名。

表单保存后，在磁盘上产生两个文件：表单文件和表单备注文件，扩展名分别为.scx 和.sct。

如果是通过项目管理器启动的向导，则创建的表单将自动地包含在项目中，否则可以在项目管理器中利用表单的"添加"按钮将创建的表单添加到项目中。

利用向导创建的表单保存后，如果需要修改，可以在"表单设计器"中修改。

如果要运行表单，可以在项目管理器中选择该表单后，单击"运行"按钮，也可以在"命令"窗口用 DO FORM 命令运行。

如图 6.11 所示是用表单向导创建的基于图书（ts）表的表单。

（2）利用向导创建一对多表单

"一对多表单向导"可以创建两个相关表的表单。在一对多表单中，在显示父表数据的同时以表格控件显示相关的子表数据。

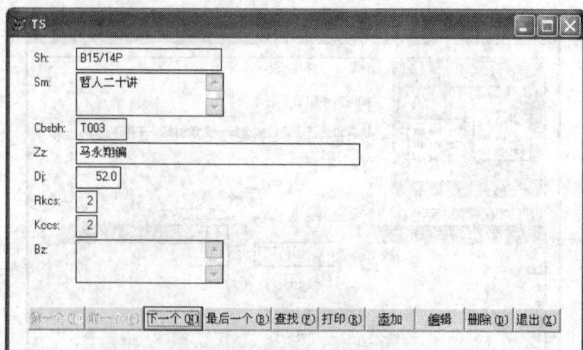

图 6.11　利用表单向导创建的表单

创建步骤如下。

① 选取一对多表单向导。在如图 6.6 所示的"向导选取"对话框中，选择"一对多表单向导"，单击"确定"按钮，启动"一对多表单向导"，出现"从父表中选取字段"对话框，如图 6.12 所示。

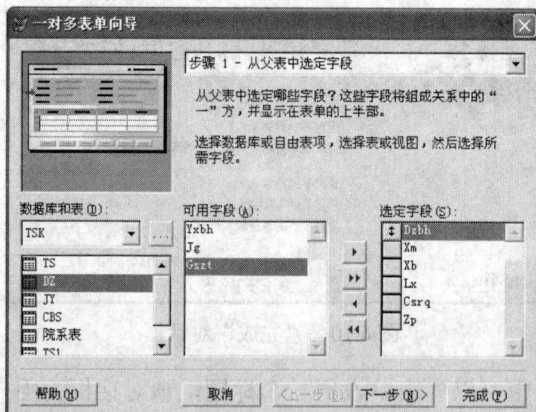

图 6.12　"从父表中选取字段"对话框

② 选取父表中的字段。从"父表中选定字段"对话框中，首先选择一对多关系中的父表，然后从父表中选定字段。单击"下一步"按钮，出现"从子表中选定字段"对话框，如图 6.13 所示。

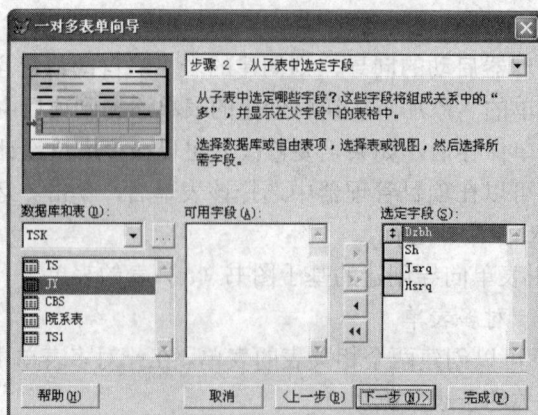

图 6.13　"从子表中选定字段"对话框

③ 从子表中选定字段。选择一对多关系中的子表，然后从子表中选定字段。单击"下一步"按钮，出现"建立表之间的关系"对话框，如图 6.14 所示。

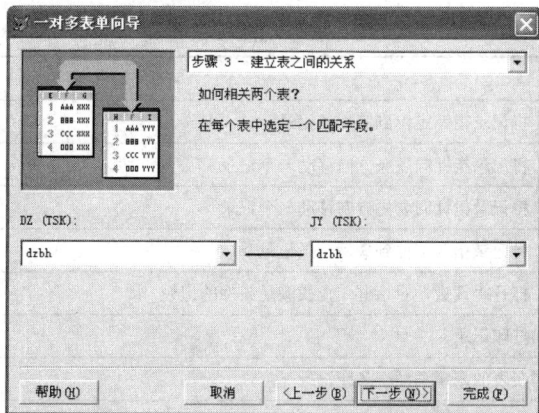

图 6.14 "建立表之间的关系"对话框

④ 建立表之间的关系。一般选择父表中的主关键字段和子表中的某一字段相关联，这两个字段一般具有相同的字段名或相同含义的字段名和相同的数据类型。单击"下一步"按钮，出现"选择表单样式"对话框。

⑤ 选取表单样式。选定样式和按钮类型后，单击"下一步"按钮，出现"排序次序"对话框。

⑥ 排序次序。在"排序次序"对话框中，选择主表记录的排序字段。单击"下一步"按钮，进入"完成"对话框。

⑦ 完成。在本步骤可以为表单设置一个标题，同时选择一种方式保存表单。

表单保存之后，可以像其他表单一样，在表单设计器中打开并修改。对于一对多表单，由于父表的每个记录对应于子表中的多个记录，所以表单运行时，父表在表单中每次显示一个记录的（部分字段）数据，子表的相关数据在表单中利用表格控件以"浏览窗口"的形式显示。在一对多表单中，用于记录定位的按钮只对父表产生控制，子表记录可以通过子表窗口的操作控制。

如图 6.15 所示是用一对多表单向导创建的基于读者（dz）表和借阅（jy）表的表单，按钮类型是图片按钮。

图 6.15 "读者借阅情况"表单

利用向导在表单上创建的定位按钮的功能及含义如表 6.9 所示。文本按钮与图片按钮对应位置一致，对应功能也一致。

表 6.9　表单功能按钮含义

按钮名称	含　义
第一个	将记录指针定位到第一条记录
前一个	将记录指针向表头方向移动一个记录
下一个	将记录指针向表尾方向移动一个记录
最后一个	将记录指针定位到最后一条记录
查找	打开"搜索"对话框，查找满足条件的记录
打印	打印记录
添加	在表的末尾添加一条新记录
编辑	编辑当前记录
删除	删除当前记录
退出	关闭表单

2. 利用"表单设计器"创建表单

由表单向导生成的表单，其外观、形式、功能基本上固定，通常不能满足实际工作的需要。利用 Visual FoxPro 系统提供的表单设计器，可以根据用户的需求，可视化地修改或创建表单。

利用表单设计器创建表单，其步骤如下。

① 在项目管理器的"文档"选项卡中选择"表单"，单击"新建"按钮，出现"新建表单"对话框，单击"新建表单"按钮，出现如图 6.16 所示的"表单设计器"窗口。或者利用"常用"工具栏的"新建"按钮，或者通过"文件"→"新建"菜单命令，或者在"命令"窗口输入 CREATE FORM 命令也会启动表单设计器。

当打开"表单设计器"时，系统自动显示"表单设计器"工具栏、"表单控件"工具栏和"属性"窗口等。

② 启动"数据环境设计器"窗口。单击"表单设计器"工具栏中的"数据环境"按钮，

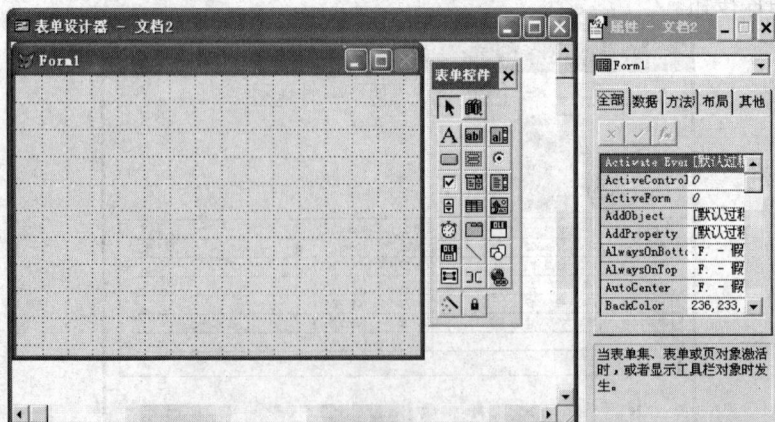

图 6.16　"表单设计器"窗口

或者在右键快捷菜单中选择"数据环境"命令，系统启动"数据环境设计器"窗口，并显示"添加表或视图"对话框，如图 6.17 所示。

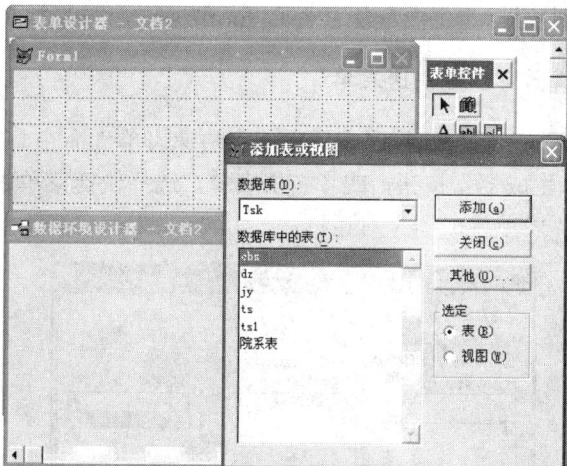

图 6.17　"添加表或视图"对话框

如果"添加表或视图"对话框已关闭，选择"数据环境"→"添加"菜单命令可以打开。选择需要添加的表，如果是数据库表，在"数据库"下拉列表中选择数据库，然后选择数据库表；如果是视图，在"选定"选项组中选中"视图"单选按钮，然后选择视图名称；如果是自由表，则单击"其他"按钮，在"打开"对话框中选择自由表文件，可以添加多个表或视图。

③ 拖动控件到"表单设计器"。可以将"数据环境设计器"窗口中数据表中的相关字段拖到表单上，也可以将"表单控件"工具栏中的控件添加到表单上。如果从数据环境中将表或字段拖放到表单上，则会生成相应的控件，并已设置好数据源。如果是从"表单控件"工具栏中拖放控件到表单上，若需要将控件显示的信息与表中的字段绑定，则需要设置控件的 ControlSource 属性。

④ 将表单设计器中的对象进行适当调整、修改以达到预期的效果。选中拖放到表单设计器中的控件，控件四周会出现八个尺寸柄，移动控件可以改变位置，拖动尺寸柄可调整大小。

⑤ 表单的保存和运行。单击"关闭"按钮，弹出"另存为"对话框，输入表单文件名，完成表单的创建。另外，也可以在关闭"表单设计器"之前，选择"表单"→"运行"菜单命令，观察表单的运行效果，如果不符合要求，可以继续在表单设计器中进行修改。

表单的运行方法有多种，在项目管理器中选择要运行的表单，单击"运行"按钮，或者单击"表单设计器"工具栏上的"!"按钮，或者选择"表单"→"执行表单"命令，也可以使用运行表单的命令：DO FORM <表单文件名>。

【例 6.1】　利用表单设计器创建图书表的表单。

操作步骤如下：

① 在命令窗口，输入命令：

```
CREATE FORM
```

② 在表单上单击鼠标右键，选择"数据环境"，添加 ts 表。

③ 从数据环境中选择书号（sh）字段，拖放到表单的适当位置，同样依次从数据环境拖放书名（sm）、书版社编号（cbsbh）、作者（zz）、单价（dj）、入库册数（rkcs）、库存册

数（kccs）字段到表单上。

④ 适当地调整位置和布局。

⑤ 单击工具栏的 ! 运行，将表单保存为 ts_form1.scx。

3. 利用"表单生成器"创建快速表单

在启动"表单设计器"后，选择"表单"→"快速表单"命令，或者单击"表单设计器"工具栏中的"表单生成器"按钮，或者右击表单，选择快捷菜单中的"生成器"命令，出现如图 6.18 所示的"表单生成器"对话框。

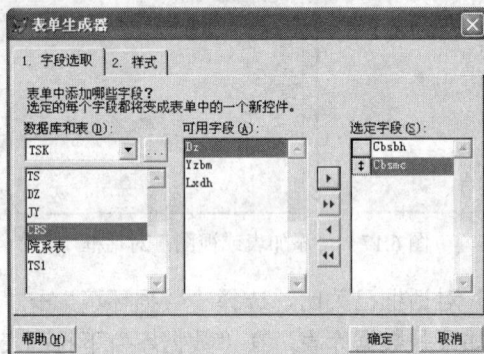

图 6.18　"表单生成器"对话框

"表单生成器"对话框中有两个选项卡："字段选取"选项卡和"样式"选项卡。

（1）"字段选取"选项卡

"字段选取"选项卡指定要作为表单控件添加的字段。在"数据库和表"列表中选取数据库表和视图或自由表；在"可用字段"列表框中显示选定表或视图中的所有字段，利用箭头按钮进行逐个或全部"添加"或"移去"字段；"选定字段"列表框中显示在表单中作为控件出现的字段。

（2）"样式"选项卡

单击"表单生成器"中的"样式"选项卡，如图 6.19 所示。

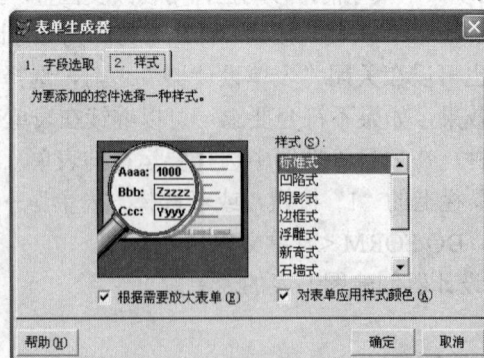

图 6.19　表单生成器的"样式"选项卡

"样式"选项卡为控件提供几种样式选项，这里的样式对应于"表单向导"提供的样式。单击"确定"按钮，关闭"表单生成器"对话框，各个选项中的设置生效，即完成了表单的创建。

利用"表单生成器"对话框，可以快捷地产生基于表或视图的字段控件，表单中不产生用于记录定位等控件按钮。用表单生成器创建的图书表的表单如图 6.20 所示。

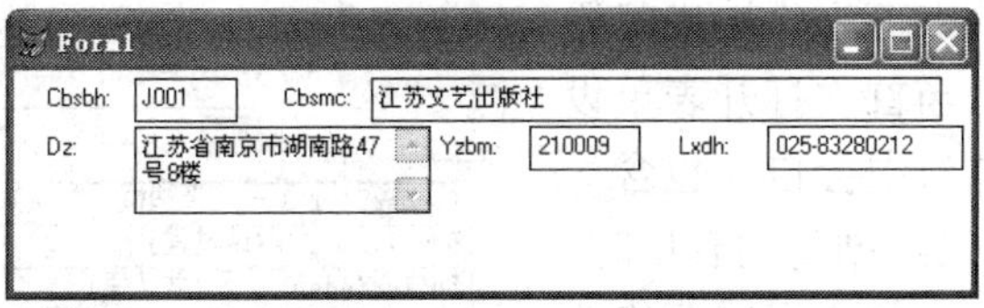

图 6.20 "表单生成器"创建的出版社表的表单

利用表单设计器，还可以修改和完善使用表单向导、表单生成器及表单设计器所创建的表单。

6.2.2 利用表单设计器修改表单

对于已经创建的表单，可以利用"表单设计器"进行修改。例如，向表单中添加控件，修改控件的属性，修改表单的布局、表单的外观、表单的数据环境及 Tab 键次序等。

1. 打开表单设计器

在项目管理器中选择需要修改的表单，然后单击"修改"按钮，打开表单设计器。也可以使用下列命令打开表单设计器：

  MODIFY FORM <表单文件名>

例如，可以输入以下命令代码：

```
MODIFY FORM dz.SCX                   &&打开表单设计器,修改 dz 表单
```

2. "表单设计器"窗口介绍

表单设计器窗口如图 6.21 所示，包括表单设计窗口、"属性"窗口、表单控件工具栏、表单设计器工具栏以及"表单"菜单项。

图 6.21 "表单设计器"窗口

（1）表单设计窗口

表单设计窗口是对表单进行修改的主
窗口，用户可以在表单中可视化地进行添
加和修改控件的操作。当首次打开表单设
计器时，在表单设计窗口中会自动包含一
个新表单；当修改一个已经创建的表单时，
在表单设计窗口中会自动包含指定要修改
的表单。

（2）属性窗口

当打开表单设计器时，会自动显示"属
性"窗口，如果没有显示"属性"窗口，
可以单击"显示"菜单中的"属性"命令，
打开该窗口，如图 6.22 所示。

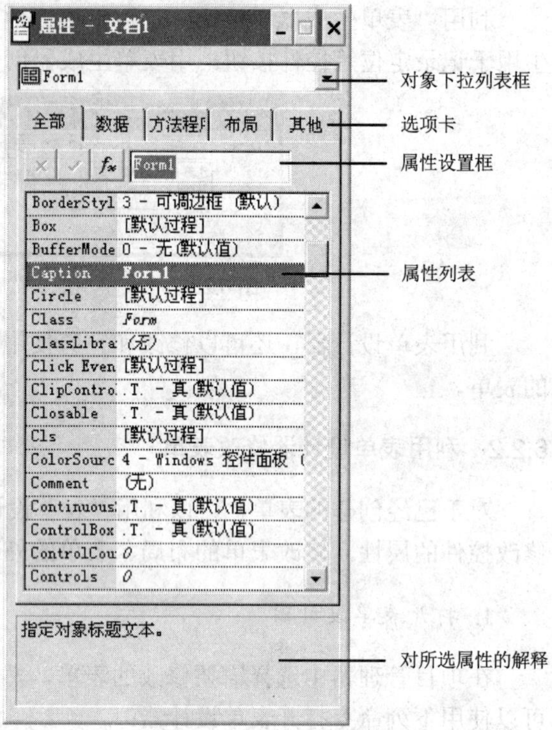

在"属性"窗口中可以完成表单设计
的大部分工作。"属性"窗口包含了对象下
拉列表框、属性设置框、属性列表以及属
性方法程序选项卡。

1）"对象"下拉列表框。"对象"下拉
列表框"列出了当前表单和表单包含的各

图 6.22　"属性"窗口

种控件对象，并显示了当前对象的名称。单击"对象"下拉列表框右端的向下箭头，可看
到包括当前表单及其他控件的列表，从列表中可选择要更改其属性的表单或控件。如果打
开数据环境设计器，对象下拉列表框中会显示数据环境及其临时表和关系。

2）"属性"设置框。"属性"设置框用于修改对象属性。如果选定的属性需要预定义的
设置值，则在右边会出现一个下拉箭头。如果属性设置需要指定一个文件名或一种颜色，
则在右边会出现"…"按钮。单击"√"按钮确认属性的更改。单击"×"按钮取消更改，
恢复以前的值。单击"fx"按钮，可打开表达式生成器，属性可以设置为原义值或由函数
或表达式返回的值。

3）选项卡。选项卡由"全部"、"数据"、"方法程序"、"布局"和"其他"五部分组成，
其中"全部"选项卡中包含了其他四个选项卡中的全部属性、方法程序；"数据"选项卡，
显示有关对象如何显示；"方法程序"选项卡，显示方法和事件；"布局"选项卡，显示所
有的布局属性，各个对象的布局也可以通过"布局"工具栏可视化地设计；"其他"选项卡，
显示其他和用户自定义的属性。

4）"属性"列表。"属性"列表显示所有可在设计时更改的属性和当前值。选择任何属
性并按 F1 功能键，可得到此属性的帮助信息。对于具有预定值的属性，在"属性"列表中
双击属性名，可以遍历所有可选项；对于具有两个预定值的属性，在"属性"列表中双击
属性名可在两者间切换；对于以表达式作为设置的属性，表达式前面必须有等号（=）；只
读的属性、事件和方法以斜体显示。

（3）表单控件工具栏

使用表单控件工具栏可以在表单上创建控件。在"表单控件"工具栏单击需要的控件
按钮，将鼠标指针移动到表单上，然后单击表单放置控件或把控件拖至所需的大小。

"表单控件"工具栏上包含各种控件按钮,如图 6.23 所示。"表单控件"工具栏上各个按钮的含义如表 6.10 所示。

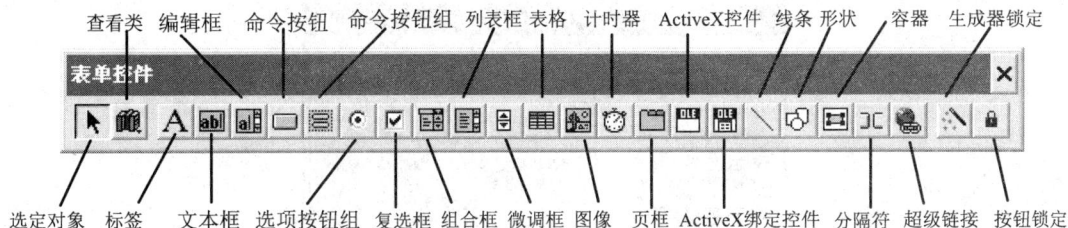

图 6.23　"表单控件"工具栏

表 6.10　"表单控件"工具栏

按　钮	说　明
选定对象按钮	移动或改变控件大小,在创建了一个控件之后,"选择对象"按钮被自动选定
查看类按钮	使用户可以选择显示一个已注册的类库。选择一个类后,工具栏只显示选定类库中类的按钮
标签按钮	创建一个标签控件,用于显示文本信息
文本框控件	创建一个文本框控件,用于保存单行文本,用户可以在其中输入或更改文本
编辑框控件	创建一个编辑框控件,用于保存多行文本,用户可以在其中输入或更改文本
命令按钮控件	创建一个命令按钮控件,用于触发某个事件代码程序,通常是 Click 事件
命令按钮组控件	创建一个命令按钮组控件,用于把相关的命令编成组
选项按钮组控件	创建一个选项按钮组控件,用于显示多个选项按钮,用户只能从中选择一项
复选框控件	创建一个复选框控件,允许用户选择开关状态,或显示多个选项,用户可从中选择多于一项
组合框控件	用于创建一个下拉式组合框或下拉式列表框,用户可以从列表项中选择或人工输入一个值
列表框控件	用于显示供用户选择的列表项。当列表项很多,不能同时显示时,列表可以滚动
微调框控件	创建一个微调控件,用于接受给定范围之内的数值输入
表格控件	创建一个表格控件,用于在电子表格样式的表格中显示数据
图像控件	创建图像控件,在表单上显示图像
计时器控件	创建计时器控件,可以在指定时间或按照设定间隔运行进程。此控件在运行时不可见
页框控件	显示控件的多个页面
OLE 容器控件	创建一个 ActiveX 控件,向应用程序中添加 OLE 对象
OLE 绑定型控件	创建一个 ActiveX 绑定控件,ActiveX 绑定控件绑定在一个通用字段上
线条控件	设计时用于在表单上画各种类型的线条
形状控件	设计时用于在表单上画各种类型的形状
容器控件	将容器控件置于当前的表单上
分隔符控件	在工具栏的控件间加上空格
超级链接按钮	创建一个超级链接对象
生成器锁定	在添加控件时,自动打开生成器
按钮锁定	使用户可以添加同种类型的多个控件,而不需多次按此控件的按钮

在使用"表单控件"工具栏添加控件时,如果按下"生成器锁定"按钮,则在添加有关控件时,屏幕会出现相应的生成器对话框,可以设置一些与控件有关的属性。例如,添加文本框时,出现如图 6.24 所示的"文本框生成器"对话框,在"格式"、"样式"、"值"选项卡中设置相关信息。如果没有按下生成器锁定按钮,则在添加控件时,有关控件属性

由用户来设置。"表单控件"工具栏中的文本框、编辑框、命令按钮组、选项按钮组、列表框、组合框、表格这些控件都有相应的生成器，使用生成器可以简化控件的设计。

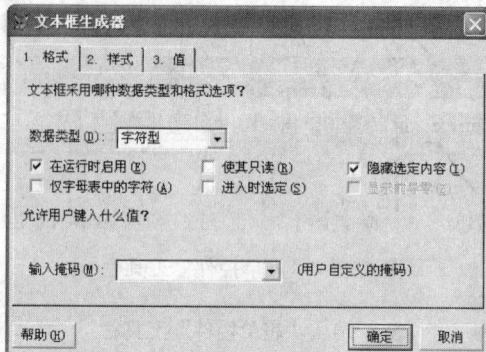

图 6.24　"文本框生成器"对话框

对已经添加的控件，如果需要控件的"生成器"对话框，可以选中控件对象，单击右键，在弹出的快捷菜单中选择"生成器"命令。

（4）"表单设计器"工具栏

表单设计器工具栏是用于对表单进行设计或修改的工具，如图 6.25 所示。"表单设计器"工具栏上的按钮功能说明如表 6.11 所示。

图 6.25　"表单控件"工具栏

如果"表单设计器"工具栏被关闭，可以选择"显示"→"工具栏"命令，在出现的"工具栏"对话框中进行定制。

表 6.11　"表单设计器"工具栏

按钮	名称	说明
	设置"Tab 键次序"	单击该按钮进入控件 Tab 键顺序设置状态
	数据环境	单击该按钮打开"数据环境设计器"窗口
	属性窗口	显示一个反映当前对象属性设置的窗口
	代码窗口	显示当前对象的"代码"窗口，以便查看和编辑代码
	表单控件工具栏	显示或隐藏表单控件工具栏
	调色板工具栏	显示或隐藏调色板工具栏
	布局工具栏	显示或隐藏布局工具栏
	表单生成器	运行"表单生成器"
	自动格式	运行"自动格式生成器"，提供一种简单、交互的方式为选定控件应用格式化样式

3. 修改表单

在"表单设计器"中，可以向表单中添加控件、移动和缩放控件、复制和删除控件、修改控件布局、修改表单外观、改变控件的 Tab 键次序等。

（1）控件的操作与布局修改

1）向表单中添加控件。使用表单控件工具栏可以在表单上创建控件。在"表单控件"工具栏单击需要的控件按钮，将鼠标指针移动到表单上，然后单击表单放置控件或把控件拖至所需的大小。

2）选定控件。单击表单上的控件，使该控件处于选定状态。如果要同时选择多个控件，则可以按住 Shift 键的同时，再单击需要选定的控件。选中的控件周围会出现 8 个尺寸柄。拖动尺寸柄可以调节控件的大小。也可拖动鼠标画成一个虚线方框，框内的控件同时被选中。

3）移动控件。对选定的控件可以进行移动操作。选中控件，然后按住鼠标左键拖放到新的位置，即可实现控件的移动；也可以使用键盘上的方向键控制控件的上下左右移动；还可以设置控件的 Top（控件距离表单顶边的距离）和 Left（控件距离表单左边的距离）属性，定位控件。

4）缩放控件。对选定的控件可以进行缩放操作。选中控件周围出现 8 个尺寸柄时，光标停留在对应的尺寸柄上，此时可以实现控件的放大或缩小。也可以设置控件的 Height（控件的高度）和 Width（控件的宽度）属性，设定控件的大小。

5）复制和删除控件。如果一批控件的属性相似，可以使用复制控件的方法复制控件，提高设计的速度。对复制的控件有关位置等属性一般还需要设置。如果要删除控件，选中后按 Del 键，或者在右键快捷菜单中选择"剪切"命令。

6）布局修改。如果需要对多个控件进行相对位置修改调整，可以使用"布局"工具栏。"布局"工具栏如图 6.26 所示。

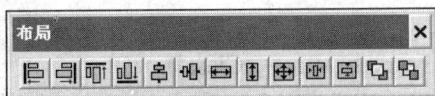

图 6.26 "布局"工具栏

表单的"布局"工具栏上有"左边对齐"、"右边对齐"、"顶边对齐"、"底边对齐"、"垂直居中对齐"、"水平居中对齐"、"相同宽度"、"相同高度"、"相同大小"、"水平居中"、"垂直居中"、"置前"、"置后"等按钮。如果"布局"工具栏被关闭了，可以选择"显示"→"布局工具栏"命令打开；或者选择"显示"→"工具栏"命令，在打开的对话框中设置。

按住 Shift 键可以选中多个控件，利用"布局"工具栏可以对多个选中的控件调整布局。

注 意

当选中两个控件以上时，"布局"工具栏的"布局"按钮才处于可用状态。

（2）修改表单的外观

表单的外观主要是指表单的样式，表单中控件显示的文本颜色、字型、字体等。

表单的样式是由表单的标题、最大最小化按钮、表单的边框等属性决定的。

表单的标题是由 Caption 属性决定的，在"属性"窗口设定时，Caption 属性值是一个不带定界符的字符型值。

表单标题前面的控制图标是由 Icon 属性决定的，Icon 可以是一个扩展名为.ico 的图标文件，在表单最小化时会显示在状态栏上。

MaxButton 和 MinButton 属性决定表单是否具有最大和最小化按钮。当 MaxButton 设置为.T.时，表单有最大化按钮。

BorderStyle 属性决定表单的边框样式，BorderStyle 取值为 3 时，表单运行时可以调整边框的大小。

　　AutoCenter 属性决定表单是否自动居中，当 AutoCenter 设置为.T.时，表单自动居中。

　　BackColor 属性决定表单的背景色，默认采用的颜色空间是 RGB。颜色由红、绿、蓝三个成分组成，红、绿、蓝的取值分别是 0～255。常用的颜色对应的 RGB 值如表 6.12 所示。

表 6.12　常用颜色对应的 RGB 值

颜　色	RGB 值	颜　色	RGB 值
红色	255，0，0	黑色	0，0，0
绿色	0，255，0	白色	255，255，255
蓝色	0，0，255	灰色	192，192，192
黄色	255，255，0	暗灰色	128，128，128

　　颜色的设定值可以直接在属性窗口的"属性设置框"中输入，也可以单击右侧的"…"按钮，在出现的"颜色"对话框中设定。

　　FontName 属性决定表单控件显示文本的字体，字体的大小由 FontSize 属性决定，FontBold 属性决定是否粗体显示，FontItalic 决定是否斜体显示，FontUnderline 决定是否带下划线等。

　　如果需要设置容器对象中所有控件或某类控件的属性，可以使用 SetAll 方法，其语法格式如下：

　　　　Container.SetAll(cProperty,Value[,cClass])

　　其中，参数 cProperty 指定要设置的属性名，Value 为属性的设置值，cClass 指定类名（对象的基类名），如果 cClass 缺省，表示为容器中的所有控件设置属性。该方法的对象有表单、表单集、表格、列、命令按钮组、选项按钮组、页框、页面、容器对象、_Screen、工具栏。

　　例如，设置当前表单中所有控件的字号为 28，则命令代码如下：

```
ThisForm.SetAll("Fontsize",28)
```

　　例如，设置当前表单中所有文本框控件中的字号为 20，则命令代码如下：

```
ThisForm.SetAll("Fontsize",20, "TextBox")
```

（3）修改控件的 Tab 键次序

　　在默认的情况下，表单上控件的 Tab 键次序是控件添加到表单上的先后顺序。

　　Tab 键次序的设定有两种方式，一种是交互方式，还有一种是列表方式。当前的状态是"交互"方式还是"列表"方式取决于系统的状态。可以选择"工具"→"选项"命令，在出现的"选项"对话框中，选择"表单"选项卡，在"Tab 键次序"下拉列表框中设置系统的状态。

　　单击"表单设计器"工具栏上的"Tab 次序"按钮或者选择"显示"→"Tab 次序"命令，如果在"交互"设置方式下，表单上的每个控件上都会出现一个 Tab 次序盒，里面显示该控件的 Tab 键次序号码，如图 6.27 所示。如果在"按列表"设置方式下，会出现"Tab 次序列表"对话框，如图 6.28 所示。

　　设置 Tab 键的次序可以控制控件处理的顺序，当按下 Tab 键时，系统按 Tab 键次序移动到相应的控件上。在交互方式下，如果要改变表单中控件的 Tab 键次序，可以双击某个控件的 Tab 键次序盒，使得该控件成为 Tab 键次序的第一个控件，然后，按希望的顺序单击其他控件的 Tab 键次序盒，最后单击表单的空白处，确认设置即可。如果在"按列表"

方式下，在"Tab 次序列表"对话框中，拖动左侧的移动按钮可以改变控件的 Tab 键次序。

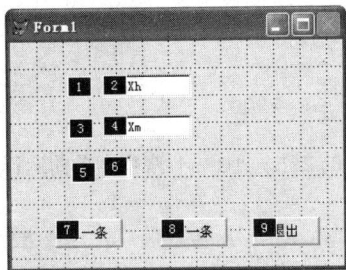

图 6.27　控件的 Tab 键次序

图 6.28　Tab 次序对话框

6.2.3　表单的保存与运行

1. 表单的保存

表单修改后，可以保存或另存为表单文件（磁盘上会生成 2 个文件，扩展名分别为.scx 和.sct），也可以将表单或及表单上的控件另存为类。

2. 表单的运行

运行表单有多种方法。

方法 1：在"项目管理器"窗口，选择要运行的表单，单击"运行"按钮。

方法 2：在表单设计器打开的情况下，选择"表单"→"执行表单"菜单命令，或右键快捷菜单中的"执行表单"命令；或常用工具栏上的"！"按钮。

方法 3：选择"程序"→"运行"命令，在打开的"运行"对话框中选定要运行的表单文件，然后单击"运行"按钮。

方法 4：使用 DO FORM 命令。

命令格式如下：

　　　　DO FORM *formName* [NAME *VarName1*] [WITH　*cParameterlist*] [TO MemVarName2]

其中，*formName* 是指定运行的表单文件名；

NAME *VarName1* 表示系统指定一个指向表单对象的变量，这样可通过变量引用表单；

WITH　*cParameterlist* 指定传递给表单的参数列表，这些参数可以传递给表单 Init 事件中的 Parameters 子句；

TO MemVarName2 指定存放表单返回值的变量。表单的返回值可以在表单的 Unload 事件代码中使用 RETURN 语句指定返回值。

【例 6.2】　修改例 6.1 创建的表单 ts_form1，给表单设置标题为图书表、背景颜色为蓝色。在运行表单后，将"再见"传递给变量，然后以 28 号字号显示在主窗口。

操作步骤如下：

① 在命令窗口输入：

```
MODIFY FORM ts_form1
```

② 双击表单，出现对象的代码编辑窗口，在表单的 Init 事件代码中输入代码：

```
Parameters bt,bjs
```

```
Thisform.caption=bt
Thisform.backcolor=bjs
```
③ 表单的 Unload 事件中输入代码：
```
RETURN  "再见"
```
④ 关闭保存表单，文件名还是 ts_form1。
⑤ 在命令窗口输入命令：
```
DO FORM  ts_form1 WITH "图书表",RGB(0,0,255) TO zj
```
观察表单的运行效果,标题栏显示"图书表",背景色为蓝色。
⑥ 关闭表单，然后在命令窗口输入以下命令：
```
_SCREEN.Fontsize=28
? zj
```
屏幕的主窗口以 28 号字显示"再见"。

注 意

在使用 DO FORM 命令的 TO 子句时，表单必须是模式表单，即表单的 WindowType 属性设置为 1。

6.2.4　表单的数据环境

表单的数据环境包括与表单交互作用的表或视图，以及表之间的关系。在用向导创建表单的过程中，选取表和字段其实质是为表单设置数据环境。数据环境的设置是在"数据环境设计器"窗口中进行的。

1. 数据环境设计器的打开

数据环境设计器是"数据环境"的可视化设计工具。单击"表单设计器"工具栏上的"数据环境"按钮；或者在表单的空白处单击右键，在弹出的快捷菜单中选择"数据环境"命令，或选择"显示"→"数据环境"菜单命令，出现"数据环境设计器"窗口，如图 6.29 所示。

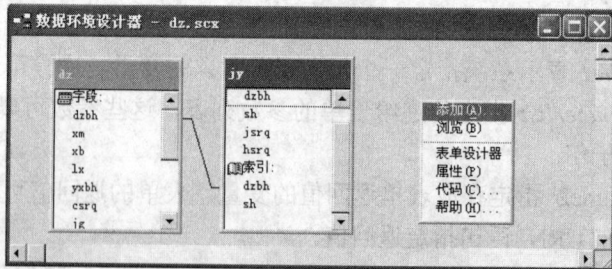

图 6.29　"数据环境设计器"窗口

2. 数据环境的设置

在表单的数据环境中，单击右键，在弹出的快捷菜单中选择"添加"命令，出现"添加表或视图"对话框，可以添加表或视图。

如果添加的表具有在数据库设计器中设置的永久性关系，在这里自动继承关系；如果没有设置过永久性关系，则可以在数据环境设计器中设置，设置的方法是将具有一对多关系的主表的字段拖动到子表的相匹配的索引标识上。如果设置成功，两表之间会出现一条连线。

若要从数据环境中移去表或视图，则可以在数据环境中选择要移去的表或视图，然后从右键快捷菜单中选择"移去"命令，或者在"数据环境"菜单中选择"移去"命令。如果要删除表之间的关系，则可以单击关系连线，这时连线加粗变黑，然后按 Del 键。

3．引入数据环境的目的

在 VFP 中引入数据环境的目的在于以下几点：
- 打开或运行表单时用它自动地打开表单所基于的表和视图。
- 可以设置表单中控件对象的属性 ControlSource（控件的数据源）属性与数据环境中的字段绑定。
- 关闭或释放表单时自动地关闭表和视图。

4．数据环境的常用属性

表单的数据环境设置后，系统将产生与数据环境相关的对象，且所有对象均有相关的属性、事件和方法。在"属性"窗口对象的下拉列表中可以观察到，有 DataEnvironmemnt、Cursor1、Cursor2 和 Relation 等对象。这些对象的常用属性如表 6.13 所示。

表 6.13　数据环境对象的常用属性

对　象	属　性	含　义	默认值
DataEnvironmemnt	AutoOpenTables	打开或运行表单时，是否自动打开数据环境中的表或视图	.T.
DataEnvironmemnt	AutoCloseTables	释放或关闭表单时，是否自动关闭数据环境指定的表或视图	.T.
Cursor1、Cursor2	CursorSource	指定临时表或视图的名称	表或视图名
	Exclusive	指定与 Cursor 相关的表是否以独占方式打开	.F.
	Order	指定的主控索引标识名	
Relation1	ParentAlias	指明主表的别名，不能修改	主表名
	ChildAlias	指明子表的别名，不能修改	子表名
	ChildOrder	用于设定关系的子表索引标识名	
	OneToMore	用于设置关系是否是一对多关系，即是否在遍历了子表的所有关联记录后才移动父表记录指针	.F.
	RelationalExpr	指明主表的字段与子表的索引标识相关联的字段表达式	

通过设置"数据环境"以及包含在"数据环境"中临时表和关系的属性，可以决定是否在表单运行时自动打开表或视图以及创建临时关系，在释放表单时是否关闭表或视图。使用"数据环境"可以简化程序的设计，凡是在表单集中需要处理的表或视图数据，应尽可能地利用"数据环境"。

5．利用数据环境创建控件

可以把光标定位到字段，按住鼠标左键拖放字段到表单上，如果拖放到表单的是字符型、数值型、日期型等字段，系统生成一个标签和一个文本框；拖放逻辑型字段生成一个复选框；拖放备注型字段生成一个标签和一个编辑框；拖放通用型字段生成一个标签和一个 OLE 绑定型控件。如果将光标定位在数据表的标题栏进行拖动，则可以将全部字段的内容以表格的形式显示在表单中。利用数据环境在表单中创建控件的情况如表 6.14 所示。

表 6.14　利用数据环境在表单中创建控件

将下面的项拖动到表单	创建的控件
表	表格
逻辑型字段	复选框
备注型字段	编辑框
通用型字段	OLE 绑定型控制
其他类型的字段	文本框

6.2.5　表单的常用属性、事件和方法

在 Visual FoxPro 中，每个对象均有属性、事件和方法，不同类型的对象有不同的属性、事件和方法。表单作为 Visual FoxPro 中表单类产生的对象，也有其属性、事件和方法。

1. 表单的常用属性

表单的属性有很多，可以在表单的"属性"窗口观察到，但大多数很少用到。表单常用的属性如表 6.15 所示。

表 6.15　表单常用的属性

属 性 名	说　明	默 认 值
AlwaysOnTop	控制表单是否总是处在其他打开窗口之上	假（.F.）
AutoCenter	控制表单初始化时是否让表单自动地在 Visual FoxPro 主窗口中居中	假（.F.）
BackColor	决定表单窗口的颜色	255,255,255
BorderStyle	决定表单是否有边框，若有边框，是单线边框、固定边框，还是可调边框	3（可调边框）
Caption	决定表单标题栏显示的文本	Form1
Closable	控制用户是否能通过双击窗口菜单图标来关闭表单	.T.
ControlBox	决定表单运行时，表单的左上角是否显示窗口菜单图标	.T.
ControlCount	表单上控件的数目	只读
MaxButton	控制表单是否具有最大化按钮	.T.
MinButton	控制表单是否具有最小化按钮	.T.
Movable	控制表单是否能移动到屏幕的新位置	.T.
WindowState	控制表单是最小化、最大化还是正常状态	0 正常
WindowType	控制表单是非模式表单（默认）还是模式表单。如果表单是模式表单，用户在访问应用程序用户界面中任何其他单元前必须关闭该表单	0 非模式
Picture	指定表单的背景图片	
Icon	指定表单运行最小化时的图标	
ShowWindow	在屏幕中 0，顶层表单中 1，作为顶层表单 2	0

属　性　名	说　　明	默　认　值
Desktop	决定表单是否在主窗口中	.F.
Width	表单的宽度	375
Height	表单的高度	250
Name	表单的名称	Form1
TitleBar	指定表单的标题栏是否可见	1-打开
Showtips	给定对象是否显示工具提示文本	.F.

2. 表单常用的方法

表单常用的方法如表 6.16 所示。

表 6.16　表单的常用方法

方　法　名	说　　明
AddObject	运行时，在容器对象中添加对象
Move	移动一个对象
Refresh	重画并刷新表单
Release	从内存中释放表单
Show	显示一张表单
Hide	隐藏表单

3. 新建表单的属性与方法

表单除了默认的属性和方法外，还可以新建属性和方法。

（1）新建属性

在"表单设计器"窗口打开的状态下，选择系统菜单命令"表单"→"新建属性"可以为表单集或表单添加任意多个属性，新建的属性如同其他属性那样使用。在如图 6.30 所示的"新建属性"对话框中，在"名称"右面的文本框中输入属性名，在"说明"下面的编辑框中可以输入关于这个属性的说明，如果输入了"说明"信息，其内容将显示在"属性"窗口底部的属性描述中。新建的属性默认值为.F.。

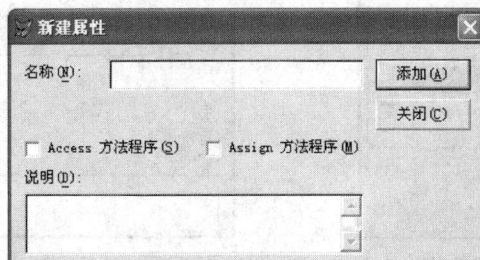

图 6.30　"新建属性"对话框

在"新建属性"对话框中，选择"Access 方法程序"复选框可以为该属性创建一个 Access 方法程序，选择"Assign 方法程序"复选框可以为该属性创建一个 Assign 方法程序。

Access 方法程序是指在查询属性值时执行的代码。查询的方式一般是：使用对象引用中的属性、将属性值存储到变量中，或者用（？）命令显示属性值。

Assign 方法程序是指当更改属性值时执行的代码。更改属性值一般是使用 STORE 或 "=" 命令为属性赋新值。

如果选择了"Access 方法程序"复选框或选择了"Assign 方法程序"复选框，确定后在"属性"窗口中可以看到相应的方法程序。

例如，新建一个属性，属性名为 pp，"说明"信息是：表单的面积，选择了"Access 方法程序"复选框和"Assign 方法程序"复选框。在该表单的属性窗口中，会自动增加 3 个新内容，分别为"pp"属性，默认值为".F."、"pp_Access" 方法程序以及"pp_Assign"方法程序，如图 6.31 所示。

在 pp_Access 方法程序代码中，编写如下代码：

```
Thisform.Backcolor=Rgb(255,0,0)      &&表单的背景色为红色
```

在 pp_Assign 方法程序代码中，编写如下代码：

```
Thisform.Backcolor=Rgb(0,0,255)      &&表单的背景色为蓝色
```

当执行下面代码，对 pp 属性赋值时，则会自动执行 pp_Assign 方法程序，使表单显示蓝色。

```
Thisform.pp=Thisform.Height*Thisform.Width
```

当执行下面代码，用（？）命令显示 pp 属性时，则会自动执行 pp_Access 方法程序，使表单显示红色。

```
? "表单的面积为：" , Thisform.pp
```

（2）创建新方法程序

在"表单设计器"窗口打开的状态下，选择系统菜单命令"表单"→"新建方法程序"，出现如图 6.32 所示的"新建方法程序"对话框。

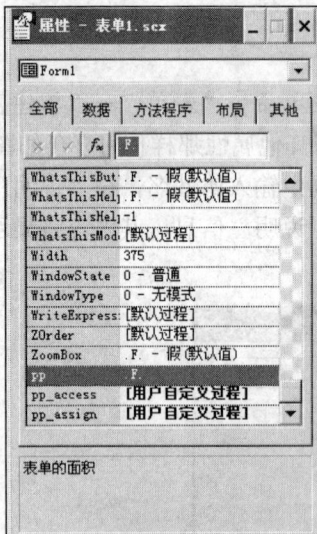

图 6.31　新建属性状态

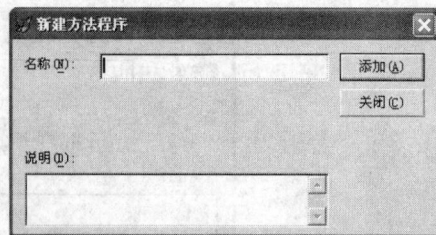

图 6.32　"新建方法程序"对话框

在"新建方法程序"对话框中，输入方法程序的名称，也可以设置有关这个方法程序的"说明"。新建的方法程序为"默认过程"。如果有表单集，则新建的属性和方法程序就属于此表单集。如果没有建立表单集，则属性和方法程序属于表单。新建的属性和方法程序的使用方法同系统提供的属性和方法。

例如，新建方法程序名称为：ppp，并编写如下代码，实现表单的放大。

```
Thisform.Width=Thisform.Width+5
Thisform.Height=Thisform.Height+5
```

然后，如果需要调用新建的方法程序，可以这样使用：

```
Thisform.ppp
```

（3）编辑属性和方法程序

对于新建的属性和方法程序，如果需要编辑修改、移去，可以选择"表单"→"编辑属性和方法程序"命令，在出现的对话框中可以进行"新建属性"、"新建方法程序"和"移去"操作。

4. 表单的事件

表单的事件集合有很多，常用的事件如表 6.17 所示。当表单的某个事件发生时，该事件的处理程序代码将被执行。如果事件没有与之相关联的处理程序，则当事件发生时不会发生任何操作。

表 6.17　表单的常用事件

事　件	发生的时机
Activate	当激活表单时发生
Click	单击表单时发生
DblClick	双击表单时发生
Destroy	当释放表单时发生
Init	在创建表单对象时发生
Load	在创建表单前发生
Unload	当表单被释放时发生
RightClick	鼠标右键单击表单时发生

表单的事件集合是固定的，用户不能任意新建或添加。表单事件的发生是有先后顺序的。例如，按照事件激发的时机，表单事件 Init、Load、Activate 和 Destroy 发生的顺序为 Load→Init→Activate→Destroy。

5. 表单属性和方法代码的设置

设置表单的属性可以在"属性"窗口进行，也可以使用事件代码设置。

若要编辑事件代码，在事件代码的编辑窗口进行，如图 6.33 所示。

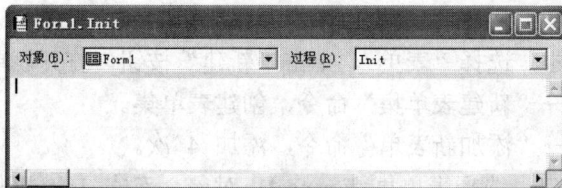

图 6.33　事件代码编辑窗口

打开事件代码编辑窗口，有以下几种方法。

● 在"表单设计器"窗口，双击鼠标。

- 在"属性"窗口双击某事件或方法。
- 选择"显示" → "代码"命令。

在事件代码编辑窗口中，"对象"下拉列表框中列出了所有对象的名称，"过程"下拉列表框中列出了当前对象的所有事件和方法。

事件处理代码根据任务需求编写，可以是结构化程序设计的语句，也可以是设置表单以及表单控件的属性和方法的调用。

【例 6.3】 设置表单的标题属性为"我的表单"，背景色为红色。

方法 1：使用表单设计器，新建一个表单，在属性窗口选择标题 Caption 属性，在属性设置框中输入"我的表单"；Backcolor 属性设置为 255,0,0。

方法 2：在表单 Form1 的 init 事件中，输入代码：

```
ThisForm.Caption="我的表单"
ThisForm.Backcolor=RGB(255,0,0)
```

6.2.6 表单集

表单集是包含多个表单的容器，当需要将多个表单作为一个组来操作时，可以创建表单集。表单集的创建方法如下。

在"表单设计器"打开时，执行"表单" → "创建表单集"菜单命令，系统默认表单集的名称属性为 FormSet1，可以在"属性"窗口的对象框中观察到。创建表单集后，系统自动将当前的表单包含在表单集中。如果要在表单集中添加新表单，可以选择"表单" → "添加新表单"命令；如果要从表单集中移去表单，可以选择"表单" → "移除表单"命令。如果表单集中只有一个表单，则菜单项中显示的是"移除表单集"而不是"移除表单"命令。

表单集同样具有一些属性、事件和方法，引用表单集的关键字是 ThisFormSet。一个表单集中包含多少个表单取决于 FormCount 属性，该属性设计时是只读的，其值随着表单集中表单的添加或移去而改变。引用表单集中的表单可以使用集合属性 Forms(i)。

例如，设置表单集中第 2 个表单的背景色为蓝色，则代码如下：

```
ThisFormSet.Forms(2).BackColor=RGB(0,0,255)
```

当表单集保存时，不管其中包含多少个表单，保存的文件名还是一个，扩展名为.scx ，和.sct 。

表单集的所有表单使用同一个数据环境。创建表单集的好处是可以同时显示或隐藏表单集中的表单，能够可视化地排列多个表单，还能同步记录指针。

【例 6.4】 创建一个表单集，表单集中有 5 个表单，在表单集的 Init 事件中设置代码，使得表单集中的各个表单的标题依次显示"第 i 个表单"（i 为 1~5）。

操作步骤如下：

① 在项目管理器中，选择"表单"，单击"新建"按钮，打开表单设计器。

② 选择"表单" → "新建表单集"命令，创建表单集。

③ 选择"表单" → "添加新表单"命令，添加 4 次。

④ 在"属性"窗口，选择表单集 Formset1 对象，双击 Init 事件，出现代码编辑窗口，输入如下代码：

```
For i=1 to ThisFormSet.FormCount
    ThisFormSet.Forms(i).Caption="第"+str(i,1)+"个表单"
EndFor
```

⑤ 保存并运行表单，屏幕上显示 5 个表单，标题分别是"第 1 个表单"、"第 2 个表单"、……，观察运行效果。

注　意

表单集是非可视容器。表单集的 FormCount 属性是只读的。

6.2.7　单文档和多文档界面

表单通常用于设计应用程序的界面。应用程序的界面有两种样式：单文档界面（Single Document Interface，SDI）和多文档界面（Multiple Document Interface，MDI），基于这两种界面开发的应用程序分别称为单文档界面的应用程序和多文档界面的应用程序。在 Visual FoxPro 中允许创建这两种类型的应用程序。

单文档界面是指应用程序由一个或多个独立的窗口组成。Windows 中的记事本就是一个单文档界面的应用程序，在记事本中只能打开一个文档，想打开另一个文档时会关上已打开的文档。

多文档界面是指应用程序由一个主窗口组成，在主窗口中还可以包含窗口，可以同时打开多个窗口。Visual FoxPro 就是一个多文档界面的应用程序，在主窗口中还包括"命令"窗口、设计器窗口等。

有些应用程序设计时综合应用 SDI 和 MDI 的特性。为了支持这两种类型的文档界面，在 Visual FoxPro 中可以创建以下三种类型的表单。

- 子表单：包含在其他表单中的表单，不能移出所包含的表单（父表单）。当子表单最小化时出现在父表单的底部，不出现在任务栏中。如果父表单最小化，则子表单也最小化。
- 浮动表单：和子表单一样可用于创建多文档界面，当浮动表单最小化时出现在父表单的底部，不出现在任务栏中。如果父表单最小化，则浮动表单也最小化。浮动表单属于父表单的一部分，可以不位于父表单中，但不能在父表单后台移动。
- 顶层表单：是指独立的、无模式的、无父表单的表单。通常用于创建单文档界面，或用作其他表单的父表单。

利用表单的 ShowWindows 属性和 Desktop 属性可以设置这三种表单。ShowWindows 属性的取值是 0、1、2，Desktop 属性的取值是.T.和.F.，设置情况如表 6.18 所示。

表 6.18　ShowWindows 属性和 Desktop 属性的设置

类　型	ShowWindows 属性	Desktop 属性
子表单	0—在屏幕中，1—在顶层表单中	.F. 指包含在 VFP 的主窗口中
浮动表单	0—在屏幕中，1—在顶层表单中	.T. 指可在桌面的任何位置
顶层表单	2—作为顶层表单	.T.　or　.F.

6.3　小型案例实训

【案例说明】

试设计一个表单集，能实现表单间数据的传递，并且能跟踪表单或表单集的 Init 事件、Load 事件、Activate 事件、Destroy 事件和 Unload 事件的先后顺序，并将事件发生的顺序输出到屏幕。

【实现思路】

用表单设计器创建一个表单集，其中有三个表单，在需要测试的事件中编写代码，最好是具有交互作用的代码；然后，运行表单，观察事件代码的执行先后次序。

【操作步骤】

① 在项目管理器中，利用表单设计器新建表 Form1。

② 利用"表单"→"创建表单集"菜单命令，新建表单集 Formset1。

③ 利用"表单"→"添加新表单"菜单命令，新建表单 Form2，再执行"添加新表单"命令，新建表单 Form3。

④ 在表单集 Formset1 的 Load 事件中，编写如下代码，创建一个全局变量 x，用于记录事件发生的先后顺序，在这里赋初值为空字符串。

```
Public x
x=""
```

在表单集 Formset1 的 Init 事件中编写如下代码，设置表单集中三个表单的背景色均为红色。

```
Thisformset.SetAll("BackColor",RGB(255,0,0))
```

在表单 Form1 的 Init 事件中编写代码：

```
MessageBox("引发了 Init 事件")
x=x+" Init "
```

在表单 Form1 的 Load 事件中编写代码：

```
MessageBox("引发了 Load 事件")
x=x+" Load "
```

在表单 Form1 的 Unload 事件中编写代码：

```
MessageBox("引发了 Unload 事件")
x=x+" Unload "
```

在表单 Form1 的 Activate 事件中编写代码：

```
Messagebox("引发了 Activate 事件")
x=x+ "Activate"
```

在表单 Form1 的 Destroy 事件中编写如下代码，改变表单 Form2 的背景色为绿色，并隐藏表单 Form3。

```
MessageBox("引发了 Destroy事件")
x=x+"Destroy"
This.Parent.Form2.BackColor=RGB(0,255,0)
Thisformset.Form3.Hide
```

在表单 Form2 的 Destroy 事件编写如下代码，使被隐藏的表单显示。

```
Thisformset.Form3.Show
```

在 Form3 的 Destroy 事件中编写代码：

```
MessageBox("Form3 的 Destroy 事件发生了")
```

在 Formset1 的 Unload 事件中编写如下代码,设置主窗口的字号为 28 和前景色为红色,并将跟踪顺序变量 x 输出到主窗口。

```
MessageBox("谢谢使用,在主窗口观察一下事件发生的先后次序")
_Screen.Fontsize=28
_Screen.ForeColor=RGB(255,0,0)
?x
```

⑤ 关闭表单设计器,保存表单,文件名为 shixun6。运行表单,观察消息提示框出现的次序,依次关闭 Form1、Form2、Form3,观察事件发生的先后顺序。

Form1 事件的顺序是：Load→Init→Activate→Destroy→Unload。

表单集 Formset1 的 Destroy 事件发生在 Form1 的 Destroy 事件之前,释放对象时是从容器对象的外层到内层释放,而创建容器对象时发生的 Init 事件是从容器对象的内层到外层,即先发生表单 Form1 的 Init 事件,后发生表单集 Formset1 的 Init 事件。

6.4　习　　题

一、选择题

1. 下列有关程序设计的叙述中错误的是_____。

　A. 对于结构化程序设计来说,其本质是功能设计

　B. 面向对象的程序设计的核心是类的设计,对象是类的实例

　C. VFP 系统约定一个过程或自定义函数最多可以传递 127 个参数

　D. 面向对象的程序设计较好地解决了程序的可重用性问题

2. 用户在 VFP 中创建子类或表单时,不能新建的是_____。

　A. 属性　　　　　B. 方法　　　　　C. 事件　　　　　D. 事件的方法代码

3. 对于任何子类或对象,一定具有的属性是_____。

　A. Caption　　　B. BaseClass　　C. FontSize　　　D. ForeColor

4. 所有基类均能识别的事件是_____。

　A. Click　　　　B. Load　　　　　C. InterActiveChange　D. Init

5. 新建的属性默认值是_____。

　A. .T.　　　　　B. .F.　　　　　C. 1　　　　　　　D. 0

6. 若想选中表单中的多个控件对象,可按住_____的同时再单击欲选中的控件对象。

　A. Ctrl　　　　　B. Shift　　　　C. Alt　　　　　　D. Tab

7. 若从表单的数据环境中,将一个逻辑型字段拖放到表单中,则在表单中添加的控件个数和控件类型分别是_____。

　A. 1,文本框　　　　　　　　　B. 2,标签与文本框

　C. 1,复选框　　　　　　　　　D. 2,标签与复选框

8. 建立事件循环的命令为_____。

　A.　READ EVENTS　　　　　　　B.　CLEAR EVENTS

　C.　DO WHILE…ENDDO　　　　　D.　FOR…ENDFOR

9. 下列对于事件的描述不正确的是＿＿＿＿＿＿。
　　A. 事件是由对象识别的一个动作
　　B. 事件可以由用户的操作产生，也可以由系统产生
　　C. 如果事件没有与之相关联的处理程序代码，则对象的事件不会发生
　　D. 事件代码可以被调用

10. 如果某表单集包含两个表单，则在存储该表单集时，＿＿＿＿＿＿。
　　A. 表单集和两个表单分别独立存储
　　B. 表单集中无论包含几个表单，总是存储为一个表单文件
　　C. 表单集保存为表单集文件，两个表单分别保存为两个表单文件
　　D. 可以任选上述三种方式中的一种方式存储

11. 用表单设计器设计表单，下列叙述中错误的是＿＿＿＿＿＿。
　　A. 可以创建表单集
　　B. 可以将表单以类的形式保存在类库中
　　C. 可以对表单添加新属性和新方法
　　D. 数据环境对象是表单所包含的子对象，可以添加到表单中

12. 下列几组控件中，均为容器类的是＿＿＿＿＿＿。
　　A. 表单集、列、组合框　　　　　　B. 页框、页面、表格
　　C. 列表框、列下拉列表框　　　　　D. 表单、命令按钮组、OLE 控件

二、填空题

1. 对象根据所基于的类的性质，可以分为＿＿＿＿＿＿和控件对象，其中，前者可以作为其他对象的父对象。

2. 一些关联的类包含同名的方法程序，但方法程序的内容可以不同，体现了类的＿＿＿＿＿＿。

3. 对象的引用有两种方法，即＿＿＿＿＿＿引用和＿＿＿＿＿＿引用。

4. 基类的事件集合是固定的，不能扩充。基类的最小事件集包括＿＿＿＿＿＿事件、Destroy 事件和 Error 事件。

5. 所有容器对象都有与之相关的计数属性和集合属性，其中＿＿＿＿＿＿属性是一个数组，可以用以引用其包含在其中的对象。

6. 创建表单的命令是＿＿＿＿＿＿，修改表单的命令是＿＿＿＿＿＿。

7. 保存表单，磁盘上会生成＿＿＿个文件，扩展名分别是＿＿＿＿＿＿和＿＿＿＿＿＿，其中表单备注文件存放表单上所有对象的属性设置和程序代码，该文件能用文本编辑器打开。

8. 若新建了表单文件 ts，则运行该表单的命令是＿＿＿＿＿＿。

9. 表单的＿＿＿＿＿＿方法，用来重画表单，而且还能重画表单所包容的对象。表单的＿＿＿＿＿＿方法，用来从内存释放表单，也就是终止此表单对象的存在。

10. Visual FoxPro 主窗口同表单对象一样，可以设置各种属性。要将 Visual FoxPro 主窗口的标题更改为"图书管理系统"，可以使用命令＿＿＿＿＿＿="图书管理系统"。

11. 设表单集 Frmset1 中含有若干张表单，将奇数表单的背景颜色设为淡蓝色，偶数表单的背景颜色设为系统省略值（即保持原定义的颜色）。完善以下 FrmSet1 表单集的 Init 事件代码。

```
FOR  n=1  TO  _____
   IF  n%2=0

      _____
   ENDIF
   This.Forms(n).BackColor=RGB(128,255,255)      &&背景颜色设为淡蓝色
ENDFOR
```

12. 在 Visual FoxPro 中，可以为表单添加新的方法。设已经向某表单中添加了一个新的方法（FormColor）。FormColor 方法的程序代码是：

Thisform. BackColor=_____　　&&设置该表单的背景颜色为绿色

该表单的 Init 事件、Click 事件、Right Click 事件的程序代码分别是：

Init 事件：Thisform. BackColor=RGB(128，255，255)&&设置背景颜色为淡蓝色

Click 事件：Thisform. Init

RightClick 事件：Thisform. FormColor

该表单运行时，若用鼠标右击该表单，则该表单的背景颜色为_____；若用鼠标单击该表单，则该表单的背景颜色为_____。

13. 当 ShowWindow 属性值为_____而且 DeskTop 属性值为_____时，表单为浮动表单。

14. 在表单运行时，用 SetAll()方法将表单中所有文本框对象的 ReadOnly 属性设置为"真"的命令是：Thisform.SetAll("ReadOnly",".T.",_____)。

15. 表单的 Init 事件、Load 事件、Activate 事件、Destroy 事件和 Unload 事件的发生先后顺序是_____。

第 7 章 控 件 设 计

本章要点

- 控件的分类
- 标签、文本框、编辑框、命令按钮、列表框与组合框的设计
- 微调框、复选框、命令按钮组、选项按钮组、表格、页框的设计
- 计时器、线条、形状控件的设计
- 自定义类的创建与使用

应用程序的用户操作界面通常是通过表单以及表单上的控件实现的。控件是放在表单上的用于显示数据、执行操作或使表单更易阅读的图形对象。在 Visual FoxPro 中，通常用于显示数据的有文本框、编辑框、列表框、组合框、表格等控件，用于执行操作的有命令按钮和命令按钮组、选项按钮组等控件，还有一些通常用于使表单易于阅读的控件，如形状、线条、图像等。对于某个特定的功能，还可以用多种控件来实现。每种控件都有相应的属性、事件和方法。

7.1 控件的分类

根据控件与数据源的关系，表单中的控件分为绑定型控件和非绑定型控件。

绑定型控件是指其内容可以与后端的表、视图或变量相关联的控件，通常用于输入、显示、修改数据等，如 Visual FoxPro 中的文本框、编辑框、复选框、微调框、列表框、组合框、选项按钮组、表格等控件。绑定型控件通常通过 ControlSource 属性用来指定与其他控件相绑定的数据源，表格控件通过 RecordSource 属性指定与之绑定的数据源。

所谓绑定型控件的数据绑定，有两个含义：

- 设置控件和某个字段或变量绑定后，控件中将显示表中当前记录该字段的值或变量的值（除列表框和组合框，列表框组合框显示的数据依赖 rowsourcetype 和 rowsource 属性的设置）。
- 如果修改了绑定控件的值，则这个值将会代替字段或变量的原来的值。

非绑定型控件是指其内容不与后端的表、视图或变量相关联的控件，通常用于显示固定数据或起修饰作用等，如 Visual FoxPro 中的标签、命令按钮、命令按钮组、线条、形状、图像等控件。

如果根据控件是否包含其他控件来分，分为非容器类控件和容器类控件。

非容器类控件又称为基本型控件，是指不能包含其他控件的控件，如标签、文本框、编辑框、复选框、列表框、组合框、命令按钮等。

容器类控件是指可以包含其他控件的控件，如选项按钮组、命令按钮组、表格、页框等。

7.2　控　　件

在 Visual FoxPro 中主要有标签、文本框、编辑框、命令按钮与命令按钮组、列表框与组合框、微调框、复选框、选项按钮组、表格、页框、计时器、形状、线条、容器、ActiveX 等控件。

7.2.1　标签（Label）

标签控件属于非容器类、非数据绑定型控件。

标签是用于显示文本的图形控件，通常用于显示提示信息。新建的标签对象默认的 Name 属性是 Label，用于引用标签对象。标签显示的内容由 Caption 属性决定，默认是 Label1，一般要进行设置。

很多其他控件类似，从表单控件工具栏中拖放新建的控件，其 Name 属性是 Text1、List1、Command1 等，Name 属性是对象的名称属性，在引用对象时使用。很多控件也有 Caption 属性，和标签的 Caption 属性作用一样，是指控件对象的外观，用于显示文本信息。

1. 常用属性

标签共有 50 多个属性，常用的属性如表 7.1 所示。

表 7.1　标签的常用属性

属性名称	说　明
Caption	定义标签显示的内容，最多允许 256 个字符
BackColor	标签的背景色
BackStyle	设置标签的背景是否透明。为 0，则标签的背景透明，这时 BackColor 设置的颜色不显示，而显示表单的背景颜色
AutoSize	决定是否自动调整标签的大小。如果 AutoSize 为.T.，则系统会根据标签上的文本自动调整大小
WordWrap	决定标签上显示的中文文本能否自动换行。如果 WordWrap 为.T.，则系统会根据文本的多少自动换行。WordWrap 为.T.时可以设计竖向标签
Alignment	指定控件中文本的对齐方式，值可以取 0（默认值）、1、2，分别表示左对齐、右对齐、居中
FontName	文本的字体
FontSize	文本的字号
ForeColor	文本的前景色
FontBold	是否粗体
FontItalic	是否斜体
FontUnderline	是否有下划线

由于不同控件的属性有许多是相同的，对于已经介绍过的属性，在介绍其他控件时就不再介绍。

2. 常用事件

标签一般情况下不用来响应事件，但用户也可以编辑标签的一些事件，如 Click、

MouseMove、MouseUp、MouseDown 等。

【例 7.1】 设计如图 7.1 所示的标签，其属性设置为：

```
Caption="表单控件工具栏的第一个控件是标签"
AutoSize=.F.
WordWrap=.T.
BackStyle=0
FontSize=16
```

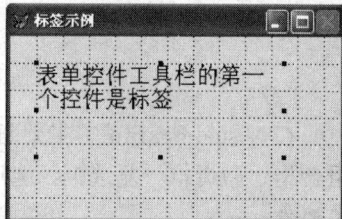

图 7.1　标签控件

7.2.2　文本框（TextBox）

文本框是一个非容器类、绑定型控件，通常用于显示或编辑表中的字段内容，也可以用于输入数据。字符型、数值型、日期型数据都可以用文本框显示。

1. 常用属性

文本框的常用属性如表 7.2 所示。

表 7.2　文本框的常用属性

属性名称	说　明
ControlSource	指定要绑定的数据源，通常是表或视图中的字段，也可以是内存变量
Value	是指当前文本框中显示的值。如果文本框与表中的字段绑定，则 ControlSource 是表中的字段名，例如，图书表的书号字段（ts.sh），那么当记录指针移动时，文本框中依次显示的是图书（ts）表中的书号（sh），Value 属性会跟着变化。除文本框外，Value 属性和 ControlSource 属性还适用于编辑框、列表框、组合框、微调框等控件
PassWordChar	指定用作占位符的字符。如果该属性设置为星号（*），则在文本框中输入的字符均用占位符星号（*）显示，而实际输入的值保存在 Value 属性中。该属性通常用于设置密码
ReadOnly	指定控件是否只读。当 ReadOnly 属性为.T.时，用户不能编辑控件中的数据，但能获得焦点
Format	指定文本框中数据的输入格式和显示方式。具体设置的值见第 3 章表 3.8
InputMask	指定文本框中 Value 属性的输入和输出格式。具体设置的值见第 3 章表 3.9

2. 常用事件

- Valid 事件：在文本框失去焦点之前发生。Valid 事件返回.T.，表示控件失去焦点；若返回.F.，则说明控件没有失去焦点。

Valid 事件也可以返回数值，对应于以下情况：

① 若返回 0，则控件没有失去焦点。

② 若返回正值，则该值指定焦点向前移动的控件数。例如，若 Valid 事件返回 1，则焦点由下一个控件得到。

③ 若返回负值，则该值指定焦点向后移动的控件数。例如，若 Valid 事件返回-1，则焦点由上一个控件得到。

向前向后移动的控件数是由 Tab 键次序确定的。

- GotFocus 事件：当通过用户操作或执行程序代码使对象接收到焦点时，此事件发生。可根据用户的操作（例如单击鼠标）或在程序代码中调用 SetFocus 方法使控件接收焦点。

当表单没有控件，或者表单上所有控件已废止或不可见时，此表单才能接收焦点。

只有当对象的 Enabled 属性和 Visible 属性均设置为"真"（.T.）时，此对象才能接收焦点。

- LostFocus 事件：当某个对象失去焦点时发生。

控件由于用户的操作而失去焦点，这类操作包括选中另一个控件或在另一个控件上单击，或在代码中用 SetFocus 方法更改焦点。

- When 事件：在控件接收焦点之前，此事件发生。当试图将焦点移动到控件上时，When 事件发生。
- KeyPress 事件：当用户按下并释放某个键时发生。一般是文本框输入文本内容后按回车键，回车键的 ASCII 码值为 13，实例可以参照例 7.6。

3. 常用方法

SetFocus 方法：指定控件得到焦点。

【例 7.2】 设计一个表单，用于输入账户数据，如图 7.2 所示。当账号为空的时候，提示"账号不能为空"，日期自动显示当期的日期，格式为年月日；当输入账号后，按回车键光标自动跳到金额输入文本框，并且该文本框处于选中状态（蓝色）。

图 7.2 文本框示例

操作步骤如下：

① 创建一个表单，标题为"文本框示例"。

② 依次添加三个标签，标签的标题分别是账号、日期、金额，再依次添加三个文本框，名称分别为 Text1、Text2、Text3。

③ 设置 Text2 的 Value 属性：=DATE()

设置 Text3 的 InputMask 属性为：999,999,999.99，Format 属性：K

设置 Text1 的 Valid 事件代码：

```
IF  LEN(ALLTRIM(This.Value))=0
    MessageBox("账号不能为空")
    RETURN .f.
ELSE
    RETURN 2
ENDIF
```

④ 保存，运行表单。

7.2.3 编辑框（EditBox）

编辑框类似于文本框，可用来显示和保存较长的文本。编辑框是一个非容器类、绑定型控件，通常与表中的备注型字段绑定。

编辑框的常用属性如表 7.3 所示。

表 7.3 编辑框的常用属性

属性名称	说　明
ScrollBars	指定控件所具有的滚动条类型。ScrollBars 为 0 表示有滚动条，为 2 表示有垂直滚动条
SelStart	返回编辑框中所选文本的起始点的位置或插入点的位置，取值范围为 0～编辑区中字符总数
SelLength	返回用户在文本框中所选文本的字符数
SelText	返回用户编辑区内选定的文本

【例 7.3】 设计表单，实现将编辑框中选定的文本复制到另外的文本框中。

操作提示：创建表单，如图 7.3 所示，添加 2 个标签、一个编辑框 Edit1、一个文本框 Text1，在文本框 Text1 的 GotFocus 事件中编写代码：

```
This.Value=Thisform.Edit1.SelText
```

运行表单，在编辑框中输入文本，然后选择一段文本，单击文本框 Text1，则将选定的文本复制到文本框中。

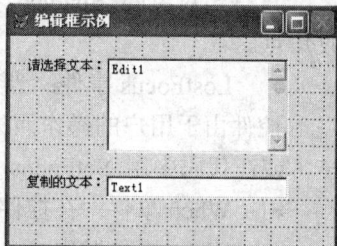

图 7.3　编辑框示例

7.2.4　命令按钮（CommandButton）与命令按钮组（CommandGroup）

命令按钮通常用来启动一个事件以完成某种功能，例如记录指针的移动、退出表单等。命令按钮是非容器型控件，而命令按钮组则是一种容器型控件，它包含一组命令按钮。两者都属于非绑定型控件。

1. 常用属性

命令按钮的常用属性如表 7.4 所示。

表 7.4　命令按钮的常用属性

属性名称	说　明
Caption	指定在命令按钮上显示的文本。设置标题属性时，可以设置访问键，设置的方法是在访问键的前面加斜杠和小于号（\<），例如，如果为命令按钮的 Caption 属性设置为：退出\<Q，则在运行时访问键下有下划线，例如"退出 Q"，在使用时用<ALT>+<Q>。访问键能在表单中任何地方使用，从而提高控件的易用性
Picture	指定命令按钮上显示的图片。当使用图片按钮时，可以设置工具提示文本，即当鼠标停留在控件上时，将显示提示文本。提示文本由 ToolTipText 属性指定，表单的 ShowTips 属性决定是否显示工具提示文本
Default	当设置为"真"（.T.）时，可按<Enter>键选择此命令按钮，执行此按钮的 Click 事件代码。默认值为 .F.
Cancel	当设置为"真"（.T.）时，则可按<Esc>键选择此命令按钮，运行其 Click 事件代码。默认值为 .F.
Enabled	指定该命令按钮是否可用。Enabled 为.T.，表示可用

- ButtonCount 属性：是命令按钮组的属性，指定包含的命令按钮的数目。
- Value 属性：是命令按钮组的属性，表明用户选定了第几个按钮。例如，如果命令组有 5 个命令按钮，当用户选择了第 4 个命令按钮时，命令按钮组的 Value 属性的值就是 4。如果没有选定命令按钮，命令按钮组的 Value 属性值为 0。

2. 常用事件

- Click 事件：鼠标单击对象时发生。
- DblClick 事件：鼠标双击对象时发生。
- RightClick 事件：鼠标右击对象时发生。

注 意

当命令按钮组以及该命令按钮组中的单个命令按钮都设置了 Click 事件代码时，单击命令按钮则执行的是命令按钮的代码，而不是命令按钮组的代码。

【例 7.4】 创建一个浏览读者信息的表单，如图 7.4 所示。要求用命令按钮组实现记录指针的导航，实现上一条、下一条和退出功能。

操作步骤如下：

① 用表单设计器新建表单，在数据环境中添加读者（dz）表，从数据环境中将 dz 表中所有字段拖放到表单上并适当排列。

② 从表单控件工具栏添加一个命令按钮组到表单上，右击命令按钮组，选择"生成器"，在命令按钮组的生成器对话框中设置按钮的数目为 3，三个命令按钮的标题分别为"上一个(\<P)"、"下一个(\<N)"、"退出(\<Q)"。布局选择"水平"，按钮间隔设为 10。

③ 设置命令按钮组 CommandGroup1 的 Click 事件代码：

```
DO  CASE
   CASE This.Value=1
     SKIP -1
CASE This.Value=2
    SKIP
CASE This.Value=3
   Thisform.Release
ENDCASE
Thisform.Refresh
```

上面这组代码执行时，当记录指针在文件头或文件尾时，系统会提示出错信息。若要完善代码，则要判断当前记录指针的情况，代码可以这样写：

```
DO  CASE
CASE This.Value=1
    IF NOT BOF()
        SKIP -1
    ENDIF
CASE This.Value=2
    IF NOT EOF()
        SKIP
    ENDIF
CASE This.Value=3
   Thisform.Release
ENDCASE
Thisform.Refresh
```

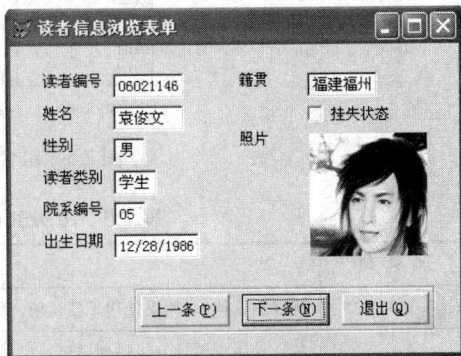

④ 保存并运行表单，效果如图 7.4 所示。

图 7.4　命令按钮组示例

7.2.5　列表框（ListBox）与组合框（ComboBox）

列表框和组合框都属于非容器型、数据绑定型控件。

列表框主要用于显示一组预先设定的值，并可以通过滚动条操作浏览列表信息，用户从列表中可以选择需要的数据。

组合框类似列表框和文本框的组合，可以在其中输入值或从列表中选择条目。它们的数据源由 RowSourceType 属性和 RowSource 属性给定。组合框的 Style 属性可以控制是否允许用户输入数据。

1. 常用属性

列表框和组合框的常用属性如表 7.5 所示。

表 7.5　列表框和组合框的常用属性

属 性 值	说　　明
RowSourceType	决定列表框或组合框数据源的类型，RowSourceType 的取值及含义如表 7.6 所示
RowSource	根据 RowSourceType 属性的值指定对应的数据源
ControlSource	用于指定列表框或组合框所绑定的数据源
ColumnCount	指定列表框或组合框中列的个数，默认值为 0（等价于 1 列）
BoundColumn	指定列表框或组合框中的哪一列绑定到该控件的 Value 属性上，默认为第一列与其绑定
Value	列表框或组合框的当前值，如果是多列，Value 属性的值由 BoundColumn 属性指定
DisplayValue	列表框或组合框中选定项的第一列内容
ListIndex	列表框或组合框中选中数据项在列表中的位置
ListCount	列表框或组合框中的数据项总数
List	用于存取列表框中数据条目的字符串数组。例如，list(3,2)表示第 3 个条目第 2 列上的数据项
Selected	指定条目是否被选中。.T.表示选中
Sorted	指定列表中的条目是否按字母顺序自动排序，适用于 RowSourceType 为 0、1 的情况
MultiSelect	指定用户能否在列表框内进行多重选定。属性默认值.F.，不允许多重选择，为.T.时，允许按<Ctrl>多重选择
Style	是组合框的属性，控制是否允许用户输入数据。style=0 下拉组合框，允许输入和选择，style=2 下拉列表框，只允许选择，不允许输入，如图 7.5 所示

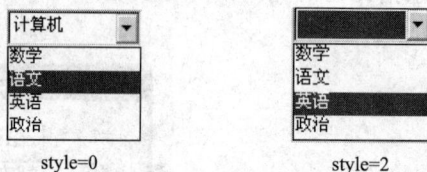

style=0　　　　　　　　　style=2

图 7.5　组合框 style 属性取值的情况

表 7.6　RowSourceType 属性的取值及说明

属 性 值	说　　明
0	无（默认值）。如果使用了默认值，则在运行时使用 AddItem 或 AddListItem 方法填充列
1	值。使用由逗号分隔的列填充
2	别名。根据 ColumnCount 属性在表中选择一个或多个字段
3	SQL 语句。使用 SQL SELECT 命令创建一个临时表或一个表
4	查询文件。指定 .QPR 扩展名的文件
5	数组。根据 ColumnCount 属性可以显示多维数组的多个列
6	字段。用逗号分隔的字段列表。字段个数由 ColumnCount 确定，第一个字段名前可以加上由表别名和句点组成的前缀
7	文件。用当前目录填充列。这时 RowSource 属性中指定的是文件说明信息(诸如 *.DBF 或*.TXT) 等
8	结构。由 RowSource 指定的表的字段名填充列
9	弹出式菜单。包含此设置是为了提供向后兼容性

注 意

ControlSource 和 RowSource 的使用区别。ControlSource 属性用来设置数据绑定型控件绑定的字段或者变量，控制将控件的当前值回送到绑定的单个字段或变量。RowSource 属性用来设置列表框或组合框显示的数据，可以是单个字段的内容，也可以显示多个字段和多行值。

2. 常用事件

- InterActiveChange 事件：当用户用键盘或鼠标改变列表框或组合框中的值（选项）时发生。
- Click、DblClick 事件：鼠标单击和双击发生的事件。

3. 常用方法

- AddItem 方法：向列表框或组合框中添加数据项。
- RemoveItem 方法：从列表框或组合框中移去数据项。
- Clear 方法：清除列表框中所有条目。
- Requery 方法：当 RowSourceType 设置为 3 或 4 时，可使用该方法重新运行查询以更新列表框中的条目。

【例 7.5】 选择列表框中的读者信息，在组合框中自动显示该读者的借阅信息，显示书号、借书日期和还书日期。

① 新建一表单，添加控件，两个标签，一个列表框 List1，一个组合框 Combo1。

② 在该表单的数据环境中添加读者（dz）表和借阅（jy）表。

③ 设置列表框的 ColumnCount 属性值为 2，设置列表框的 RowSourceType 属性为 "6-字段"，RowSource 属性为 dz.dzbh,xm。组合框的 ColumnCount 属性值为 3。

④ 在列表框的 InterActiveChange 事件中编写如下代码：

```
Public dzbh1                        &&定义全局变量 dzbh1
dzbh1=This.Value
Thisform.Combo1.RowSourceType=3
Thisform.Combo1.RowSource="SELECT sh,jsrq,hsrq FROM jy WHERE;
jy.dzbh=dzbh1 INTO CURSOR zzz"
```

⑤ 保存表单，运行效果如图 7.6 所示。

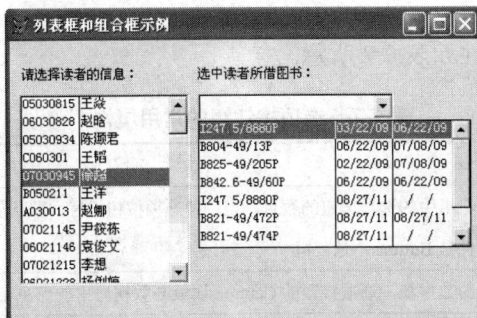

图 7.6 列表框与组合框示例 1

【例 7.6】　创建一个表单，表单中有一个标签、一个文本框、一个列表框，当用户在文本框输入文本并按回车键，则将文本内容作为一个列表项添加到列表框中；当用户双击列表框中某项，则该列表项从列表框中移去，当单击"清除"按钮，则将列表框中内容全部清除。

操作步骤如下：

① 添加一个标签 Label1，Caption 属性值如图 7.7 所示。

② 添加一个文本 Text1，在文本框的 KeyPress 事件中设置如下代码：

```
LPARAMETERS nKeyCode, nShiftAltCtrl
IF nKeyCode=13        &&回车键的 ASCII 值为 13
  Thisform.List1.AddItem(This.Value)
  This.Value=" "
ENDIF
```

③ 添加一个列表框 List1，为列表框的 DblClick 事件中编写如下代码：

```
Thisform.Text1.Value=This.List(This.ListIndex)
This.RemoveItem(This.ListIndex)
```

④ 添加一个命令按钮，Caption 属性值为"清除"。Click 事件代码如下：

```
Thisform.List1.Clear
Thisform.Text1.SetFocus
```

⑤ 保存表单，运行效果如图 7.7 所示。

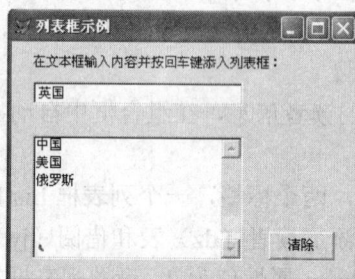

图 7.7　列表框示例 2

7.2.6　选项按钮组（OptionGroup）

选项按钮组是包含多个选项按钮的容器型控件，同时也是数据绑定型控件。一个选项按钮组中往往包含若干个选项按钮，提供多个选项供用户选择，但每次只能从中选择一个按钮，选项按钮旁边的圆点指示当前按钮为选中状态。

1. 常用属性

选项按钮组的常用属性如表 7.7 所示。

表 7.7　选项按钮组的常用属性

属性名称	说　明
ButtonCount	是指选项按钮组中的选项按钮的数目。当创建选项按钮组时，默认值包含 2 个选项按钮。选项按钮组的集合属性是 Buttons，是数组
ControlSource	指定所绑定的数据源，选项按钮的 Caption 属性与数据源中的信息相对应
Value	表示第几个按钮被选中，默认值为 1

2. 常用事件

- InterActiveChange 事件：当用户用鼠标更改选项时发生。
- Click：鼠标单击时发生。

选项按钮组设计时如果要改变布局，类似命令按钮组，可以使用生成器。但与命令按钮组不同，选项按钮组是绑定型控件，具有 ControlSource 属性，可以与表中的字段绑定。

注 意

选项按钮组是包含多个选项按钮的容器型控件，但单个选项按钮不能直接添加到表单上。

选项按钮组通过 ControlSource 和后台数据源相绑定。通常，选项按钮组所绑定的数据源是表中的一个字段，且该字段的值是有限的、可枚举的。例如，选项按钮组可以和读者表（dz）的性别（xb）字段绑定。每一个选项按钮对应一个绑定字段的值，例如，第一个选项按钮对应字段值"男"，第二个选项按钮对应字段值"女"。

【例 7.7】 打开例 7.4 创建的浏览读者信息的表单，将显示"性别"的文本框修改为水平放置的选项按钮组，并设置选项按钮组的 ControlSource 属性为 dz 表的 xb 字段。然后运行观察效果，如图 7.8 所示。

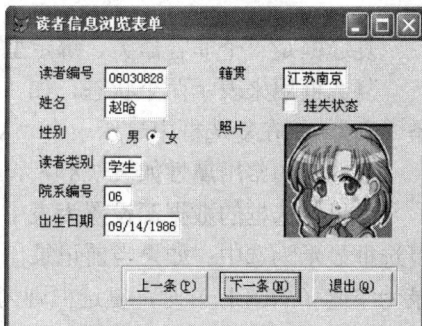

操作提示：打开例 7.4 表单，删除原来的性别显示的文本框，添加一个选项按钮组，然后选择该选项按钮组，在右键快捷菜单中选择"生成器"，利用"选项组生成器"对话框设置两个按钮的名称为

图 7.8 选项按钮组示例 1

"男"、"女"，布局选项卡中选择"水平"，值选项卡中选择"dz.xb"字段。

【例 7.8】 根据选项按钮组选择的内容，用列表框显示选择表的字段。

操作步骤如下：

① 如图 7.9 所示新建一表单，数据环境中添加读者（dz）表、图书（ts）表和出版社（cbs）表。

② 在表单上添加两个标签：一个选项按钮组和一个列表框。

③ 选项按钮组各个选项按钮的 caption 设置如图 7.9 所示，选项按钮组的 Value 属性设置为"dz"，Click 事件代码如下：

```
Public bm
bm=This.Value
Thisform.List1.RowSourcetype=8
Thisform.List1.RowSource=bm
```

④ 保存表单，运行效果如图 7.9 所示。

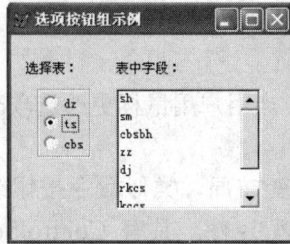

图 7.9　选项按钮组示例 2

注　意

选项按钮组的 Value 属性，默认为 1，表示第一个选项按钮被选中，如果为 2，表示第二个选项按钮被选中，依此类推。如果 Value 属性值为 0，表示没有选项被选中。选项按钮组的 Value 属性还可以设置为字符型，当设置为字符型时，则选项按钮组的 Value 属性值对应于选项按钮组被选中按钮的 Caption 属性值。

7.2.7　复选框（CheckBox）

复选框是一个非容器类、绑定型控件，通常与表中的逻辑型字段绑定。

复选框用来表示两个状态，如"真"（.T.）与"假"（.F.），或"是"与"否"。若条件是"真"，就在复选框中显示一个"√"。

复选框的常用属性如表 7.8 所示。

如果复选框的数据源设置为表中的一个逻辑字段，那么当前的记录值为"真"（.T.）时，复选框显示为选中；如果当前记录值为"假"（.F.）时，复选框显示为未选中；如果当前记录为空值（.NULL.）时，复选框则为灰色，表示无效。

Visual FoxPro 系统没有提供复选框生成器。

表 7.8　复选框的常用属性

属性名称	说　明
Caption	指定显示在复选框旁的文本
ControlSource	指定所绑定的数据源。通常与逻辑型字段绑定
Value	指定控件的当前状态。其取值可以是 0、1、2，分别表示未选中、选中、混合状态。Value 属性也可以设置为.T. 或.F.
Alignment	指定复选框的对齐方式，0（默认值）表示左，1 表示右

7.2.8　微调框(Spinner)

微调框控件可以实现给定范围内的数值输入，通过上箭头或下箭头调整输入，也可以在微调框内直接键入一个数值。　微调框是一个非容器类、绑定型控件，通常与表中的数值型、整型字段绑定。

1. 常用属性

微调框的常用属性如表 7.9 所示。

表 7.9 微调框的常用属性

属性名称	说 明
KeyBoardHighValue	指定从键盘输入微调框的最大值
KeyBoardLowValue	指定从键盘输入微调框的最小值
SpinnerHighValue	指定通过单击微调按钮输入的最大值
SpinnerLowValue	指定通过单击微调按钮输入的最小值
Increment	指定单击上、下箭头时，微调控件中数值的增加或减少量，默认值为 1.00
Value	当前微调框中显示的数值

2. 事件

● InterActiveChange 事件：当用户用鼠标或键盘调整微调框中数值时发生。

● Click：鼠标单击时发生。

【例 7.9】 新建一个表单，用列表框显示读者信息，信息的详细程度取决于列表框中显示的列数，由微调框来控制，列表框中列之间是否需要分组线用复选框控制。

操作步骤如下：

① 新建一个表单，数据环境添加读者（dz）表，添加一个标签，Caption 为"列数"。

② 添加一个列表框，RowSourceType 属性为 2-别名，RowSource 属性为读者(dz)表。

③ 添加一个微调框，设置 SpinnerLowValue 为 0，SpinnerHighValue 属性为读者表的列数：=Fcount()，Increment 属性为 1，Value 初始值为 1。在微调框的 InterActiveChange 事件中设置代码：

```
Thisform.List1.ColumnCount=This.Value
```

④ 添加一个复选框，Caption 属性为"分隔线"，Alignment 属性为 1-右，在复选框的 Click 事件中设置代码：

```
This.Parent.List1.ColumnLines=This.Value
```

⑤ 保存表单，运行效果如图 7.10 所示。

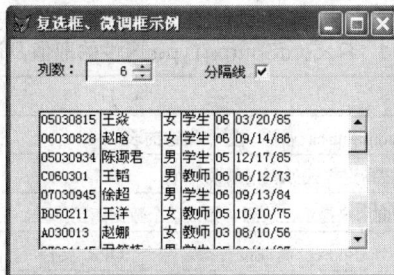

图 7.10 微调框、复选框示例

7.2.9 表格（Grid）

表格是按行和列显示数据的容器型控件，可以绑定数据源，其外观与表的浏览窗口相似，表格包含列标头（Header）、列（Column）和列控件，如图 7.11 所示。由于表格、列标头、列和显示数据的控件都有各自的属性集，所以可以对表格中的每一个元素进行控件设计。

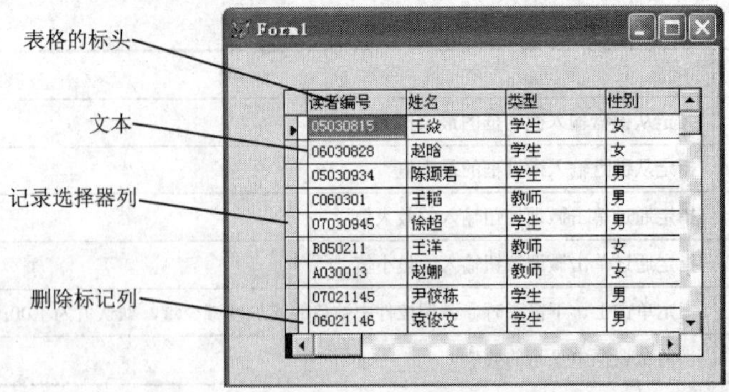

表格的标头

文本

记录选择器列

删除标记列

图 7.11　表格控件

1. 表格的常用属性

表格的常用属性如表 7.10 所示。

表 7.10　表格的常用属性

属性名称	说　明
RecordSource	指定与表格控件相绑定的数据源
RecordSourceType	指定表格控件的数据源类型，其属性的取值如表 7.11 所示
DeleteMark	指定表格的删除标记列是否显示。属性为.F.，不显示删除标记列，默认为.T.
RecordMark	指定是否显示记录选择器列，默认为.T.，显示记录选择器列
ScrollBars	指定所具有的滚动条类型，默认为3，既有水平又有垂直滚动条
ColumnCount	指定列控件的数目，默认值为-1，指定表单含有足够的列，以容纳表格数据源的所有列数
AllowAddNew	指定是否可以将表格中的新记录添加到表中，默认值为.F.
LinkMaster	指定表格控件中所显示的子表的父表的名称
ChildOrder	用于指定为建立一对多关系的子表所用到的索引
RelationalExpr	确定基于父表字段的关联表达式。父表由 LinkMaster 属性指定

RecordSourceType 属性的取值及说明如表 7.11 所示。

表 7.11　RecordSourceType 属性的取值及说明

属性值	说　明
0	表。自动打开 RecordSource 属性设置中指定的表
1	（默认值）别名。按指定方式处理记录源
2	提示。在运行时刻向用户提示记录源。如果某个数据库已打开，用户可以选择其中的一个表作为记录源
3	查询（.QPR）。RecordSource 属性设置指定一个 .QPR 文件
4	SQL 语句。在 RecordSource 属性中指定的 SQL 语句

注　意

　　RecordSourceType 设置为 1 别名时，RecordSource 为表单数据环境中已经添加的表的别名或者工作区中已经打开表的别名。RecordSourceType 设置为 0 时，RecordSource 除了可以设置为表单数据环境中的表，也可以是默认工作路径文件夹下的表，也可以是磁盘上任意的表，只是设置的时候带上路径信息。

2. 列（Column）的常用属性

列的常用属性如表 7.12 所示。

表 7.12　列的常用属性

属 性 值	说 明
ControlSource	指定要在列中显示的数据源。通常是表中的一个字段
CurrentControl	指定列对象显示活动单元值的控件。默认的是文本框，可以是复选框等其他类型的控件。活动单元格的显示控件，也可以在表格"生成器"中设置
Sparse	指定 CurrentControl 属性是影响列对象中的全部单元，还是仅影响列对象中的活动单元。默认值是真（.T.），表示只有列对象的活动单元使用 CurrentControl 属性设置的控件接收和显示数据，其他的单元使用默认的文本框。如果值为假（.F.），列对象的所有单元使用 CurrentControl 属性显示数据

列还有一些以"Dynamic"开头的属性，如 DynamicBackColor、DynamicForeColor、DynamicFontName、DynamicFontSize 等，利用这些属性可以动态实现一些特殊的显示效果。

例如，使用 SetAll 方法把表格控件的背景色设置为红绿相间时，可以使用下列代码：

```
Form1.Grid1.SetAll("DynamicBackColor","IIF(mod(Recno(),2)=0,;
RGB(255,0,0),RGB(0,255,0))", "Column")
```

3. 标头（Header）的常用属性

标头的常用属性如表 7.13 所示。

表 7.13　标头的常用属性

属 性 值	说 明
Caption	指定标头对象的标题文本
Alignment	指定标题文本的对齐方式

注 意

表格的列对象，是容器控件，包含标头和显示活动单元格的控件。列和标头都不能直接添加到表单上。

如果需要对表格控件中的列或标头对象进行操作，可以在表格的快捷菜单中选择"编辑"，或在属性窗口根据层次关系选中需要编辑的对象。当表格处于编辑方式时，表格周围将显示一个粗框，这时可以对表格的行或列进行调整宽度或高度等操作，要切换出表格编辑方式，只需选择表单或其他控件即可。

【例 7.10】　创建一个表单，浏览读者表的选定字段信息。列表框显示 dz 表的字段，表格显示读者表选定字段的内容。

操作步骤如下：

① 创建一个表单，数据环境中添加读者（dz）表，添加一标签控件，参照图 7.12 设置。

② 添加一个列表框 List1 和一个表格控件 Grid1。设置列表框的 MultiSelected 属性为.T.，RowsourceType 为 8-结构，RowSource 为"dz"。表格 Grid1 的 RecordSourceType 为 4-SQL 说明。

③ 添加一个命令按钮，标题 Caption 为"浏览"，命令按钮的 Click 事件代码如下：

```
s=" "                                    &&用来存放选定字段序列
f=.T.
FOR i=1 TO Thisform.List1.ListCount
   IF Thisform.List1.Selected(i)
      IF f
         s=Thisform.List1.List(i)
         f=.F.
      ELSE
         s=s+","+Thisform.List1.List(i)
      ENDIF
   ENDIF
ENDFOR
Thisform.Grid1.RecordSource="SELECT &s FROM dz INTO CURSOR tmptable"
```

④ 保存表单，运行效果如图 7.12 所示。

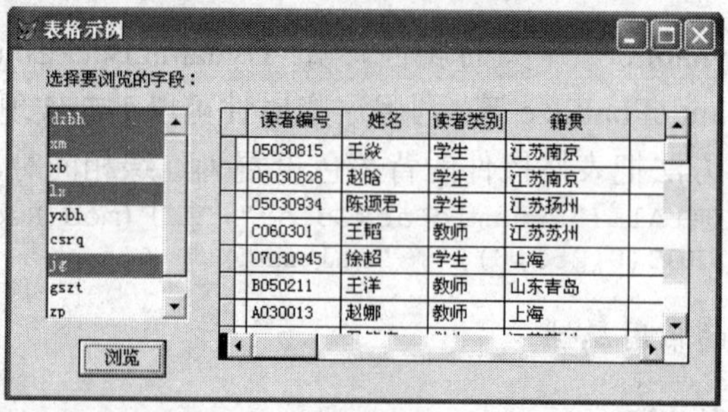

图 7.12　表格控件示例

7.2.10　页框（PageFrame）

页框控件是包含多个页面（Page）的容器，页面也是容器控件，页面上还可以含有其他控件，但页面不能直接拖放到表单上，它不是独立的控件。页框主要用于扩展表单的面积或功能。

页框定义了页面的总体特性，包括大小、位置、边界类型以及哪个页面是活动的等。

1. 页框的常用属性

页框的常用属性如表 7.14 所示。

表 7.14　页框的常用属性

属 性 值	说 明
PageCount	指定页框中包含的页面数，默认值为 2。Pages 是页框的集合属性，是一个数组，用于引用页框中的页对象
Tabs	确定页面的选项卡是否可见，默认值为.T.
TabStyle	指定选项卡两端或非两端对齐。默认 0-两端，1-非两端
ActivePage	页框控件中活动页面的编号。默认值为 1。对页面所在的表单使用 Refresh 方法时，只刷新当前活动的页面
TabStretch	为 1（裁剪），显示能放入选项卡中的标签字符，其余的不显示。为 0（堆积），将选项卡层叠起来，以便所有选项卡中的整个标题都显示出来

2. 页面的常用属性

页面的常用属性如表 7.15 所示。

表 7.15 页面的常用属性

属 性 值	说 明
Caption	指定页面的标签上显示的文本
BackColor	指定页面的颜色

如果要将控件添加到页面上，可以在页框的快捷菜单中选择"编辑"，选中需要操作的页面，或者在"属性"窗口中选择需要操作的页面对象，使页框处于编辑状态，页框周围变粗，然后才可以添加控件。

【例 7.11】 创建一个表单并添加具有三个页面的页框，每个页面实现不同的功能，如图 7.13 所示。

操作步骤如下：

① 创建一个表单，添加一个页框 PageFrame1，具有三个页面。

② 选中页框，单击右键，在快捷菜单中选择"编辑"，使页框处于编辑状态。

③ 参照图 7.13（a），设置第一个页面的 Caption 属性为"读者信息查询"，在页面上添加一个标签控件和一个文本框 Text1，标签的 Caption 属性为"请输入读者姓名："，然后再在页面上添加一个表格控件 Grid1。

④ 在第一个页面的文本框 Text1 的 KeyPress 事件中添加如下代码：

```
LPARAMETERS nKeyCode, nShiftAltCtrl
IF nKeyCode=13
    Public dzxm1
    dzxm1=ALLT(This.Value)
    SELECT dz
    SET FILTER TO dz.xm=dzxm1
    This.Parent.Refresh
ENDIF
```

⑤ 参照图 7.13（b），在第二个页面添加相应的控件，页面的 Caption 属性为"超期未还读者借阅查询"，标签的 Caption 属性为"已经超期的读者信息："，添加表格 Grid1，在页面的 Click 事件中编写代码：

```
cc="SELECT dz.dzbh AS 读者编号,dz.xm AS 姓名,dz.xb AS 性别,dz.lx AS ;
类型,SUM(IIF((DATE ()-jy.jsrq)>30,1,0)) AS 超期图书数目 FROM dz,jy ;
WHERE dz.dzbh=jy.dzbh AND hsrq={ } GROUP BY dz.dzbh INTO CURSOR tmpdz"
This.Grid1.RecordSourceType=4
This.Grid1.RecordSource=cc
```

在第二个页面的 Refresh 事件中添加如下代码：

```
This.Click()
```

⑥ 参照图 7.13（c），在第三个页面添加相应的控件并做相应的设置。在第三个页面的 Click 事件中编写代码：

```
This.Grid1.RecordSourceType=4
This.Grid1.RecordSource="SELECT TOP 10 ts.sh AS 书号,ts.sm AS 书名,ts.zz ;
AS 作者,COUNT(*) AS 借阅次数 FROM ts,jy WHERE ts.sh=jy.sh GROUP BY ts.sh ;
ORDER BY 4 DESC INTO CURSOR tpmts"
```

在第三个页面的 Refresh 事件中添加如下代码：

```
This.Click()
```

⑦ 在表单上添加一个具有四个命令按钮的命令按钮组，利用命令按钮组的"生成器"设置各个命令按钮的标题。然后设置命令按钮组的 Click 事件，代码如下：

```
n=This.Value
IF n=4
    Thisform.Release
ELSE
    Thisform.PageFrame1.ActivePage=n
ENDIF
Thisform.Refresh
```

⑧ 保存表单，运行效果如图 7.13 所示。

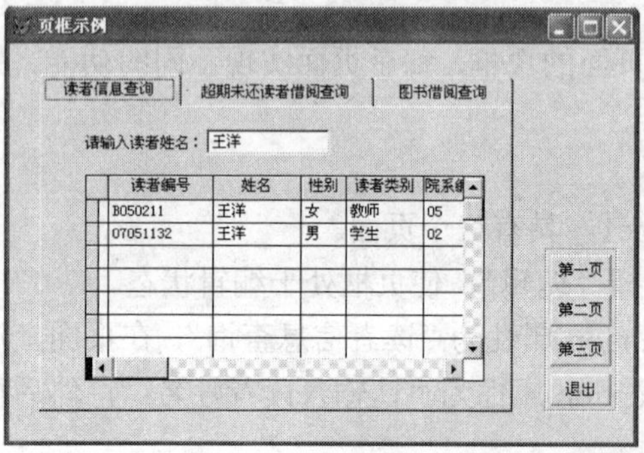

(a)

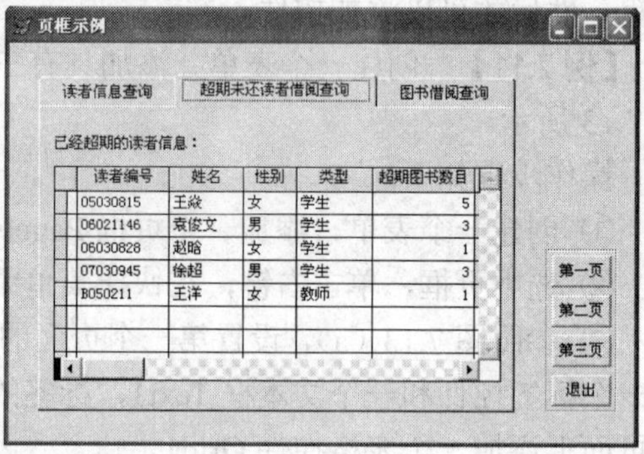

(b)

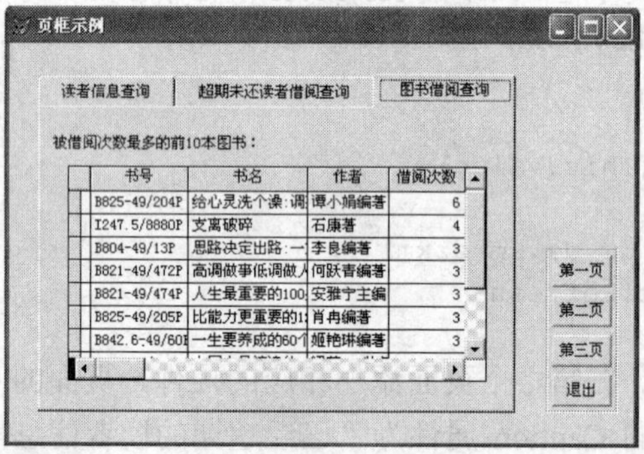

(c)

图 7.13　页框示例

7.2.11　计时器（Timer）

计时器是用来处理复发（间隔一段时间重复发生）事件的控件。该控件设计时可见，运行时不可见，在后台运行处理。

1. 常用属性

计时器的常用属性如表 7.16 所示。

表 7.16　计时器的常用属性

属 性 值	说　明
Interval	指定 Timer 事件发生的时间间隔，单位是毫秒。Interval 为 0 时，计时器将不响应 Timer 事件
Enabled	指定控件是否可用。属性设置为"真"（.T.）计时器开始工作；为"假"（.F.），挂起计时器的运行。若想使计时器在表单显示时就开始工作，则应将这个属性设置为"真"（.T.），或者选择一个外部事件（如命令按钮的 Click 事件）来启动计时器

2. 常用事件

Timer 事件是计时器中最重要的事件。当经过 Interval 属性中设定的毫秒时间间隔后，此事件发生。

3. 常用方法

调用 Reset 方法重置计时器控件，重新从零开始计时。

【例 7.12】 新建一表单，实现秒表功能。

操作步骤如下：

① 创建表单，设置表单的标题为"计时器示例-秒表"，添加两个标签，一个文本框 Text1、一个计时器 Timer1、两个命令按钮 Command1 和 Command2。两个标签的标题分别为"总时间："和"秒"。命令按钮 Command1 的 Caption 属性为"计时开始"，Command2 的 Caption 属性为"计时停止"。

设置表单的 Init 事件代码如下：

```
Public n
n=0
```

② 设置计时器控件的 Interval 属性值为 1000，Enabled 属性为.F.。计时器的 Timer 事件中编写如下代码：

```
n=n+1
Thisform.Text1.Value=n
```

③ 命令按钮 Command1 的 Click 事件代码如下：

```
Thisform.Init()
Thisform.Timer1.Enabled=.T.
Thisform.Timer1.Timer()
```

命令按钮 Command2 的 Click 事件代码如下：

```
Thisform.Timer1.Enabled=.F.
```

④ 保存并运行表单，效果如图 7.14 所示。

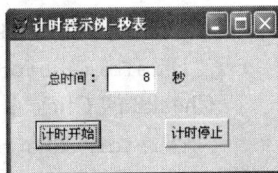

图 7.14 计时器示例

7.2.12 线条（Line）和形状（Shape）

线条控件用于创建水平线、竖直或对角线条。形状控件用来创建各种形状图形，包括矩形、方形、椭圆形或圆形。

1. 线条控件的常用属性

线条控件的常用属性如表 7.17 所示。

表 7.17 线条控件的常用属性

属 性 值	说 明
BorderWidth	指定线条的线宽
BorderStlye	指定线条的线型
LineSlant	指定线条倾斜方向，是从左上到右下还是从左下到右上，默认值是"\"，表示线条从左上到右下倾斜
Width、Height	设置线条对象在水平、垂直方向投影的宽度、高度

2. 形状控件的常用属性

形状控件的常用属性如表 7.18 所示。

表 7.18　形状控件的常用属性

属 性 值	说 明
Curvature	用来设置形状的曲率，决定显示什么样的图形，取值范围是 0～99。0 表示无曲率，用来创建矩形；1～98 指定圆角，数字越大，曲率越大；99 表示圆或椭圆
FillStlye	指定用来填充形状的图案
FillColor	指定使用的填充色
SpecialEffect	指定控件的不同样式选项（三维或平面），1-平面，3-三维
Width、Height	控制形状对象的宽度和高度，Width 和 Height 相同时表示是正方形或圆

【例 7.13】　创建表单，用来显示各种曲率的形状。

操作步骤如下：

① 创建表单，如图 7.15 所示。添加形状 Shape1，线条 Line1，复选框 Check1、Check2，标签 Label1，微调框 Spinner1，形状 Shape2（Shape2 若覆盖了控件，选择"格式"→"置后"）。

② 设置 Shape1 的 FillStyle 为 6-交叉线，Line1 的 BorderWidth 属性为 3，Check1、Check2 的 Caption 属性为矩形、椭圆形，Label1 的 Caption 属性为曲率；Spinner1 的 SpinnerHighValue 属性为 98，SpinnerLowValue 属性为 1，Increment 属性为 5。

③ 在 Check1 的 Click 事件中编写代码：

```
Thisform.Shape1.Curvature=0
```

在 Check2 的 Click 事件中编写代码：

```
Thisform.Shape1.Curvature=99
```

在 Spinner1 的 InterActiveChange 事件中编写代码：

```
Thisform.Shape1.Curvature=This.Value
```

④ 保存表单，运行，观察运行效果。

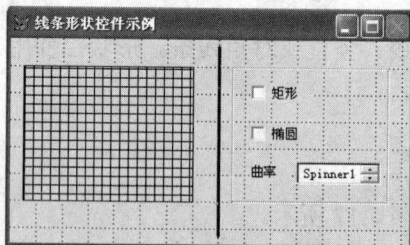

图 7.15　形状示例

7.2.13　ActiveX 控件

ActiveX 控件（也称 OLE 控件）是由软件提供商开发的可重用的软件组件。和其他控件一样，ActiveX 控件也可以添加到表单上。

在 Visual FoxPro 中，ActiveX 控件分为 ActiveX 控件和 ActiveX 绑定型控件。ActiveX 绑定型控件可以与表中的通用型字段绑定。

在"表单控件工具栏"上选择 ActiveX 控件█，在表单上单击，会出现"插入对象"对话框，如图 7.16 所示。在对话框中选择"对象类型"和"插入方式"，可插入 Excel、Word、PowerPoint 等对象到表单上。

在"表单控件工具栏"上选择 ActiveX 绑定型控件█，在表单上拖放，可创建 ActiveX 绑定型控件。该控件的常用属性如下。

- ControlSource 属性：设置其数据源，通常与数据表中某一通用型字段相绑定。
- Stretch 属性：设置 OLE 对象与显示区域的大小比例。它有三个取值：

　　0 —— 剪裁（默认值），超过显示区域部分的图像被剪去。

　　1 —— 等比填充，OLE 对象等比例放大或缩小显示。

　　2 —— 变比填充，以显示区域为前提，显示整个 OLE 对象。

在如图 7.17 所示的表单上，添加了两个 ActiveX 控件，三个 ActiveX 绑定型控件。一个是选择"创建控件"对象类型为"日历控件"插入的，一个 ActiveX 控件是选择"新建" Excel 对象插入的；三个 ActiveX 绑定型控件是和表中的通用性字段绑定，三个控件的 Stretch 属性分别是 0、1、2。

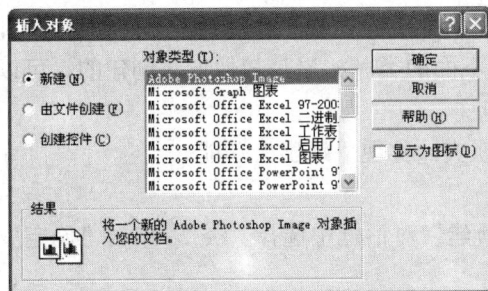

图 7.16　"插入对象"对话框　　　　　　图 7.17　ActiveX 控件示例

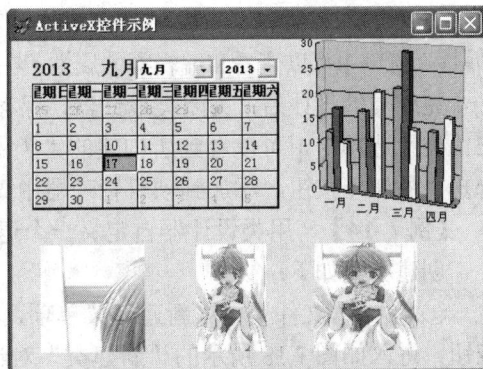

7.3　自　定　义　类

前面介绍的控件都是基于 Visual FoxPro 的基类创建的。在应用程序的开发过程中，用户不仅可以直接从基类中创建对象，还可以在其基础上创建自定义类，甚至在自定义类的基础上还可以自定义类。

自定义的类保存在扩展名为.vcx 的类库文件中。一个类库可以保存若干个类的定义。

7.3.1　类的创建

自定义类可以使用类设计器，也可以将创建的表单以及控件另存为类，还可以以编程方式定义类。

1.　使用类设计器自定义类

使用类设计器可以直观地定义和修改自定义类。打开类设计器可以使用以下几种方法：

- 使用菜单，选择"文件"→"新建"，在"新建"对话框中选择"类"，单击"新建文件"按钮。

- 在"项目管理器"中选择"类"选项卡，单击"新建"按钮。
- 使用"CREATE CLASS"命令。

使用上述三种方法，均会出现"新建类"对话框，如图 7.18 所示。

在"新建类"对话框中，需要指定新建类的类名、派生于哪个类、存储于哪个类库文件。其中类名和类库文件由用户设定，"派生于"后面是一个下拉列表框，用户从中选择一个类。

完成设置后，单击"确定"按钮，进入"类设计器"窗口，如图 7.19 所示。

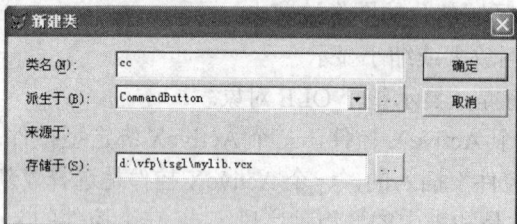

图 7.18　"新建类"对话框　　　　　　图 7.19　"类设计器"窗口

与"表单设计器"相似，在"类设计器"中，可以利用"表单控件工具栏"添加控件，在"属性"窗口中可以查看和编辑类的属性，在"代码"窗口中可以编写事件和方法程序的代码。

完成类的设计后，关闭类设计器，保存新建的类。如果是在"项目管理器"中新建的，在"类"选项卡中可以看到所创建的"类库"和下面的类。如果是其他方法创建的，可以选择"添加"按钮，添加到项目管理器中。

【例 7.14】　用类设计器自定义一个退出按钮类，实现"退出"功能。

创建步骤如下：

① 单击"文件"→"新建"菜单项，在"新建"对话框中选择"类"，单击"确定"按钮，进入如图 7.18 所示的"新建类"对话框。

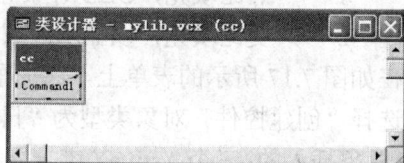

② 在"新建类"对话框中输入类名"exitcmd"，选择派生于"CommandButton"基类，在存储于文本框中输入类库文件路径及文件名"d:\vfp\tsgl\mylib.vcx"，或者单击"…"按钮，在"另存为…"对话框中选择类库文件路径及文件名。如果所要存放的类库文件不存在，可先选择正确路径后，在"存储于"文本框中直接输入类库文件名，然后单击"保存"按钮，最后在"新建类"对话框中单击"确定"按钮，进入类设计器。

③ 在"类设计器"中，在 "属性"对话框，设置命令按钮的 Caption 属性为"退出"，Click 事件码为：Thisform.Release。

④ 关闭类设计器，完成设计。

2. 表单以及控件另存为类

在"表单设计器"打开的情况下，可以将当前设计的表单以及表单上的控件另存为类。选择 Visual FoxPro 主菜单中的"文件"→"另存为类"项，出现"另存为类"对话框，如图 7.20 所示。

在"另存为类"对话框的"保存"栏下有三个单选按钮：

- 选定控件。若用户未选中表单中的控件，则该按钮不可选。
- 当前表单。
- 整个表单集。若当前没有创建表单集，则该按钮不可选。

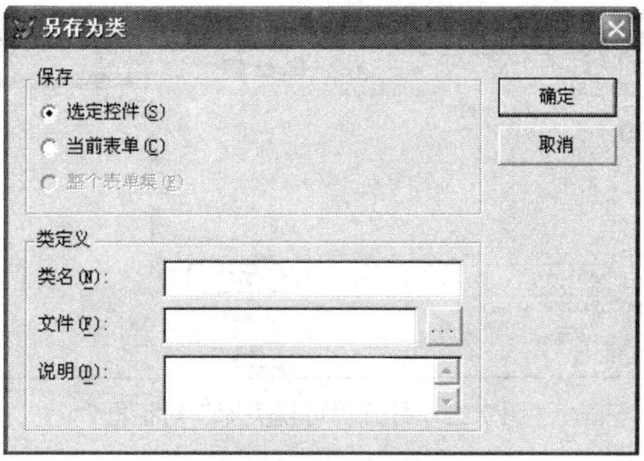

图 7.20 "另存为类"对话框

在"类定义"下面，完成以下设置：

● 在"类名"文本框中输入新类的名称。

● 在"文件"文本框中为新类指定类库名。

● 在"说明"框中输入类的说明信息。

单击"确定"按钮，指定的对象（表单、表单集或表单中的控件）被保存为一个类，并保存在为其指定的类库文件中。

3. 使用命令定义类

创建类库文件的命令是：

    CREATE CLASSLIB 类库名

创建新类的命令是：

    CREATE CLASS 类名 OF 类库 AS 基类名

例如，创建一个类库 lib1，在 lib1 中定义新类 tt1，派生于 TextBox。

    CREATE CLASSLIB lib1

    CREATE CLASS tt1 OF lib1 AS TextBox

创建的新类 tt1 保存在类库 lib1.vcx 文件中。

在这里使用的 CREATE 命令，其实质只是打开了"类设计器"，类的设计还是在"类设计器"中进行。

7.3.2 类的修改

1. 使用"项目管理器"修改类

在"项目管理器"窗口中，选择"类"选项卡，单击类库文件左边的"+"号，展开要修改的类所在的类库文件，选择相应的类名，单击"修改"按钮，即出现"类设计器"。

2. 利用"文件"菜单修改类

选择主菜单中的"文件"→"打开"项，在"打开"对话框中的"文件类型"框中选择"可视类库（.vcx）"，然后选择类库文件名，从被打开的类库文件中包含的"类名"列表中选择要修改的类，如图 7.21 所示，单击"打开"按钮。

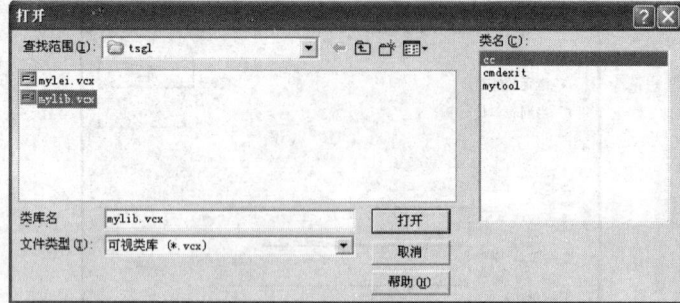

图 7.21　打开"可视类库"对话框

3. 使用命令修改类

命令格式：MODIFY　CLASS　<类名>　OF　<类库名>

打开"类设计器"后，对类进行的修改操作与修改表单相似。

注　意

对类的修改将影响到该类的子类和基于该类所创建的对象，应慎重。

7.3.3　为类添加属性

类具有继承性。新创建的类，会继承父类的属性，同时还可以为其添加新属性。具体操作如下：

在项目管理器的"类"选项卡中，选取要添加属性的类，单击"修改"按钮，打开类设计器，这时系统菜单栏出现"类"菜单项，选择"类"→"新建属性"，弹出"新建属性"对话框，如图 7.22 所示。

在"新建属性"对话框中的"名称"框内，输入新属性的名称；在"可视性"栏内可选择公共、保护或隐藏，其含义如下：

- 公共：是指能够在应用程序的任何地方被访问。
- 保护：是指只能被类定义中的方法和子类定义中的方法所访问。
- 隐藏：是指只能被类定义中的方法所访问。

在"说明"栏内可加入属性注释。单击"添加"按钮，将新属性添加到属性窗口中。新属性的默认属性值为.F.,单击"关闭"按钮，新建属性完成。

7.3.4　为类添加方法

添加新方法程序的操作步骤如下：

① 打开"类设计器"，选择"类"→"新建方法程序"菜单项，出现如图 7.23 所示的"新建方法程序"对话框。

② 在"新建方法程序"对话框中的"名称"栏内，输入新方法的名称，在"可视性"栏内选择公共、保护或隐藏，在"说明"栏内加入说明信息。

③ 单击"添加"按钮，将新方法添加到属性窗口中。新的方法程序为默认过程。

④ 单击"关闭"按钮，新建方法完成。

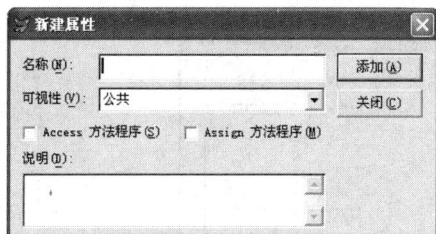

图 7.22 "新建属性"对话框

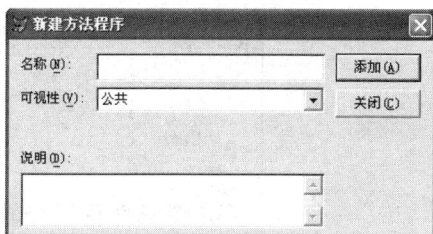

图 7.23 新建方法程序

7.3.5 类的应用

1. 添加类到表单

（1）在"项目管理器"中将类直接添加到表单

在"项目管理器"中选择"类"选项卡，选择类库文件下的类名，如图 7.24 所示，用鼠标将类从"项目管理器"中拖至"表单设计器"中的表单上即可。

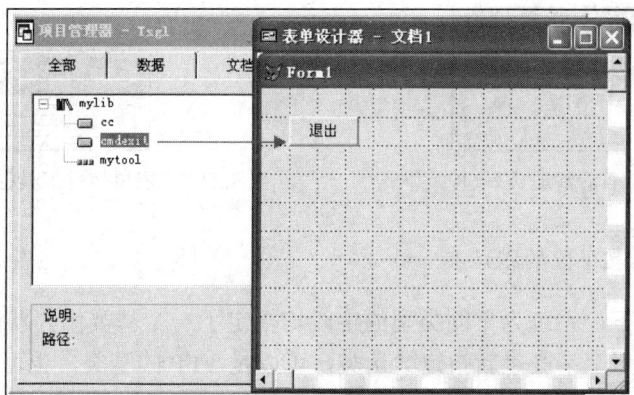

图 7.24 从"项目管理器"拖放类到表单上

（2）注册类库后添加类到表单上

注册类库有两种方法。

方法 1：利用"工具"→"选项"，出现"选项"对话框，选择"控件"选项卡，然后选择"可视类库"按钮，在"选定"列表框中选择所需要的类库（若列表框中没有所需要的类库，可以单击"添加"按钮，在"打开"对话框中选择所需要的类库），单击"确定"按钮，如图 7.25 所示。

单击"表单控件工具栏"的"查看类"▣按钮，能看到已注册的类库，例如 mylib，如图 7.26 所示。

方法 2：使用鼠标单击"表单控件工具栏"的"查看类"▣按钮，选择"添加"菜单项，出现"打开"对话框，选定要注册的类库文件，单击"打开"，这时类库中的自定义类出现在"表单控件工具栏"上，如图 7.27 所示。

自定义类注册后，与"表单控件工具栏"上的控件添加到表单上一样，可以将自定义的类添加到表单上。

如果要恢复"表单控件工具栏"中的常用控件按钮，只要单击"查看类"按钮▣选择"常用"即可。

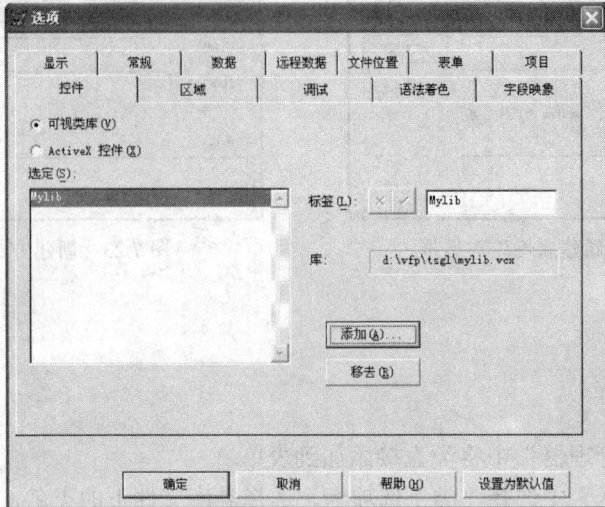

图 7.25　利用"选项"对话框注册类库

图 7.26　查看注册类库

图 7.27　"表单控件工具栏"上的自定义类按钮

2. 指定数据库表字段的默认类

在默认的情况下，系统为不同类型的字段均指定了一个基类作为默认类。在设计数据库时，用户可以为每个字段重新指定默认类，可以是 VFP 的基类，也可以是自定义类。

设置数据库表字段的默认类是在数据库表设计器中进行的，在表设计器中选定字段后，在"匹配字段类型到类"操作区域，如图 7.28 所示，在"显示库"框中指定一个类库文件，然后在"显示类"框中指定该类库中的一个类名。

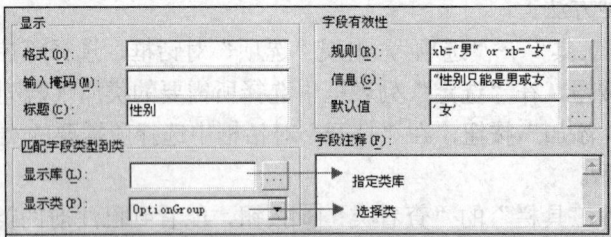

图 7.28　设置"匹配字段类型"到类

也可以在"工具"→"选项"对话框中，选择"字段映像"选项卡，设置指定数据类型的字段映像到类。但字段映像到类的优先级低于数据库表中字段所指定的默认显示类。

3. 指定表单和表单集的模板类

在 Visual FoxPro 系统中，新建表单和表单集时，系统默认以 Form 和 FormSet 基类为模板创建。在应用程序的开发过程中，可能需要外观一致的人机交互界面，这时，用户可以先自定义一个表单类，例如，背景色为蓝色的表单，然后，以自定义的表单类作为模板新建表单。设置方法如下：

在 Visual FoxPro 系统中，选择"工具"→"选项"，出现如图 7.29 所示的"选项"对话框，在该对话框中选择"表单"选项卡，在"模板类"区域中有两个复选框，选中"表单"复选框，然后单击右侧的"…"按钮，在出现的对话框中选择类库，再选择类，单击"确定"按钮，设置完成。这时在表单中新建表单时，会出现自定义的表单类创建的表单，不是系统默认的灰色表单。同样的方法可以设置表单集模板类。

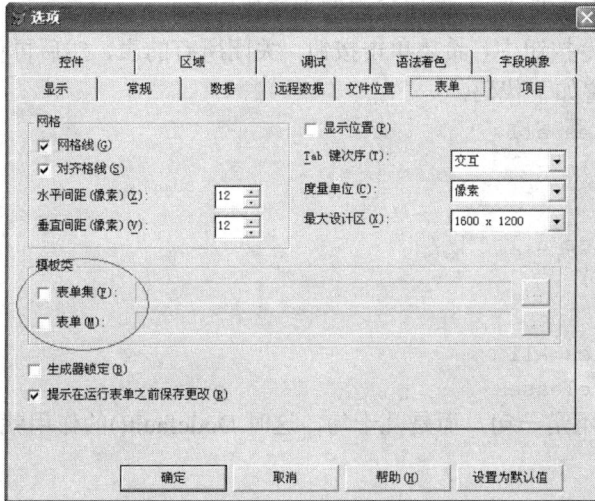

图 7.29 在"选项"对话框中设置表单和表单集的模板类

7.3.6 覆盖默认属性设置

当自定义类的对象被添加到表单之后，用户可以设置该对象所有未被保护的属性值，表单运行时，表单中对象执行用户修改后的属性设置，即以用户新设置的属性值覆盖类的默认属性设置。这样，即使在"类设计器"中该属性的值被修改，表单中对象的属性值也不会被改变。如果用户在设计表单时，对象的属性设置没有修改，则当"类设计器"中的属性被修改时，基于该类所创建的对象继承父类的属性，相关属性将会随着改变。

也就是说，使用自定义类产生的对象，它将继承该类所有的属性，也就是说父亲的特征遗传给了儿子，并且当修改了类的属性后，对象的属性会作相应修改。但儿子可以有自己的特性，也就是说这个对象产生后，可以修改它的属性，这时再修改父亲的属性，就不会再变了，即覆盖其默认的属性设置。

例如，在类设计器中，创建一个派生于文本框类的自定义类 tb，设置 tb 的背景色为红色。然后新建一个表单，将自定义类拖放到表单上，拖放 2 个对象 tb1、tb2，设置 tb1 的背景色为蓝色，tb2 的背景色不改变，保存运行表单，表单上两个文本框的颜色分别是蓝色和红色。然后在类设计器中，修改自定义类 tb 的背景色为绿色，则再次运行表单时，表单上的两个文本框的颜色分别是蓝色和绿色。

7.3.7 调用父类方法程序代码

对象可以自动继承类的所有特征，当然也包括方法程序。例如，一个按钮 cd1，它是由一个自定义类 cd 创建的，如果在 cd 类的 Click 事件写入了代码，例如 Thisform.Release，则在 cd1 中也有这些代码，虽然打开它的 Click 事件看不到这些代码，因为它们都已被封装到类之中了，但按下按钮会执行这些代码。

但在实际应用中，类的代码可能不适合用，就需要写入一些代码，这样父类的代码就不起作用了。但有时候类的代码不是不适合用，而是不够用，也就是除了新的代码外，还需要使用父类的代码，当然可以再写一遍，那也失去了自定义类的意义。

用户如果在为新类或对象添加新功能的同时，仍然要保留父类的功能，可使用函数 Dodefault()或作用域操作符"::"调用父类的程序代码。

例如，在 cd1 命令按钮中，希望单击按钮，关闭所有的表，然后再释放表单，则在 cd1 的 Click 事件可以设置如下代码：

```
Close Tables all
Dodefault()
```

或者写成：

```
Close Tables all
Cd::click()
```

相当于执行：

```
Close Tables All
Thisform.Release
```

假如原来的代码不是一句，而是几十句，这时 Dodefault()的作用就大了。

注 意

在调用父类的同名方法程序时 Dodefault()与作用域操作符"::"都是可以的，但如果调用的不是同名方法程序，只能使用"::"调用。例如，在 RightClick 事件中调用 Click 事件代码时，只能使用"::"调用。

7.3.8 以编程方式定义和使用类

定义类的命令格式是：

DEFINE CLASS 类名 AS 父类名

[属性名=表达式]

……

[ADD OBJECT 对象名 AS 类名]

……

[PROCEDURE 过程名

……

ENDPROC]

ENDDEFINE

【例 7.15】 定义一个表单类 myform，设置表单的 Caption 属性为"我的表单"，在 myform 上添加一个命令按钮 cmdinf，该对象派生于基类 CommandButton，设置该对象的 Caption 属性为"提示"，单击该按钮，出现消息框，提示单击了该按钮。

设置代码如下:

```
DEFINE CLASS myform AS Form          && 基于基类 Form 用户自定义类
Caption="我的表单"
Backcolor=RGB(0,0,128)
ADD OBJECT cmdinf AS CommandButton
   Cmdinf.caption="提示"
   Cmdinf.top=100
   Cmdinf.left=150
PROCEDURE cmdinf.Click
        Messagebox("你单击了提示按钮")
ENDPROC
ENDDEFINE
```

以上仅仅是类的定义,必须基于自定义类创建一个对象后,才能看到效果。基于类创建对象的函数是:CREATEOBJECT("类名"),如果创建的是容器对象,还可以利用 ADDOBJECT("对象名","类名")函数向容器添加对象。

【例 7.16】 基于自定义类 myform 创建一个表单对象。

操作步骤如下:

① 在"项目管理器",选择"代码"选项卡,选择"程序",单击"新建",出现程序的编辑窗口,输入如下代码:

```
mf=CREATEOBJECT("myform")
mf.Show
mf.height=200
mf.width=300
mf.ADDOBJECT("label1","LABEL")
mf.label1.Caption="你好,欢迎使用"
mf.label1.FontSize=20
mf.label1.Autosize=.T.
mf.label1.Visible=.T.
mf.label1.BackColor=RGB(255,0,0)
READ EVENTS

DEFINE CLASS myform AS Form          && 基于基类 Form 用户自定义类
 Caption="我的表单"
    Backcolor=RGB(255,255,0)
ADD OBJECT cmdinf AS CommandButton
    Cmdinf.Caption="提示"
    Cmdinf.Top=100
    Cmdinf.Left=120
Cmdinf.Width=80
Cmdinf.Height=25
PROCEDURE cmdinf.Click
    Messagebox("你单击了提示按钮")
CLEAR EVENTS
ENDPROC
ENDDEFINE
```

② 保存程序,运行效果如图 7.30 所示。

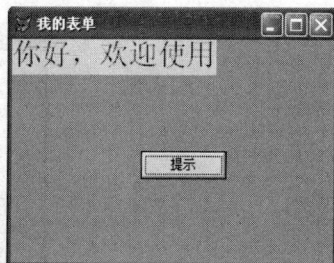

图 7.30 以编程方式使用类实例

注 意

　　程序代码的执行总是由某个事件的发生而引起的。在主程序中必须有驱动事件循环的命令 READ EVENTS，否则会出现"一闪而过"。事件循环由 CLEAR EVENTS 终止，否则，程序会处于挂起状态。

7.4　小型案例实训

【案例说明】

　　试设计一个表单，用于标准化考试的练习。练习的题型是选择题，每道题有四个选项，其中有一个选项是正确的，一批练习结束后，出现消息框提示正确率情况。

【案例分析】

　　选择题一般由题干和四个选项组成。题干可能会较长，可以用备注型字段存储，在表单上用编辑框控件显示；用文本框显示四个选项的内容；四个选项中只有其中一个是正确的，可以设计一个选项按钮组，与用户的答案绑定；练习结束后，需要给出练习的正确率情况，还必须提供标准答案，然后和用户答案比较，并统计正确率。

【操作步骤】

　　① 设计一个表结构，用于存储选择题的内容，其表结构如表 7.19 所示。

表 7.19　表结构

字 段 名	类 别	宽 度	含 义
Ques	M	4	题干
Da	C	30	答案 A 内容
Db	C	30	答案 B 内容
Dc	C	30	答案 C 内容
Dd	C	30	答案 D 内容
Ans	C	1	正确答案
User_Ans	C	1	用户答案

　　② 在项目管理器中，使用表设计器，根据表结构创建表，表文件名为 exam.dbf（由于有备注型字段，表创建后会生成 exam.fpt）。为表添加一些记录，表的一条记录对应一道选择题。

　　③ 利用表单设计器，新建表单 form1，数据环境中添加 exam 表，从"表单控件工具栏"添加标签、编辑框、四个文本框、一个选项按钮组、一个命令按钮组，如图 7.31 所示。

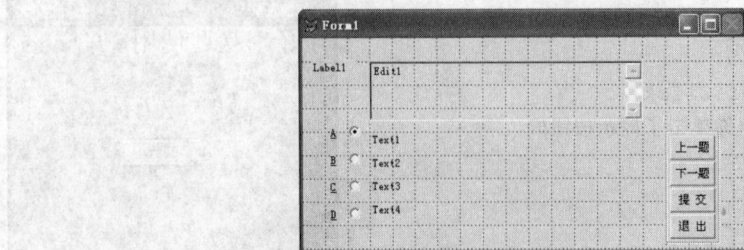

图 7.31　考试练习表单

④ 设置编辑框、文本框、选项按钮组的 BorderStyle 属性为 0—无边框，BackStyle 属性为 0 — 透明。

设置选项按钮组的 Buttoncount 属性为 4，ControlSource 属性为 user_ans，四个选项按钮的 Caption 属性分别为\<A、\<B、\<C、\<D，Alignment 属性为 1—右，利用生成器将选项按钮间的间隔为 12 个像素。

编辑框的 ControlSource 为 Ques，四个文本框的 ControlSource 分别为 Da、Db、Dc、Dd。

命令按钮组的 ButtonCount 属性为 4，Caption 属性分别是上一题、下一题、提交、退出。

⑤ 为命令按钮组的 Click 事件编写如下代码：

```
DO  CASE
CASE This.Value=1
    IF NOT BOF()
       SKIP  -1
    ENDIF
CASE This.Value=2
    IF NOT EOF()
       SKIP
    ENDIF
CASE This.Value=3
    x1=0                        &&x1 用于存放答对的题目数
    n=RECNO()
    SCAN
      IF User_ans$ans
          x1=x1+1
      ENDIF
    ENDSCAN
    COUNT TO x2                 &&x2 用于存放题目总数
    fs=STR(x1/x2*100,6,2)+"%"   &&计算正确率
    MessageBox("正确率为"+fs)
    GOTO n
CASE This.Value=4
    ThisForm.Release
ENDCASE
ThisForm.Refresh
```

⑥ 保存表单，运行观察运行效果。

7.5 习　　题

一、选择题

1. 在下列 Visual FoxPro 的基类中，无 Caption 属性的基类是_____。
    A．标签　　　　　　　B．文本框　　　　　　C．复选框　　　　　　D．选项按钮
2. 在下列几组控件中，均具有 ControlSource 属性和 Value 属性的是_____。
    A．Pageframe、EditBox、OptionGroup　　C．TextBox、Label、CommandButton
    B．ListBox、Grid、ComboBox　　　　　　D．CheckBox、Spinner、ComboBox
3. 在下列有关控件及其属性的叙述中，错误的是_____。
    A．一个标签控件最多可以显示 128 个字符

　　B．计时器控件的 Interval 属性的单位为毫秒

　　C．当形状控件的 Curvature 属性值为 99 时，其曲率最大

　　D．组合框控件的 Style 属性控制其为下拉列表框还是下拉组合框

4．下列控件中，设计时可见，运行时不可见的是_____。

　　A．命令按钮（CommandButton）　　　　B．选项按钮（Option）

　　C．复选框（CheckBox）　　　　　　　　D．计时器（Timer）

5．当某个控件绑定到一个字段时，移动记录指针后如果字段的值发生变化，则控件的_____属性的值也随之变化。

　　A．Value　　　　　B．Name　　　　　C．Caption　　　　D．没有

6．下列四组基类中，同一组中各个基类全是容器类的是_____。

　　A．Grid、Column、TextBox

　　B．CommandButton、OptionGroup、ListBox

　　C．CommandGroup、DataEnvironment、Header

　　D．Form、PageFrame、Column

7．下列关于子类存储的说法中正确的是_____。

　　A．一个子类必须保存为一个类库

　　B．多个子类可以保存到一个类库中

　　C．具有父子关系的两个子类不能保存在同一个类库中

　　D．具有相同基类的子类才能保存到一个类库中

8．下列 VFP 类中，不能基于它创建子类（派生类）的是_____。

　　A．线条　　　　　B．页框　　　　　C．标头　　　　　D．形状

9．下列几组控件中，均可直接添加到表单中的是_____。

　　A．命令按钮组、选项按钮、文本框

　　B．页面、页框、表格

　　C．命令按钮、选项按钮组、列表框

　　D．页面、选项按钮组、组合框

10．设有一个含 3 个页面的页框，其中第一个页面的名字为 Page1，上面有两个命令按钮：CmdOk、CmdPrint。如果要在 CmdPrint 的 Click 事件中引用 CmdOk 的 ClicK 事件代码，则采用_____。

　　A．This.Parent.CmdOk.Click()　　　　B．Thisform.Page1.CmdOk.Click()

　　C．This.CmdOk.Click()　　　　　　　D．Thisform.CmdOk.Click()

二、填空题

　　1．根据控件与数据源的关系，表单中的控件可以分为两类：与表或视图等数据源中的数据绑定的控件和不与数据绑定的控件。前者称为_____。

　　2．标签控件是用以显示文本的图形控件。标签控件的主要属性有 Caption 属性、BackStyle 属性、AutoSize 属性以及 WordWrap 属性等，其中 WordWrap 属性的功能是_____。

　　3．每个控件都有 ToolTipText 属性，用于设置工具提示文本，表单的_____属性决定是否显示工具提示文本。

4．编辑框（EditBox）的用途与文本框（TextBox）相似，但编辑框除了可以编辑文本框能编辑的字段类型以外，还可以编辑_____字段。

5．在某表单运行时，表单上某个命令按钮标题显示为"取消（X)"，则该命令按钮的 Caption 属性值为_____。

6．列表框对象的数据源由 RowSource 属性和 RowSourceType 属性决定。而要将列表框中的值与表中的某个字段绑定，则应该设置_____属性为表中的字段。

7．表格控件可以设置特定格式，使得用户更容易浏览表格记录。设某表格控件有 3 列，用于显示学生的学号（xh）、姓名（xm）和成绩（cj），如果要将表格的第 3 列（Column3）的前景色设为红色显示不及格的成绩，用蓝色显示及格的成绩，则可以在表格的 Init 事件代码中，使用如下形式的语句：This .Column3. DynamicForecolor= _____

8．设某表单上有一个页框控件，该页框控件的 PageCount 属性值在表单的运行过程中可变（即页数会变化）。如果要求在表单刷新时总是指定页框的最后一个页面为活动页面，则可在页框控件的 Refresh 事件代码中使用语句：This._____ = PageCount 。

9．在表单中，ActiveX 绑定型控件可以和表中的_____型字段绑定。

10．已知教师（js）表和教师任课（jsrk）表的结构如表 7.20 和表 7.21 所示。

表 7.20　JS.DBF（主索引 GH）

字 段 名	类　型	宽　度	含　义
GH	C	6	工号
XM	C	8	姓名
XIMING	C	12	系名
NL	N	2	年龄

表 7.21　JSRK.DBF（普通索引 GH）

字 段 名	类　型	宽　度	含　义
GH	C	6	工号
KCH	C	2	课程号
KCM	C	18	课程名
BXK	L	2	必修课
KSS	N	1	课时数

在图 7.32 所示的表单中，如要把"工号"框设计成只提供查询，不提供输入的窗口，即当"工号"框的内容变化时，表单中其他控制的内容都作相应的变化，则应对"工号"

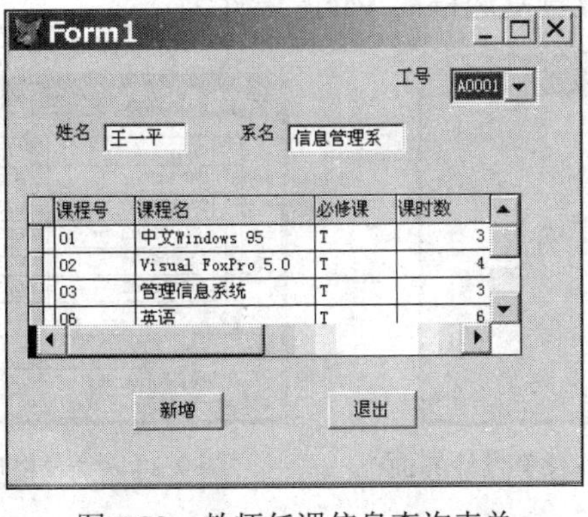

图 7.32　教师任课信息查询表单

框 Cbogh 进行如下设置：

属性 Style=_____ （0-下拉组合框，2-下拉列表框）

```
RowSourceType=3
RowSource= SELECT gh FROM js INTO CURSOR eGhtmp
```

事件 InterActiveChange 的代码如下：

```
SEEK This.Value ORDER gh IN js
This._____.Refresh
```

对 GRID 的属性进行如下设置：

```
RecordSource=jsrk
RecordSourceType=1
LinkMaster=_____
RelationalExpr=gh
```

当按下"新增"按钮时，要求在 jsrk 表中新增一条记录，则该按钮的 Click 事件代码如下：

```
INSERT INTO jsrk (gh) VALUE (_____)
Thisform.Refresh
```

11. 假设用于"交通灯控制"的表单如图 7.33 所示，表单上有 1 个文本框控件（Textl）、1 个形状控件（Shape1）、1 个命令按钮控件（Command1）和 1 个计时器控件（Timer1）。形状控件显示为圆形，则应设置形状控件的 Curvature 属性为_____；计时器的时间间隔为 1 秒，则应设置计时器控件的 Interval 属性为_____；文本框的背景是透明的，则应设置文本框控件的_____属性为 0-透明。

表单运行初始时，计时器控件处于停用状态，完善"开始"命令按钮的 Click 事件代码，以实现启用计时器控件的功能。

```
Thisform.Timer1._____=.T.
```

当触发计时器控件的 Timer 事件时将调用表单的 JTDKZ 方法程序，从而实现交通灯控制功能：红、黄、绿灯交替，红灯、绿灯各亮 15 秒，在红灯、绿灯交替之间黄灯亮 2 秒，则应设置计时器的 Timer 事件代码为_____。

12. 设有用于"表格属性设置"的表单如图 7.34 所示：表单上有 1 个标签控件（Labell）、1 个组合框控件（Combo1）、1 个复选框控件（Check1）和 1 个表格控件（Grid1）。表格 Grid1 中的数据为只读，但能获得焦点，则应设置表格的_____属性为.T.；要求"数据源"标签控件右侧的组合框列出当前目录下的所有 .DBF 文件，其 RowSourceType 属性已设置为"7-文件"，则其 RowSource 属性应设置为_____；复选框控件 Check1 的初始状态为选中，则应设置复选框的 Value 属性为_____。

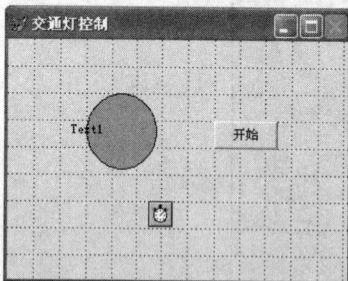

图 7.33　"交通灯控制"表单设计界面　　　图 7.34　"表格属性设置"表单

表单中的表格控件 Grid1 的 RecordSourceType 属性已设置为"0-表"，完善组合框的 InterActiveChange 事件代码，使得表格显示组合框 Combo1 中所选定的表的数据。

```
Thisform.Grid1._____=This.Value
```

完善复选框的 InterActiveChange 事件代码，使得复选框选中，表格显示删除标记列，否则不显示。

```
Thisform.Grid1._____=This.Value
```

第 8 章　报表与标签

✎ **本章要点**

- 报表的类型
- 报表的创建
- 报表的设计器创建与修改
- 报表的预览与打印
- 标签的设计

VFP 提供了强大的报表和标签设计功能，可以方便地将数据打印出来。创建报表主要有两个要素：报表的数据源和报表的布局。数据源定义了报表数据的来源，布局定义了报表的打印格式。标签是一种特殊的报表，本章主要介绍各种报表的创建和设计方法。

8.1　报表的类型

按照报表的布局，报表的类型分为下列几种，表 8.1 给出了常规布局的说明，图 8.1 列举了各类布局的格式示例。

表 8.1　报表的布局类型

布局类型	说　明
列报表	每行一条记录，每条记录的字段在页面上方水平放置，类似表的浏览窗口
行报表	每个字段一行，字段名在数据左侧，字段与数据在同一行，一条记录占多行。类似于表的编辑窗口
一对多报表	用于打印一对多关系中父表和子表记录，每条父记录对应多条子表记录。类似于一对多表单显示数据
多栏报表	也称多列报表。每条记录的字段沿分栏的左侧边缘竖直放置，类似 Word 中的分栏
标签	标签实质上是一种多列布局的特殊报表，具有为匹配特定标签纸（如名片等）的特殊设置

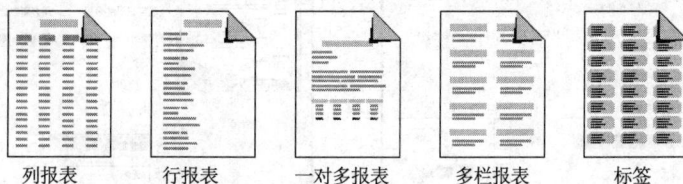

列报表　　行报表　　一对多报表　　多栏报表　　标签

图 8.1　常规报表布局

8.2　报表的创建

Visual FoxPro 提供了三种可视化创建报表的方法。

- 使用向导创建报表。

- 使用快速报表功能创建报表。
- 使用报表设计器创建报表。

报表的定义可以存储在扩展名为 .frx 的报表文件中，且每个报表文件还有一个相关的扩展名为 .frt 的报表备注文件。报表文件指定了报表的数据源、需要打印的文本以及布局信息等。

8.2.1 使用报表向导创建报表

和表单向导类似，可以利用"报表向导"创建基于单表的报表，利用"一对多报表向导"创建基于一对多两张表的报表。启动报表向导可以有以下几种方法。

- 打开"项目管理器"窗口，选择"文档"选项卡中的"报表"后，单击"新建"按钮，然后在弹出的"新建报表"对话框中单击"报表向导"按钮。
- 选择"文件"→"新建"菜单命令，或者单击工具栏上的"新建"按钮 □，打开"新建"对话框，选中"报表"，然后单击"向导"按钮。
- 利用"工具"→"向导"→"报表"菜单命令。
- 直接单击"常用"工具栏上的"报表向导"按钮 ⚅。

1. 报表向导

无论使用哪种方法打开报表向导，都会出现图 8.2 所示的"向导选取"对话框。选择"报表向导"，可以创建基于单个表或视图的报表，然后单击"确定"按钮，进入报表向导设置。

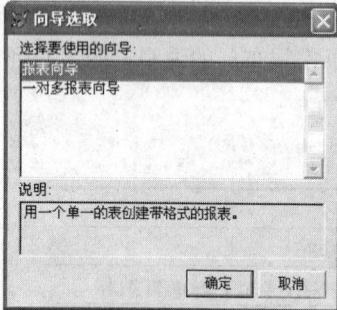

图 8.2　"向导选取"对话框

（1）字段选取

在"报表向导"对话框中，首先要求用户确定报表所包含的字段。如图 8.3 所示。

（2）分组记录

选取字段后，单击"下一步"按钮，出现"分组记录"对话框。报表中的记录可按一定的条件进行分组，向导提供了三个条件，这三个条件不是并列关系，是分层关系。分组时，先按第一个条件进行分组，再将多个组中的记录按第二个条件进行分组，依此类推，如图 8.4 所示。

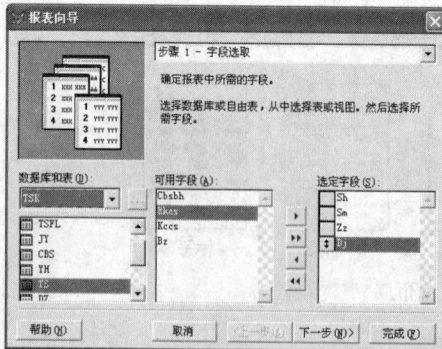

图 8.3　"字段选取"对话框

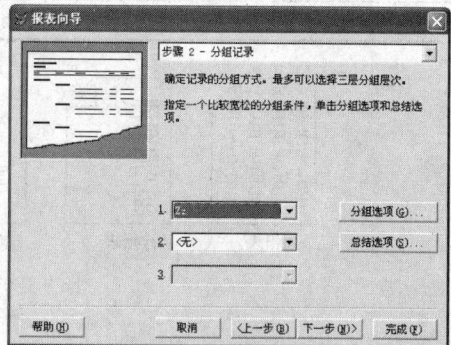

图 8.4　"分组记录"对话框

单击"分组选项"按钮，在弹出的对话框中可以确定分组字段中字段间隔，如图 8.5 所示。单击"总结选项"按钮，在弹出的对话框中可以对数值进行求和、求平均值，以及选择报表中是否包含小计和总计等信息，如图 8.6 所示。

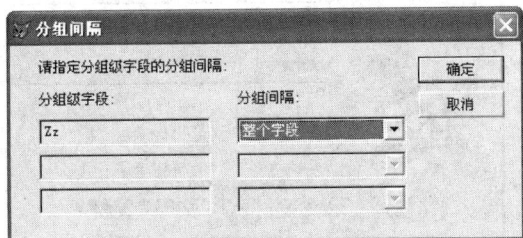

图 8.5　"分组间隔"对话框　　　　　　　　图 8.6　"总结选项"对话框

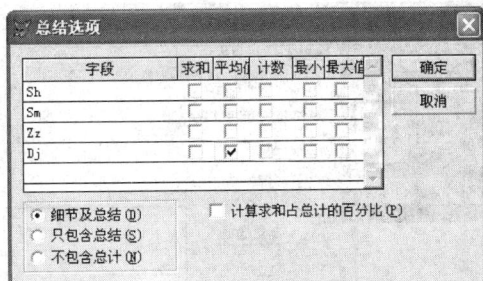

（3）选择报表样式

单击"下一步"，出现"选择报表样式"对话框。在"选择报表样式"对话框中，提供了五种报表样式：经营式、账务式、简报式、带区式和随意式，如图 8.7 所示。

（4）定义报表布局

选定报表样式后，单击"下一步"按钮，出现"定义报表布局"对话框，确定布局。向导提供了两种布局方式：列布局和行布局，同时可以设置纸张的方向为"纵向"或"横向"，如图 8.8 所示。如果设置了分组记录字段，则列数无法设置。

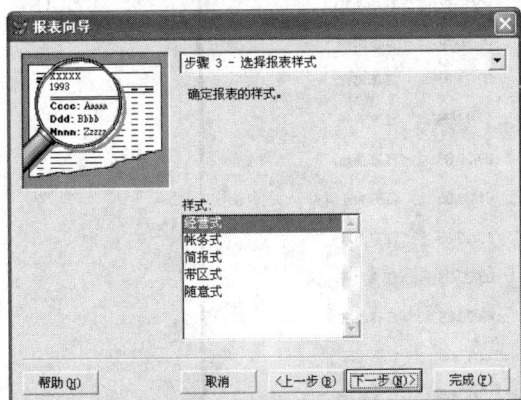

图 8.7　"选择报表样式"对话框　　　　　　图 8.8　"定义报表布局"对话框

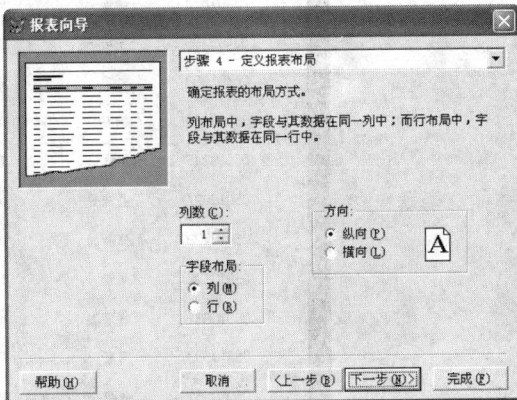

（5）排序记录

单击"下一步"按钮，出现"排序记录"对话框。在"排序记录"对话框中，用于确定报表中记录的输出次序，最多可以确定三个用于排序的字段，按"选定字段"列表框中字段的先后顺序进行排序，排在前面的优先排序。如图 8.9 所示。

（6）完成

单击"下一步"按钮，出现"完成"对话框。在"完成"对话框中，要求用户为所创建的报表输入一个标题，该标题出现在报表的顶部，并选择适当的方式保存报表，如图 8.10 所示。在完成报表前，最好先单击"预览"按钮，观察报表结果，如果对结果不满意，可单击"上一步"按钮进行修改。

输入文件名，保存新创建的报表。在项目管理器中，选定该报表，单击"预览"按钮，就可以观察报表格式及数据。

【例 8.1】　创建如图 8.11 所示读者信息浏览报表。

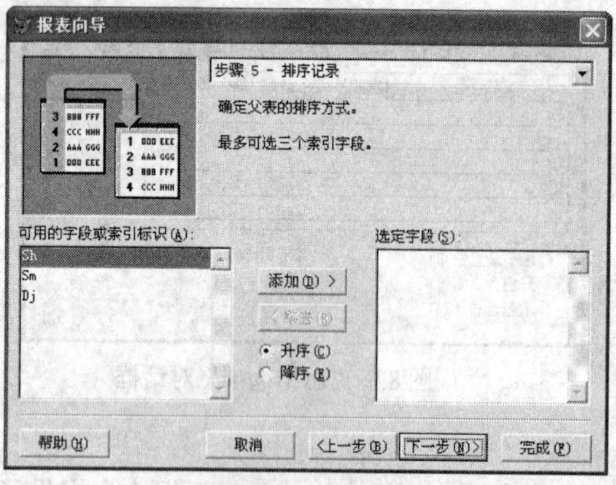

图 8.9　"排序记录"对话框 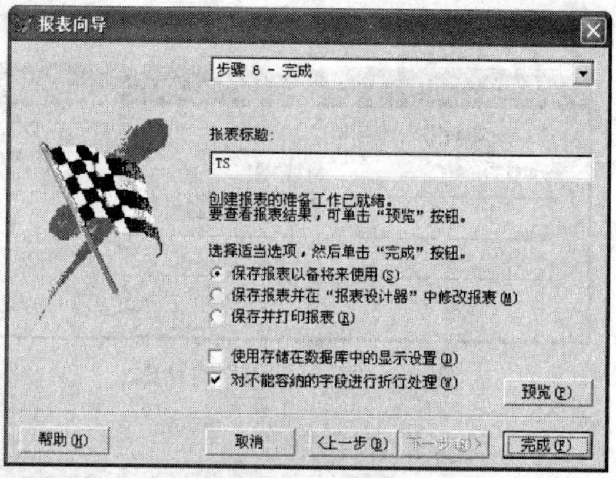　　　　　　　　　图 8.10　"完成"对话框

图 8.11　出版社信息浏览报表

操作步骤如下：

① 启动报表向导。在"项目管理器"窗口的"文档"选项卡中选中"报表"，单击"新建"按钮；在"新建报表"对话框中单击"报表向导"按钮；在"向导选取"对话框中选择"报表向导"，单击"确定"按钮，打开"字段选取"对话框。

② 字段选取。在"字段选取"对话框中，首先选择 dz 表，然后选择 dzbh、xm、xb、csrq、jg 字段，单击"下一步"按钮，出现"分组记录"对话框。

③ 分组记录。此例不做设置，单击"下一步"按钮，出现"选择报表样式"对话框。

④ 选择报表样式。在"选择报表样式"对话框中，选择"经营式"，单击"下一步"按钮，出现"定义报表布局"对话框。

⑤ 定义报表布局。"定义报表布局"对话框中，方向选择纵向。单击"下一步"按钮，

出现"排序记录"对话框。

⑥ 排序记录。在"排序记录"对话框中，选择按 dzbh 升序排序。单击"下一步"按钮，出现"完成"对话框。

⑦ 完成。在"完成"对话框中，设置报表标题为"读者信息浏览报表"，单击"完成"按钮，在"另存为"对话框中，输入 report01 作为报表文件名。

⑧ 预览。在项目管理器中选择 report01 报表，单击"预览"按钮，观察新建的报表结果，如果不满意，可以单击"修改"按钮，在报表设计器中进行修改。

注　意

如果要创建基于多个表或视图的报表，必须先创建包含需要字段的视图，基于视图再创建报表，或者利用"一对多报表向导"来创建。另外，在报表向导中不包含记录筛选条件，如果要进行记录筛选，也必须先创建视图。

2．一对多报表向导

在图 8.2 所示的"向导选取"对话框中选择"一对多报表向导"，然后单击"确定"按钮，可以进入创建基于一对多关系的两张表的报表向导。

（1）从父表选择字段

在"一对多报表向导"对话框中，首先确定父表及父表中的字段，如图 8.12 所示。

（2）从子表选择字段

确定父表及父表中的字段后，单击"下一步"按钮，进入图 8.13 所示的对话框，选择子表以及子表中字段。

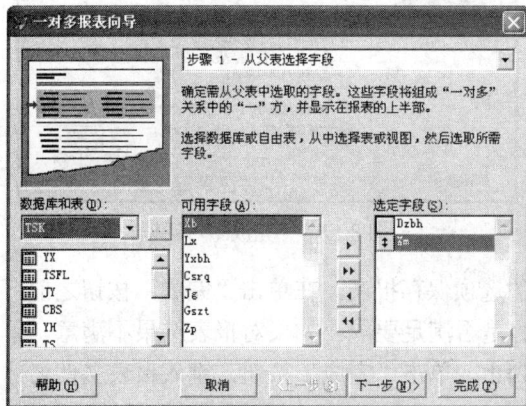

图 8.12　"从父表选择字段"对话框　　　图 8.13　"从子表选择字段"对话框

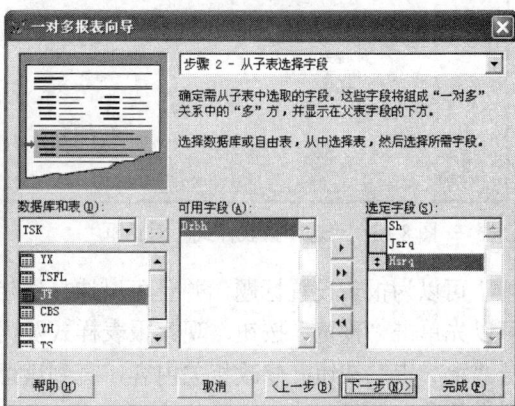

（3）为表建立关系

确定子表及其字段后，单击"下一步"按钮，屏幕出现"为表建立关系"对话框。如图 8.14 所示。

（4）排序记录

确定表之间关系后，单击"下一步"按钮，屏幕出现"排序记录"对话框，设置结果中记录排序字段，如图 8.15 所示。

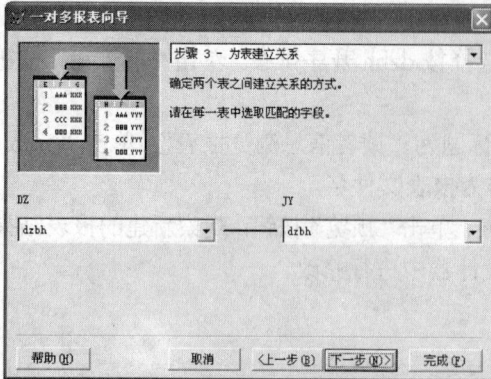

图 8.14 "为表建立关系"对话框

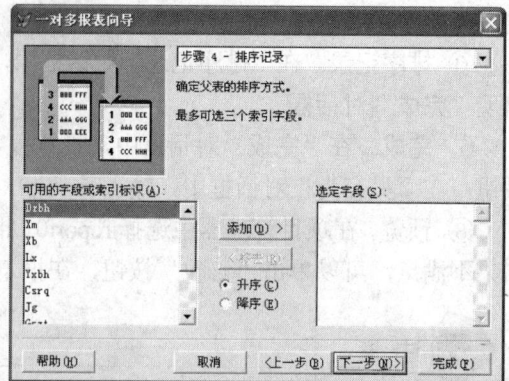

图 8.15 "排序记录"对话框

（5）选择报表样式

确定父表记录的输出次序后，单击"下一步"按钮，屏幕出现"选择报表样式"对话框，如图 8.16 所示。

然后确定报表样式及总结选项。单击"总结选项"按钮，可以对数值进行求和、求平均值，以及确定报表中是否包含小计和总计等。

（6）完成

选择报表样式后，单击"下一步"按钮，出现报表"完成"对话框，如图 8.17 所示。

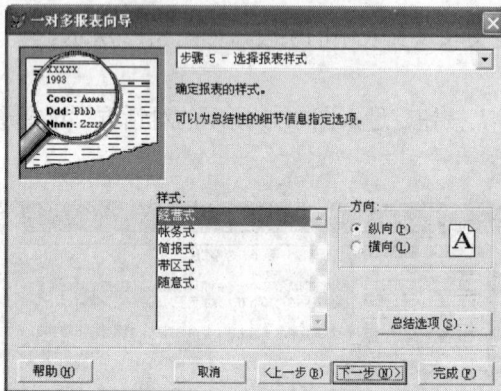

图 8.16 "选择报表样式"对话框

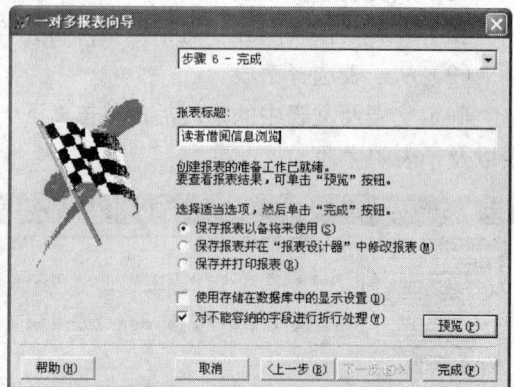

图 8.17 "完成"对话框

可以为报表设置标题，并且可以选择适当的选项保存报表。在单击"完成"按钮之前，可以先单击"预览"按钮，观察报表样式及内容是否满足要求。如果对报表结果不满意，单击"上一步"按钮，修改相关内容，直到满意为止。单击"完成"按钮，键入报表文件名，保存报表文件。

【例 8.2】 创建如图 8.18 所示的读者借阅信息浏览报表。

操作步骤如下：

① 启动一对多报表向导。打开项目管理器，单击"文档"选项卡，选择"报表"，并单击"新建"按钮，在弹出的"新建报表"对话框中选择"报表向导"按钮，在"向导选取"对话框中选择"一对多报表向导"。

② 从父表选择字段。在"一对多报表向导"对话框中，首先选定 dz 表及 dz 表中的 dzbh、xm 字段。单击"下一步"按钮，出现"从子表选择字段"对话框。

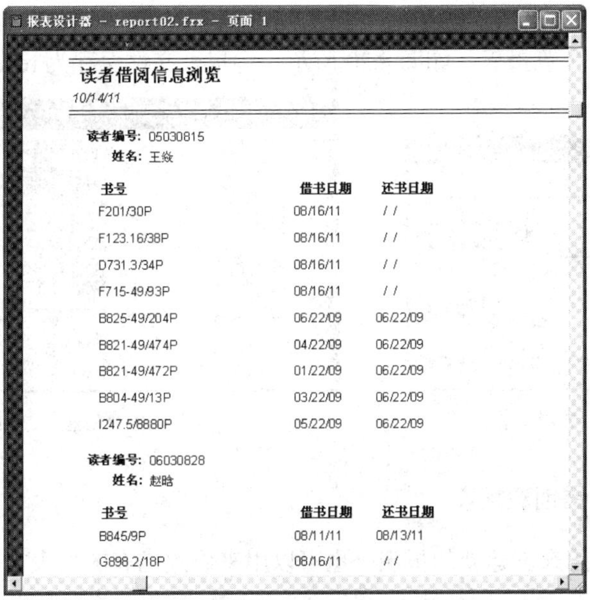

图 8.18 一对多报表示例

③ 从子表选择字段。选定 jy 表及其 sh、jsrq、hsrq 字段后,单击"下一步"按钮,屏幕出现"为表建立关系"对话框。

④ 为表建立关系。以 dzbh 作为建立两个表之间的关联表达式。确定表间关系后,单击"下一步"按钮,屏幕出现"排序记录"对话框。

⑤ 排序记录。本例不设置,单击"下一步"按钮,屏幕出现"选择报表样式"对话框。

⑥ 选择报表样式。确定报表样式为"经营式",然后单击"下一步"按钮,出现报表"完成"对话框。

⑦ 完成。为报表设置标题"读者借阅信息浏览"。单击"完成"按钮,键入报表文件名 report02,保存报表文件。

8.2.2 使用快速报表功能创建报表

使用系统提供的"快速报表"功能可以创建一个格式简单的报表。

【例 8.3】 为数据库表 cbs.dbf(出版社表)创建一个快速报表。

① 选择"文件"→"新建"菜单命令,在弹出的"新建"对话框中选择"报表",然后单击"新建文件"按钮,打开报表设计器,出现一空白报表。

② 选择"报表"→"快速报表"菜单命令,如果没有已打开的数据表,则弹出"打开"对话框,选择数据源 cbs.dbf。

注 意

如果有打开的表,一般默认当前工作区的表作为报表数据源,因此可以首先在命令窗口使用"CLOSE TABLES ALL"命令关闭所有的表然后创建快速报表。

③ 系统弹出图 8.19 所示的"快速报表"对话框,在该对话框中可以设置报表上字段布局、标题和字段。默认时,表中除通用型字段外所有字段被包含。

④ 单击图 8.19 中的"确定"按钮，完成快速报表设置，通过"常用"工具栏上的"打印预览" 按钮可以预览报表，如图 8.20 所示。将报表文件保存为 report03.frx。

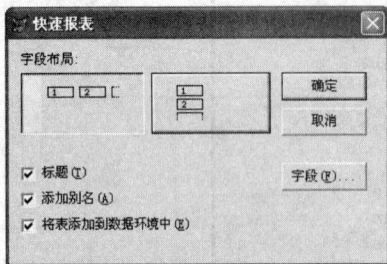

图 8.19　快速报表对话框　　　　　　　　　　图 8.20　快速报表预览图

8.2.3　使用报表设计器创建报表

报表设计器可以用来创建新的报表，也可以用来修改已有的报表文件。打开报表设计器有下列几种方法。

- 在"项目管理器"窗口中选择"文档"选项卡，选中"报表"，然后单击"新建"按钮，从弹出的"新建报表"对话框中选择"新建报表"按钮。
- 选择"文件"→"新建"菜单命令，或者单击"常用"工具栏上的"新建"按钮，打开"新建"对话框，选择"报表"选项，然后单击"新建文件"按钮。
- 使用命令：CREATE REPORT [报表文件名]，如果没有报表文件名，则系统打开报表设计器并自动赋予一个暂定名称。

关于使用报表设计器创建报表的方法将在 8.3 节"报表的设计与修改"中详细介绍。

8.3　报表的设计与修改

8.3.1　报表设计器

1．工具栏

当打开报表设计器时，可以利用"报表"菜单、"报表设计器"工具栏和"报表控件"工具栏等（如图 8.21 所示）对报表进行设计修改。表 8.2 列出了"报表设计器"工具栏包含的按钮及其作用，表 8.3 列出了"报表控件"工具栏包含的按钮及其作用。

图 8.21　"报表设计器"和"报表控件"工具栏

2．数据环境

报表的数据环境与表单的数据环境作用相同、操作类似。在报表设计器区域右击，在弹出的快捷菜单中选择"数据环境"命令；或者直接单击"报表设计器"工具栏上的"数据环境"🖳命令按钮，都可以打开"数据环境"设计器。在"数据环境"设计器中，在弹出的快捷菜单中选择"添加"命令可以添加表和视图。右键单击"数据环境"设计器中的表，在弹出的快捷菜单中选择"移去"命令可以将表或视图从数据环境中移去。

表 8.2　"报表设计器"工具栏按钮及其作用

按钮	名　称	作　用
🔢	数据分组	显示"数据分组"对话框，从而创建数据分组及指定其属性
🖳	数据环境	显示或隐藏"数据环境"设计器
🛠	报表控件工具栏	显示或隐藏"报表控件"工具栏
🎨	调色板工具栏	显示或隐藏"调色板"工具栏
🖼	布局工具栏	显示或隐藏"布局"工具栏

表 8.3　"报表控件"工具栏按钮及其作用

按钮	名　称	作　用
▶	选定对象	移动或更改控件的大小。在创建一个控件后，系统自动选定该按钮，除非选中"按钮锁定"按钮
A	标签	在报表上创建标签控件，用于显示不希望改动的文本，一般用作说明性信息
abl	域控件	在报表上创建一个字段控件，用于显示字段、内存变量或其他表达式内容
┼	线条	用于在报表上绘制各式各样线条
▭	矩形	用于在报表上绘制矩形
◯	圆角矩形	用于在报表上绘制圆、椭圆和圆角矩形
🖼	图片/ActiveX 绑定型控件	用于显示图片或者通用型字段的内容
🔒	锁定	允许添加多个相同类型的控件而不需要多次选中该控件按钮

3. 报表带区

报表带区是指报表中的一块区域，可以包含文本、来自表字段中的数据、计算值、用户自定义函数以及图片、线条等。其主要作用是控制数据在页面上的打印位置。在打印和预览报表时，系统会以不同的方式处理各个带区中的数据。报表上可以有各种不同类型的带区，每一带区的底部有一个分隔符栏。带区名称显示于靠近蓝箭头的栏，蓝箭头指示该带区位于栏之上，而不是栏之下。在默认情况下，报表显示三个带区:"页标头"、"细节"和"页注脚"，如图 8.22 所示。

根据报表的类型和设计的内容，可以给报表添加其他一些带区，表 8.4 列出了 VFP 提供的带区以及作用和添加方法。

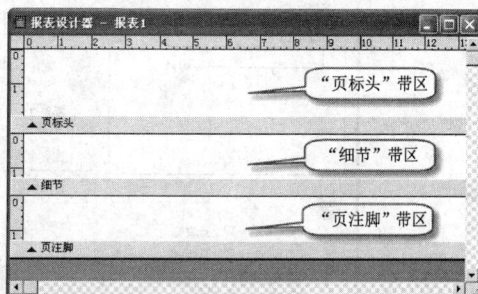

图 8.22　"报表设计器"窗口

表 8.4　报表带区及其作用

带　区	作　用	添加方法
标题	每张报表开头打印一次或单独占有一页，如报表名称	从"报表"菜单中选择"标题/总结带区"命令，在打开的对话框中进行设置，如图 8.23 所示
页标头（默认）	每次打印一次，如报表字段名	默认可用
列标头	在分栏报表中每列打印一次	从"文件"菜单中选择"页面设置"命令，在打开的对话框中设置"列数">1，如图 8.24 所示
组标头	有分组数据时，每组打印一次	从"报表"菜单中选择"数据分组"命令，在打开的对话框中进行设置，如图 8.25 所示
细节（默认）	为每条记录打印一次，如各个记录的字段值	默认可用
组注脚	有数据分组时，每组打印一次	从"报表"菜单中选择"数据分组"命令，在打开的对话框中进行设置
列注脚	在分栏报表中每列打印一次	从"文件"菜单中选择"页面设置"命令，在打开的对话框中设置"列数">1，如图 8.24 所示
页注脚（默认）	在每页的下面打印一次，如页码、日期	默认可用
总结	每报表的最后一页打印一次或者单独占有一页	从"报表"菜单中选择"标题/总结带区"命令，在打开的对话框中进行设置，如图 8.23 所示

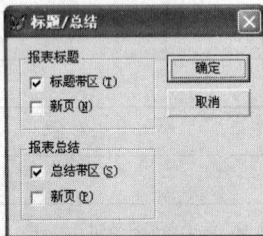

图 8.23　添加"标题"、"总结"带区

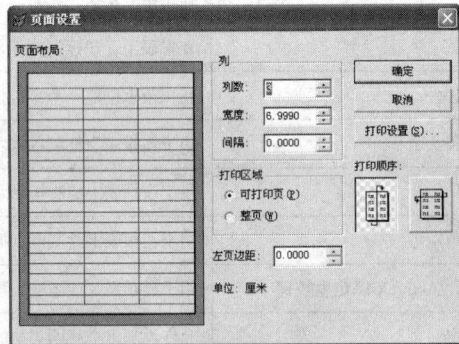

图 8.24　设置列报表

通过拖动分隔带区的分隔条，可以随意改变带区的高度。如要精确设置带区的高度，可以双击带区分隔条，打开相应的对话框（如图 8.26 所示的"页标头"对话框），在对话框内输入带区的高度值。

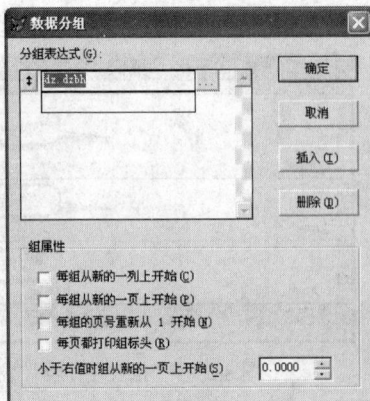

图 8.25　为报表设置数据分组

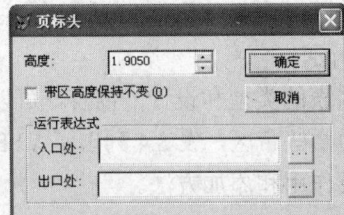

图 8.26　页标头高度设置对话框

4. 标尺

"报表设计器"中设有标尺，可以在带区中精确地定位对象的垂直和水平位置。把标尺和"显示"→"显示位置"菜单命令一起使用，可以帮助定位对象。

标尺刻度由系统的测量设置决定。可以将系统默认刻度（英寸或厘米）改变为像素。如果修改系统的默认值（为英寸或厘米），可修改操作系统的测量设置。若要更改标尺刻度为像素，选择"格式"→"设置网格刻度"菜单命令即可。

"显示"→"显示位置"菜单命令用于控制在状态栏中是否指示当前鼠标所处的位置。

8.3.2 控件的使用

利用"报表控件"工具栏可以向报表中添加各种类型的控件，操作方法与表单中添加控件类似。如果屏幕上没有显示报表控件工具栏，则可以在"报表设计器"窗口中，选择"显示"→"报表控件工具栏"菜单命令，在该命令前出现标记"√"，屏幕上显示"报表控件"工具栏。下面介绍如何添加各种常用报表控件。

1. 标签

报表中，标签控件是最常用的一种控件，可以单独使用，也可以和其他控件结合使用。标签用于在报表中显示文本内容，如：报表标题等。只要选中"标签"控件 **A**，直接在报表设计器中需要插入标签的位置（某带区中）单击，跟随光标输入标签内容即可，然后在其他区域单击结束输入。

选中创建好的标签，利用"格式"→"字体"菜单命令打开"字体设置"对话框，可以对标签进行设置。

2. 域控件

报表设计中的域控件包括字段、变量和表达式，报表打印时，将它们的值打印出来。添加域控件有两种方法。

（1）从数据环境中添加

在数据环境设计器窗口中，选择要添加数据表中的字段，按下鼠标左键，将该字段拖放到报表区域。

（2）从"报表控件"工具栏中添加

在"报表控件"工具栏中单击域控件按钮 **ab**，在要放置域控件的位置单击，这时弹出"报表表达式"对话框，如图 8.27 所示。

"报表表达式"对话框用于定义报表中字段控件的内容，各个选项内容说明如下。

- 表达式：显示当前选定表达式或者输入表达式。表达式可以包含表中字段、变量或函数。例如，表达式为 dzbh 字段，则显示对应的 dzbh 字段内容；表达式为函数 Date()，则显示系统当前日期；表达式为系统变量_PAGENO，则可以在"页标头"或"页注脚"带区插入页码。
- 格式：在"表达式"文本框内输入有效表达式后，可以在"格式"文本框指定表达式的值在报表中的格式，也可以单击后面的 按钮，利用弹出的"格式"对话框（如图 8.28 所示）进行设置。

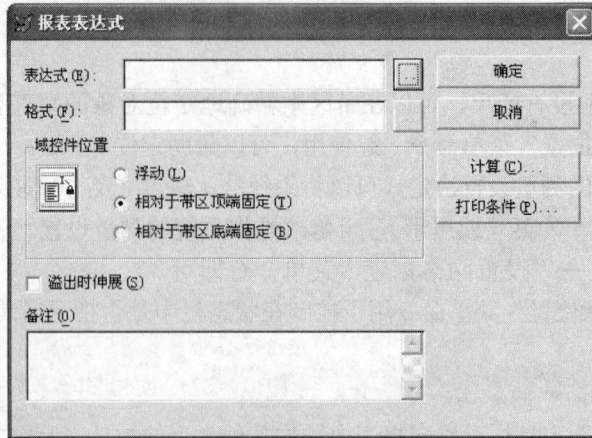

图 8.27　报表表达式对话框

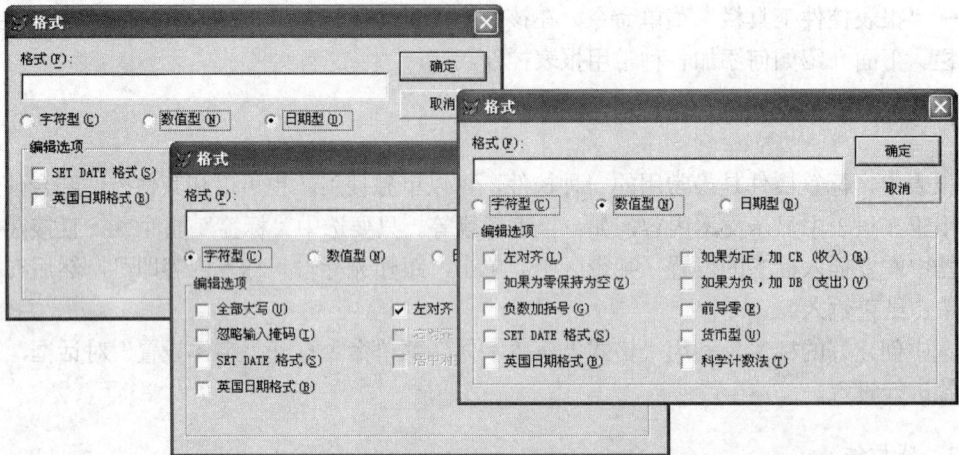

图 8.28　不同数据类型的"格式"对话框

- 计算：单击该按钮可显示"计算字段"对话框（如图 8.29 所示），以便选择一个表达式来创建一个计算字段。
- 打印条件：单击该按钮可显示"打印条件"对话框（如图 8.30 所示），以便于精确设置何时在报表中打印文本。

图 8.29　"计算字段"对话框

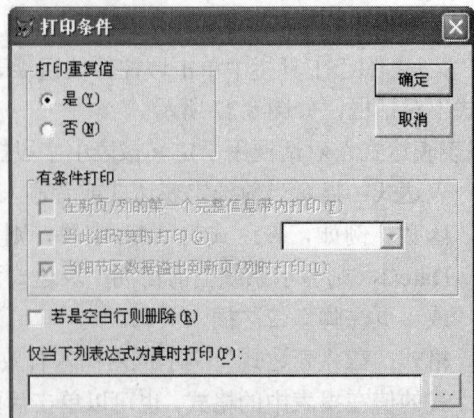

图 8.30　"打印条件"对话框

- 域控件位置："浮动"指定选定表达式相对于周围表达式的大小移动；"相对于带区顶端固定"使表达式在报表中保持指定的位置，并维持其相对于带区顶端的位置；"相对于带区底端固定"使表达式在报表中保持指定的位置，并维持其相对于带区底端的位置。
- 备注：向.frx 或.lbx 文件中添加注释，打印的时候不出现。

3. 添加图形

为使报表中各栏目清晰，有时需要添加线条、矩形框等。操作步骤如下。

单击"报表控件"工具栏中的"线条"按钮，在报表中将鼠标指针指向要添加线条的区域，按住鼠标左键，并拖动鼠标，相应的线条就画出来了。利用同样的方法，可以画矩形或圆角矩形。

如果要修改线条的粗细或形状，可选择"格式"→"绘图笔"菜单命令，在其子菜单中选择适当粗细的线条或形状，如：细线、虚线，1 磅、2 磅等。

4. 图片/ActiveX 绑定型控件

为美化报表，有时需在报表中添加图片，如公司的标志、学校的校徽等。在报表的细节中添加 OLE 绑定控件，如随着显示记录的不同显示不同学生的照片等。添加图标的操作步骤如下：

① 单击"报表控件"工具栏中的"图形/OLE 绑定控件" 按钮，在报表中的合适位置单击，屏幕出现"报表图片"对话框，如图 8.31 所示。

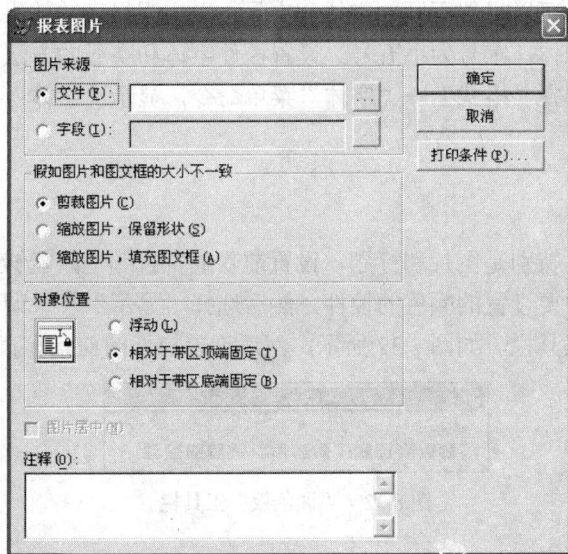

图 8.31　"报表图片"对话框

② 在"报表图片"对话框中，可以指定图片来源。在文件文本框中指定图片的文件名。在字段文本框中指定包含在报表中的通用字段名。

如果图片和图文框的大小不一致，可以有以下三种选择。

- 剪裁图片：保持图片大小不变。
- 缩放图片，保持形状：显示整个图片，成比例地填满图文框。

- 缩放图片，填充图文框：显示整个图片，填满图文框，图片可能变形。

设置报表图片各项内容后，单击"确定"按钮，则在报表设计器中显示选定的图片。

8.3.3　定制报表

用户在创建报表后，可以对报表中各控件进行适当的修饰，达到美化报表的目的。主要操作包括选择、移动、删除、复制控件，设置字体和字号，设置颜色，控件布局等。

1. 选择、移动、删除、复制控件

在调整报表控件之前，首先选择控件。选择一个控件时，将鼠标指针指向要调整的控件，并单击鼠标左键，这时在控件的周围出现 8 个尺寸柄，可以改变它的位置和大小。也可以同时对多个控件进行操作，在选择多个控件的时候，按住 Shift 键的同时单击每一个要选择的控件，这样，依次就可以选择多个控件，它们被作为一组，可以进行移动、删除等操作。

移动控件前，先选择要移动的控件或一组控件，然后按下鼠标左键并拖动鼠标，则被选中的控件移到另一个位置。如果是一组控件同时移动，它们的相对位置保持不变。

删除操作同移动操作类似，首先选中要删除的单个控件或一组控件，然后单击键盘上 Del 键，这时选中的控件一起被删除。

复制操作前，需要选取一个控件，选择"编辑"→"复制"命令，再选择"编辑"→"粘贴"命令，把该控件重新定位到所需的位置上。

2. 设置字体

报表中的不同栏目可以设置不同的字体和字号，以增强报表的效果。在创建报表时，默认中文标签的字体为宋体，字号为小五号。设置控件字体和字号的方法：在"报表设计器"窗口中，选择控件，选择"格式"→"字体"菜单命令，显示"字体"对话框，选择合适的字体和字号。

3. 设置颜色

对报表中的控件，特别是图片和标题，设置前景或背景颜色，能够使报表更美观。设置颜色的方法是首先选中要设置的颜色的控件，然后选择"显示"→"调色板工具栏"菜单命令，打开"调色板"工具栏，如图 8.32 所示，然后设置控件的前景和背景颜色。

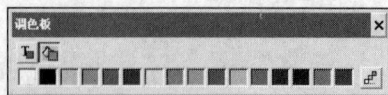

图 8.32　"调色板"工具栏

4. 布局排列

在创建报表时，往往需要调整各个控件的布局排列，包括控件对齐、间距相等、文本对齐方式等。

操作时选择要调整布局的一个或一组控件，然后在"格式"菜单中选择一种布局。"对齐"菜单中包括左边对齐、右边对齐、顶边对齐、底边对齐、垂直居中对齐、水平居中对齐等，用户可以采用其中的一种方式，如顶边对齐，使选中的一组控件中以最上边的一个为参

照控件，其余控件全部和它顶边对齐。

【例 8.4】　　创建一个如图 8.33 所示的报表，用来打印借书超期的读者和所借图书信息。已知数据库中存在视图 chaoqi，该视图用来显示超期未还的 dzbh（读者编号）、xm（读者姓名）、xb（性别）、sh（书号）、sm（书名）等信息。

图 8.33　超期未还读者借阅明细

操作步骤如下：

① 启动报表设计器，添加带区。启动报表设计器后，选择"报表"→"标题/总结"菜单命令，弹出"标题/总结"对话框，选择"标题带区"后，单击"确定"按钮，在报表设计器窗口添加了标题带区。

② 数据准备。将视图 chaoqi 添加到报表设计器的数据环境中。

③ 添加控件。如图 8.34 所示，分别在每个带区适当的位置添加如下控件。

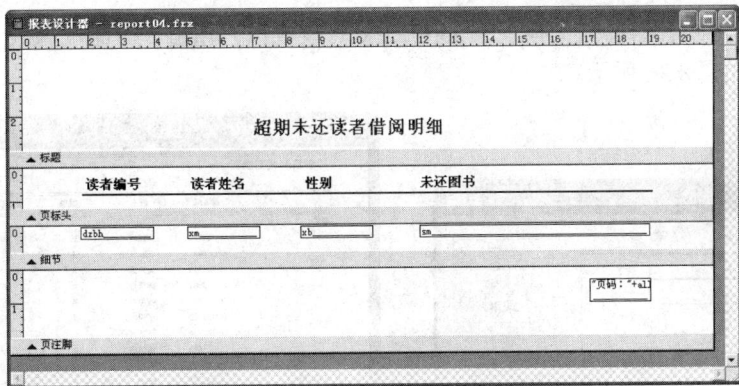

图 8.34　例 8.4 中的报表设计器窗口

- 标题带区。利用"报表控件"工具栏添加标签控件，内容为"超期未还读者借阅明细"；设置标签为：三号、加粗、藏青色。
- 页标头带区。添加四个标签控件，分别为：读者编号、读者姓名、性别、未还图书。在标签控件下方添加线条控件，然后选择"格式"→"绘图笔"命令，从子菜单中选择 2 磅单线线条。
- 细节带区。在报表设计器的空白区域右击，从弹出的快捷菜单中选择"数据环境"

命令，在数据环境设计器中已经添加视图 chaoqi，然后拖放 dzbh、xm、xb、sm 字段到细节带区合适的位置产生四个域控件。

- 页注脚带区。在页注脚带区右侧，利用"报表控件"工具栏添加一个域控件，选定表达式为："页码："+ALLT(STR(_PAGENO))。

④ 预览。选择"显示"→"预览"菜单命令，预览报表。可以观察报表的效果。

⑤ 调整。根据预览的结果，重新调整各带区的大小和各控件的位置及尺寸。

⑥ 保存报表。关闭报表设计器，为报表文件命名：report04.frx，保存报表，以备以后预览和打印报表。

8.3.4　数据分组报表

在一个报表中可以设置一个或者多个数据分组。分组基于分组表达式，通常可以是一个字段或者字段的表达式。对报表进行数据分组时，自动添加"组标头"和"组注脚"带区。

利用"报表"→"数据分组"菜单命令，或者单击"报表设计器"工具栏上的"数据分组"按钮，或者从右键快捷菜单中选择"数据分组"命令，都将弹出图 8.35 所示的"数据分组"对话框，然后进行设置即可。

设置完毕，单击图 8.35 中的"确定"按钮，报表设计器中就增加了"组标头"和"组注脚"带区。可以添加任何的控件至该带区。

注　意

> 为了使得数据源适合分组处理记录，必须事先对数据源建立索引，然后在报表的数据环境中选择该表，从右键快捷菜单中选择"属性"命令，在"属性"对话框的"数据"选项卡中设置"order"属性值为某个索引。

【例 8.5】　将读者信息浏览报表 report01.frx 修改成按"籍贯"分组的报表，并显示读者的人数，结果如图 8.36 所示。

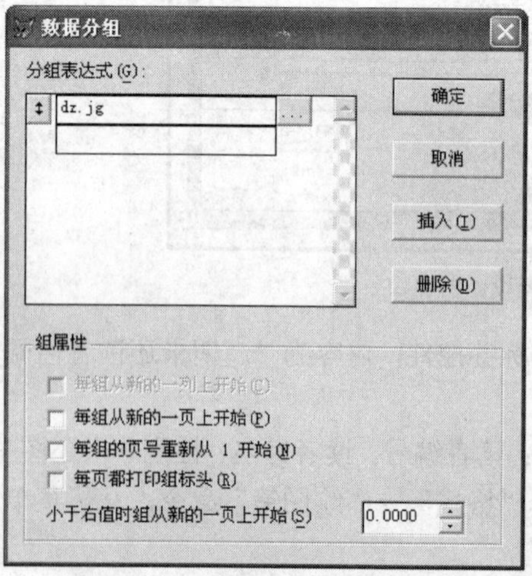

图 8.35　数据分组对话框

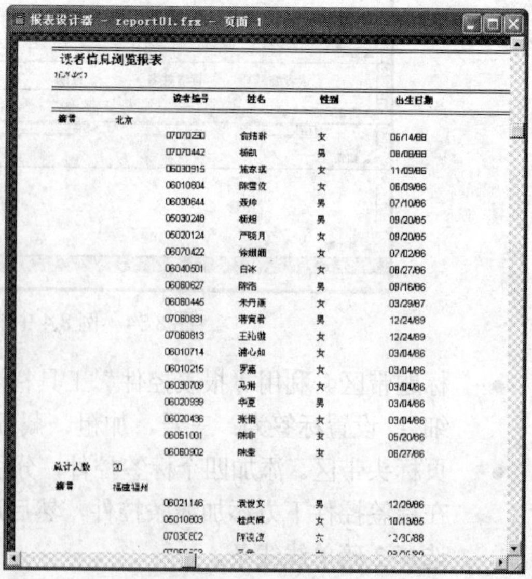

图 8.36　分组报表预览图

操作步骤如下：

① 数据准备。打开 dz 表的表设计器，设置 jg 字段的普通索引，索引名为 jg。

② 在报表设计器中打开 report01.frx 报表文件。方法为：选择"文件"→"打开"命令，在"打开"对话框中选择文件类型为"报表"，选中 report01.frx 打开。

③ 打开报表的数据环境设计器，选择 dz 表，并打开"属性"窗口，设置 order 属性值为 jg。

④ 选择"报表"→"数据分组"命令打开如图 8.35 所示的"数据分组"对话框，设置分组表达式为：dz.jg 字段。这时报表设计器中增加了"组标头"和"组注脚"带区。

⑤ 参照图 8.37 报表设计器的样式做修改。

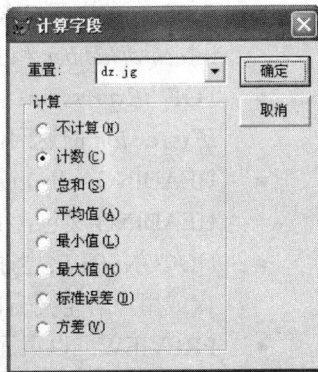

- 将页标头带区的"籍贯"标签拖动到组标头带区，将细节带区的 jg 域控件拖放到组标头带区适当位置。

- 在组注脚带区添加一个内容为"总计人数"的标签，标签后面绘制一个域控件，在弹出的"报表表达式"对话框中输入选择表达式 jg，并单击"计算"按钮，打开如图 8.38 所示的"计算字段"对话框，在"计算"选项组中选中"计数"单选按钮，然后单击"确定"按钮。

- 利用"报表设计器"工具栏上的"布局工具栏"进行美化设计，完成图 8.37 所示的格局。

⑥ 单击"另存为"按钮将报表文件保存为 report05.frx，并预览查看效果。

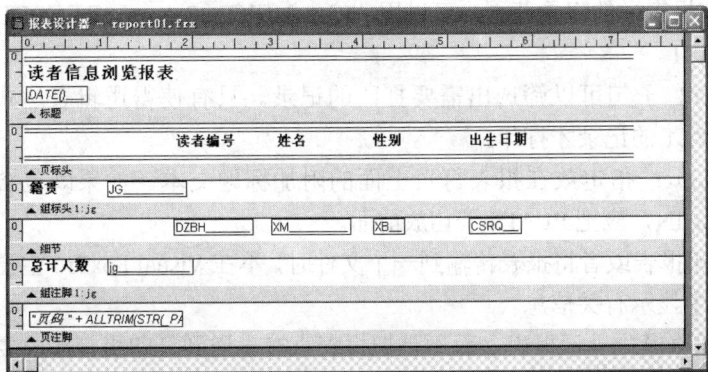

图 8.37 报表设计器内容   图 8.38 "计算字段"对话框

8.4 报表的预览与打印

通过预览报表，可以在不打印报表的情况下查看报表的页面外观。在报表设计器打开状态下，通过选择"显示"→"预览"菜单命令直接查看报表，或者单击"常用"工具栏上的"打印预览"按钮 也可以查看报表效果。

当报表设计完成后，可以输出到打印机打印输出。设置打印选项有两种方式。

（1）界面交互方式

选择"文件"→"打印"命令，弹出"打印"对话框，设置打印机的属性、打印的范围及份数。单击"选项"按钮后，打开如图 8.39 所示的"打印选项"对话框，在该对话框中单击"选项"按钮，打开图 8.40 所示的"报表和标签打印选项"对话框，可以设置要打印数据的范围和条件。

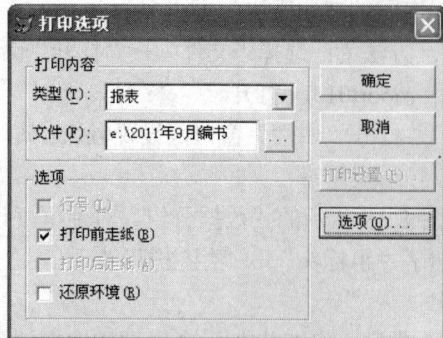

图 8.39　打印选项对话框　　　　　　图 8.40　报表和标签打印选项对话框

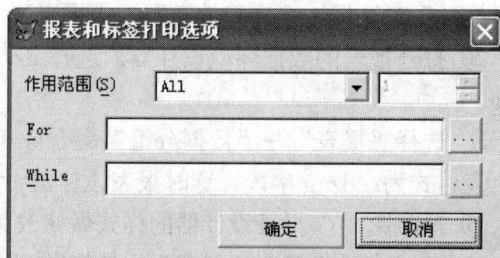

（2）命令方式

利用 REPORT 命令可以实现报表的预览和打印。语法格式如下：

REPORT FORM *FileName* [*Scope*][FOR *lExpression*]

　　　　　[HEADING *cHeadingText*][NOCONSOLE][PLAIN][PREVIEW]

　　　　　[TO PRINTER[PROMPT] | TO FILE <文件名>[ASCII]][SUMMARY]

各参数含义如下：

- FileName：指定报表文件的名称。
- Scope：指定要包含在报表中的记录范围，可以用 ALL、NEXT *nRecord*、RECORD *nRecordNumber* 和 REST。
- FOR *lExpression*：FOR 子句可以筛选出需要打印的记录。只有使得逻辑表达式 *lExpression* 的返回值为.T.的记录才打印。
- HEADING *cHeadingText*：指定放在报表每页上面的附加标题文本。如果既包含 HEADING 又包含 PLAIN，应把 PLAIN 子句放前面。
- NOCONSOLE：当打印报表或者将报表传输到一个文件时，不在 Visual FoxPro 主窗口或用户自定义窗口中显示有关信息。
- PREVIEW：以页面预览模式显示报表，而不是把报表直接输送到打印机打印。要打印报表，必须发出带 TO PRINTER 子句的 REPORT 命令，或者在预览的时候单击"预览"工具栏上的"打印"按钮。
- TO PRINTER[PROMPT]：把报表输送到打印机打印。PROMPT 子句用于在打印开始前显示设置打印机的对话框。
- TO FILE <文件名>[ASCII]：将报表输出到文件。ASCII 子句指定输出文件格式为 ASCII 格式，如果不指定则为二进制格式。
- SUMMARY：不打印细节行，只打印总计和分类总计信息。

8.5　标签的设计

标签实质上是一种多列布局的特殊报表，具有为匹配特定标签纸（如邮件标签纸）的特殊设置。在设计标签时，可以利用标签向导、标签设计器等设计工具。标签的定义存储在扩展名为.lbx 的标签文件中，相关的标签备注文件的扩展名为.lbt。

8.5.1 利用标签向导创建标签

利用"标签向导"是创建标签的简单方法。与用报表向导创建报表类似，用向导创建标签文件后，可用报表设计器定制标签文件。

用"标签向导"创建标签的方法如下：

1）在项目管理器的"文档"选项卡中，选定"标签"，单击"新建"按钮，在弹出的"新建标签"对话框中，选择"标签向导"即可。可以原样使用标签布局，也可以按定制报表的方法定制标签布局。

2）根据向导对话框上的提示完成后面的操作。

步骤 1-选择表：选取标签的数据源表格，可以是表或者视图，如图 8.41 所示。

步骤 2-选择标签类型：向导列出 Visual FoxPro 6.0 安装的标准标签类型，如图 8.42 所示。如果需要的标签并没有在列表框中，可选择近似的一种，以后用标签设计器修改标签。

图 8.41 选择表对话框

图 8.42 选择标签类型

也可以单击"新建标签"按钮打开"自定义标签"对话框，如图 8.43 所示。单击"新建"按钮，打开"新标签定义"对话框，如图 8.44 所示；在"新标签定义"对话框中，可以设置标签的名称、尺寸、度量单位等。

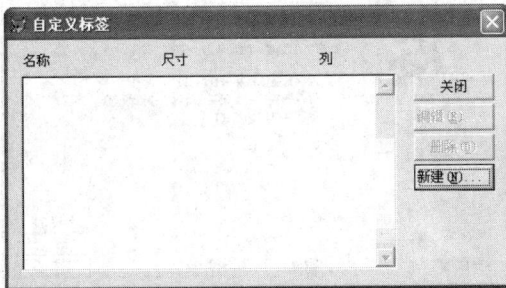

图 8.43 自定义标签

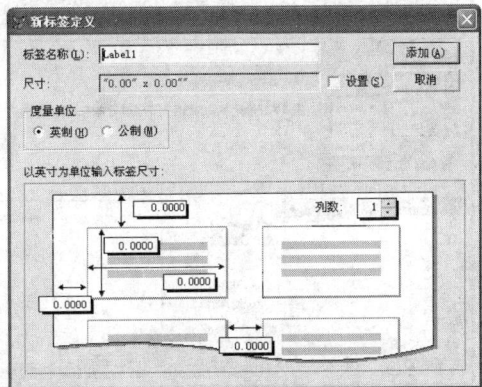

图 8.44 新标签定义

步骤 3-定义布局：如图 8.45 所示，选择标签的版面布局。

在图 8.45 中，按照在标签中出现的顺序添加字段。可以使用空格、标点符号和换行符。如果要添加文本，使用"文本"框输入文本。

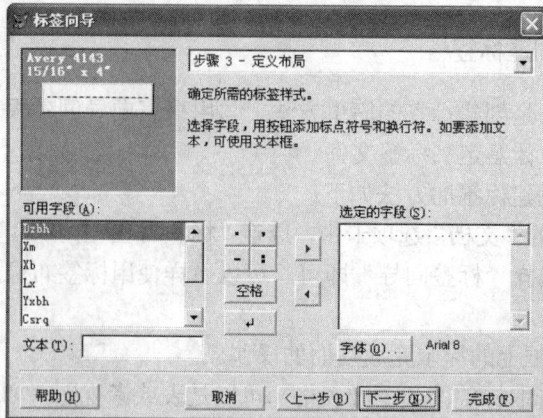

图 8.45　定义布局

当向标签中添加各项时，向导对话框中的图片会更新以近似地显示标签的外观。查看这个图片，看选择的字段在标签上是否合适。如果文本行过多，则文本行会超出标签的底边。也可以单击"字体"按钮更改标签上使用的字体。

按照在标签中出现的顺序添加字段。选定字段名，并单击右箭头按钮。若要在同一行上放置多个字段，添加第一个字段，然后单击"空格"按钮或者标点符号按钮，再添加下一个字段。若要在一行上添加文本，在"文本"框中输入文本，并单击右箭头按钮。若要开始新行，则单击回车按钮。

若要删除选定的字段，则选择要删除的字段或特殊符号，单击左箭头钮，或者双击要删除的字段或特殊符号。

步骤 4-排序记录：确定标签中记录的排列顺序。按照排序记录的顺序选择字段，默认时按这些记录在表中的原来顺序排列，如图 8.46 所示。

步骤 5-完成：如图 8.47 所示是标签向导的最后一步。完成向导保存标签之后，可以原样使用标签布局，也可以按定制报表的方法定制标签布局。在存储标签前一般要单击"预览"按钮查看所设计的标签。

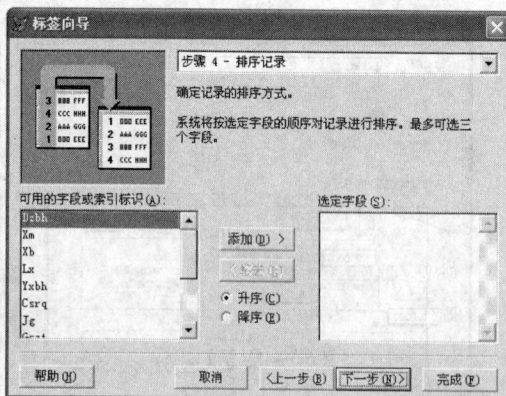

图 8.46　排序记录

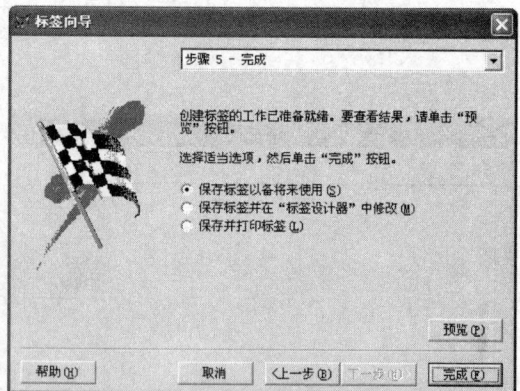

图 8.47　完成

【例 8.6】　创建如图 8.48 所示的标签。

创建步骤如下：

① 启动标签向导。选中"项目管理器"窗口中"文档"选项卡下的"标签"，单击"新

图 8.48 利用标签向导创建标签示例

建"按钮。在"新建标签"对话框中，选择"标签向导"，单击"确定"按钮，弹出"选择表"对话框。

② 选择表。选取 dz 表后，单击"下一步"按钮，弹出"选择标签类型"对话框。

③ 选择标签类型。选择 Avery 4144 型号的标签，单击"下一步"按钮，弹出"定义布局"对话框。

④ 定义布局。在"文本"框输入"读者编号"，然后依次单击 ▸ 按钮和 ⁞ 按钮，再选中 dzbh 字段，单击 ▸ 按钮，此时完成第一行信息的设置，单击 ↵ 按钮，进入到下一行字段设置，方法类似。单击"字体"按钮，选择"粗体"、"9 号"，完成后如图 8.49 所示。单击"下一步"按钮，弹出"排序记录"对话框。

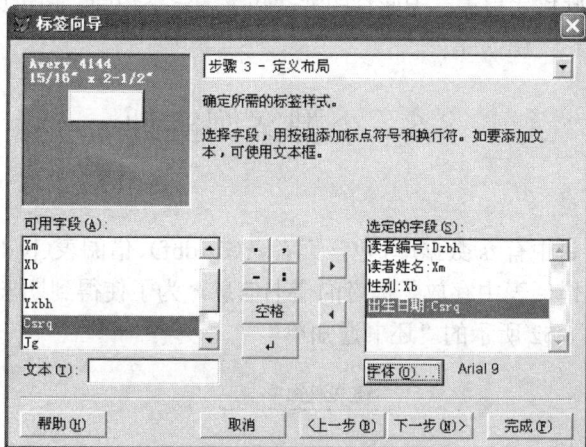

图 8.49 例 8.6 中标签的布局

⑤ 排序记录。本例不设置。单击"下一步"按钮，弹出"完成"对话框。

⑥ 完成。可以先单击"预览"按钮，查看标签的效果，然后单击"完成"按钮，在弹出"另存为"对话框中，输入文件名 lab01 保存标签设计。如果对创建的标签不满意，可以利用标签设计器进行修改。

8.5.2 利用标签设计器创建标签

如果不想使用向导来创建标签，则可以使用标签设计器来创建标签。标签设计器是报表设计器的一部分，它们使用相同的菜单和工具栏。两种设计器使用不同的默认页面和纸张。报表设计器使用整页标准纸张；标签设计器的默认页面和纸张与标准标签的纸张一致。使用标签设计器创建标签的方法如下：

1）选择"文件"→"新建"菜单命令，在弹出的"新建"对话框中选择 "标签"，然后选择"新建文件"按钮。

2）在"新建标签"对话框中单击"新建标签"按钮，显示"新建标签"对话框。标准标签纸张选项出现在"新建标签"对话框中，如图 8.50 所示。

3）从"新建标签"对话框中，选择标签布局，然后单击"确定"按钮。标签设计器中将出现选择的标签布局所定义的页面，如图 8.51 所示。

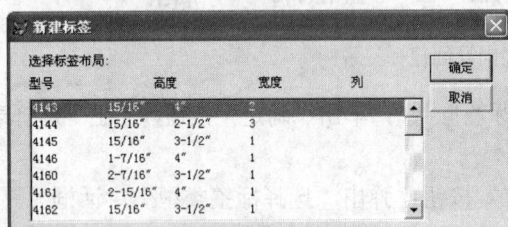

图 8.50　选择标签布局　　　　图 8.51　"标签设计器"窗口

在"标签设计器"窗口中，用户可以设置数据环境、打开"报表控件"工具栏、插入相应的控件、添加带区，给数据分组等。其操作步骤与报表设计器完全一样。

8.5.3　标签的预览与打印

标签就是一种特殊格式报表，因此打印方法和报表完全相同。也可以使用相应的命令：

```
LABEL FORM FileName
```

8.6　小型案例实训

【案例说明】

已知图书管理项目中有 ts 数据库，包含读者表（dz.dbf）、借阅表（jy.dbf）和图书表（ts.dbf），表结构见附录部分。借阅表中存放了读者的借书信息，为了使得到期未还书的读者能尽快还书，请制作一个如图 8.52 所示的"还书通知单"。

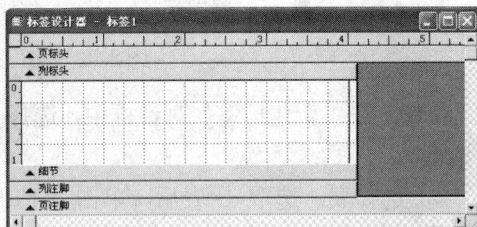

图 8.52　还书通知单报表

【案例分析】

报表需要的数据源来源于两张表，而且是表中满足一定条件的部分记录，因此考虑先建立一个视图 cqwh，该视图数据为超期未还书的读者的读者编号、姓名，图书的书号、书名以及借书日期和还书日期。所谓超期未还，可以表示为 hsrq 为空，且当前系统日期减去 jsrq 已经超过 30 天。

从图 8.52 中可以看出，这是一个分组报表，且每页仅显示一个分组内容。分组字段是读者的读者编号，每个分组显示超期图书明细表。

【案例实现】

1）使用视图设计器创建视图 cqwh，视图的数据源为 dz、jy、ts 表，输出字段为：dz.dzbh、dz.xm、ts.sh、ts.sm、jy.jsrq、jy.hsrq，筛选条件设置为：Date( )-jsrq>30 and hsrq={}。

2）新建一个报表，在报表设计器的数据环境中添加 cqwh 视图。

3）建立分组报表，分组字段设置为 cqwh.dzbh，并在图 8.53 所示的"数据分组"对话框中选中"每组从新的一页上开始"复选框。

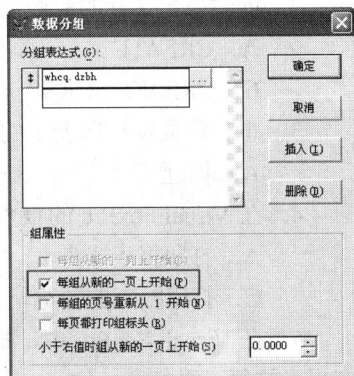

图 8.53　"数据分组"对话框

4）在报表的"页标头"带区输入内容：还书通知单，并参照图 8.52 在该内容下面绘制两条直线。

5）在"组标头 1：dzbh"带区绘制一个域控件，显示 cqwh.xm 字段内容，后面添加一个标签，内容为"读者，你所借的下列图书已经超期，请尽快还书！"然后再在该区的下面绘制一个标签，内容为"超期图书明细表"。

6）在"细节"带区添加"书号"、"书名"和"借书日期"三个标签，并建立三个域控件来显示相应的内容，然后绘制如图 8.52 所示的线条。完成设置后，效果如图 8.54 所示。

7）对报表做适当的调整和美化，如设置字体、字号和字型等。完成后将报表保存为 anlibb.frx，预览报表，效果如图 8.52 所示。

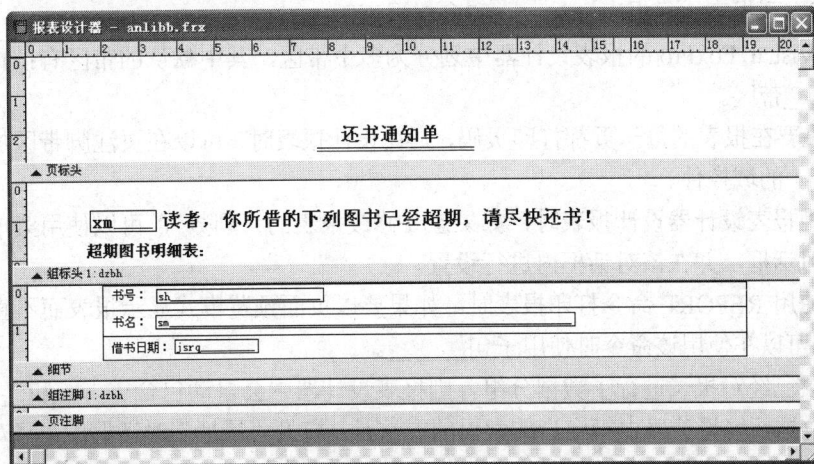

图 8.54　报表设计器

8.7 习　　题

一、选择题

1. 报表文件的扩展名为_____。
     A．.prg   B．.qpr   C．.frx   D．.lbx
2. 创建报表文件的命令是_____。
     A．CREATE   B．CREATE REPORT
     C．CREATE FORM   D．REPORT FORM
3. 想要每页都打印表中的记录内容，应该将字段控件放在_____带区。
     A．标题   B．页标头   C．细节   D．总结
4. 在 Visual FoxPro 的报表文件（.frx）中，保存的是_____。
     A．打印报表本身   B．报表设计格式的定义
     C．打印报表的预览格式   D．报表的格式和数据
5. 在 Visual FoxPro 中，报表可以有不同的带区，以下各项部分报表带区中，_____只在报表的每一页打印一次。
     A．页标头   B．总结   C．标题   D．细节
6. 要将报表 report01.frx（例 8.1 创建）的内容输出到 a.txt 文件，且只保留女读者的信息，正确的命令为_____。
     A．REPORT FORM report01 TO FILE a.txt WHERE xb="女"
     B．REPORT FORM report01 TO FILE a.txt FOR xb="女"
     C．REPORT FORM report01 TO FILE a.txt ASCII FOR xb="女"
     D．REPORT FORM report01 TO a.txt FOR xb="女"

二、填空题

1. 设计报表时主要定义报表的数据源和报表的布局，在 Visual FoxPro 系统中，报表的布局类型有：列报表、行报表、_____和多栏报表。
2. 在 Visual FoxPro 的报表设计器中划分为多个带区，其中默认的带区有：页标头、页注脚和_____带区。
3. 如果要在报表的每一页都打印页码，则在设计报表时，可以在页注脚带区加入含有系统变量_____的域控件。
4. 利用报表设计器设计报表时，如果想要修改报表的"列数"，可以使用菜单命令打开"_____"对话框，并在该对话框内进行设置。
5. 在使用 REPORT 命令打印报表时，如果要以页面预览模式显示报表而不直接送打印机打印，则可以在使用该命令时使用子句_____。
6. 如果已经对报表进行了数据分组，则报表设计器中会自动包含_____和_____带区。
7. 在数据环境设计器中指定当前索引的方法是：打开"属性"对话框，选择对象（一般为 cursor1）的_____属性输入索引名或者在列表中选定索引。

第9章 菜单与工具栏

📝**本章要点**

- 菜单概述
- 一般菜单的创建与使用
- 快捷菜单的创建与使用
- 为顶层表单添加菜单
- 创建自定义工具栏

菜单通常处于应用程序的主窗口之中，是应用程序的一个重要组成部分。应用程序提供的全部功能几乎都可以通过各级菜单执行。工具栏是一组图标按钮，单击后可以执行一些常用的任务。设计菜单和工具栏，是设计 Windows 程序的一个重要任务。

9.1 菜 单 概 述

菜单有两种：一般菜单和快捷菜单。一般菜单简称为"菜单"，也称"下拉式菜单"，是指位于整个应用程序主窗口或某个表单顶部的菜单；而快捷菜单是用户用鼠标右键单击某个对象时出现的菜单。两种菜单虽然形式不同，但是创建方法类似，且结构类似。

9.1.1 菜单结构

无论是一般菜单还是快捷菜单，它们的菜单系统的内容可能不同，但是其基本结构是相同的。每一个菜单都有一个内部名字和一组菜单选项，每个菜单选项都有一个名称（标题）和内部名字。菜单项的名称显示于屏幕上供用户识别，菜单及菜单项的内部名字或者选项序号则用于在代码中引用。

每一个菜单项都可以设置热键和快捷键。每一个菜单项都可以识别一定的动作，可以是执行一条命令，打开一个子菜单或者执行一个过程。

图 9.1 就是 Visual FoxPro 应用程序当打开表浏览时的菜单系统，属于一般菜单。含有一个菜单栏，菜单栏中含有若干主菜单，一般每个主菜单都有相应的热键，主菜单中又包含若干菜单项。

- 访问键：也称热键。每个菜单项后面都有一个用括号括起来、带下划线的英文字母，该字母代表访问菜单项的访问键，它通常是一个大写的英文字母。使用访问键访问某一菜单项时，需要同时按住 Alt 键与访问键对应的英文字母键，相当于单击选择了该菜单项。
- 快捷键：在某些菜单项的右侧有"Ctrl+字母"，这是该菜单项的快捷键标志。使用快捷键访问某一菜单项时，需同时按住 Ctrl 键和相应的英文字母。快捷键是在任何时候输入都能激活该项功能，而不管用户是否打开了主菜单。

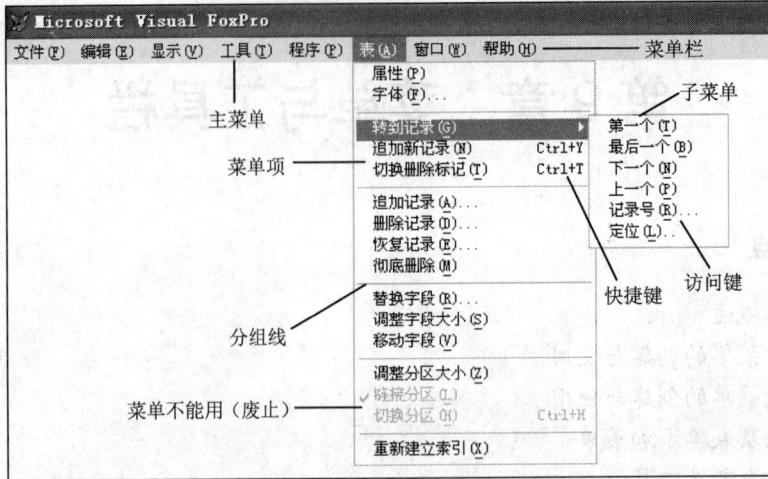

图 9.1   VFP 的菜单系统

- 子菜单标志：在有些菜单项的右侧有黑色三角形，它表示该菜单项是一个子菜单，当鼠标指向该菜单时，它将自动弹出一个子菜单。
- 菜单项分组线：在菜单中为了将某些功能相关的菜单项合在一起，在中间用一条直线和其他菜单项分隔开来，便于用户阅读使用。

9.1.2   创建菜单步骤

设计一个实用、友好的菜单系统非常重要，必须花费一定的时间来规划设计菜单。规划菜单时一般考虑以下因素。

- 菜单系统的组织：一般考虑根据所要执行的任务来组织菜单系统，然后根据每个任务的功能层次来组织菜单项和子菜单。
- 预先估计每个菜单和菜单项的使用频率，根据使用频率、逻辑顺序或者按照字母顺序来组织菜单。
- 给每个菜单设置一个有意义的标题或者简短提示，便于用户准确的操作和使用菜单。
- 对同一个菜单中的菜单项利用分组线设置逻辑分组。
- 为菜单或者菜单项设置访问键或快捷键。
- 菜单内容不宜太多。一个菜单的菜单项尽可能的控制在一个屏幕显示范围内。

创建一个完整的 VFP 菜单系统，主要有以下步骤。

① 规划菜单系统。
② 创建图形化的菜单界面。
③ 实现具体功能。
④ 生成菜单程序。

除了用编程的方法创建菜单，也可以使用 Visual FoxPro 提供的菜单设计器和快捷菜单设计器分别创建一般菜单和快捷菜单。

9.2   一般菜单的创建与使用

一般菜单利用 VFP 提供的菜单设计器完成创建。打开菜单设计器有如下三种方法。

- 在项目管理器中选择"其他"选项卡，选择"菜单"，再单击"新建"按钮。
- 选择"文件"→"新建"菜单命令，在"新建"对话框中，选择"菜单"，单击"新建文件"按钮。
- 使用命令：CREATE MENU [菜单文件名]。

当执行以上任一种操作后，都会出现"新建菜单"对话框，如图 9.2 所示。单击"菜单"按钮进入"菜单设计器"窗口，菜单设计器窗口如图 9.3 所示。

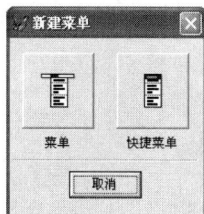

图 9.2　"新建菜单"对话框　　　　　　　图 9.3　"一般菜单"设计器窗口

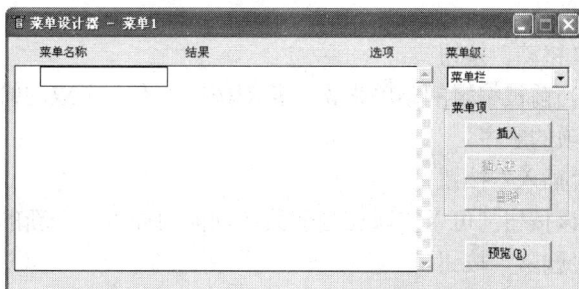

9.2.1　创建菜单

下拉式菜单由一个条形菜单（菜单栏）和一组弹出式菜单（子菜单）组成。

1. 创建菜单栏

第一级菜单为菜单栏，也就是显示在应用程序主窗口上的条形菜单。当打开菜单设计器后，默认界面就是创建菜单栏的界面，图 9.3 中"菜单级"下拉列表框的内容为"菜单栏"，表示创建的内容为菜单栏内容。图 9.4 为输入菜单栏内容后的界面。

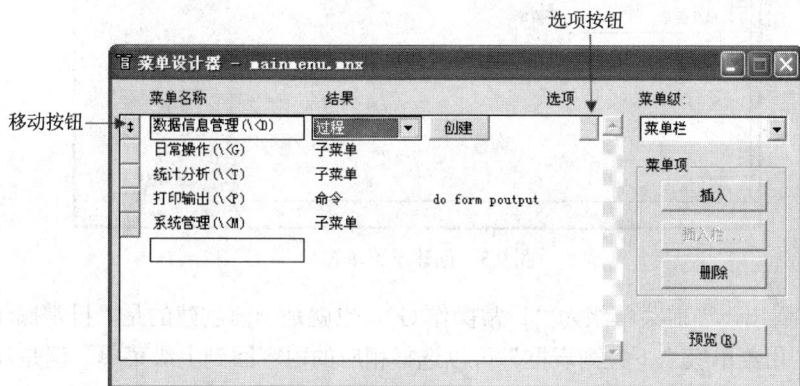

图 9.4　创建菜单栏窗口

（1）"菜单名称"列

为菜单项指定标题。指定标题时也可以设置访问键，方法是在访问键的字母前面加上一个反斜杠和小于号（\<）。例如为菜单"统计分析"设置访问键 T，则可在菜单名称框输入"统计分析（\<T）"。

（2）"结果"列

用于指定相应菜单项在运行时所执行的动作类型。单击该列出现一个下拉列表框，有命令、过程、子菜单和填充名称（或菜单项#）四种选项，分别表示：执行一条命令，调用一个过程，打开一个子菜单和执行给定的菜单项（VFP 系统菜单项）。如果选择"过程"或"子菜单"项，通常右侧出现"创建"命令按钮。对应菜单栏而言，通常选择"子菜单"可以进一步创建下层菜单项。

（3）"选项"按钮

单击"选项"列下的命令按钮就会弹出"提示选项"对话框，利用该对话框可以设置快捷键等信息。

（4）"移动"按钮

对于当前被编辑的菜单来说，移动按钮上有一个双向箭头，可以通过鼠标的拖动操作来调整菜单项的顺序。

（5）"插入"按钮

单击该按钮，可以实现在当前菜单项前面插入一个新的菜单项。

（6）"删除"按钮

单击该按钮，将删除当前菜单项。

（7）"预览"按钮

单击该按钮，可以预览菜单效果。

2．创建子菜单和菜单分组

在"菜单名称"列选中需要创建子菜单的菜单项后，在"结果"列中选择"子菜单"，然后单击"创建"按钮，即可创建子菜单，依次输入子菜单内容即可，如图 9.5 所示。

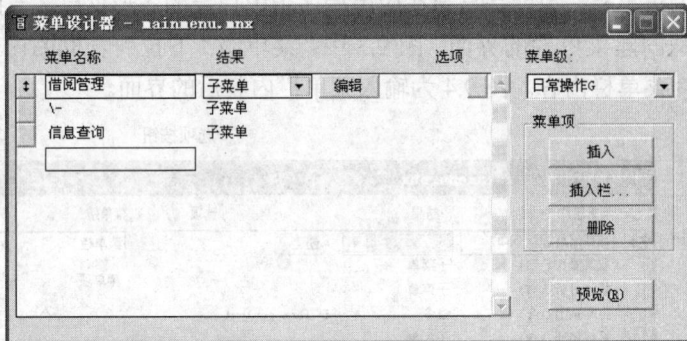

图 9.5　创建子菜单窗口

从图 9.5 看出，当前菜单级为"日常操作 G"，也就是当前创建的是"日常操作"菜单项的子菜单。利用菜单级"下拉列表框"可以选择相应的内容回到上级菜单。但是反过来却不能通过该下拉列表框进入子菜单设计窗口，必须通过"结果"列边的"编辑"或"创建"按钮进入到子菜单设计窗口。

当菜单名称框的内容为"\-"，表示在此菜单项位置处创建了一个分组线，用来在该项的上下菜单项之间插入一条水平线表示分组。

3．为菜单或菜单项指定任务

当菜单执行时，选择某个菜单项，要么打开下层子菜单，要么执行一个指定的任务。可以在创建菜单的时候，利用"结果"列为菜单指定任务。

　　如果指定的任务为执行一条命令，可以在图 9.4 所示菜单设计窗口的"结果"列中选择"命令"，然后在右侧文本框中输入命令代码。如：DO FORM poutput，表示运行表单 poutput。

　　如果指定的任务为执行过程代码，则可以在图 9.4 所示的菜单设计窗口的"结果"列中选择"过程"，然后单击"创建"命令按钮，进入过程代码编辑窗口，输入过程代码。

4. 菜单选项设置

　　选中某个菜单或菜单项后，单击"选项"按钮，弹出如图 9.6 所示的"提示选项"对话框。

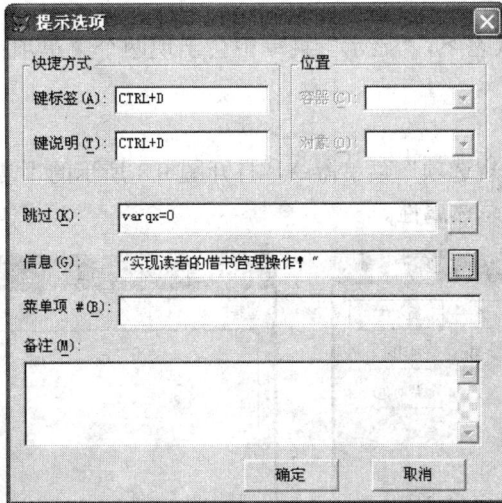

图 9.6　"提示选项"对话框

　　（1）快捷方式

　　指定菜单项的快捷键。方法是：先用鼠标单击"键标签"文本框，然后在键盘上按快捷键。例如，在键盘上同时按下 CTRL 键和 D 键，则"键标签"和"键说明"文本框同时变为"CTRL+D"。

　　若要取消快捷键的设置，只要将"键标签"文本框中的内容删除即可。

　　（2）跳过

　　定义菜单项的跳过条件，是一个返回值为.T.或.F.的逻辑表达式。当值为.T.时表示菜单废止，即不可用，外观灰色显示。例如，表达式为：USED("ts")，表示 ts 这个别名被使用时该菜单项不可用。如果表达式直接设置为.T.，则表示该菜单项被无条件废止。要注意的是，预览菜单时，跳过条件不起作用。

　　（3）信息

　　定义菜单项的说明信息，内容为一个字符串或字符表达式。菜单运行时，当鼠标指向该菜单项时，说明信息会显示在 VFP 主窗口的状态栏上。

　　（4）菜单项#

　　当菜单项的结果为命令、过程或者子菜单时，可以指定菜单项的内部名字或序号，不指定则由系统自动设定。

5. 在子菜单中插入系统菜单栏

　　在子菜单中，用户除了可以自己定义菜单项，也可以将 VFP 系统菜单栏中的菜单项插入到子菜单中。具体操作步骤如下：

① 在菜单设计器中进入子菜单编辑状态，此时菜单设计器的"菜单级"下拉列表框中不能选择"菜单栏"。

② 光标定位到需要插入系统菜单栏的位置，如图 9.5 所示，单击"插入栏"按钮，弹出如图 9.7 所示的"插入系统菜单栏"对话框。

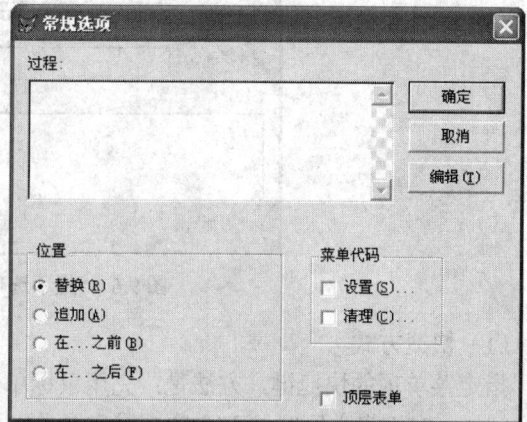

③ 选择需要的系统菜单项，然后单击"插入"命令按钮。

6. 常规选项和菜单选项

在菜单设计器打开状态下，"显示"菜单中会出现两个菜单项："常规选项"和"菜单选项"。

（1）常规选项

选择"显示"→"常规选项"菜单命令，打开图 9.8 所示的"常规选项"对话框。在该对话框中可以设置菜单的总体属性。

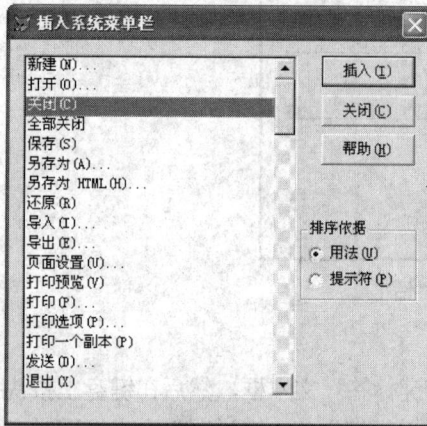

图 9.7　"插入系统菜单栏"对话框　　　　　图 9.8　"常规选项"对话框

1）过程。创建菜单的过程代码。在菜单运行过程中，选择该菜单项则执行该过程代码。可以在"过程"编辑框内直接输入过程代码，也可以单击"编辑"按钮，然后单击"确定"按钮可激活专门的代码编辑窗口。

2）位置。指明创建的下拉式菜单与 VFP 系统菜单的关系。

- 替换：用创建的菜单内容去替换当前系统菜单的原有内容。
- 追加：将创建的菜单内容添加到当前系统菜单原有内容的后面。
- 在…之前：将创建的菜单内容插入到当前系统菜单的某个菜单之前。当选择该选项后，右侧出现一个下拉列表框，从该下拉列表框中选择当前系统菜单的某个菜单。
- 在…之后：将创建的菜单内容插入到当前系统菜单的某个菜单之后。设置方法同上。

3）菜单代码。有"设置"和"清理"两个复选框。无论选中哪个复选框，都将打开一个对应的代码编辑窗口，单击"确定"按钮可以激活代码编辑窗口。

"设置"对应菜单的"初始化代码"，"清理"对应菜单的"清理代码"。"初始化代码"放置在菜单程序文件中菜单定义的前面，在菜单产生之前执行；"清理代码"放置在菜单程序文件中菜单定义的后面，在菜单显示出来后执行。

4）顶层表单。如果选中，则允许设计的菜单在顶层表单（SDI）中使用。

（2）菜单选项

选择"显示"→"菜单选项"命令，打开图 9.9 所示的"菜单选项"对话框。

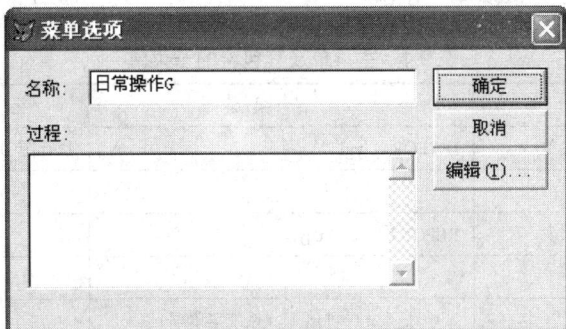

图 9.9　"菜单选项"对话框

"菜单选项"对话框可以为当前指定的菜单级设置过程代码。如图 9.9 所示为"日常操作"菜单项设置过程代码，当菜单执行时，选择"日常操作"子菜单中的任何一个菜单项均会执行该过程代码。

需要说明的是，如果菜单栏或者菜单项已设置了相应的任务（子菜单、命令或过程），则执行相应的任务，而忽略在"常规选项"和"菜单选项"中设置的过程代码；如果未设置相应的任务，而在 "常规选项"和"菜单选项"中都设置了过程代码，则执行"菜单选项"中的过程代码，而忽略在"常规选项"中设置的过程代码。

9.2.2　保存及运行菜单

菜单设计完成后，选择"文件"菜单下的"保存"命令可以保存菜单，保存菜单后会在磁盘产生两个文件：菜单文件（.mnx）和菜单备注文件（.mnt）。这两个文件都是不可以直接运行的菜单文件，菜单必须生成之后才能运行。

在菜单设计器打开状态下，选择系统菜单"菜单"中的"生成"命令，弹出如图 9.10 所示的"生成菜单"对话框，单击"生成"按钮，生成扩展名为.mpr 的菜单程序文件。

如果在"项目管理器"窗口中选中创建的菜单文件，直接单击"运行"按钮，则系统在运行菜单前自动生成菜单程序文件（.mpr）和编译后的菜单程序（.mpx）。

菜单程序生成后，可以使用 DO 命令直接执行。例如：

```
DO mainmenu.mpr    &&执行菜单文件 mainmenu
```

菜单程序运行后，主窗口中的菜单将被修改，利用下面的命令可以恢复到 VFP 系统的默认菜单。

```
SET SYSMENU TO DEFAULT
```

菜单程序生成后，如果又在菜单设计器中修改了菜单文件，则必须重新生成菜单程序文件，使得菜单程序与最新的菜单设计保存一致，否则菜单程序仍然是由修改前的菜单文件所生成。

【例 9.1】　如图 9.11 所示，设计一个具有"文件"和"浏览"两个主菜单的菜单文件，各主菜单及其包含的子菜单如表 9.1 所示。

图 9.10　"生成菜单"对话框

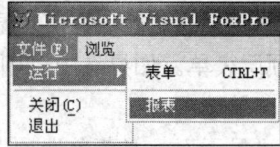

图 9.11　菜单示例

表 9.1　主菜单及其包含的子菜单

主 菜 单	菜单项	子 菜 单	结　　果	提示信息
文件	运行	表单	DO FORM jygl	执行图书借阅管理表单
		\-		
		报表	REPORT FORM tsjyb	
	\-			
	关闭		菜单项（_mfi_close）（系统菜单项）	
	退出		命令（SET SYSMENU TO DEFAULT）	
浏览			过程： CLOSE TABLES ALL PUBLIC ctab ctab=GETFILE('dbf',"表文件名") USE &ctab BROWSE	

具体操作步骤如下：

① 启动菜单设计器。在项目管理器中选择"其他"选项卡中的"菜单"，单击"新建"按钮，进入"新建菜单"对话框；在"新建菜单"对话框中单击"菜单"按钮，进入"菜单设计器"窗口。

② 设计主菜单。在"菜单名称"栏中输入"文件（\<F）"，在"结果"栏中选择"子菜单"；将光标下移一行，在"菜单名称"栏中输入"浏览"，在"结果"栏中选择"过程"，单击后面"创建"按钮，进入过程编辑窗口，输入表 9.1 中对应的过程代码。主菜单设计界面如图 9.12 所示。

③ 设计菜单项。将光标移到"文件"菜单上，单击后面的创建按钮，进入"文件"菜单设计器窗口，这时，可以看到"菜单级"下拉列表框显示"文件 F"。

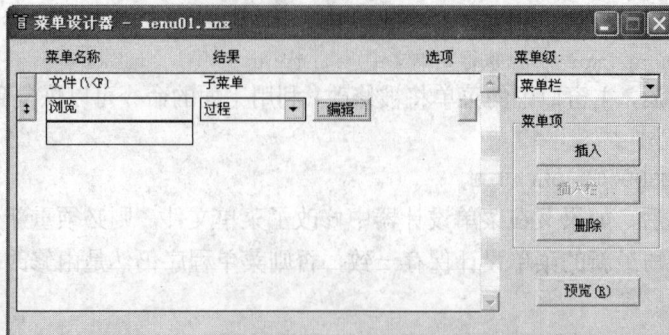

图 9.12　设计主菜单的菜单设计器窗口

- 运行。"菜单名称"栏中输入"运行",在"结果"栏中选择"子菜单"。
- 菜单分组(\-)。将光标下移,"菜单名称"栏中输入"\-"。
- 关闭(\<C)。将光标下移后,单击"插入栏"按钮,在弹出"插入系统菜单栏"对话框中选择"关闭(\<C)"项,单击"插入"按钮,将"关闭"菜单项插入,再单击"关闭"按钮,返回"菜单设计器"窗口。
- 退出。在"菜单名称"栏中输入"退出",在"结果"栏中选择"命令",在"命令"后面的文本框中输入"SET SYSMENU TO DEFAULT"命令。

文件菜单级的菜单设计器窗口如图 9.13 所示。

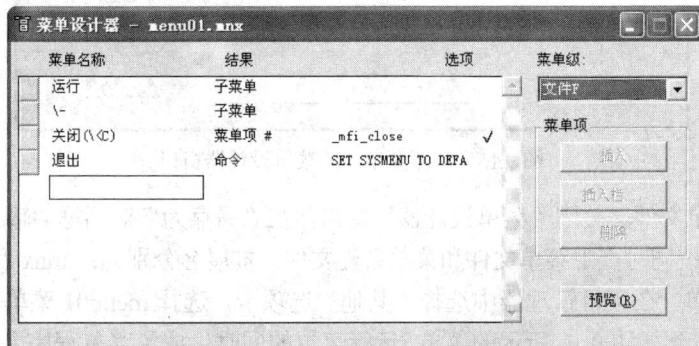

图 9.13 文件菜单级菜单设计器窗口

④ 设计子菜单。将光标定位在"运行"菜单项上,单击后面的"创建"按钮,进入"运行"菜单设计器窗口,这时,可以看到"菜单级"下拉列表框显示"运行"。

在"运行"菜单级的"菜单名称"栏中输入"表单",在"结果"栏中选择"命令",在"命令"后面的文本框中输入"DO FORM jygl"命令。单击"选项"下面的按钮进入"提示选项"对话框,将光标定位在"提示选项"对话框中的"键标签"文本框中,然后同时按下 Ctrl 与 T 键,设置好快捷键,将光标定位到"信息"文本框中,输入"'执行图书借阅管理表单'",如图 9.14 所示,单击"确定"按钮,返回"菜单设计器"窗口。

继续在"运行"菜单级的"菜单名称"栏中输入"\-",然后在下一行"菜单名称"栏输

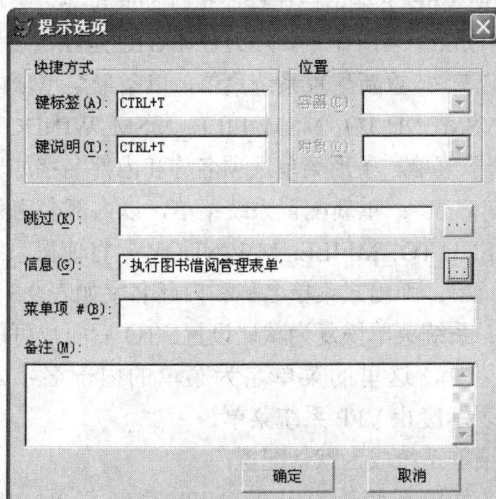

图 9.14 "提示选项"对话框设置

入"报表"，在"结果"栏中选择"命令"，在"命令"后面的文本框中输入"REPORT FORM tsjyb"命令。

"运行"菜单级的菜单设计器窗口如图 9.15 所示。

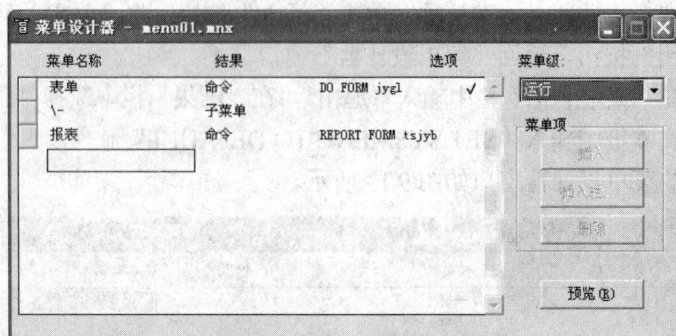

图 9.15　打开菜单级的菜单设计器窗口

⑤ 保存菜单文件。关闭"菜单设计器"窗口，在"另存为"对话框中输入 menu01 作为菜单文件名。系统同时产生菜单文件和菜单备注文件，扩展名分别为：.mnx 和.mnt。

⑥ 运行菜单。在项目管理器中选择"其他"选项卡，选择 menu01 菜单文件，单击"运行"按钮，即可看到如图 9.11 所示的菜单。运行菜单的同时生成了菜单程序文件 menu01.mpr。

9.2.3　配置 VFP 系统菜单

通过 SET SYSMENU 命令，可以在程序执行期间允许或禁止 VFP 系统菜单，或重新配置系统菜单。该命令的格式如下：

SET SYSMENU ON|OFF|AUTOMATIC|TO <条形菜单名表>|TO <弹出式菜单名表>|TO [DEFAULT]|SAVE|NOSAVE

其中，

- ON：运行程序执行时访问系统菜单。
- OFF：禁止程序执行时访问系统菜单。
- AUTOMATIC：使 VFP 主菜单栏在程序执行期间可见。菜单栏可以被访问，且菜单项的启用和废止取决于当前命令。AUTOMATIC 是默认设置。
- TO <条形菜单名表>：重新配置系统菜单，以条形菜单项内部名表列出可用的子菜单。如：SET SYSMENU TO _MSM_FILE, _MSM_WINDO，使系统只保留"文件"和"窗口"两个子菜单。条形菜单选项名称和内部名字如表 9.2 所示。
- TO <弹出式菜单名表>：重新配置系统菜单，以内部名字列出可用的弹出式菜单。如：SET SYSMENU TO _MFILE, _MWINDOW，将使得系统菜单只保留"文件"和"窗口"两个子菜单。弹出式菜单名称和内部名字如表 9.3 所示。
- TO [DEFAULT]：系统菜单恢复为默认设置。TO 后面也可以跟上系统菜单名列表来重新配置系统菜单，这里的菜单名为菜单的内部名字。使用不带参数的 SET SYSMENU TO 表示废止 VFP 系统菜单。
- SAVE：使当前菜单系统成为默认配置。
- NOSAVE：重置菜单系统为默认的 VFP 系统菜单。但是只有在执行了 SET SYSMENU TO DEFAULT 命令后才显示系统默认菜单。

表 9.2　条形菜单选项

选项名称	内部名字
文件	_MSM_FILE
编辑	_MSM_EDIT
显示	_MSM_VIEW
工具	_MSM_TOOLS
程序	_MSM_PROG
窗口	_MSM_WINDO
帮助	_MSM_SYSTM

表 9.3　弹出式菜单选项

弹出式菜单	内部名字
"文件"菜单	_MFILE
"编辑"菜单	_MEDIT
"显示"菜单	_MVIEW
"工具"菜单	_MTOOLS
"程序"菜单	_MPROG
"窗口"菜单	_MWINDOW
"帮助"菜单	_MSYSTM

9.2.4　创建快速菜单

在新建菜单时，打开"菜单设计器"窗口后，执行系统菜单"菜单"下的"快速菜单"命令，则在"菜单设计器"窗口中生成 VFP 系统菜单。在此基础上可以根据需要进行修改。

9.3　快捷菜单的创建与使用

快捷菜单一般从属于某个界面对象，当用鼠标右键单击该对象时弹出快捷菜单。

快捷菜单创建的方法和一般菜单创建的方法类似，也可以用菜单设计器完成。只要在"新建菜单"对话框中单击"快捷菜单"按钮，即可打开"快捷菜单设计器"窗口。

快捷菜单附加到对象上的方法如下：

1）创建快捷菜单并生成扩展名为.mpr 的生成程序。

2）然后选择某个对象的 RightClick 事件，输入执行菜单程序的代码即可。如：

```
DO kj.mpr  &&kj.mpr 为快捷菜单程序文件
```

【例 9.2】　图 9.16 表单为读者信息浏览表单，该表单直接将数据环境中 dz 表中的字段拖动并适当排列形成，为该表单创建图 9.16 中所示的快捷菜单。

具体操作步骤如下：

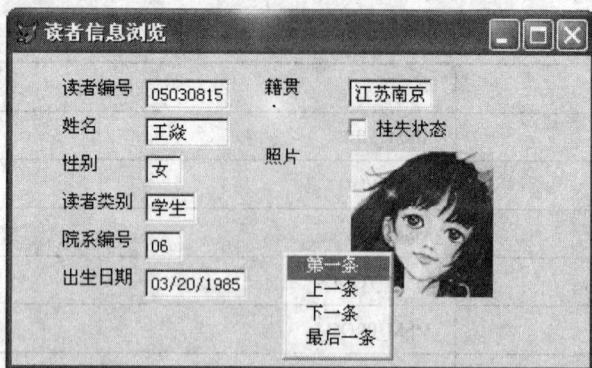

图 9.16　快捷菜单示例

① 按照表 9.4 所示内容创建快捷菜单。

表 9.4　快捷菜单内容

菜单名称	结　果		跳过条件
第一条	命令	GO TOP	BOF()
上一条	命令	SKIP -1	BOF()
下一条	命令	SKIP	EOF()
最后一条	命令	GO BOTTOM	EOF()

② 创建完成之后，保存为 menu02.mnx 菜单文件，并生成同名的菜单程序文件 menu02.mpr。

③ 打开已经创建的用于浏览读者信息的表单，选择表单的 RightClick 事件代码，输入代码：

```
DO menu02.mpr
THISFORM.Refresh
```

④ 保存并运行表单，右击表单，弹出如图 9.16 所示的快捷菜单。

9.4　为顶层表单添加菜单

顶层表单即 SDI（单文档界面）表单，该表单的 ShowWindows 属性值为 "2-作为顶层表单"。添加到顶层表单的菜单也叫 SDI 菜单。

创建 SDI 菜单方法和创建一般菜单方法相同，只要在创建菜单时，选择 "显示" → "常规选项" 命令打开 "常规选项" 对话框，在该对话框中将 "顶层表单" 复选框选中。

将 SDI 菜单附加到顶层表单的方法如下：

1）首先在表单设计器中修改表单的 ShowWindows 属性值为 "2-作为顶层表单"，设置表单为顶层表单。

2）然后在表单的 Init 事件中添加如下代码：

```
DO SDI 菜单程序 WITH THIS,.T.  && SDI 菜单程序即扩展名为.MPR 的菜单程序
```

【例 9.3】　如图 9.17 所示，创建一个设置表单背景色的 SDI 菜单。

具体操作步骤如下：

① 按照表 9.5 所示的内容创建一般菜单。

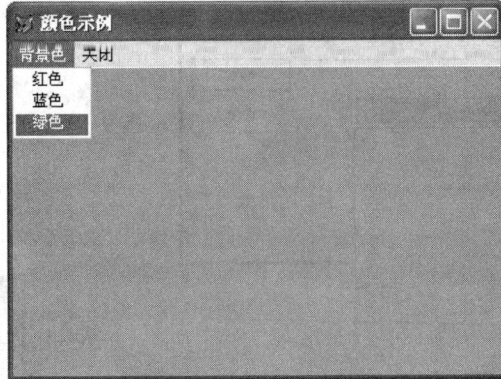

图 9.17　SDI 菜单设计示例

表 9.5　SDI 菜单内容

主菜单	菜单项		结　果
背景色	红色	命令	_Screen.ActiveForm.BackColor=RGB(255,0,0)
	蓝色	命令	_Screen.ActiveForm.BackColor=RGB(0,0,255)
	绿色	命令	_Screen.ActiveForm.BackColor=RGB(0,255,0)
退出		命令	_Screen.ActiveForm.Release

② 设置为 SDI 菜单：选择"显示"→"常规选项"命令打开"常规选项"对话框，然后在该对话框内将"顶层表单"复选框选中。

③ 保存菜单文件名为 menu03.mnx，并生成 menu03.mpr 的菜单程序。

④ 新建一个表单，并设置表单的标题为"颜色示例"，表单的 ShowWindows 属性值为"2-作为顶层表单"，然后在表单的 Init 事件中添加如下代码：

```
DO menu03.mpr WITH THIS,.T.
```

⑤ 保存表单并运行，效果如图 9.17 所示。

9.5　创建自定义工具栏

VFP 可以定义如 Windows 风格的工具栏，可将反复执行的操作定制到工具栏中以方便操作。工具栏既可以浮动在表单的上方，也可以停靠在 VFP 主窗口的"常用"工具栏区域。

图 9.18　自定义工具栏

下面就以图 9.18 所示的自定义工具栏为例来解释自定义工具栏的设计方法。

9.5.1　定义工具栏类

定义一个自定义工具栏类步骤如下：

① 在"项目管理器"窗口中选择"类"选项卡，单击"新建"按钮，弹出"新建类"对话框。

② 在"类名"文本框输入工具栏类名称，如 mytool，在"派生于"下拉列表框中选择"Toolbar"基类，如图 9.19 所示。

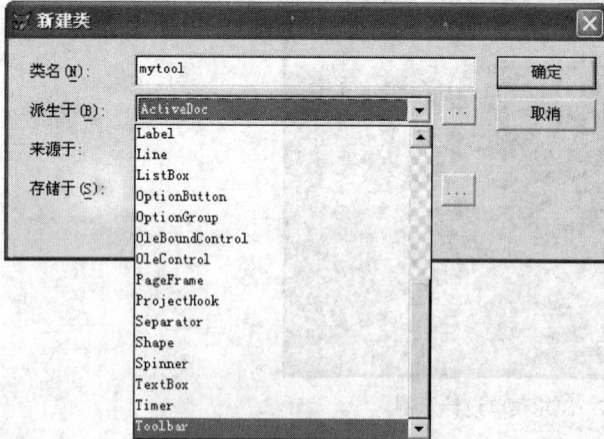

图 9.19 "新建类"对话框

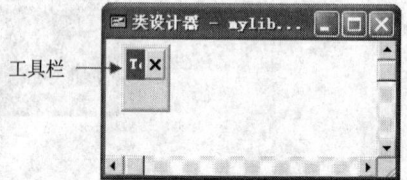

图 9.20 "类设计器"窗口

③ 在"存储于"文本框输入类库文件的名称，也可以单击右侧的按钮进行选择类库文件，如：mylib.vcx。

④ 单击"确定"按钮，进入如图 9.20 所示的"类设计器"窗口。此时"类设计器"窗口显示的是一个尚未定义好的自定义工具栏。

9.5.2 在自定义工具栏类添加对象

除了表格以外，可以将"表单控件"工具栏上的所有其他控件添加到工具栏中。其操作方法和在表单中添加控件类似。

本例中先添加一个标签控件，将 Caption 属性设置为"字体："；再添加一个组合框控件 Combo1，设置组合框的 RowSourceType 属性值为 1，RowSource 为"宋体,隶书,幼圆,楷体"（注意各个字体之间用英文的逗号隔开）；然后再添加一个标签控件，Caption 属性设置为"字号："；最后再添加一个微调控件 Spinner1，设置 SpinnerLowValue 和 SpinnerHighValue 分别为 6 和 36，Value 属性值为 9。

工具栏上的对象用紧排方式排列在一起，可以在各个对象之间添加分隔符（Separater）控件，使得它们之间有一定的距离。

1）在组合框控件 Combo1 的 InteractiveChange 事件中添加如下代码：

```
Obj1=_Screen.ActiveForm.ActiveControl
IF THIS.Value="楷体"
   Obj1.FontName='楷体_GB2312'
ELSE
   Obj1.FontName=THIS.Value
ENDIF
```

2）在微调控件 Spinner1 的 InteractiveChange 事件中添加如下代码：

```
Obj2=_Screen.ActiveForm.ActiveControl
Obj2.FontSize=THIS.Value
```

在属性窗口的名称框选择"mytool"工具栏，设置 Caption 属性为"字体工具栏"，至此完成用户自定义工具栏类的设计，如图 9.21 所示，并保存。

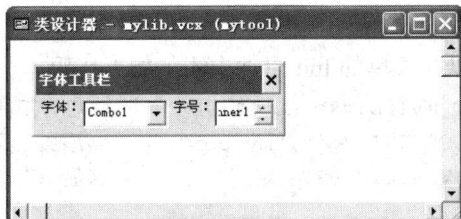

图 9.21　自定义工具栏类设计窗口

9.5.3　将工具栏类添加到表单集

可以将工具栏添加到表单集，但是不能将工具栏添加至表单。如果要为某个表单添加工具栏，则必须先创建表单集，然后添加工具栏。

例如，下列操作步骤将用户自定义工具栏类 mytool 添加至如图 9.22 所示表单上。

图 9.22　自定义工具栏应用示例

① 在"项目管理器"窗口中选中表单，然后单击"修改"按钮进入表单设计器。然后执行"表单"菜单下的"创建表单集"命令以创建表单集。

② 在"表单控件"工具栏中单击"查看类"按钮，在下拉菜单中选择"添加"命令，如图 9.23 所示。在弹出的对话框中选择类库文件 mylib.vcx。

③ 此时的"表单控件"工具栏如图 9.24 所示，选中 mytool 工具栏按钮，直接到表单集区域单击即可。

图 9.23　添加类

图 9.24　添加工具栏

④ 运行表单，效果如图 9.22 所示。

除上述方法外，还可以在表单的 Init 事件中添加如下代码：

```
SET CLASSLIB TO mylib.vxc ADDITIVE          &&打开工具栏类所在的类库
THISFORMSET.ADDOBJECT("gj","mytool")        &&添加工具栏对象
THISFORMSET.gj.Visible=.T.                  &&显示工具栏
```

9.6　小型案例实训

【案例说明】

已知有股票管理数据库 gp，数据库中有 gp_sl 表、gp_fk 表。gp_sl 的表结构是股票代码 C(6)、买入价 N(7，2)、现价 N(7，2)、持有数量 N(6)。gp_fk 的表结构是股票代码 C(6)，浮亏金额 N(11，2)。

请编写并运行符合下列要求的程序。

1）设计一个名为 menu_gp 的菜单，菜单中有两个菜单项"计算"和"退出"。程序运行时，单击"计算"菜单项应完成下列操作。

① 将现价比买入价低的股票信息存入 gp_fk 表，其中，

浮亏金额=（买入价－现价）持有数量

（注意要先把 gp_fk 表的内容清空）。

② 根据 stock_fk 表计算总浮亏金额，存入一个新表 gp_z 中，其字段名为浮亏金额，类型为 N(11,2)，该表最终只有一条记录。

2）单击"退出"菜单项，回到 VFP 系统菜单。

【案例分析】

这是一个菜单应用的综合实验，既要创建一个一般菜单，又要给菜单设置命令或过程代码。其中创建菜单属于基本操作，关键在于编写实现各种功能的代码。

1）先把 gp_fk 表内容清空。可以理解为把 gp_fk 表中所有记录均删除，只留下表结构。可以有两种方法实现：一是直接用 ZAP 命令实现；另一种是先给 gp_fk 表中所有记录做删除标记，然后用 PACK 命令彻底删除做了删除标记的记录。

```
USE gp_fk
ZAP
```

或者

```
USE gp_fk
DEL ALL
PACK
```

2）将 gp_sl 表中现价比买入价低的股票信息存入 gp_fk 表。可以这样理解，打开 gp_sl 表后，逐条记录处理，来比较当前记录的"现价"和"买入价"，如果满足现价比买入价低，那么就利用公式：浮亏金额=（买入价－现价）*持有数量，把该股票的浮亏金额存储到 gp_fk 表中。处理了当前一条记录，继续下面一条记录的处理，一直到 gp_sl 表中所有记录处理完毕。实现代码如下：

```
Use gp_sl
DO WHILE NOT EOF()
  IF gp_sl.现价<gp_sl.买入价
```

```
     INSERT INTO gp_fk(股票代码,浮亏金额) VALUES;
         (gp_sl.股票代码,(gp_sl.买入价-gp_sl.现价)*gp_sl.持有数量)
   ENDIF
   SKIP
ENDDO
```

注 意

　　此处用 DO WHILE-ENDDO 循环来逐条处理表中记录，所以必须有 SKIP 命令让指针下移，实现逐条记录处理，当然也可以使用 SCAN-ENDSCAN 循环。

　　另一种解题思路就是，利用 SELECT-SQL 命令直接到 gp_sl 表中将满足"现价比买入价低的股票"信息查询出来，查询的同时计算：浮亏金额=（买入价－现价）*持有数量，并把结果保存到一张表 fkb 中，然后将 fkb 表中记录追加到 gp_fk 中。实现代码如下：

```
SELECT 股票代码,(买入价-现价)*持有数量 AS 浮亏金额 FROM gp_sl ;
    WHERE 现价<买入价 INTO TABLE fkb   &&分号前面有空格
SELECT gp_fk
APPEND FROM fkb
DEL FILE fkb      &&从磁盘删除 fkb
```

　　3）根据 gp_fk 表计算总浮亏金额，存入一个新表 gp_z 中。方法和第（2）步分析类似。可以直接用 SELECT-SQL 命令实现，并把结果保存到 gp_z 中。

```
SELECT SUM(浮亏金额) AS 浮亏金额 FROM gp_fk INTO TABLE gp_z
```

【案例实现】

① 利用菜单设计器创建一般菜单 menu_gp，设置"计算"和"退出"两个菜单项。

② 选择"计算"菜单项，设置结果为过程，过程代码如下：

```
CLOSE TABLES ALL
USE gp_fk
ZAP
USE gp_sl
DO WHILE NOT EOF()
  IF gp_sl.现价<gp_sl.买入价
    INSERT INTO gp_fk(股票代码,浮亏金额) VALUES;
        (gp_sl.股票代码,(gp_sl.买入价-gp_sl.现价)*gp_sl.持有数量)
  ENDIF
  SKIP
ENDDO
SELECT SUM(gp_fk.浮亏金额) AS 浮亏金额 FROM gp_fk INTO TABLE gp_z
ALTER TABLE gp_z ALTER COLUMN 浮亏金额 N(11,2)
                    &&此命令保证浮亏金额字段的数据类型和宽度。
```

③ "退出"菜单项的命令为：SET SYSMENU TO DEFAULT。

④ 保存菜单，菜单文件名为：menu_gp。

9.7　习　　题

一、选择题

1．利用 VFP 菜单设计器创建菜单时，下列说法错误的是_____。

A．利用菜单设计器可以创建一般菜单和快捷菜单

B．用户可以将系统菜单项添加到用户设计的菜单中

C．在"提示选项"对话框中可以设置快捷键，快捷键只能设置为 Ctrl 键加另一个字母键的组合

D．用户菜单可以替换 VFP 的系统菜单，也可以设置为追加到 VFP 系统菜单之后

2．在菜单设计器中有一个菜单项显示为"Setup"，则在设计此菜单时，在该菜单名称框中输入_____。

    A．（\<）Setup   B．\<Setup

    C．Setup(\<S)   D．S\<etup

3．如果要将一个 SDI 菜单附加到表单中，则_____。

A．表单必须是 SDI 表单，并在表单的 Init 事件中编写代码调用菜单程序

B．表单必须是 SDI 表单，并在表单的 Load 事件中编写代码调用菜单程序

C．只要在表单的 Init 事件中编写代码调用菜单程序

D．只要在表单的 Load 事件中编写代码调用菜单程序

4．能够添加到工具栏的控件_____。

A．只能是命令按钮

B．只能是命令按钮、文本框和分隔符

C．可以是表单控件工具栏上的任何一个控件对象

D．除了表格以外的所有可以添加到表单上的控件均可以添加到工具栏

5．当利用项目管理器选中菜单文件，单击"运行"按钮后，在磁盘上产生_____个菜单文件。

    A．1   B．2   C．3   D．4

6．下列控件中可以添加到工具栏上但是不能添加到表单的是_____。

    A．Grid   B．Seperator   C．Shap   D．PageFrame

二、填空题

1．创建菜单后，系统自动生成两个文件：.mnx 和.mnt。.mnx 文件不能直接运行，当选中.mnx 文件并且执行"运行"操作时，系统自动生成两个文件：.mpx 和_____，然后运行它。

2．典型的菜单系统是一个下拉式菜单，下拉式菜单一般由一个_____和一组_____组成。

3．要为表单设计下拉式菜单，首先在设计菜单时需要在_____对话框中选中"顶层表单"复选框，然后要设置表单的_____属性值为"2-作为顶层表单"，最后需要在表单的_____事件中设置调用菜单程序的命令。

4．恢复 VFP 系统菜单的命令是_____。

5．菜单在运行时，如果某个菜单项显示为灰色，表示该菜单项不可使用，此时该菜单项的跳过条件的逻辑表达式的值为_____。

6．创建了快捷菜单并生成菜单程序后，可以将其附加到控件中，方法是：将执行菜单的 DO 命令加入到该控件的_____事件代码中。

第 10 章　应用程序的开发与连编

本章要点

- 应用程序的开发步骤
- 连编应用程序
- 创建应用程序的安装系统

学习 Visual FoxPro 的目的就是利用它来开发生成数据库应用系统。一个 VFP 数据库应用系统的开发一般要经过：设计规划应用程序、设计构造数据库、设计创建应用程序的用户界面、编译应用程序、调试测试应用程序以及创建发布应用程序的安装系统等步骤。本章就来讨论应用程序开发的过程。

10.1　应用程序的开发

10.1.1　应用程序的开发步骤

开发一个企事业单位的信息系统是一项非常庞大的工程，既要考虑到企业目前的应用，又要兼顾企业的发展规划和目标。从大量实践中人们已经意识到，使用软件工程的思想来开发系统具有事半功倍的效果，它将系统的开发过程分为：系统规划、系统分析、系统设计、系统实施和系统维护几个阶段。

1. 系统规划

系统规划的任务主要是针对应用单位的环境、目标和现行系统的状况进行初步调查，根据单位的发展目标和战略对新系统的需求做出分析和预测；同时兼顾新系统所受到的各种约束，研究建设新系统的必要性和可能性，给出拟建立新系统的初步方案和项目开发计划，并对这些方案和计划分别从管理、技术（软件和硬件）、经济（成本和收益）和社会等方面进行可行性分析，写出可行性报告。

系统规划一般遵循以下几个原则。

- 以应用单位的战略目标作为系统规划的出发点，分析本单位管理的信息需求，明确信息系统的战略目标和总体结构。
- 用户参与。由使用单位的有关人员和设计部门的系统规划人员共同合作，以便分析问题，研讨解决方案。
- 摆脱信息系统对组织结构的依赖性。
- 信息系统结构要有良好的整体性。
- 便于实现。方案选择强调实用和实效，技术手段强调成熟和先进，计划安排强调合理和可行。

信息系统的规划和实现过程如图 10.1 所示，它是"自顶向下规划分析，自底向上设计实现"的过程。

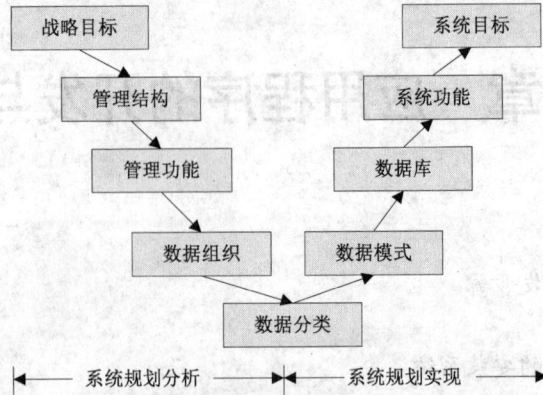

图 10.1　系统规划和实现的过程

系统规划结束后，应该生成一份明晰的报告。在后面的阶段，该规划报告将是整个项目的指南和参考。

2. 需求分析

需求分析也称系统分析，该阶段的主要任务是对要处理的对象进行详细调查，在了解现行信息系统的基础上，确定新系统（即要开发的系统）的功能，建立新系统的逻辑模型。

需求分析的基础是用户调查，可采用采访、小型会议、小组会议等方式进行。调查的重点是"数据"和"处理"，包括弄清新系统中用户向数据库输入什么样的数据（包括数据量和数据格式等），用户需要从新系统的数据库中获得什么样的数据，用户能够使用新系统完成什么样的功能等等。

需求分析中常常用到结构化分析方法（Structured Analysis，SA）。SA 方法采用自顶向下逐层分解的方法分析系统，并用形式化或半形式化的描述来表达数据和处理过程的关系。常用的描述工具有：

- 数据流程图（Data Flow Diagram，DFD）。
- 数据字典（Data Dictionary，DD）。

数据流程图表达了数据和处理过程的关系，数据字典描述了系统中的数据，是关于数据的数据，称为元数据。因此就可以用图形和文字对系统需求进行完整的描述。

数据流程图采用自顶向下、逐层展开的方法进行，其基本的数据流程图的符号有四个，如图 10.2 所示。外部实体表示系统之外的实体（单位或人），是系统数据的外部来源或去处；数据流表示数据的流向或去处；数据处理表示一个逻辑处理过程；数据存储表示数据存储的逻辑描述。

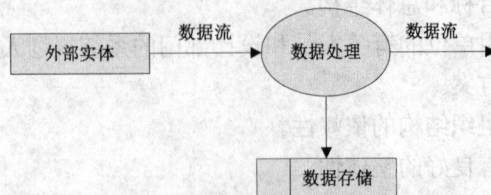

图 10.2　数据流程图的符号表示

需求分析阶段的成果是系统分析报告，或称系统说明书，主要包括：数据流程图、数据字典的初步表格、各类数据的统计、系统功能结构图以及相关的必要说明。系统需求说明书是整个数据库设计过程中重要的依据。

3. 系统设计

系统设计阶段的任务是为实现新系统而具体设计数据结构和实现系统功能。一般而言，系统设计从新系统的目标出发，建立系统的数据模型和功能模型，确定系统的总体结构，规划系统的规模，确立模块结构，并说明它们在整体系统中的作用及相互关系。还要选择必要的设备，采用合适的技术规范等，以保证总体目标的实现。系统设计一般分为三个阶段：概念结构设计、逻辑结构设计和物理结构设计。

系统设计应遵循以下原则。

- 系统性。在系统设计中有关代码、规范、语言等，都要从整个全局的角度考虑，做到一致化。
- 灵活性。要求信息系统的环境适应性强，信息系统应该具有较好的开放性和结构可变性。在系统设计中，尽量采用模块化设计。
- 可靠性。信息系统要具有较强的抗外界干扰能力，检错和纠错能力，故障恢复能力，以及较好的安全保密性。
- 经济性。在满足系统需求的情况下，要尽可能减少系统开销。系统设计中应避免不必要的复杂化，各个模块尽可能设计得简洁以便缩短开发流程。

4. 系统实施

该阶段是开发新系统的最后一个阶段，任务是实现系统设计阶段所定义的数据结构、存储结构和软件结构，按照实施方案建成一个可实际运行的信息系统，交付用户使用。当系统完成后，一般要对新系统进行测试。测试包括以下三种类型。

- 模块测试。其任务是分别测试应用系统中的各个功能模块，保证它们符合设计要求。一般将模块测试作为排除程序错误的一种方法。
- 系统测试。其任务是从整体的角度验证系统功能的正确性，确保子系统在被调用的过程中能协同的完成预定的功能。测试的内容还包括文件的存储能力、处理各类负荷的能力、恢复和重启动的能力以及人机交互的应答能力等。
- 验收测试。其任务是为系统投入实际使用提供最终证明，该测试要由用户评估。

当以上测试完成达到用户需求后就可以提交新系统，也就是系统交接。这个过程是用新系统替换原有系统的过程，主要工作包括系统数据文件的建立和转换，人员、设备、组织机构及职能的调整，有关资料和使用说明书的转交和结算等。系统交接的最终结果是将新系统的控制权移交给用户。

5. 系统运行和维护

系统开发完毕，就要交给用户运行使用了，一般采用如下几种系统转换方式。

- 直接转换。也就是用新的数据库系统替换旧的系统，中间无过渡阶段。这样的优点就是转换简单，费用节省，但是风险较大。
- 平行运行。也就是新旧系统有一段时间平行运行，在此阶段，新旧系统并行处理，这样可以保证转换期间平稳过渡，但是费用较高。
- 试运行方式。类似于平行运行方式，在一些关键问题上进行试运行，试运行满意后，再进入新系统全面工作。

- 逐步转换。分期、分批进行转换。这种方式能防止直接转换的危险性，也能减少平行运行的费用。但是在混合运行时必须考虑好两个系统的接口，当新旧两个系统差异较大时不宜采用这种方式。

新系统正式运行使用后，标志着软件设计和开发工作的结束，运行维护阶段的开始。系统维护一般包括以下几个内容。

- 软件维护。指根据实际需要，修改部分程序和有关的文档资料。
- 数据文件维护。指对数据文件的结构和内容进行的增加、合并、修改和删除等各种操作。如：增加备份数据表，或者将某个数据表里面的部分数据导出等。
- 编码维护。指由于业务数据编码满足不了需要或不完善时，修改或建立新的编码系统并加以执行的工作。
- 硬件维护。指对计算机及其他设备进行的检修、保养和修复工作，以保证设备处于良好的运行状态。

10.1.2　应用程序的建立

借助 Visual FoxPro 开发的系统一般包含以下几个部分。

- 数据库：一个或者多个。
- 用户界面：如登录界面、菜单、工具栏等。
- 事务处理：如数据的查询、统计等。
- 输出：如浏览数据、报表、标签等。
- 主程序：初始化应用程序环境，作为应用程序的起点。

使用 VFP 开发应用程序的过程可以用图 10.3 来表示。

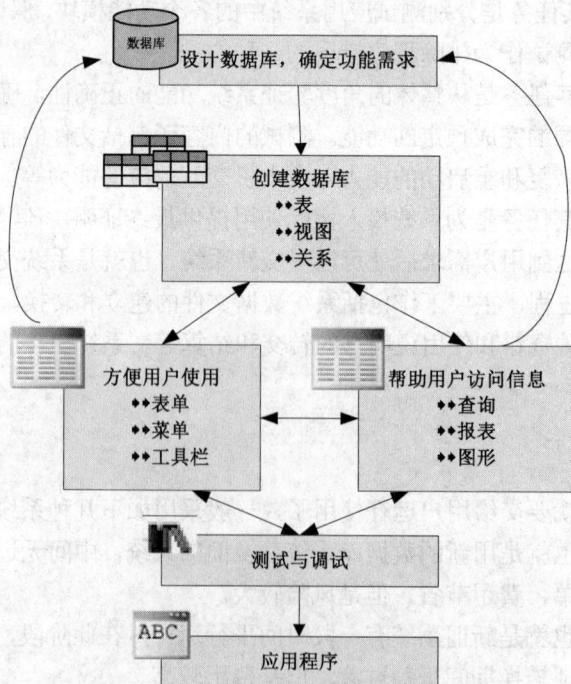

图 10.3　VFP 应用程序创建过程示意图

为了更好地组织和管理系统中的各个部分，可以建立应用程序的目录框架和使用项目管理器来管理文件。

1. 建立应用程序的目录结构

一个 VFP 应用程序往往涉及各种类型的文件，如数据库、表、索引、查询、表单、报表、类库、程序、菜单、文本、图片等内容。如果这些文件在磁盘上随意存储，将会给以后的管理、修改和维护带来很大的不便，因此需要建立一个层次清晰的目录结构。

例如，为"图书管理"应用程序创建文件夹 tsgl，在 tsgl 文件夹中再分别创建子文件夹，如图 10.4 所示。

* Data：存放数据库、表、索引、查询等文件。
* Forms：存放表单文件。
* Help：存放帮助或其他文件。
* Images：存放图像、图标文件。
* Libs：存放类库文件。
* Menus：存放菜单文件。
* Progs：存放程序文件。
* Reports：存放报表和标签文件。

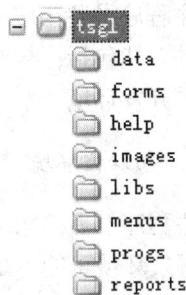

图 10.4　应用程序目录结构

2. 用项目管理器管理和组织应用程序

项目管理器作为容纳各个相关组件的工具，它把各个组件连编成一个单独的应用程序。项目管理器具有对文件、自由表、数据库、表单、报表和查询等可视化的组织功能。利用项目管理器开发应用系统可以先设计各组件，然后把它们再添加到项目中；也可以在项目管理器下不断创建新的组件，并在项目管理器下运行和调试。

另外，设计的新系统中可以加入"项目信息"，方法：在"项目管理器"窗口上右键鼠标，从弹出的快捷菜单中选择"项目信息"命令，打开如图 10.5 所示的"项目信息"对话框，利用该对话框可以设置项目的相关信息。

在"项目信息"对话框的"文件"选项卡（如图 10.6 所示）中可以查看添加到该项目的所有文件，文件按文件名的字母顺序排列。

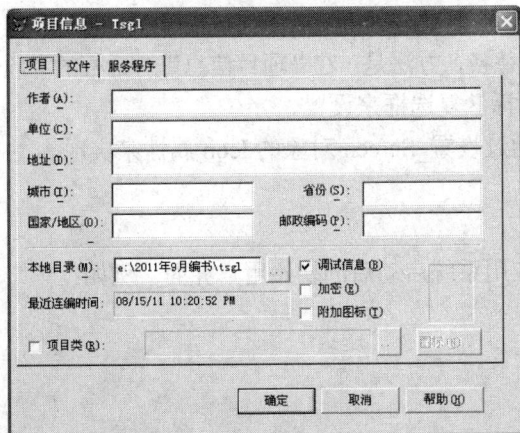

图 10.5　"项目信息"对话框　　　　　图 10.6　"项目信息"对话框的"文件"选项卡

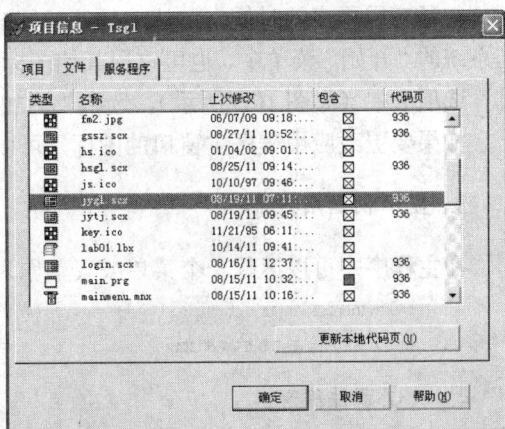

10.2　连编应用程序

各个模块调试之后，如果没有问题就可以对整个项目进行连编了，也就是将所有项目管理器中的引用文件（除了标记为排除的文件）合成一个可以执行的应用程序文件。

10.2.1　主程序设计

主程序是整个应用程序的入口点，当应用系统运行时首先执行主程序。通常主程序需要完成的功能包括：初始化环境、显示初始用户界面、控制事件循环、当退出应用程序时恢复原来的开发环境。

1.　初始化环境

主程序要做的第一件事就是对应用程序的环境进行初始化。在打开 Visual FoxPro 时，默认的开发环境可能不是应用程序的最佳环境，这就需要在应用程序的主程序中对它们重新设置，同时又需要把原来程序的环境保存起来，以便退出应用程序时可以恢复为原来的环境。

除了环境外，在应用程序中还经常需要编写程序代码来执行初始化变量，建立默认路径，打开需要的数据库、表以及索引等功能。

例如，在环境设置程序 setup.prg 中完成的功能包括：设置 X、Y 为全局变量，设置访问文件的路径为 E:\TSGL，打开过程 myproc，则 setup 程序中应包含以下代码：

```
PUBLIC x,y
SET PATH TO E:\TSGL
SET PROCEDURE TO myproc
```

2.　定制应用程序外观

运行应用程序时，默认情况下主窗口的标题栏显示"Microsoft Visual FoxPro"。在应用程序的配置文件中，可以包含以下声明，替换标题为"图书管理系统"。

```
Title=图书管理系统
```

也可以在主程序中使用如下代码：

```
Modify Windows Screen Title 图书管理系统
```

编译应用程序的时候，默认 Visual FoxPro 图标作为应用程序的图标显示在 Windows 操作系统的"开始"菜单中，也可以用其他图标来替换，方法是：在"项目信息"对话框的"项目"选项卡中（如图 10.5 所示），选中"附加图标"复选框来设置。

如果要更改应用程序主窗口的图标，可以通过设置 _Screen 对象的 Icon 属性来实现。

3.　显示初始用户界面

在主程序中可以运行一个菜单或表单作为应用系统启动后的初始用户界面。例如：

```
DO main.mpr
DO FORM start.scx
```

4.　控制事件循环

建立应用程序环境，显示初始用户界面之后，需要建立一个事件循环来等待用户的交互动作。控制事件循环的方法是：执行 READ EVENTS 命令，该命令使 VFP 开始处理事件（如鼠标或键盘的操作）等。

从执行 READ EVENTS 命令开始到相应的 CLEAR EVENTS 命令执行期间，主程序中的所有处理过程全部挂起。因此 READ EVENTS 命令在主程序中放置的位置十分重要，最好在所有初始化过程、初始化环境参数以及显示用户界面后使用 READ EVENTS 命令。如果主程序中不包含 READ EVENTS 命令，应用程序运行后将返回操作系统，出现应用系统"一闪而过"的现象。

同时需要注意，应用程序必须提供一种方法来结束事件循环。VFP 使用 CLEAR EVENTS 命令结束事件循环。典型情况下，可以使用一个"退出"菜单命令或者表单上的"退出"按钮来执行 CLEAR EVENTS 命令。CLEAR EVENTS 命令将挂起 VFP 的事件处理过程，同时将控制权返还给执行 READ EVENTS 命令并开始事件循环的程序。

5. 创建主文件

如果在应用程序中使用一个程序文件（.prg）作为主程序文件，必须保证该程序能够控制应用程序的主要任务。一般主程序应能完成以下任务。

1）通过打开数据库、变量声明等来初始化环境。

2）调用一个菜单或者表单来建立初始用户界面。

3）执行 READ EVENTS 命令来建立事件循环。

4）从"退出"菜单中，或者单击表单上的"退出"按钮执行 CLEAR EVENTS 命令，而不是从主程序本身来执行该命令。

5）应用系统退出时恢复环境。

在主程序中没有必要包含执行所有任务的命令，可以调用过程或者函数来控制某些任务，如环境初始化和清除等。

例如，一个主程序 main.prg 可以包含如下命令：

```
DO setup.prg          &&调用程序建立环境设置
DO FORM start.scx     &&显示初始用户界面
READ EVENTS           &&建立事件循环
DO cleanup.prg        &&在退出前恢复环境设置,cleanup 程序即为恢复环境设置
```

这里要注意的是：必须在某个菜单项或表单的某个按钮中包含命令 CLEAR EVENTS 以清除事件循环。

在项目管理器中，默认第一个创建的程序文件、菜单文件或者表单文件为主文件，主文件"加粗"显示。这个默认的主文件并不一定是真正意义的主文件，可以在项目管理器中重新设定，方法为：在"项目管理器"窗口中选定要设置为主文件的文件，执行菜单命令"项目"→"设置主文件"即可，或者右键单击该文件，从快捷菜单中选择"设置主文件"命令。

10.2.2 设置文件的包含和排除

在项目管理器中，被排除的文件前面显示⊘符号，表示此文件从项目中排除，否则就是包含状态。VFP 默认表文件在应用程序中可以被修改，所以默认为"排除"。

"排除"和"包含"是相对应的。将一个项目编译成应用程序时，所有在项目中被包含的文件将组合为一个单一的应用程序文件。在项目连编之后，那些在项目中标记为"包含"的文件将变为只读文件，不能再修改，应用程序在运行时不再需要这些文件，甚至可以将它

们从磁盘删除。而被标识为"排除"的文件则不会被合并在应用程序文件中，当应用程序运行时，如果需要调用这些文件，则必须在磁盘上找到并调用它们。如果应用程序中包含需要用户修改的文件，必须将该文件标记为"排除"。

一般情况下，可执行程序（例如表单、报表、查询、菜单和程序文件）应该在应用程序中标记为"包含"，而数据文件则标记为"排序"。但是，必须根据应用程序的需要来标记包含或排除文件。

将文件标记为"包含"或者"排除"的方法为：在"项目管理器"窗口中选中需要标记的文件，单击鼠标右键，在弹出的快捷菜单中做相应的选择即可，如图 10.7 所示就是将项目中已经包含的文件设置为"排除"。

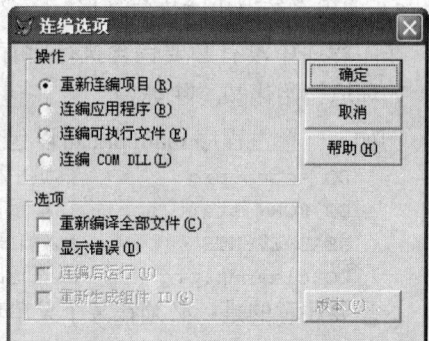

10.2.3 连编项目和应用程序

基于一个项目，可以连编成应用程序文件（.APP）或者可执行文件（.EXE）。

1. 连编项目

连编项目的目的是为了对程序中的引用进行校验，同时检查所有的程序组件是否可用。通过重新连编项目，Visual FoxPro 会分析文件的引用，然后重新编译过期的文件（即最近一次连编后修改过的文件）。

在"项目管理器"窗口中连编项目的步骤如下。

① 首先必须设置好主文件，对各个文件的"包含"或"排除"状态做好设置，然后单击"连编"按钮，弹出图 10.8 所示的"连编选项"对话框。

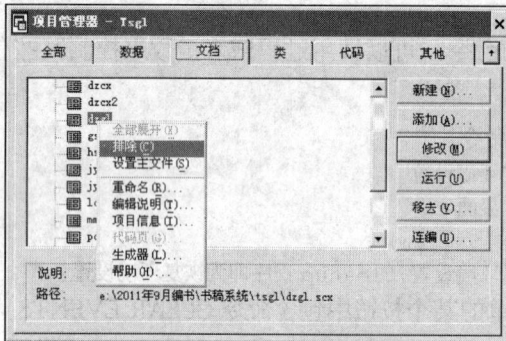

图 10.7　将项目中的文件设置为"排除"　　　　　　　　图 10.8　连编选项对话框

② 在"连编选项"对话框中选中"重新连编项目"单选按钮。如果勾选了"显示错误"复选框，那么可以查看错误文件，连编过程中产生的错误将保存在当前路径下与项目同名的扩展名为.err 的文件中，编译错误的数量显示在状态栏中。如果没有勾选"重新编译全部文件"复选框，则只会重新编译在上次连编之后修改过的文件。

③ 选择了所需的项目后，单击"确定"按钮。

连编项目操作，也可以在"命令"窗口中使用命令完成。命令格式如下：

    BUILD　PROJECT　项目名

例如：

    BUILD PROJECT tsgl　　&&tsgl 为项目文件 tsgl.pjx

如果项目连编过程中发生了错误，必修纠正或排除错误，并反复进行"重新连编项目"

操作，直至最终连编成功。

2. 连编应用程序

连编项目后，如果没有错误信息，可以开始连编应用程序。连编应用程序的方法如下。
① 在"项目管理器"窗口中单击"连编"按钮，进入"连编选项"对话框。
② 在"连编选项"对话框中，选中"连编应用程序"单选按钮，并单击"确定"按钮。
连编应用程序操作，也可以在"命令"窗口中使用命令完成。命令格式如下：
　　　　BUILD　APP　连编应用程序文件名　FROM　连编项目名
例如，将 tsgl.pjx 连编成 tsgl_1.app 的命令如下：
　　　　BUILD APP tsgl_1 FROM tsgl
经过连编应用程序操作，项目中所有的文件将编译成一个扩展名为.app 的文件，各个程序文件成为主应用程序文件的子过程。但连编应用程序文件不是独立的可执行文件，不可以脱离VFP 环境执行。因此可以将项目连编成.EXE 的可执行程序，该程序文件可以脱离 VFP 运行。

3. 连编可执行文件

连编应用程序的方法如下。
① 在"项目管理器"窗口中单击"连编"按钮，进入"连编选项"对话框。
② 在"连编选项"对话框中，选中"连编可执行文件"单击按钮，并单击"确定"按钮。
连编可执行文件操作，也可以在"命令"窗口中使用命令完成。命令格式如下：
　　　　BUILD　EXE　连编可执行文件名　FROM　连编项目名
例如，将 tsgl.pjx 连编成 tsgl_2.exe 的命令如下：
　　　　BUILD EXE tsgl_2 FROM tsgl
扩展名为.EXE 的可执行文件中包含了 Visual FoxPro 的加载程序，因此用户无须安装 VFP系统，但必修提供两个支持文件 vfp6r.dll 和 vfp6renu.dll，这两个动态链接文件必须放置在与可执行文件相同的目录中，或者在 Windows 的搜索路径中，如存放在 windows\system 文件夹中。

4. 连编 COM DLL

使用项目文件中的类信息，创建一个具有.DLL 文件扩展名的动态链接库，供其他应用程序调用。

5. 运行应用程序

（1）运行.app 应用程序
启动 VFP 后，从"程序"菜单中选择"运行"命令，然后选择要执行的应用程序即可；或者直接在 VFP 的命令窗口中用"DO 应用程序文件名"命令来直接运行。
（2）运行.EXE 可执行文件
可以在 VFP 中，从"程序"菜单中选择"运行"命令来执行，也可以直接在资源管理器中直接双击.EXE 文件的图标来运行它。

10.3　创建应用程序的安装系统

连编后的应用程序复制到另外一台机器上时可能无法正常运行，最好的方法是将应用程序打包发布成安装程序。

10.3.1　发布树

在使用"安装向导"前必须创建或者指定一个被称为"发布树"的目录结构，其中要包含用户环境中建立的所有文件和子目录。"安装向导"将此发布树作为要压缩到磁盘映像子目录中的文件源，发布树的目录结构应该与用户安装应用程序后所得到的目录结构相同。

一个创建"发布树"的简单方法是：备份项目文件所在的文件夹，然后将该文件夹作为"发布树"的基础，删除其中不需要提供给用户的子文件夹或文件（如：项目中连编时已设置为"包含"状态的文件已连编在项目中，可以将其从"发布树"中删除）。此外，一些应用程序需要额外的资源文件，例如包含"配置"或"帮助"文件等，需要将它们放在"发布树"中。

在创建完"发布树"后，可以进行一些运行测试，确定应用程序的完备性。

10.3.2　安装向导

使用 VFP 提供的"安装向导"可以为应用程序创建一个安装例程，其中，包括一个 setup.exe 文件，一些信息文件以及压缩或非压缩的应用程序文件。

具体操作步骤如下：

① 以图书管理系统为例，首先在 D 盘创建文件夹 tsgl 作为发布树，将需要的子文件夹和目录复制到该文件夹中。

② 在 D 盘创建 SETUP 文件夹，作为安装程序的存放路径。

③ 启动 VFP 后，选择"工具"→"安装"菜单命令，打开如图 10.9 所示的"按钮向导"对话框。

④ 步骤 1-定位文件。选择发布树目录为：D:\TSGL，然后单击"下一步"按钮，进入如图 10.10 所示对话框指定组件。

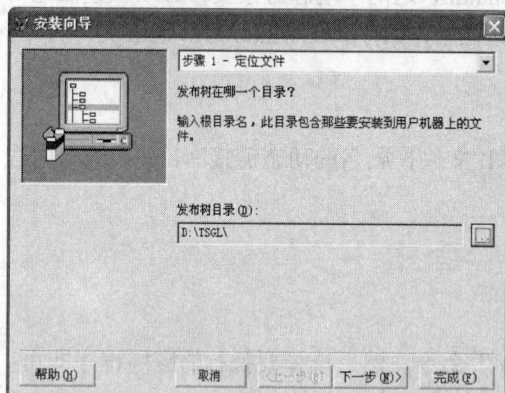

図 10.9　安装向导—定位文件　　　　図 10.10　安装向导—指定组件

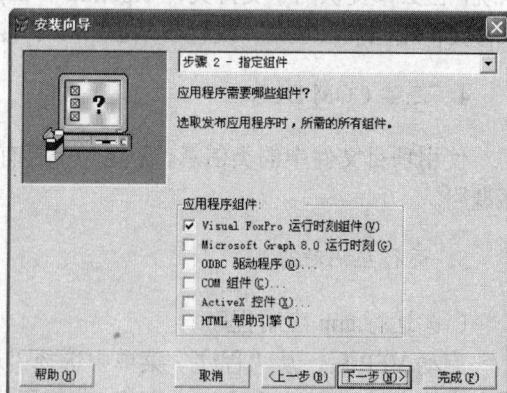

⑤ 步骤 2-指定组件。即指定应用程序运行时需要哪些组件。如果选择"Visual FoxPro 运行时刻组件"，则 Visual FoxPro 运行时刻文件（vfp6r.dll 等动态链接库）将自动包含在应用程序的安装系统中，且可以在用户的计算机上正确地安装，从而使得用户的计算机上不安装 VFP 系统也能运行此应用程序。选定后单击"下一步"按钮，进入到如图 10.11 所示对话框。

⑥ 步骤 3-磁盘映像。即生成的安装系统保持在何处以及是何种版本（软盘安装、Web 安装或网络安装）。如果选择"1.44　MB 3.5 英寸"，向导将创建软盘映像；如果选择"Web

安装（压缩）"，向导将创建密集压缩的安装映象，适用于从 Web 站点快速下载文件；如果选择"网络安装（非压缩）"，向导将建立唯一的子目录来包含所有的文件且不进行压缩。选定后单击"下一步"按钮，进入图 10.12 所示的对话框。

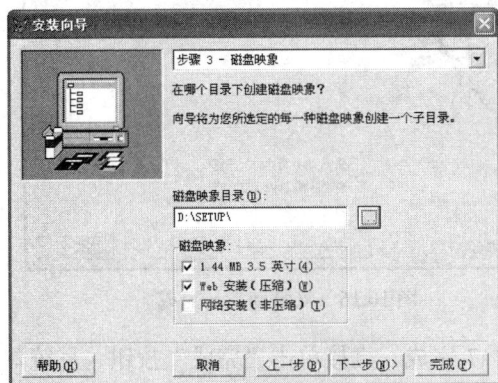

图 10.11　安装向导—磁盘映像

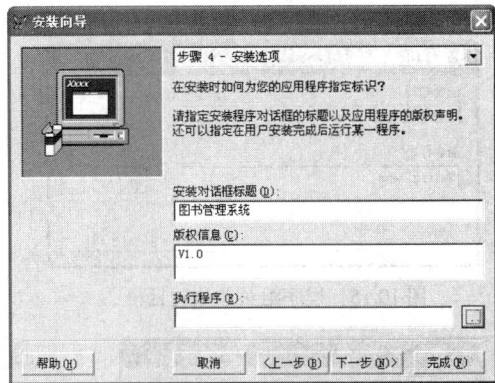

图 10.12　安装向导—安装选项

⑦ 步骤 4-安装选项。输入安装时的标识信息。其中"执行程序"输入项是可选的，其作用是指定在安装完应用程序之后希望立即执行的应用程序，典型的如 Readme 等，也可以不设置，然后单击"下一步"按钮，进入图 10.13 所示的对话框。

⑧ 步骤 5-默认目标目录。也就是应用程序安装时的默认目录，一般不选择已被其他程序使用的或 Windows 本身使用的目录名称。如果在"程序组"文本框中指定了一个名称，在安装应用程序时会为应用程序创建一个程序组，并使这个应用程序出现在用户的"开始"菜单上。在"用户可以修改"选项组中选中"目录与程序组"单击按钮，则用户在安装过程中可以更改默认目录的名称和程序组。然后单击"下一步"按钮，进入图 10.14 所示的对话框。

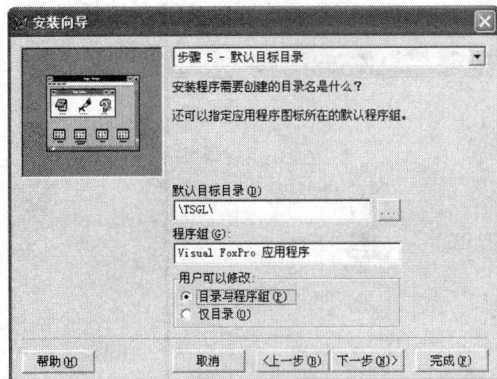

图 10.13　安装向导—默认目标目录

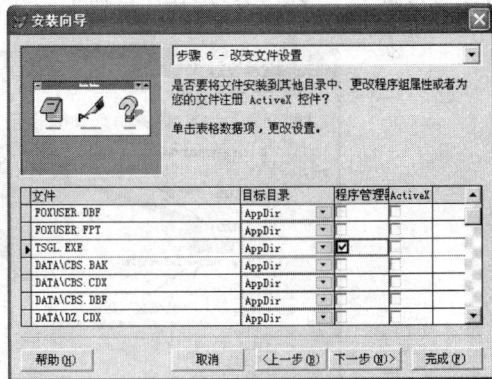

图 10.14　安装向导—改变文件设置

⑨ 步骤 6-改变文件设置。即设置是否将某个文件安装到其他目录（Windows 目录或 Windows 系统目录）中，是否更改程序组属性，以及是否注册 ActiveX 控件。若选择了"程序管理器"选项，则弹出图 10.15 所示的"程序组菜单项"对话框，可以指定程序项的说明、命令行和图标属性。在命令行使用嵌入的%s 序列代替应用程序目录（其中 s 必须小写），如图 10.15 所示输入内容，则应用程序安装后会在"开始"菜单的相应程序组中会出现"图书管理系统"菜单项，且菜单项图标为图 10.15 中所示。完成后在图 10.14 中单击"下一步"按钮，进入图 10.16 所示对话框。

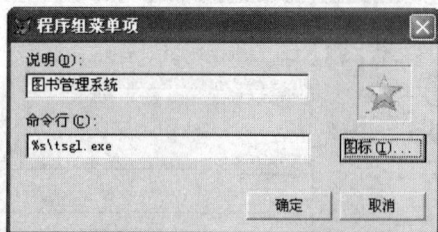

图 10.15　程序组菜单项对话框

图 10.16　安装向导—完成

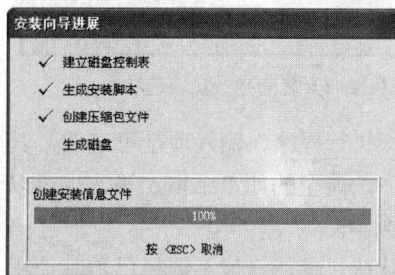

图 10.17　安装向导进展

⑩ 步骤 7-完成。直接单击"完成"按钮，系统首先记录各种设置，以便下次从相同的"发布树"创建发布磁盘时将其作为默认设置来使用，然后启动创建应用程序磁盘映象过程，如图 10.17 所示。完成前也可以选中"生成 Web 可执行文件"或"创建从属文件（.dep）"复选框。如果选择"生成 Web 可执行文件"，且与步骤 3 中的"Web 安装（压缩）"选项一起使用，可以为应用程序的快速网络下载进行最大压缩；如果选择"创建从属文件（.dep）"，可以指定安装向导创建相关文件（带有.dep 扩展名的 INI-样式文件），该文件除了包含组件所需的相关文件外，还包含各种所需的注册及本地化信息。

用向导创建了指定的磁盘映象后，如图 10.18 所示，可以将映象复制到相应的 U 盘、硬盘或者光盘上，可以到任何其他机器上安装使用。

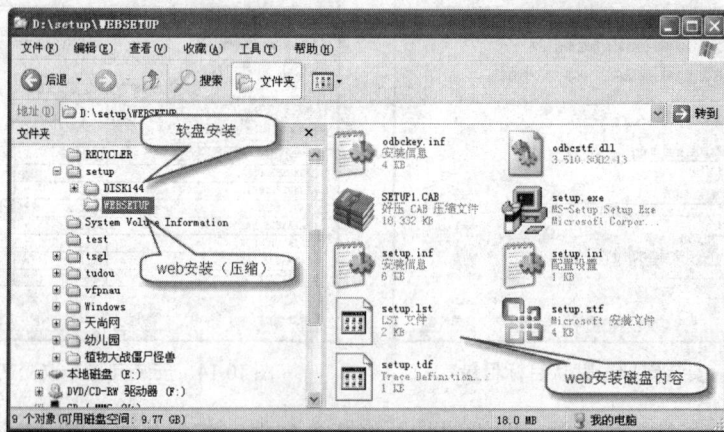

图 10.18　安装向导生成的磁盘目录和文件

10.4　综合案例实训

【案例说明】

建立一个小型的人事管理系统，通过使用该系统可以满足某个单位对单位员工信息的一系列操作，如信息初始化、信息查询、信息统计、信息输出等操作。

【案例分析】

按照 VFP 系统开发的步骤，经过系统的规划、需求分析和系统设计，得出如图 10.19 所示的功能模块图。

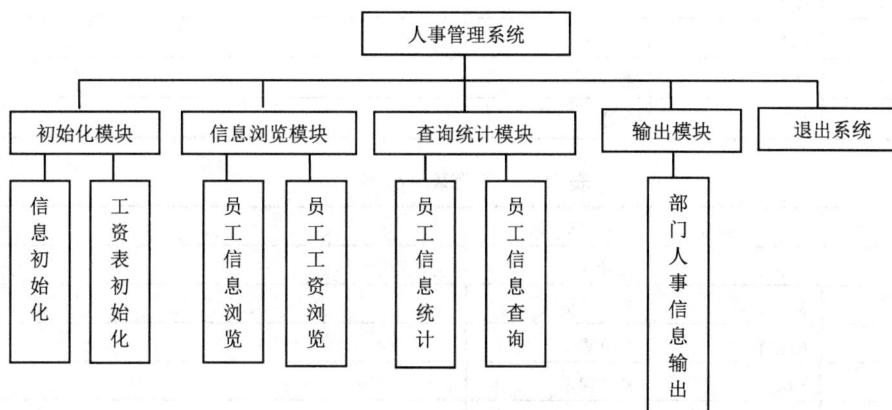

图 10.19 人事管理系统功能模块图

各模块功能说明如下：

1）初始化模块：利用表单完成员工信息表、社会关系表、部门表、职称表记录的添加、修改和删除功能，实现当月工资表的初始化。

2）信息浏览模块：利用表单浏览员工基本信息以及每个员工的工资单信息。

3）查询统计模块：利用表单实现员工信息的查询功能和统计功能。

4）输出模块：根据选择的部门输出该部门所有人事信息。

5）退出系统模块：实现系统的退出。

【数据库设计与系统数据准备】

1. 确立表结构

人事管理系统数据库包含五张数据表，表结构分别如表 10.1～表 10.5 所示。

表 10.1 员工信息表（yg.dbf）

字 段 名	类型宽度	标 题	其 他
gh	C(4)	工号	主索引
xm	C(8)	姓名	
xb	C(2)	性别	字段有效性规则：只能为男或者女
csrq	D	出生日期	
mz	C(4)	民族	
jg	C(8)	籍贯	
zzmm	C(14)	政治面貌	
zcbh	C(2)	职称编号	普通索引
whcd	C(10)	文化程度	
hyzk	C(4)	婚姻状况	**默认值：已婚**

字 段 名	类型宽度	标 题	其 他
gzrq	D	工作日期	记录的有效性规则：入职日期必须在工作日期之后
rzrq	D	入职日期	
jtzz	C(20)	家庭住址	
bmbh	C(2)	部门编号	普通索引
zp	G	照片	
bz	M	备注	

表 10.2　工资表（gz.dbf）

字 段 名	类型宽度	标 题	其 他
gh	C(4)	工号	候选索引
jbgz	N(8,1)	基本工资	
gwjt	N(8,1)	岗位津贴	
zhjt	N(8,1)	综合津贴	
zfbt	N(8,1)	住房补贴	
zfgj	N(8,1)	住房公积金	
ylbx	N(8,1)	医疗保险	
grsds	N(8,1)	个人所得税	
qt	N(8,1)	其他	
yfgz	N(8,1)	应发工资	
sfgz	N(8,1)	实发工资	

表 10.3　社会关系表（shgx.dbf）

字 段 名	类型宽度	标 题	其 他
gh	C(4)	工号	普通索引
gxxm	C(8)	关系姓名	
gx	C(4)	关系	
csrq	D	出生日期	
zzmm	C(14)	政治面貌	
gzdw	C(30)	工作单位	
bz	M	备注	

表 10.4　部门表（bm.dbf）

字 段 名	类型宽度	标 题	其 他
bmbh	C(2)	部门编号	主索引
bmmc	C(20)	部门名称	

表 10.5　职称表（zc.dbf）

字 段 名	类型宽度	标 题	其 他
zcbh	C(2)	职称编号	主索引
zcmc	C(4)	职称名称	

2. 确定表之间的关系

1）一对多关系：bm 表和 yg 表，zc 表和 yg 表，yg 表和 shgx 表。

2）一对一关系：yg 表和 gz 表。

3. 本地视图创建

在 rs 数据库中创建参数化视图，根据提供的部门名称下载所有的人事信息记录，视图名为 bmygview。在视图设计器中添加 bm 和 yg 两张表，输出字段为 bm.bmbh、bm.bmmc 以及 yg 表中的 gh、xm、xb、csrq、zp、bz，筛选条件为：bm.bmmc=?varbmmc（varbmmc 为视图参数，用户可以自己设置，但注意与后面引用时保持一致）。

4. 系统数据准备

1）启动 VFP，在 D 盘创建文件夹 rsgl，将提供的素材复制到该文件夹，并设置"d：\rsgl"文件夹为默认的工作文件夹。

2）已提供的素材有项目 rsgl、数据库 rs 以及表和视图，数据库表已经设置了字段属性表属性和索引。

3）在项目中创建自由表：用户表（yh.dbf），它的表结构和记录分别如表 10.6 和表 10.7 所示，该表记录登录系统的用户名和密码。

表 10.6 用户表（yh.dbf）结构

字 段 名	类型宽度	标 题	其 他
yhm	C(10)	用户名	候选索引
password	C(8)	密码	

表 10.7 用户表（yhb.dbf）记录

用 户 名	密 码
admin	rsadmin
rsgl	vfp

4）参照图 10.20，建立数据库中表与表之间的永久性关系。

【界面设计】

1. 欢迎界面 face.scx

1）新建一表单（TitleBar 属性为"0—关闭"），表单居中显示，如图 10.21 所示，创建几个标签控件并输入相应的标题信息。Timer1 的 Interval 为 1000，在表单的 Init 事件中输入如下代码：

```
PUBLIC n
n=0
```

2）在 Timer1 的 Timer 事件中设置如下代码：

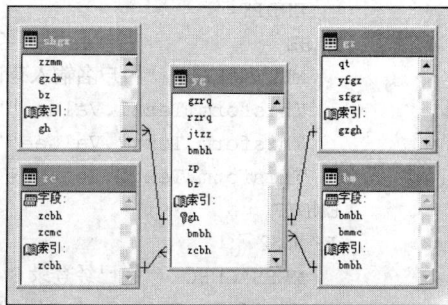

图 10.20 数据库表之间的永久性关系

```
n=n+1
IF n=5
   Thisform.Release
ENDIF
```

2. 系统登录表单 dlbd.scx

1）新建登录表单，如图 10.22 所示。表单 AutoCenter 为.T.，居中显示，标题为"登录表单"，在表单的数据环境中添加自由表 yh，添加三个标签和两个文本框控件，并按照图 10.22 所示放置。然后添加两个命令按钮。

图 10.21　欢迎表单设计界面

图 10.22　系统登录表单

表单的 Init 事件代码如下：

```
PUBLIC m   &&全局变量 m，用来控制登录的次数
m=0
```

2）"确定"按钮的 Click 事件代码如下：

```
m=m+1
yhmvar=ALLT(Thisform.Text1.Value)
SELECT yh
SET ORDER TO yhm
SEEK yhmvar
IF FOUND()            &&用户名输入正确，找到该用户
   IF ALLT(Thisform.Text2.Value)=ALLT(yh.password)        &&密码匹配
      DO mainmenu.mpr  &&调用菜单，为调试方便在这里可以用 MESSAGEBOX()替代
      Thisform.Release
      RETURN .T.
   ELSE              &&密码不匹配，重新输密码
      MESSAGEBOX("密码错误! ")
      Thisform.Text2.Value=""
      Thisform.Text2.SetFous
   ENDIF
ELSE              &&用户名不匹配，重新输用户名
   MESSAGEBOX("用户名输入有误，请重输! ")
   Thisform.Text1.Value=""
   Thisform.Text2.Value=""
   Thisform.Text1.SetFous
ENDIF
IF m>2
   MESSAGEBOX("你已经登录 3 次了，即将退出系统! ",0+16+0)
   Thisform.Command2.Click  &&调用"退出"按钮 Click 事件代码
ENDIF
```

3）在"退出"按钮的 Click 事件中添加如下代码：

```
Thisform.Release
QUIT
CLEAR EVENTS
```

3. 信息初始化表单 csh.scx

1）新建如图 10.23 所示的信息初始化表单，表单居中，标题为"信息初始化表单"。在数据环境中添加 yg、shgx、bm、zc 四张表，删除各表之间的关系连线，设置每张表的 Exclusive 属性为.T.。

2）参照图 10.23，新建一个具有 4 个页面的页框控件，每个页面上的表格分别为数据环境中各张表拖动形成，并且把每个拖动形成的表格的 name 属性设置为：Grid1。

图 10.23　信息初始化表单

3）"添加"按钮的 Click 事件代码如下：

```
numvar=Thisform.PageFrame1.ActivePage          &&取当前活动页面
DO CASE
  CASE numvar=1
     SELECT yg
  CASE numvar=2
     SELECT shgx
  CASE numvar=3
     SELECT bm
  CASE numvar=4
     SELECT zc
ENDCASE
APPEND BLANK
Thisform.PageFrame1.Pages(Thisform.PageFrame1.ActivePage).Grid1.;
     Column1.Text1.SetFocus
```
　　&&设置焦点在表格添加的空白记录的第一列上，此时可以输入数据添加记录

4）"删除"按钮的 Click 事件中设置如下代码：

```
numvar=Thisform.PageFrame1.ActivePage
DO CASE
  CASE numvar=1
     tablevar="yg"
```

```
        CASE numvar=2
            tablevar="shgx"
        CASE numvar=3
            tablevar="bm"
        CASE numvar=4
            tablevar="zc"
    ENDCASE
    SELECT &tablevar              &&宏替换的使用
    x=MESSAGEBOX("真的要删除当前记录？",1+32+0,"确认删除")
    IF x=1
        DEL                       &&当前记录做删除标记
        PACK                      &&彻底删除带有删除标记的记录
        Thisform.PageFrame1.Pages(Thisform.PageFrame1.ActivePage).Grid1.;
          RecordSourceType=1
        Thisform.PageFrame1.Pages(Thisform.PageFrame1.ActivePage).Grid1.;
          RecordSource=tablevar
    ENDIF
    FOR i=1 TO Thisform.PageFrame1.Pages(Thisform.PageFrame1.ActivePage).Grid1.;
      ColumnCount
        Thisform.PageFrame1.Pages(Thisform.PageFrame1.ActivePage).Grid1.;
        Columns(i).Width=75       &&设置表格的各个列宽为75
    ENDFOR
```

5）"退出"按钮的 Click 事件代码为：

```
    Thisform.Release   &&后面退出按钮不做特殊说明,均和此处一致
```

4. 工资表数据生成表单 gzjs.scx

1）新建一表单保存为 gzjs.scx。表单居中显示，标题为"工资生成表单"。参照图 10.24 在表单上创建五个命令按钮，标题分别为"计算住房补贴"、"计算公积金"、"计算个人所得税"、"计算医疗保险"和"当月工资生成"。另创建一个标签控件，标题为空。创建一个名为 Grid1 的表格控件。在表单的数据环境中添加 yg、gz、zc 三张表。

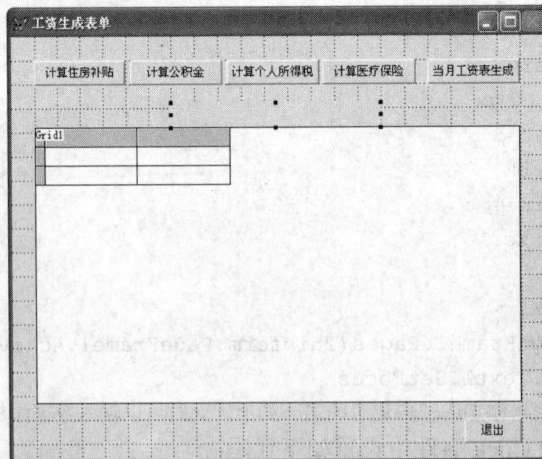

图 10.24　工资生成表单

2）表单的 Init 事件代码如下，功能为基于 yg、gz 和 zc 表创建新的表格 gznew，并设置表格的数据源为 gznew。

```
SELECT yg.gh AS 工号,yg.xm AS 姓名,yg.csrq AS 出生日期,yg.gzrq AS ;
    工作日期,zc.zcmc AS 职称,gz.jbgz AS 基本工资,gz.gwjt AS 岗位津贴,;
    gz.zhjt AS 综合津贴,gz.zfbt AS 住房补贴,gz.zfgj AS 住房公积金,gz.grsds ;
    AS 个人所得税,gz.ylbx AS 医疗保险,gz.qt AS 其他,gz.yfgz AS 应发工资,;
    gz.sfgz AS 实发工资 FROM yg,gz,zc where yg.gh=gz.gh AND zc.zcbh=yg.zcbh ;
    INTO TABLE gznew    &&注意以上某些分号前有空格
Thisform.Grid1.RecordSourceType=1
Thisform.Grid1.RecordSource="gznew"
```

3)"计算住房补贴"命令按钮的 **Click** 事件代码如下,按照工龄计算住房补贴,工龄 30 年以上为基本工资的 10%,10~30 年为基本工资的 6%,其他为基本工资的 3%。

```
UPDATE gznew SET 住房补贴=IIF(YEAR(DATE())-YEAR(工作日期)>=30,;
    基本工资*0.1,IIF(YEAR(DATE())-YEAR(工作日期)<=10,基本工资*0.06,;
    基本工资*0.03))
GO TOP
Thisform.Grid1.Column9.Text1.SetFocus  &&将焦点设置到表格的住房补贴列
Thisform.Refresh
```

4)"计算机公积金"命令按钮的 **Click** 事件代码如下,按照参加工作的年份计算住房公积金,98 年前工作的住房公积金为 0,否则按照基本工资的 5%计算。

```
UPDATE gznew SET 住房公积金=IIF(YEAR(工作日期)<=1998,0,基本工资*0.06)
GO TOP
Thisform.Grid1.Column10.Text1.SetFocus
Thisform.Refresh
```

5)"计算个人所得税"命令按钮的 **Click** 事件代码如下,个人所得税按照基本工资来征收,如果基本工资在 1500 元以上,按照基本工资的 5%征收,800~1500 的按照基本工资的 3%征收,否则不用交税。

```
UPDATE gznew SET 个人所得税=IIF(基本工资>=1500,基本工资*0.05,;
    IIF(基本工资<800,0,基本工资*0.03))
GO TOP
Thisform.Grid1.Column11.Text1.SetFocus
Thisform.Refresh
```

6)"计算医疗保险"命令按钮的 **Click** 事件代码如下,按照基本工资的 8%缴纳。

```
UPDATE gznew SET 医疗保险=基本工资*0.08
GO TOP
Thisform.Grid1.Column12.Text1.SetFocus
Thisform.Refresh
```

7)"当月工资表生成"命令按钮的 **Click** 事件代码如下:

```
Thisform.Label1.Caption=STR(MONTH(DATE()),2)+"月份工资表数据"
    &&设置标签显示的内容为某个月工资表数据
UPDATE gznew SET 应发工资=(基本工资+岗位津贴+综合津贴) ,;
    实发工资=应发工资-住房补贴-住房公积金-医疗保险-个人所得税-其他
GO TOP
Thisform.Grid1.Column15.Text1.SetFocus
Thisform.Refresh
```

8)表单的 **Destroy** 事件代码如下:

```
CLOSE TABLES ALL
a="gz"+ALLT(STR(MONTH(DATE())))+".dbf"
```

```
COPY FILE gznew.dbf TO &a        &&将当月工资表格保存至磁盘,如8月工资表就为gz8.dbf
DEL FILE gznew.*                 &&将 gznew 表格从磁盘删除
```

9）表单创建完成后运行效果如图 10.25 所示。初次生成工资表的时候可以更改系统时间，生成 1～12 月的工资表，这样便于后续查看员工工资单的操作。

5. 员工档案浏览表单 ygll.scx

1）新建表单并以文件名 ygll.scx 保存，表单居中显示，标题为"员工信息浏览表单"。在数据环境中添加 yg 表。参照图 10.26 将数据环境中 yg 表的字段拖动到表单的适当位置形成相应的控件。将拖动到表单形成的工作日期控件参照图 10.26 中的线框部分改为"工龄"标签和文本框 Text1。

图 10.25　工资生成表单运行效果图　　　　　图 10.26　员工信息浏览表单

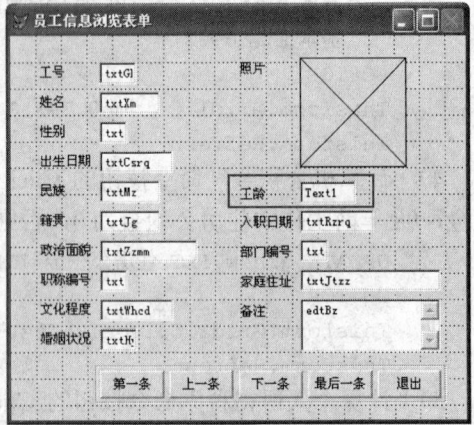

2）表单的 Init 事件代码和 Refresh 事件代码均设置如下：

```
Thisform.Text1.Value=YEAR(DATE())-YEAR(gzrq)    &&文本框 Text1 显示工龄
```

3）在表单上添加一个具有五个命令按钮的命令按钮组，相应代码利用所学知识完成。

6. 员工工资单浏览表单 yggz.scx

1）参照图 10.27，新建一表单以文件 yggz.scx 保存。表单居中，标题为"员工工资单浏览"。在表单的数据环境中添加 yg 表。参考图 10.27 添加适当的控件，列表框 List1 的 RrowSourceType=1，RowSource 为中文的一至十二，运行时用来选择月份。组合框 Combo1 的 RowSourceType=6，RowSource 为"yg.gh,xm"，其他控件参照图 10.27 完成。

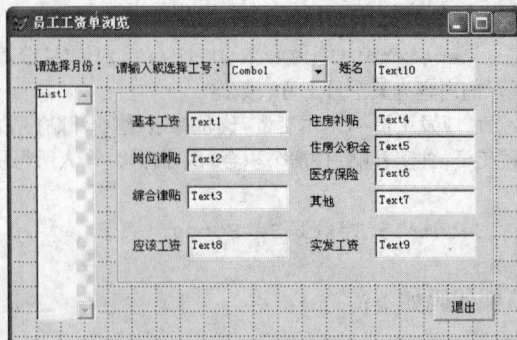

图 10.27　员工工资单浏览

2）表单的 Init 事件代码如下：

```
PUBLIC a,b                       &&定义全局变量 a,b
a=MONTH(DATE())                  &&设置 a 为当前月份
Thisform.List1.ListIndex=a      &&列表框的默认选项为当前月份
```

3）列表框的 InteractiveChange 事件代码如下：

```
a=THIS.ListIndex                 &&a 为当前选定项的索引值,即月份
```

4）组合框的 InteractiveChange 事件代码如下：

```
SELECT yg
Thisform.Text10.Value=xm         &&文本框显示当前指针指向记录的 xm
b="gz"+ALLT(str(a))              &&设置变量 b 为当前选定月份的工资表
IF USED(b)
  SELECT &b
ELSE
  SELECT 0
  USE &b
ENDIF
    &&以上判定当前选定月份工资表是否打开,打开即选择为当前工作区表,否则打开
LOCATE FOR 工号=ALLT(THIS.Text)  &&到选定月份工资表中查找该员工信息
IF FOUND()
  Thisform.Text1.Value=基本工资
  Thisform.Text2.Value=岗位津贴
  Thisform.Text3.Value=综合津贴
  Thisform.Text4.Value=住房补贴
  Thisform.Text5.Value=住房公积金
  Thisform.Text6.Value=医疗保险
  Thisform.Text7.Value=其他
  Thisform.Text8.Value=应发工资
  Thisform.Text9.Value=实发工资
ENDIF
Thisform.Caption=ALLT(Thisform.Text10.Value)+ALLT(Thisform.List1.Value)+;
"月份工资清单"
```

5）组合框的 KeyPress 事件中添加如下代码：

```
IF nKeyCode=13
  ghvar=ALLT(THIS.Text)
  SELECT yg
  LOCATE FOR yg.gh=ghvar
  IF FOUND()
    Thisform.Text1.Value=xm
  ELSE
    MESSAGEBOX("员工号输入有误，查无此人！")
    This.Value=""
  ENDIF
  This.InteractiveChange   &&调用组合框的 InteractiveChange 事件代码
ENDIF
```

6）图 10.28 为运行后的效果图。

7. 员工信息统计表单 tjbd.scx

1）新建如图 10.29 所示的统计表单，表单宽度（Width）为 600，高度（Height）为 300，运行时居中显示，在数据环境中添加 yg、bm、zc、shgx、gz 五张数据表。在表单上添加一个表格控件 Grid1，表格宽度为 420，高度为 250，添加一个具有 5 个按钮的选项按钮组，每个选项按钮标题如图 10.29 所示，"退出"按钮的访问键为 Alt+Q。

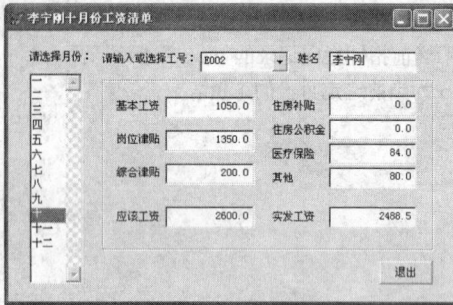

图 10.28　员工工资清单浏览效果图　　　　图 10.29　员工信息统计表单

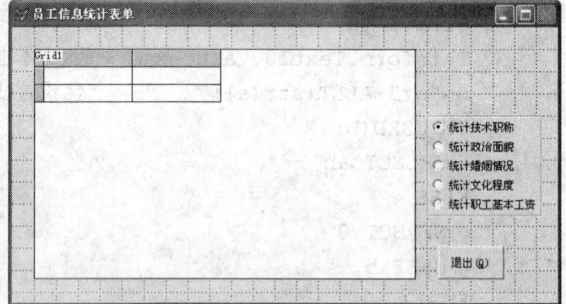

利用"表单"→"新建方法程序"菜单命令为表单添加一个新的方法 szwidth，在表单的属性对话框中选择该方法程序，编写如下代码：

```
FOR i=1 TO This.Grid1.ColumnCount
   This.Grid1.Columns(i).Width=90        &&设置表格控件的各列宽度为 90
ENDFOR
```

2）表单的 Init 事件代码如下：

```
Thisform.Grid1.RecordSourceType=4
Thisform.Grid1.RecordSource="SELECT zc.zcmc AS 职称,COUNT(*) AS 人数,;
   AVG(gz.jbgz) AS 平均基本工资,AVG(gz.gwjt) AS 平均岗位津贴 ;
   FROM zc,yg,gz WHERE zc.zcbh=yg.zcbh AND yg.gh=gz.gh ;
   GROUP BY 1 INTO CURSOR zzz1"        &&分号前有空格
This.szwidth                           &&调用方法程序 szwidth
```

3）选项按钮组的 Click 事件代码如下：

```
DO CASE
CASE This.Value=1
    Thisform.Init  &&调用表单的 Init 事件代码
CASE This.Value=2
    Thisform.Grid1.RecordSource="SELECT bm.bmmc AS 部门名称,zzmm AS ;
    政治面貌,COUNT(*) AS 人数 FROM bm,yg WHERE bm.bmbh=yg.bmbh ;
    GROUP BY 1,2 INTO CURSOR zzz2"
CASE This.Value=3
    Thisform.Grid1.RecordSource="SELECT bm.bmmc AS 部门名称,hyzk AS ;
    婚姻情况,COUNT(*) AS 人数 FROM bm,yg WHERE bm.bmbh=yg.bmbh ;
    GROUP BY 1,2 INTO CURSOR zzz3"
CASE This.Value=4
    Thisform.Grid1.RecordSource="SELECT bm.bmmc AS 部门名称,whcd AS ;
    文化程度,COUNT(*) AS 人数 FROM bm,yg WHERE bm.bmbh=yg.bmbh ;
    GROUP BY 1,2 INTO CURSOR zzz4"
CASE THIS.Value=5
    Thisform.Grid1.RecordSource="SELECT bm.bmmc AS 部门名称,;
```

```
        SUM(gz.jbgz) AS 基本工资总额,AVG(gz.jbgz) AS 平均基本工资,;
        AVG(gz.gwjt) AS 平均岗位津贴 FROM bm,yg,gz WHERE bm.bmbh=yg.bmbh ;
        AND yg.gh=gz.gh ;
        GROUP BY 1 INTO CURSOR zzz5"
    ENDCASE
```

4）"退出"按钮的设计略。图 10.30 为运行后的某个选项表单界面。

图 10.30　员工信息统计运行界面

8. 员工信息查询表单 cxbd.scx

1）新建一表单实现员工信息的查询，如图 10.31 和图 10.32 所示。在该表单的数据环境中添加两张表：yg、shgx 表（注：两张表之间存在关系，不要删除）。按照图 10.31 和图 10.32 所示添加控件。其中，组合框 Combo1 的 ColumnCount 为 2，RowSourceType=6，RowSource 为 yg.gh,xm。添加一个具有两个页面的页框控件，第一个页面的标题为"基本信息查询"，将数据环境中 yg 表除工号和姓名外的其他字段拖动到页面形成相应的控件，并按照图 10.31 所示排列整齐；第二个页面的标题为"社会关系查询"，按照图 10.32 所示将数据环境中的 shgx 表拖动到页面形成表格控件，表格无删除标记列。

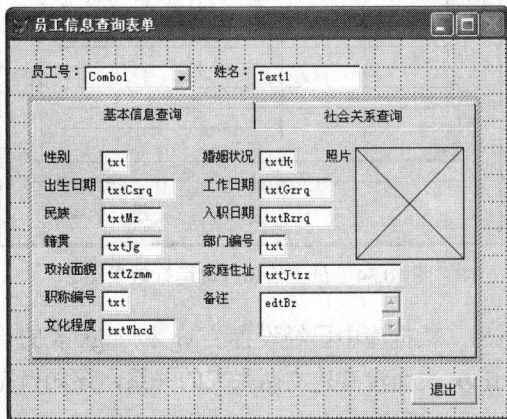

图 10.31　员工基本信息查询

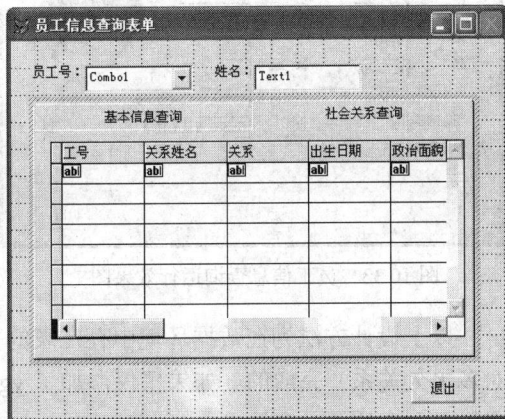

图 10.32　员工社会关系查询

2）表单控件的 Init 事件代码如下：

```
SELECT yg
GO TOP
Thisform.Combo1.Value=gh
Thisform.Text1.Value=xm
```

功能为当表单初始运行时，yg 表指针指向第一条记录，组合框和文本框显示第一条记录的员工信息。

3）组合框的 InteractiveChange 事件代码如下：

```
SELECT yg
Thisform.Text1.Value=xm
Thisform.Refresh
```

功能为：当选择某个员工的工号后，使得文本框显示该员工的姓名，且刷新表单，页面的内容也跟着变。

4）为组合框的 KeyPress 事件添加如下代码：

```
IF nKeyCode=13
  ghvar=ALLT(THIS.Text)
  SELECT yg
  LOCATE FOR yg.gh=ghvar
  IF FOUND()    &&找到，此时指针指向该记录
    Thisform.Text1.Value=xm
    Thisform.Refresh
  ELSE
    MESSAGEBOX("员工号输入有误，查无此人！")
    THIS.Value=""
  ENDIF
ENDIF
```

5）图 10.33 和图 10.34 为运行后的效果图。

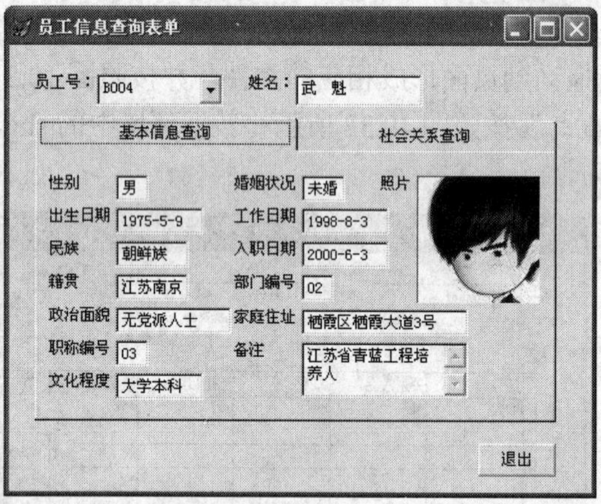

图 10.33　员工信息查询运行效果图 1

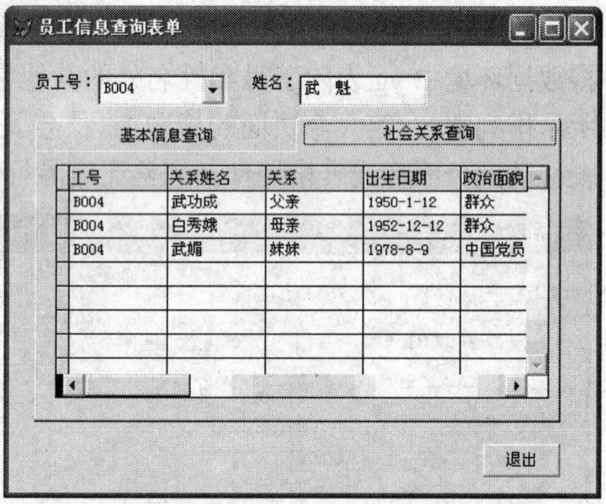

图 10.34　员工信息查询运行效果图 2

以上设计方法为在数据环境中存在表的关系后（数据库中已经设置了 yg 和 shgx 表的一对多永久关系）完成的。如果仅仅添加了 yg 和 shgx 表而没有建立两张表的关系，该如何完成？下面介绍两种方法。

方法 1：建立两张表之间的临时性关系。

按照上述方法和代码，只要在表单的 Init 事件中添加如下代码，该段代码的功能即建立 yg 和 shgx 表之间的临时性关系，此时当在父表移动指针时，子表的指针自动定位到和父表相关的第一条记录上。

```
SELECT yg
GO TOP
Thisform.Combo1.Value=gh
Thisform.Text1.Value=xm
SELECT shgx        &&从此条命令开始为建立表之间的临时性关系
SET ORDER TO gh
SELECT yg
SET RELATION TO gh INTO shgx
```

方法 2：利用命令完成记录的查找。

1）首先在刚才设计的基础上，在表单的 Init 事件代码中添加代码：

```
SELECT yg
GO TOP
Thisform.Combo1.Value=gh
Thisform.Text1.Value=xm
PUBLIC ghvar    &&定义全局变量
```

2）接着在表单页框控件的 Page2 页面添加如下代码：

```
SELECT yg
Thisform.Text1.Value=xm
Thisform.Refresh
ghvar=ALLT(THISFORM.Combo1.Text)
This.grdshgx.RecordSourceType=4
This.grdshgx.RecordSource="SELECT shgx.* FROM shgx WHERE shgx.gh=ghvar ;
INTO CURSOR tmpshgx"       &&分号前有空格
```

3）最后在组合框的 InteractiveChange 事件中添加如下代码：

```
IF Thisform.PageFrame1.ActivePage=2
  Thisform.PageFrame1.Page2.Click
ENDIF
```

9. 按部门打印人事信息报表 bmprint.Frx

新建一报表，在数据环境中添加视图 bmygview，利用报表控件工具栏创建如图 10.35 所示的报表。其中各个域控件由数据环境中的 bmygview 视图的字段拖动形成，将出生日期域控件的表达式改为计算年龄公式。图 10.36 为报表预览效果图。

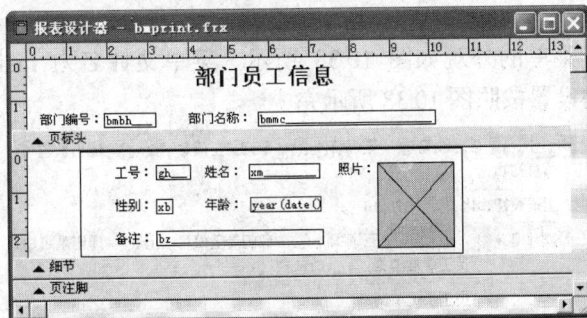

图 10.35　部门员工信息报表

10. 选择部门打印表单 bmdy.scx

1）新建一表单，如图 10.37 所示。在表单的数据环境中添加 bm 表。设置 List1 的

RowSourceType=6，RowSource 为：bm.bmmc 字段。在表单的 Init 事件中定义全局变量：

```
PUBLIC varbmmc
```

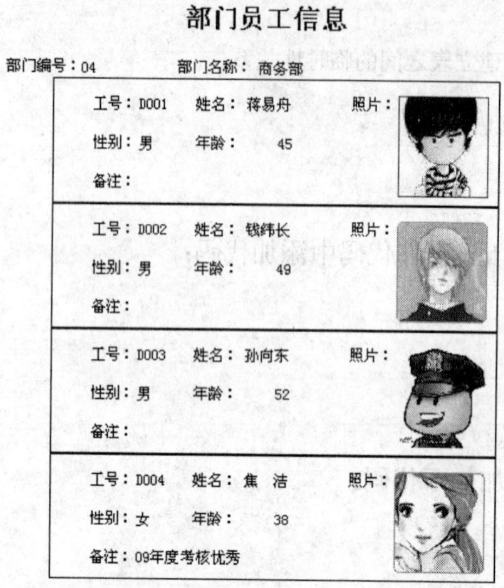

部门员工信息

图 10.36　部门员工信息报表预览

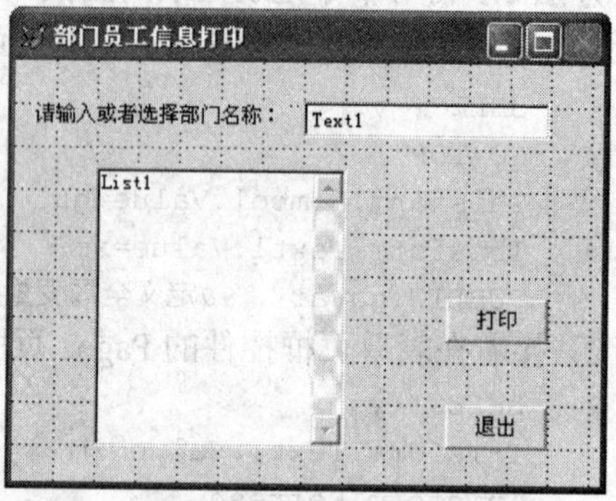

图 10.37　部门选择表单

2）列表框的 InteractiveChange 事件代码如下：

```
Thisform.Text1.Value=This.Value    &&当前选择的部门在文本框内显示名称
```

3）"打印"命令按钮的 Click 事件代码如下：

```
varbmmc=ALLT(Thisform.Text1.Value)
SELECT bm
LOCATE FOR bmmc=varbmmc
IF FOUND()
    REPORT FORM bmprint PREVIEW
ELSE
    MESSAGEBOX("部门名称输入有误，请重新输入！")
    Thisform.Text1.Value=""
    Thisform.Text1.SetFocus
ENDIF
```

【菜单设计】

创建一般菜单，菜单的外观如图 10.38 所示，菜单文件名为 mainmenu.mnx，结构如表 10.8 设置，其他的设置按照图 10.38 所示完成。

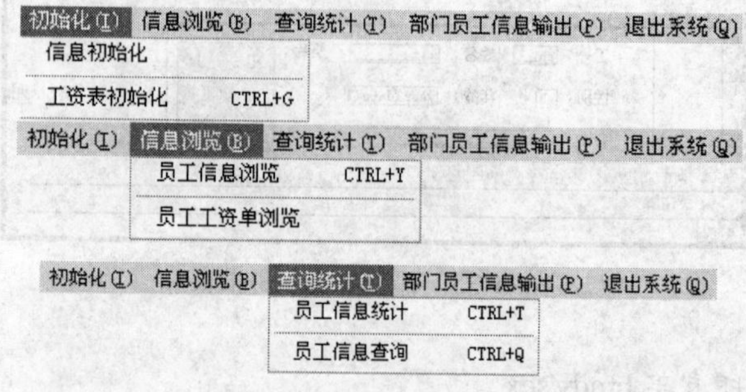

图 10.38　菜单运行界面

表 10.8　mainmenu.mnx 菜单结构

菜单名称	结　果	执行命令或过程	选项设置
初始化（\<I）	子菜单		
信息初始化	命令	DO FORM csh	
\-			
工资表初始化	命令	DO FORM gzjs	快捷键：CTRL+G
信息浏览（\<B）	子菜单		
员工信息浏览	命令	DO FORM ygll	快捷键：CTRL+Y
\-			
员工工资单浏览	命令	DO FORM yggz	
查询统计（\<T）	子菜单		
员工信息统计	命令	DO FORM tjbd	快捷键：CTRL+T
\-			
员工信息查询	命令	DO FORM cxbd	快捷键：CTRL+Q
部门员工信息输出（\<P）	命令	DO FORM bmdy	
退出系统（\<Q）	过程	CLEAR EVENTS QUIT	

【建立应用程序、连编可执行文件】

1. 主程序文件 main.prg

创建一个主程序 main.prg，并将其设置为主文件，程序代码如下：

```
CLEAR
SET TALK OFF
SET SYSMENU OFF
_SCREEN.Caption="锐敏人事管理系统"
_SCREEN.WindowState= 2
_SCREEN.Closable=.f.
DO FORM face NOSHOW
face.Show
WAIT
DO FORM dlbd.scx
READ EVENTS
```

2. 应用程序的连编及运行

在构造好主程序后，可以连编项目以编译应用程序，生成可执行的 EXE 应用程序文件。操作步骤如下：

1）单击"项目管理器"窗口的"连编"按钮，弹出"连编选项"对话框，在对话框的"操作"选项组中选择"连编可执行文件"单击按钮，在"选项"选项组中勾选"重新编译全部文件"复选框，如图 10.39 所示。

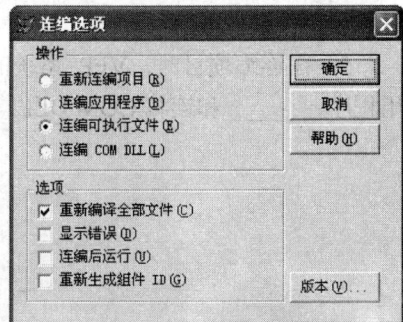

图 10.39　"连编选项"对话框

2）单击"确定"按钮，在"另存为"对话框中选择存储的文件夹，并输入文件名 rsgl.exe，单击"保存"按钮，系统开始连编应用程序，并生成 rsgl.exe 可执行文件。

3）运行应用程序。连编生成的 rsgl.exe 可执行程序文件可以直接在 Windows 的资源管理器中运行。

10.5 习　　题

一、选择题

1．在项目中，要从某个文件开始运行，应该将该文件设置为＿＿＿＿。
    A．程序文件　　　　B．菜单文件　　　　C．主文件　　　　D．表单文件

2．一个项目中可以设置主程序的个数是＿＿＿＿。
    A．1　　　　　　　B．2　　　　　　　C．3　　　　　　　D．任意个

3．在应用中，常用＿＿＿＿作为用户的交互界面。
    A．项目、数据库和表　　　　　　　　B．表单、报表和标签
    C．表、查询和视图　　　　　　　　　D．表单、菜单和工具栏

4．可以用 DO 命令执行的文件类型有＿＿＿＿。
    A．PJX 项目文件、PRG 程序文件、FRM 表单文件、MNX 菜单文件
    B．PJX 项目文件、PRG 程序文件、MPR 菜单程序以及由 VFP 连编成的 APP 和 EXE 文件
    C．PRG 程序文件、FRM 表单文件、MNX 菜单文件以及由 VFP 连编成的 APP 和 EXE 文件
    D．所有由 VFP 命令构成的程序文本文件以及由 VFP 连编成的 APP 和 EXE 文件

二、填空题

1．数据字典是数据库中数据的描述，即关于数据的数据，这些数据称为＿＿＿＿。

2．数据流程图采用直观的图形符号来描述系统业务过程、信息流和数据要求，其基本的数据流程图符号有＿＿＿＿个。

3．对信息系统进行测试，一般包含以下三种，分别为＿＿＿＿、系统测试和验收测试。

4．在"项目管理器"窗口中连编一个应用程序时，如果项目中的某个文件需要被用户修改，则在项目中该文件应该被设置为＿＿＿＿，如果某文件不需要被用户修改，则在项目文件中该文件被设置为＿＿＿＿。

5．在连编项目时，VFP 系统的连编选项有四种类型，分别是：重新连编项目、连编应用程序、＿＿＿＿和连编 COM DLL。

附　　录

附录1　习题答案

第 1 章

一、选择题

1. B　　　　2. D　　　　3. C　　　　4. D　　　　5. A
6. B　　　　7. A　　　　8. C　　　　9. B　　　　10. C

二、填空题

1. 不一致　　2. 元数据　　3. 数据库管理系统，数据库系统，数据库管理员
4. 模式　　　5. 联系　　　6. 二维表　　7. 数据操作　　8. 关系型
9. 集合，连接　　　10. 4，1

第 2 章

一、选择题

1. D　　　　2. C　　　　3. B　　　　4. D　　　　5. A
6. C　　　　7. D　　　　8. C　　　　9. C　　　　10. A

二、填空题

1. Shift　　　　2. SET DEFAULT TO D:\TSGL，　SET DATE TO LONG
3. PJX，PJT　　4. 字段变量，M.姓名或 M->姓名
5. SAVE TO mvfile ALL LIKE ?c?e*　　6. □AB□□□CD□EF□□
7. .T. , .F.　　8. .T. , .T.　　9. 122 , "510" , 14.00　　10. {^2011/10/19}

第 3 章

一、选择题

1. D　　　2. D　　　3. A　　　4. D　　　5. A　　　6. D
7. D　　　8. D　　　9. C　　　10. A　　　11. A　　　12. C
13. C　　　14. D　　　15. C

二、填空题

1. 字段，记录 2. .DBF，.FPT 3. 逻辑表达式 4. IN
5. free table xs 6. use js in 0
7. 1）ALTER，ADD COLUMN
  2）INTO "03"
  3）SET ALLTRIM(JSH)+ALLTRIM(XM)
  4）ON TAG CANDIDATE
  5）2 否
8. pack，独占 9. field 10. 20

第 4 章

一、选择题

1. B 2. D 3. A 4. D 5. A
6. C 7. B 8. A 9. A 10. B

二、填空题

1. 筛选 2. IS NULL 3. 数据库 4. 更新
5. 左联接，内联接、右联接和完全联接 6. 连接 7. DISTINCT
8. TOP 5，出生日期 9. 人数>10 10. 组长会员号=
11. COUNT(*)，UNION，COUNT(*) 12. a.组长会员号=b.会员号

第 5 章

一、选择题

1. B 2. C 3. B 4. A 5. C
6. C 7. D 8. D

二、填空题

1. PRG 2. ESC 3. FOR kcdh="02"，zf=zf+cj
4. CHR(ASC("A")+ASC("Z")-ASC(c))，CHR(ASC("a")+ASC("z")-ASC(c))
5. $c*2^{(m-1-i)}$，$c/2^{(i-m)}$ 6. SUBSTR(str1,m+1)，str1
7. WHERE kcm=kcm1，aa(1),aa(2) 8. 33 22 10 20，40 22 1 20

第 6 章

一、选择题

1. C 2. C 3. B 4. D 5. B 6. B
7. C 8. A 9. C 10. B 11. D 12. B

二、填空题

1. 容器　　2. 多态性　　3. 绝对，相对　　4. Init
5. 集合　　6. CREATE FORM , MODIFY FORM
7. 2, .SCX, .SCT　　8. DO FORM ts　　9. Refresh , Release
10. _Screen.Caption　　11. This. FormCount，LOOP
12. RGB(0,255,0)，绿色，淡蓝色
13. 0 或 1，.T.　　14. TextBox
15. Load Init Activate Destroy Unload

第 7 章

一、选择题

1. B　　2. D　　3. A　　4. D　　5. A
6. D　　7. B　　8. C　　9. C　　10. A

二、填空题

1. 绑定型控件　　2. .决定标签上的文本能否回车换行
3. ShowTips　　4. 备注型　　5. 取消(\<X)　　6. ControlSource
7. "iif（cj.cj<60,RGB(255,0,0),RGB(0,0,255)"
8. .ActivePage　　9. .通用型
10. 2，parent，js，thisform.cbogh.value
11. 99，1000，Backstyle，Enabled，Thisform.JTDKZ
12. ReadOnly，.dbf，.T.，RecordSource，DeleteMark

第 8 章

一、选择题

1. C　　2. B　　3. C　　4. D　　5. A　　6. B

二、填空题

1. 一对多　　2. 细节　　3. _pageno　　4. 页面设置　　5. PREVIEW
6. 组标头，组注脚　　7. Order

第 9 章

一、选择题

1. C　　2. B　　3. A　　4. D　　5. D　　6. B

二、填空题

1．.MPR　　2．条形菜单，弹出式菜单　3．常规选项，ShowWindow，Init

4．SET SYSMENU TO DEFAULT　5．.T.　　6．RightClick

第 10 章

一、选择题

1. C　　　　　2. A　　　　　3. D　　　　　4. B

二、填空题

1．元数据　2．4　　3．模块测试　4．排除，包含　5．连编可执行程序文件

附录2　图书管理系统数据库表结构及说明

1．读者表（dz.dbf）的结构

字 段 名	数据类型	宽　度	字段含义	其　他
dzbh	字符型	8	读者编号	主索引
xm	字符型	8	姓名	
xb	字符型	2	性别	字段有效性规则：性别只能为男或女
lx	字符型	4	类型	字段注释：要么为教师，要么为学生
csrq	日期型	8	出生日期	
yxbh	字符型	2	院系编号	普通索引
jg	字符型	8	籍贯	普通索引
gszt	逻辑型	1	挂失状态	默认值为.F.
zp	通用型	4	照片	

2．图书表（ts.dbf）的结构

字 段 名	数据类型	宽　度	字段含义	其　他
sh	字符型	20	书号	主索引
sm	字符型	50	书名	
cbsbh	字符型	4	出版社编号	
zz	字符型	40	作者	
dj	数值型	5, 1	单价	
rkcs	数值型	2, 0	入库册数	记录的有效性规则：入库册数大于等于库存册数，
kccs	数值型	2, 0	库存册数	两个字段的"匹配字段类型到类"均为 spinner
bz	备注型		备注	

3. 借阅表（jy.dbf）的结构

字 段 名	数据类型	宽 度	字段含义	其　他
dzbh	字符型	8	读者编号	普通索引
sh	字符型	20	书号	普通索引
jsrq	日期型	8	借书日期	字段有效性规则：借书日期不能比系统日期大
hsrq	日期型	8	还书日期	

4. 出版社表（cbs.dbf）的结构

字 段 名	数据类型	宽 度	字段含义	其　他
cbsbh	字符型	4	出版社编号	主索引
cbsmc	字符型	40	出版社名称	
dz	字符型	60	地址	
yzbm	字符型	6	邮政编码	输入掩码：只能输入 6 位数字
lxdh	字符型	13	联系电话	

5. 图书类别表（tsfl.dbf）的结构

字 段 名	数据类型	宽 度	字段含义	其　他
flbh	字符型	2	分类编号	主索引
flmc	字符型	20	分类名称	

6. 院系表（yxb.dbf）的结构

字 段 名	数据类型	宽 度	字段含义	其　他
yxbh	字符型	2	院系编号	主索引
yxmc	字符型	20	院系名称	

7. 用户表（yhb.dbf）的结构

字 段 名	数据类型	宽 度	字段含义	其　他
yhm	字符型	6	用户名	主索引
pw	字符型	8	密码	
qx	数值型	1，0	权限	字段注释：为 1 表示超级管理员，为 0 表示一般管理员 字段有效性规则：只能为 0 或者 1

参 考 文 献

崔建忠．2004．Visual FoxPro 教程实验指导书[M]．苏州：苏州大学出版社．

郭吉平，李殿奎，李华．2009．Visual FoxPro 程序设计[M]．北京：清华大学出版社．

江苏省教育厅．2009．江苏省高等学校非计算机专业学生计算机基础知识和应用能力等级考试大纲[M]．苏州：苏州大学出版社．

教育部考试中心．2010．全国计算机等级考试二级教程——Visual FoxPro 数据库程序设计（2010 年版）[M]．北京：高等教育出版社．

教育部考试中心．2011．全国计算机等级考试二级教程——Visual FoxPro 数据库程序设计（2011 年版）[M]．北京：高等教育出版社．

康贤．2012．Visual FoxPro 数据库程序设计教程[M]．2 版．西安：西安电子科技大学出版社．

李雁翎．2008．Access 2003 数据库技术及应用[M]．北京：高等教育出版社．

刘凡馨，夏邦贵．2010．Visual FoxPro 程序设计教程[M]．北京：清华大学出版社．

卢湘鸿．2011．Visual FoxPro 6.0 数据库与程序设计[M]．3 版．北京：电子工业出版社．

王能斌．2008．数据库系统教程[M]．2 版．北京：电子工业出版社．

严明，单启成．2010．Visual FoxPro 教程（2010 年版）[M]．苏州：苏州大学出版社．

应从容，万琳．2006．Visual FoxPro[M]．上海：上海交通大学出版社．

张帆，张绪辉．2008．Visual FoxPro 程序设计教程[M]．武汉：华中科技大学出版社．